Kryptogamenflora
für Anfänger

Eine Einführung
in das Studium der blütenlosen Gewächse
für Studierende und Liebhaber

Herausgegeben von

Dr. Gustav Lindau
a. ö Professor an der Universität Berlin
Kustos am Botan. Museum zu Dahlem

Fünfter Band

Die Laubmoose

Springer-Verlag Berlin Heidelberg GmbH
1923

Die Laubmoose

Von

Dr. Wilhelm Lorch

Motto: „Quis autem tale studium, quo ad aeternam
omnium rerum causam evehimur, tamquam
inutile ac contemnendum detractare ac depri-
mere ausit?" Bridel.

Zweite, verbesserte und vermehrte Auflage

Mit 273 Figuren im Text

Springer-Verlag Berlin Heidelberg GmbH
1923

Alle Rechte, insbesondere das der
Übersetzung in fremde Sprachen, vorbehalten.

ISBN 978-3-642-88916-5   ISBN 978-3-642-90771-5 (eBook)
DOI 10.1007/978-3-642-90771-5

Softcover reprint of the hardcover 2nd edition 1923

Vorwort zur zweiten Auflage.

In der Tatsache, daß schon nach Ablauf von knapp neun Jahren die Bearbeitung einer zweiten Auflage dieses Bändchens der „Kryptogamen-Flora für Anfänger" notwendig wurde, erblicke ich einen erfreulichen Beweis dafür, daß das Bedürfnis nach einem solchen seinerzeit tatsächlich vorhanden war. Zu diesem Erfolg hat aber auch zweifellos der Umstand beigetragen, daß der Herausgeber, wie man zu sagen pflegt, ganze Sache machte, indem er die gesamte Kryptogamenwelt bearbeiten ließ und dadurch der Gefahr, daß das Werk ein Torso bleiben möchte, wirksam vorbeugte. Gegenüber Erscheinungen auf dem Büchermarkte aus früherer Zeit mit gleichen Tendenzen bedeutet dieses Sammelwerk insofern einen großen Fortschritt, als es durch einen sehr reichlichen Bilderschmuck, der eine nicht allzu anspruchsvolle Beurteilung wohl nicht zu scheuen braucht, dem Anfänger die an sich nicht leichte Arbeit des Bestimmens sehr erleichterte.

Diese zweite Auflage stellt nun nicht einen unveränderten Abdruck der ersten dar. Im Laufe der Jahre sind dem Verfasser von Freunden der Bryologie viele Mitteilungen zugegangen, die wertvolle Hinweise enthielten, die, soweit es der zur Verfügung stehende Raum gestattete, in dieser Auflage Berücksichtigung fanden. So ist z. B., um das Auffinden der Figuren zu erleichtern, bei dem in Betracht kommenden Hinweise stets die Seitenzahl des Buches hinzugefügt worden, denn es erschien mir wenig praktisch, die Nummern der Tafeln anzugeben, weil diese, durch viele Seiten voneinander getrennt, nicht so schnell aufzufinden sind, wie die Seitenzahl des Buches selbst. Eine weitere Verbesserung besteht darin, daß in der systematischen Übersicht im Anschluß an jede Familie alle ihr zugehörigen Gattungen und Arten aufgeführt werden, durch diese Einrichtung wird der Benutzer des Buches in den Stand gesetzt, alle im speziellen Teil beschriebenen Arten kennenzulernen, und falls er bei der Einrichtung seiner Sammlung nach systematischen Grundsätzen verfahren will, jene Übersicht zugrunde zu legen.

Auch dem von vielen Seiten geäußerten und meines Erachtens wohlberechtigten Wunsche, die Brauchbarkeit des Buches durch Aufnahme eines Verzeichnisses der Gattungen zu erhöhen, konnte entsprochen werden. Die Zahl der beschriebenen Arten ist auf 652 gestiegen, neu eingefügt wurden an passender Stelle Fissidens decipiens, Trichostomum caespitosum und pallidisetum und Philonotis Arnellii. Eine wesentliche Verbesserung hat ferner das Verzeichnis der Arten und Abbildungen erfahren; sie besteht darin, daß die von eckigen Klammern eingeschlossenen Zahlen die Buchseite angeben, auf denen die betr. Arten (in den Tabellen kursiv gedruckt) noch ein oder mehrere Male kurz beschrieben werden.

Überlebte Termini (z. B. der der ,,Blüte" sind in Wegfall gekommen und durch bessere ersetzt worden, hierdurch wurde eine Vereinheitlichung und Vereinfachung der Terminologie — ein sehr erstrebenswertes Ziel! — erreicht. Wo es möglich war, habe ich Angaben über die ,,Blütezeit" aufgenommen. (Vgl. darüber den Zusatz zu dem Abschnitt ,,Abkürzungen".) Die in der ersten Auflage nur an wenigen Stellen gebrachten Notizen über die Verteilung der Gametangien (Geschlechtsorgane: Antheridien und Archegonien) wurden überall ergänzt. Einige zu wenig instruktive Figuren in der Einleitung haben besseren, lehrreicheren das Feld räumen müssen. Die kurzen Mitteilungen aus der Geschichte der Bryologie dürften von vielen freudig begrüßt werden.

Um allen denen, die das Bedürfnis fühlen, tiefer in die Materie einzudringen, Gelegenheit zu eingehenderen Studien zu geben, wurden die Literaturnachweise bedeutend vermehrt, und ich bin überzeugt, vielen damit einen guten Dienst erwiesen zu haben. Diese Zugabe stellt etwas durchaus Neues und zugleich Wertvolles dar, sie ist meines Wissens der erste Versuch, eine Flora auf eine höhere und breitere Basis zu stellen.

Möge dieses Bändchen in seinem neuen Gewande ebenfalls eine freundliche Aufnahme finden!

Schöneberg, im Oktober 1922.

Dr. Wilhelm Lorch.

Inhaltsverzeichnis.

A. Allgemeiner Teil.
Seite
I. Kurze Geschichte der Bryologie und Einleitung . . . . . (1)
II. Die Bestimmungstabellen . . . . (30)
III. Hilfsmittel für die Untersuchung der Laubmoose . . . . (31)
IV. Exkursionen . . . . (33)
V. Das Sammeln und Präparieren für das Herbarium . . . . (36)

B. Spezieller Teil.
Abkürzungen 1
Übersicht über die Bestimmungstabellen I—X 2
   Gliederung der Abteilung X 2
      α) Acrocarpi 3
      β) Pleurocarpi 6
   Abteilung I der Hauptbestimmungstabelle 14
     ,, II ,,   ,, ... 15
     ,, III ,,   ,, ... 16
     ,, IV ,,   ,, ... 17
     ,, V ,,   ,, ... 21
     ,, VI ,,   ,, ... 30
     ,, VII ,,   ,, ... 43
     ,, VIII ,,   ,, ... 56
     ,, IX ,,   ,, ... 65
     ,, X ,,   ,, ... 68
   Nebentabellen der Pleurocarpi 72
   Nebentabellen der Acrocarpi 100
Systematische Übersicht 209
Bryologische Literatur 222
Verzeichnis der Gattungen 225
Verzeichnis der Arten und Abbildungen 227

A. Allgemeiner Teil.

I. Kurze Geschichte der Bryologie und Einleitung.

Caspar Bauhin[1]) (geb. 1550 zu Basel, gest. daselbst 1624), einer der hervorragendsten Vertreter unter den ,,Vätern der Botanik", der schon vor Linné die binäre Nomenklatur in seinem ,,Pinax theatri botanici" (Frankfurt a. M. 1623) einführte und im ,,Prodromus theatri botanici (Frankfurt a. M. 1620) die Pflanzen nach ihrer natürlichen Verwandtschaft zu gruppieren sich bemühte, ist wohl der erste Botaniker gewesen, der den Kryptogamen, insbesondere auch den Moosen, von denen er etwa fünfzig Arten in dem erstgenannten Werke aufführte, ein erhöhtes Interesse entgegenbrachte. In der zweiten Auflage der 1696 erschienenen ,,Synopsis" des englischen Botanikers John Ray (geb. 1628 zu Black Notley in Essex, starb 1705), war die Zahl der bekannten Laubmoose bereits auf einhundertundsiebzig angewachsen. Der im Jahre 1719 zu Frankfurt a. M. erschienene ,,Catalogus plantarum sponte circa Gissam nascentium" des Johann Jacob Dillenius (geb. zu Darmstadt 1687, gest. zu Oxford 1747 als Professor der Botanik[2]) enthält in einem besonderen, den Kryptogamen gewidmeten Abschnitt allein hundertundfünfzig, bis dahin unbekannte Laubmoosarten, die größtenteils, wie ich aus eigener Erfahrung weiß, auch heute noch, also nach mehr als zweihundert Jahren, an den angegebenen Fundstellen angetroffen werden. Dillens Bedeutung liegt in erster Linie auf systematischem Gebiete, sein 1741 zu Oxford herausgekommenes, umfangreiches, mit zahlreichen vortrefflichen Kupfertafeln ausgestattetes und zweifellos bedeutendstes Werk, ,,Historia muscorum frondosorum, in qua circiter sexcentae species veteres et novae ad sua genera relatae describuntur et iconibus genuinis illustrantur: cum appendice et indice synonymorum" betitelt, hat auch heute noch nichts von seinem Werte eingebüßt, es stellt eine der wenigen her-

---

[1]) Sachs, J., Geschichte der Botanik. München 1875. S. 35—39.
[2]) Schilling, A. J., Johann Jacob Dillenius. Sein Leben und Wirken. Sammlung gemeinverständlicher wissensch. Vorträge, herausgegeb. von Virchow und von Holtzendorff.

vorragenden Leistungen auf dem Gebiete der Kryptogamenkunde im achtzehnten Jahrhundert dar. In der Deutung mancher Organe bewies er allerdings keine glückliche Hand, so hielt er gleich Linné das Sporogon für eine Anthere, die Sporen für Pollenkörner. Es muß auch bezweifelt werden, daß Dillenius den Nachweis für das Vorhandensein eines Befruchtungsvorganges bei den Laubmoosen erbracht hat.

Ähnlich erging es Pietro Antonio Micheli (geb. zu Florenz 1679, Direktor des botanischen Gartens daselbst, gest. 1737), der in seinem Werke „Nova plantarum genera juxta Tournefortii methodum disposita usw.", Florentiae 1728) eine Anzahl von Laub- und Lebermoosen zwar vortrefflich abbildete, in der Deutung der Organe aber stets daneben griff. Beispielsweise faßte er die verhältnismäßig großen Brutkörperbehälter an der Oberseite des Marchantiathallus als Früchte auf, hielt die im Sporogon neben den Sporen entstehenden Elateren für Staubblätter, erblickte in dem Sporogon selbst eine einkronblättrige Blüte (flos monopetalus) usw.

Bis zu Michelis Zeiten kann man die Geschichte der Bryologie mit einer aus vielen falschen und wenig echten Perlen bestehenden Kette vergleichen. Die Zahl der ersteren vermindert und durch echte ersetzt zu haben, ist das Verdienst des Erlanger Professors der Medizin Casimir Christoph Schmidel[1]) (geb. 1718, gest. 1792). Wir verdanken ihm die Entdeckung der Antheridien bei den Lebermoosen, die er als männliche Organe erkannte. Ferner beobachtete er als erster den Austritt der Spermatozoiden aus den Antheridien von Fossombronia, und was er über die Funktion der Elateren in den Lebermoossporogonien vorbrachte, erwies sich im allgemeinen als zutreffend. Er machte Front gegen Dillens Auffassung vom Laubmoossporogonium, bezeichnete dieses als Frucht und die in ihm entstehenden Sporen als Samen. Schmidel beobachtete bei Fossombronia nur befruchtete Archegonien, die er mit dem Fruchtknoten höherer Pflanzen verglich.

Joh. Hedwig (geb. 1730 zu Kronstadt in Siebenbürgen, starb als Prof. d. Bot. in Leipzig 1799) gilt mit Recht als Begründer der wissenschaftlichen Bryologie. Seine Verdienste liegen hauptsächlich auf dem Gebiete der Systematik und Anatomie der Laubmoose, denn das, was er z. B. über die Spaltöffnungen und Spiralgefäße höherer Pflanzen veröffentlichte, bedeutet im Vergleich mit den Forschungsergebnissen zeitgenössischer Autoren entschieden einen Rückschritt (vgl. Sachs, Gesch. d. Bot., S. 273, 274). Es gelang Hedwig, auch bei den Laubmoosen Antheridien und Archegonien nachzuweisen, letztere nannte er nach dem Vorgang Schmidels und im Hinblick auf die Stempel höherer Pflanzen Pistillidien. Zu jener Zeit ging nämlich das Bestreben der Botaniker dahin, auch

---

[1]) Icones plantarum usw. Nürnberg 1747. — De Buxbaumia. Erlangen 1758. — De Jungermanniae charactere. 1760.

bei den niederen Pflanzen überall „Blüten" zu finden, denn der Terminus Archegonium wurde erst später von dem um die Kenntnis der Lebermoose, Characeen und Pteridophyten hochverdienten Bischoff (geb. zu Dürckheim a. d. Hardt 1797, gest. zu Heidelberg als Professor der Botanik 1854) eingeführt, der gleich Hedwig die falsche Ansicht vertrat, daß der Sporophyt der Laubmoose aus dem Archegonium hervorgehe, anstatt aus der ihm unbekannten Eizelle, deren Entdeckung man Will. Valentine[1]), aber wohl mit Unrecht, zuschreibt. Hedwig fand die Paraphysen, schuf die Bezeichnungen Sporangien und Sporen, entdeckte die Mono- und Diklinie und wies auf die systematische Wichtigkeit des Peristoms bei den Laubmoosen hin. Seine bedeutendsten, durch sehr zahlreiche vortreffliche Illustrationen ausgezeichneten Werke sind folgende: 1. Fundamentum historiae naturalis muscorum frondosorum etc. Leipzig 1782, 2. Descriptio et adumbratio microscopico-analytica muscorum frondosorum etc. 4 Bände, Leipzig 1787—91 und 3. Species muscorum frondosorum descriptae et tabulis aeneis illustratae, herausgegeben von Schwägrichen. 7 Bände, 1811—41.

F. L. Nees von Esenbeck (geb. 1787, Prof in Bonn, gest. 1837 zu Hyères in Frankreich) förderte in seiner Abhandlung „Beobachtungen über die Entwicklung der Laubmoose aus ihren Keimkörnern" (Nova Acta Acad. C. L. C. Vol. XIII) die denkbar wunderlichsten Dinge zutage. In den Anschauungen der Naturphilosophie befangen, „verließ er", wie W. Ph. Schimper betont, „das Feld der Beobachtungen und verlor sich in Theorieen, die jeglicher Grundlage ermangeln." Im Jahre 1822 beobachtete Nees zuerst den Austritt des Antheridieninhaltes bei einem Laubmoose (Sphagnum), erkannte aber nicht die pflanzliche Natur der Spermatozoiden, die er für „Monaden", also für Infusorien hielt (Flora 1822, S. 33—36), bis der vielseitige Naturforscher F. Unger (geb. 1800 zu Amthof bei Leutschach in Steiermark, Prof. d. Bot. in Graz, später in Wien, starb daselbst 1870) in seiner Schrift „Über die Anthere von Sphagnum" (Flora, Bd. 18) den dunklen Punkt aufhellte und die Spermatozoiden als männliche Organe bezeichnete.

Nägeli (geb. 1817 zu Kilchberg bei Zürich, zuletzt Prof. d. Bot. in München, gest. daselbst 1891) veröffentlichte im Jahre 1845 in der von ihm und Schleiden begründeten „Zeitschrift für wiss. Botanik" seine bahnbrechende Abhandlung „Wachstumsgeschichte der Laub- und Lebermoose". Er entdeckte die Scheitelzelle und wies von den drei Hauptformen ihrer Segmentierung für die Blätter der Laubmoose die zweireihige und für die Stämmchen die dreireihige nach. „Das Merkwürdigste — an der Entdeckung Nägelis nämlich — war, daß jeder Stamm oder Zweig, jedes Blatt oder sonstige Organ an seinem Scheitel eine einzelne Zelle besitzt, durch deren gesetzmäßige

---

[1]) Will. Valentine. Observations on the development of the theca and on the sexes of Mosses. Transactions of the Linnean Society. Bd. XVII. London 1807.

Teilungen alle übrigen entstehen, so daß für jede Gewebezelle ihre Herkunft aus jener Scheitelzelle nachgewiesen werden kann" (Sachs, Gesch. d. Bot., S. 211).

Drei Jahre später erschien zu Straßburg W. Ph. Schimpers (geb. zu Dosenheim 1808, Prof d. Bot. in Straßburg, gest. daselbst 1880) klassische Promotionsschrift „Recherches anatomiques et morphologiques sur les mousses" (mit 9 vortreffl. lith. Tafeln). Unter kritischer Würdigung der vorhandenen Literatur widmete der Verfasser allen Teilen der Laubmoose, von der Spore bis zur Columella, einen besonderen Abschnitt, beseitigte viele Irrtümer und bereicherte unsere Kenntnis um zahlreiche neue Beobachtungen. Die Entstehung des Sporophyten blieb aber auch ihm unbekannt. Mit Unterstützung von Ph. Bruch und Th. Gümbel schuf er sein sechsbändiges, mit insgesamt sechshundertundachtzig ausgezeichneten und bis heute unerreichten lithographischen Tafeln geziertes, in bezug auf die Systematik der Laubmoose grundlegendes Werk, die Bryologia Europaea (1836—66). Er beschritt darin hinsichtlich der Abgrenzung der Gattungen mit großem Erfolge ganz neue Wege und begründete ein System, das lange Jahrzehnte hindurch eine herrschende Stellung einnahm. Außer zahlreichen kleineren Abhandlungen veröffentlichte er noch drei umfangreichere wertvolle Werke: 1. Corollarium bryologiae europaeae (Stuttgart 1856), 2. Versuch einer Entwicklungsgeschichte der Torfmoose (Stuttgart 1858) und 3. die Synopsis muscorum europaeorum (Stuttgart 1860).

Um die Mitte des vorigen Jahrhunderts erschien am wissenschaftlichen Himmel ein Stern erster Größe: Wilhelm Hofmeister. (Geb. zu Leipzig 1824, anfangs Musikalienhändler, später Prof. d. Bot. in Heidelberg und Tübingen, starb zu Lindenau bei Leipzig 1877.) Vor allem in zwei Werken, „Die Entstehung des Embryo der Phanerogamen" (Leipzig 1840. Mit 14 Taf.) und „Vergleichende Untersuchungen der Keimung, Entfaltung und Fruchtbildung höherer Kryptogamen und der Samenbildung der Coniferen" (Leipzig 1851. Mit 33 Taf.), legte er die glänzenden Resultate seiner Forschungen nieder. „Das Ergebnis" des letzteren Werkes „war ein so großartiges, wie es auf dem Gebiet der deskriptiven Botanik nicht zum zweiten Male vorgekommen ist" und „was Häckel erst nach Darwins Auftreten die phylogenetische Methode nannte, hatte Hofmeister in seinen vergleichenden Untersuchungen lange vorher tatsächlich und mit großartigstem Erfolge wirklich durchgeführt." (Sachs, Gesch. d. Bot., S. 215, 217). Er entdeckte die Eizelle, zeigte, wie sich aus ihr nach dem Zusammentreffen mit dem Pollenschlauch der Embryo entwickelt, fand den Generationswechsel bei den Moosen, Farnen und höheren Pflanzen, klärte die innere Verwandtschaft der Bryophyten, Pteridophyten, Gymnospermen und Angiospermen auf und beseitigte endgültig, indem er die Nacktsamigen an die heterosporen Farne anknüpfte, die für unüberwindlich gehaltene Kluft zwischen Kryptogamen und Phanerogamen. Er erhob die Entwicklungsgeschichte zu einer wissenschaftlichen Disziplin und leistete auf dem Gebiete der Anatomie und insbesondere dem der Morphologie Hervorragendes[1]).

Überblickt man das von Carl Müller-Hal. (geb. 1818 zu Allstedt in Thüringen, Privatgelehrter in Halle, starb daselbst am 9. Februar 1899) in seinem bekannten Buche „Deutschlands Moose" (Halle 1853) auf Seite 74—75 publizierte System, so möchte man glauben, es sei vor ihm niemals der Versuch gemacht worden, die Laubmoose nach ihrer natürlichen Verwandtschaft anzuordnen, obgleich ein solcher in der bereits erwähnten Bryologia Europaea von Schimper vorlag. In dem Bestreben Müllers, dem Gametophyten, als dem „ruhenden Pol in der Erscheinungen Flucht" die ihm gebührende Stellung zuzuweisen, steckt ein guter Kern, es ist aber nicht zu billigen, wenn Müller z. B. den stabileren, wenn auch meines Erachtens systematisch nicht wertvolleren Peristomverhältnissen der „Sporophytenruine" in seinem System so wenig Beachtung schenkt. Durch Aufstellung der koordinierten Kategorieen Distichophylla, Tristichophylla und Polystichophylla in den Unterklassen der Akrokarpi und Pleurokarpi namentlich schlichen sich in sein System die gröbsten Fehler ein, es sei hier nur daran erinnert, daß er die Leucobryaceen und Sphagnaceen als nahe verwandt nebeneinander aufführt, auch ließ er sich nicht bewegen, die falsche Ansicht über die „mit Chlorophyll gefüllten Intercellularräume" aufzugeben. Im Aufstellen neuer Arten verfuhr er oft sehr weitherzig, wie die Revision seiner hervorragenden Sammlung durch M. Fleischer beweist. Es darf aber nicht verschwiegen werden, daß Müller eine die ganze Welt der Laubmoose umfassende Artkenntnis besaß, daß er sich um die Bryogeographie große Verdienste erwarb und für ein Heer neuer Arten treffliche Diagnosen und prächtige Illustrationen lieferte.

Das zuletzt in der „Flora Hercynica" 1873 von E. Hampe (geb. zu Fürstenberg a. d. Weser, Apotheker in Blankenburg a. H., gest. 1880 zu Helmstedt) veröffentlichte System bedeutete insofern einen Fortschritt, als es an zahlreichen Stellen die dem Müllerschen anheftenden Mängel beseitigte. Hampe verfiel aber in den großen Fehler, sein System auf ein einziges Organ, die Haube, zu begründen. Je nachdem diese unregelmäßig aufreißt oder regelmäßig umschnitten bleibt, zerlegt er die Musci veri in Diarrhagomitria (Musci spurii) und Stegomitria (Musci genuini). Eine Folge davon war, daß nahe verwandte Arten durch größere Lücken voneinander getrennt wurden. Auch die Aufteilung der Stegomitria in Acrocarpi, Cladocarpi und Pleurocarpi kann nicht als besonders glücklich bezeichnet werden.

In S. O. Lindbergs (geb. zu Stockholm 29. März 1835, Prof. d. Bot. u. Direktor des bot. Gart. in Helsingfors, starb 20. Febr. 1899). System (Musci Scandinavici 1879) treten die Hepaticae, Sphagna

---

[1]) Auch Hofmeisters Abhandlung „Zur Morphologie der Laubmoose" (Ber. d. Kgl. Sächs. Ges. d Wiss., math.-phys. Klasse 1854) enthält sehr wertvolle Beobachtungen.

und Musci veri als gleichwertige Abteilungen der Bryophyten auf. Aber schon 1860 hatte Schimper in seiner „Synopsis" den Torfmoosen eine besondere Stellung angewiesen, demnach kann also von einem besonderen Verdienst Lindbergs in dieser Beziehung nicht die Rede sein, ganz abgesehen davon, daß sich eine Sonderstellung der Sphagnaceen zwischen Laub- und Lebermoosen nicht rechtfertigen läßt.

R. Braithwaites (in The British Moss-Flora 1880) Einteilung der akrokarpischen Stegocarpi basiert auf der Beschaffenheit der Peristomzähne. Er unterscheidet zwei Gruppen, die Anarthrodontei und die Arthrodontei, bringt also in gewissem Sinne, wenn auch wohl unbewußt, ein entwicklungsgeschichtliches Moment zur Geltung. Die Arthrodontei gliedert er wieder in Gamophylleae und Eleutherophylleae. Bei den Blättern der Fissidentaceen tritt aber, wie Lorentz nachgewiesen hat, keine Verwachsung irgendwelcher Blatteile ein, die Bezeichnung Gamophylleae ist also unzutreffend und irreführend.

Im Laufe der sechziger Jahre des vorigen Jahrhunderts veröffentlichte P. G. Lorentz (geb. 30. Aug. 1835 zu Kahla a. d. Saale, Professor d. Bot. in Cordoba [Argent.], gest. 6. Okt. 1881 zu Concepcion) mehrere Abhandlungen bryologischen Inhalts, von denen die folgenden drei hervorgehoben seien: 1. Moosstudien (mit 5 Taf., Leipzig 1864), 2. Grundlinien zu einer vergleichenden Anatomie der Laubmoose (Pringsheims Jahrb. f. wiss. Bot. 1867) und 3. Studien zur Anatomie des Querschnitts der Laubmoose (mit 5 Taf., Berlin 1869); die wertvollste ist zweifellos die unter 2 aufgeführte, die, wie Haberlandt meint, „nicht alles zu halten vermag, was sie im Titel verspricht". Trotzdem kann auch heute noch kein Bryologe achtlos an den zahlreichen und vielfach interessanten Mitteilungen der Lorentzschen Arbeit vorübergehen. Das Verständnis für die Anatomie des Blattquerschnitts förderte er sehr wesentlich durch die von ihm geprägten Kunstausdrücke: Deuter, Begleiter, Rücken-, Bauch- und Füllzellen (Vgl. die Artbeschreibungen bei Limpricht: die Laubmoose Deutschlands, Österreichs und der Schweiz. 3 Bände. Leipzig 1890—1904).

Auf dem Wege von Schimpers „Recherches" gelangen wir über Lorentz' „Grundlinien" zu Haberlandts Schrift „Beiträge zur Anatomie und Physiologie der Laubmoose" (Pringsheims Jahrb. f. wiss. Bot. 1886. S. 356—498. Mit 7 Taf.). Die großen Fortschritte, welche die Anatomie der höheren Pflanzen zu verzeichnen hatte, machte sich Haberlandt zunutze und wendete sie auf die Laubmoose an. In der Auswahl der Objekte legte er sich weise Beschränkung auf, untersuchte diese aber um so genauer. Die Ergebnisse seiner Untersuchungen fanden reichen Beifall und sind von bleibendem Werte.

In den botanischen Laboratorien der meisten deutschen Hochschulen scheinen die Bryophyten wenig gern gesehene Gäste zu sein. Eine rühmliche Ausnahme macht das unter Göbels Leitung (geb.

1855 zu Billigheim in Baden, zuerst Prof. d. Bot. in Rostock, dann in Marburg, jetzt in München) stehende pflanzenphysiologische Institut in München. Die zahlreichen, vor allem in der „Flora" zum Abdruck gelangten Arbeiten beweisen es. Auf den Gebieten der Entwicklungsgeschichte und Anatomie, der Morphologie und Biologie der Laub- und Lebermoose hat Göbel Hervorragendes geleistet und zahllose Lücken ausgefüllt. Hiervon legt u. a. das erste Heft des zweiten Bandes seiner „Organographie" (Jena, Fischer 1915, II. Aufl.) beredtes Zeugnis ab. Alle seine Veröffentlichungen hier zu nennen, ist unmöglich, es seien aber doch zwei umfangreichere Publikationen hervorgehoben: 1. Die Muscineen (in Schenks Handbuch der Bot. I. 1881) und 2. Archegoniatenstudien (Flora 1906, S. 1—202). Auf Grund der Ergebnisse von Untersuchungen, die er an den Sexualorganen der Bryophyten vornahm, verwirft Göbel die Auflösung des Reiches der Moose in eine größere Anzahl gleichberechtigter Ordnungen und gibt der Einteilung Hedwigs — in Musci frondosi und Musci hepatici — den Vorzug.

Weiter sei der großen Verdienste gedacht, die sich M. Fleischer (geb. 1861 zu Lipine in Oberschlesien, Kunstmaler und Privatgelehrter) um die Fortbildung und Ausgestaltung des Systems der Laubmoose erworben hat. Dieses ist niedergelegt in seinem vierbändigen, großangelegten Werke „Die Musci der Flora von Buitenzorg" (Leiden 1900—1922). Er berücksichtigt in den Hauptgruppen den Bau des Peristoms, ohne jedoch den Gametophyten zu vernachlässigen. Wer dieses Werk zur Hand nimmt, muß den Fleiß und die Ausdauer Fleischers bewundern. Eine Riesenarbeit steckt allein in den überaus zahlreichen, von Künsterhand — der des Verfassers nämlich — in Federstrichmanier ausgeführten, ausgezeichneten Figuren. Wir verdanken Fleischer außerdem viele wertvolle Beobachtungen, die er in einer größeren Anzahl von Schriften niedergelegt hat.

Zum Schlusse noch einige Worte über Limpricht, Warnstorf und Loeske, denen die Bryologie, namentlich nach der systematischen Seite hin, viel verdankt. Das Verdienst Limprichts (geb. 11. Juli 1834 in Eckersdorf bei Sagan, Oberlehrer in Breslau, starb 20. Oktober 1902), der zweifellos eine starke Anregung durch das Studium der Lorentzschen Abhandlungen empfing, besteht darin, daß er mit großem Erfolge die anatomische Methode weiter ausbaute und es hierin zu einer gewissen Meisterschaft brachte. Seine bedeutendste Leistung stellt wohl die Bearbeitung der Laubmoose für die zweite Auflage der Rabenhorstschen Kryptogamenflora dar (3 Bände), ein Werk, das so leicht nicht veralten wird. Warnstorf widmete sich mit besonderem Eifer und Geschick der Sphagnologie und galt auf diesem schwierigen Gebiet als unbestrittene Autorität. Seine „Sphagnologia universalis", ein Teil des von Engler herausgegebenen großen Sammelwerkes „Das Pflanzenreich", dürfte noch für lange Zeit von bleibendem Werte und für jeden Torfmoosforscher ein unentbehrliches Nachschlagewerk sein. Loeske, der gleich Limpricht und Warnstorf eine große Anzahl, die verschiedensten Zweige der Bryologie behandelnde Schriften veröffentlichte, publizierte im Jahre 1910 ein sehr anregend geschriebenes und gedankenreiches Buch „Studien zur vergleichenden Morphologie und phylogenetischen Systematik der Laubmoose", mit dessen Inhalt sich alle vertraut machen sollten, die über die im Titel angegebenen Punkte Aufschluß zu erhalten wünschen. —

Die althergebrachte Einteilung der Bryophyten oder Muscineen in die beiden Klassen der Laub- und Lebermoose, wovon in diesem rein praktischen Zwecken dienenden Buche nur die erstgenannte Gruppe behandelt wird, besteht auch heute noch zu Recht, denn die Bemühungen, die Kluft zwischen beiden Klassen durch den Nachweis der fehlenden Verbindungsglieder zu überbrücken, sind bisher ohne Erfolg geblieben, über Erörterungen rein theoretischer Art ist man nicht hinausgekommen. Es muß der Zukunft überlassen bleiben, darüber zu entscheiden, ob die Zerlegung beider Abteilungen in eine größere Zahl von Ordnungen sich rechtfertigen läßt. Man kann annehmen, „daß innerhalb der Bryophyten eine Anzahl getrennter Entwicklungsreihen bestehen", sich aber nicht der Einsicht verschließen, „daß nach dem Aufbau ihrer Sexualorgane tatsächlich die Bryophyten in zwei große Gruppen, die der Lebermoose und der Laubmoose zerfallen, die Abtrennung der Anthoceroteen, Andreaeaceen und Sphagnaceen als eigene Gruppen also nicht berechtigt ist." (G. O., S. 519.) Demnach stellen die Musci eine sehr natürliche, fest umschriebene Abteilung des Pflanzenreiches dar, auch sind Übergangsformen zu den Pteridophyten — Farnen, Bärlappen und Schachtelhalmen — oder zu systematisch tiefer stehenden Gruppen nicht vorhanden. Man zweifelt nicht daran, daß die Ahnen der Bryophyten unter den Thallophyten, insbesondere den Chlorophyceen und Phäophyceen zu suchen sind, bisher hat man aber unter diesen keine Formen nachzuweisen vermocht, an die man die Moose anschließen könnte. Auch die Grünalge Coleochaete kommt nach den Ergebnissen neuerer cytologischer Forschungen heute nicht mehr in Betracht. (G. O., S. 136, 137, 416.)

Die Laubmoose, Musci frondosi oder veri, pflanzen sich, von der ziemlich häufig vorkommenden vegetativen Vermehrung durch Bruchstämmchen, Bruchästchen, Brutblättern, Bruchblättern usw. abgesehen, ausschließlich durch einzellige Organe, Sporen (Fig. I, A) genannt, fort, sie bilden mit allen übrigen Kryptogamen, verborgenehigen oder blütenlosen Pflanzen den großen Stamm der Sporophyten oder Sporenpflanzen. Von den Spermaphyten oder Samenpflanzen, für die man auch die Benennung Phanerogamen, Blütenpflanzen oder Anthophyten gewählt hat, unterscheiden sie sich vor allem dadurch, daß in der Spore niemals ein Keimling zur Entwicklung gelangt, der die Hauptteile der sich aus ihm herausbildenden Pflanze schon im kleinen angedeutet enthält, wie dies bei den höheren Gewächsen der Fall ist. Eine vollkommene Übereinstimmung zwischen Bryophyten, Pteridophyten und, wenn man will, den Gymnospermen besteht im Bau des weiblichen Geschlechtsorgans, des Archegoniums, weshalb die Zusammenfassung, besonders der beiden erstgenannten Klassen, unter der Bezeichnung „Archegoniaten" eine durchaus zutreffende zu nennen ist. Auch läßt sich die Vereinigung der Moose und der Pteridophyten zu der Gruppe der Prothalliaten sehr gut rechtfertigen, ihnen sind dann die Endoprothalliaten (höhere Pflanzen) gegenüberzustellen.

Was die vegetative Vermehrung durch Brutorgane betrifft, so können solche einerseits von Sprossen, Blättern und umgewandelten Schleimhaaren

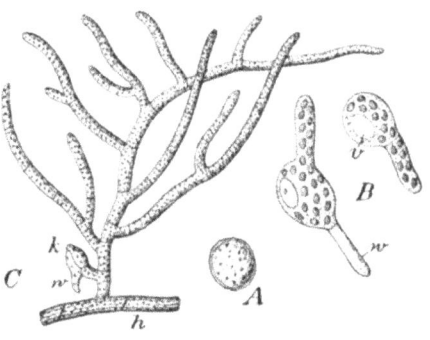

Fig. I. Funaria hygrometrica (L.) Sibth. — A Kuglige Spore (0,018—0,026 mm im Durchmesser, mit fein gekörnelter Wand, B keimende Sporen, v Vakuole, w Rhizoid, C Teil eines entwickelten Protonemas, k Moosknospe mit w Rhizoid.

des Gametophyten, anderseits von Protonema und protonematischen Auswüchsen (G. O., S. 833)[1]) geliefert werden. Typische Fälle an Beispielen zu erläutern, muß ich mir hier versagen, es sei deshalb auf die betreffenden Angaben im speziellen Teil dieses Buches und auf die in der Fußnote zitierte Literatur[2]) verwiesen Nach Correns besitzen von 915 Arten der deutschen Laubmoosflora 110 Brutorgane, davon sind 86,4% diözisch, 10,9% monözisch und 2,7% zwitterig

Verfolgen wir nun den Werdegang eines Laubmooses. Zum Ausgangspunkt der Entwicklung wählen wir die Spore (Fig. I. A), die nach der Keimung bei den allermeisten Arten zu einem in der Regel reich verzweigten, gegliederten Zellfaden, dem Protonema oder Vorkeim (Fig. I, C) auswächst. Nach Göbel (G. O., S. 787) liegt „die Bedeutung der Protonemabildung für das Leben der Moospflanzen offenbar in doppelter Richtung: einmal gestattet die Protonemabildung, daß aus einer Moosspore eine größere Anzahl von Moospflanzen hervorgehen, sodann erlaubt sie eine Vegetation unter Bedingungen, die für die Ausbildung der beblätterten Moospflanze nicht ausreichen." Als noch die Entwicklungsgeschichte der Laub-

---

[1]) G. O., S. 832—846.
[2]) C. Correns, Untersuchungen über die Vermehrung der Laubmoose durch Brutorgane und Stecklinge. Jena 1899, außerdem Jongmans, Über Brutkörper bildende Laubmoose. Diss. München 1906.

moose in Dunkel gehüllt war, hielt man das Protonema für eine Alge (Conferva), Hedwig deutete es als ein Keimblatt (Cotyledo) und F. L. Nees von Esenbeck ließ sogar aus der Vereinigung von Protonemafäden die Moosknospe hervorgehen. Ein Teil der Vorkeimverzweigungen breitet sich an der Erdoberfläche aus, die Zellen führen reichlich Chloroplasten, kommen also für die Assimilation in Betracht. Andere Äste, Rhizoiden genannt, dringen in die Erde ein, sorgen also für die Befestigung der oberirdischen Teile im Boden und übernehmen gleichzeitig den Transport des Wassers und der in ihm gelösten Nährstoffe zu den über der Erde befindlichen Teilen. Sie bilden wie die oberirdischen Protonemateile gegliederte Fäden, deren Zellen mit Leukoplasten und meist gebräunten Wänden versehen sind, und unterscheiden sich sehr wesentlich von den einzelligen Rhizoiden der Lebermoose, die als Anhangsgebilde (Haare) aufgefaßt werden müssen, wogegen die Rhizoiden der Laubmoose nicht als solche gelten können, da sie in allen wesentlichen Punkten mit den oberirdischen Vorkeimverzweigungen übereinstimmen. Wir finden hier eine Bestätigung des wichtigen Satzes, daß morphologisch ungleichwertige, also analoge Organe dieselbe Funktion, in diesem Falle eine mechanische und eine ernährungsphysiologische, übernehmen können. Es sei noch darauf hingewiesen, daß die am Lichte befindlichen Teile des Protonemas und die Rhizoiden insofern voneinander abweichen, als bei den ersteren die Querwände fast ausnahmslos senkrecht, bei letzteren dagegen schief zur Zellenlängswand gestellt sind[1]).

Die Frage nach dem Orte der Entstehung der Moosknospe und ihrer weiteren Entwicklung dürfte wohl jeden interessieren, der in der Pflanze etwas mehr als ein Objekt der Klassifikation und Nomenklatur erblickt. Die Moosknospen (Fig. I, C k) werden nämlich nicht regellos, d. h. an beliebigen Stellen des Protonemas angelegt, sie nehmen vielmehr fast gesetzmäßig ihren Ursprung aus Zellen (Basalzellen), von denen Protonemaäste begrenzten Wachstums abzweigen; nur in seltenen Fällen wird auch die Spitze eines Protonemazweiges zum Ausgangspunkt einer Moosknospe. Jene Grundzelle wölbt sich mit einem Teil ihrer Längswand papillenartig nach außen vor, darauf wird diese Ausbuchtung durch eine in der Richtung der Längswand der Basalzelle aufgeführte Membran abgeschnitten, und diese neu entstandene Zelle ist die erste Anlage des Moosstämmchens. Bald darauf entsteht durch schief gestellte Wände eine dreiseitig-pyramidale Scheitelzelle. Bei der Mehrzahl der Laubmoose geht das Protonema nach der Ausbildung der Moosknospen zugrunde, nur bei verhältnismäßig wenigen, in der Regel einjährigen und sehr kleinen Arten (Ephemerum, Ephemerella, Phascum, Sporledera, Bruchia, Schistostega) bleibt es erhalten. In dem schnell vergehenden Protonema der meisten Laubmoose sehen wir deren Jugendform, in dem

---

[1]) G. O., S. 772—774. Hier auch die einschlägige Literatur.

ausdauernden Vorkeim einer Ephemerumart dagegen die eigentliche Moospflanze, während die „beblätterte" Pflanze nur Trägerin der Sexualorgane ist (G. O., S. 788). Die hierher gehörigen Formen hat man auch unter der Bezeichnung „Protonemamoose" zusammengefaßt und erblickt z. B. in den mit unbewaffneten Augen nicht erkennbaren männlichen Pflänzchen von Buxbaumia die einfachste Form der Moospflanze, diese besteht nämlich nur aus einem Protonemaast, der ein von einem einzigen, chlorophyllfreien, muschelförmigen Blatt umhülltes, langgestieltes Antheridium trägt. Die weiblichen Pflanzen stehen auf einer etwas höheren Organisationsstufe, es ist ein kurzes Stämmchen vorhanden, das mit einer größeren Anzahl ebenfalls chlorophyllfreier Blätter ausgestattet ist und bei Buxbaumia indusiata nur ein Archegonium hervorbringt.

Das heranwachsende Stämmchen entsendet aus Zellen seiner Epidermis Fäden (Fig. II, rh), die sich verzweigen und in ihrem Bau durchaus mit den Protonemarhizoiden übereinstimmen. Bei wasserbewohnenden, flottierenden Arten, wie denen von Fontinalis, Cinclidotus, dienen sie als Haftorgane, sonst besteht ihre Aufgabe wohl darin, Wasser festzuhalten und auf kapillarem Wege fortzuleiten. Sehr dichte Massen von Sproßrhizoiden bezeichnet man als Wurzel- oder Rhizoidenfilz, die Ermittelung seiner Farbe und Verteilung, die Beschaffenheit der Außenwände — ob glatt oder warzig — ist für die Bestimmung einer Art oft von erheblichem Werte. Auch die Blätter sind imstande, Rhizoiden hervorzubringen, in Betracht kommen in erster Linie die basalen Flächen

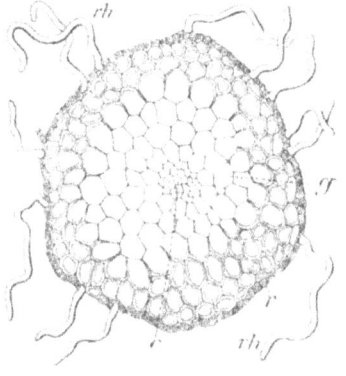

Fig. II. Querschnitt durch das Stämmchen von Rhodobryum roseum (Weis). Schpr. — C Zentralstrang (Hadrom), dessen Zellen mit zarten Wänden, G Grundgewebe, rh Rhizoiden, r starkwandige Zellen des mechanischen Außenzylinders (Stereom).

der Blattoberseite, seltener die Spitze (Leucobryum vulgare) oder Unterseite. Der Rhizoidenfilz vermag Brutknospen zu bilden und dadurch die Art auf vegetativem Wege zu vermehren. Oft vereinigt kräftige Wurzelhaarbildung die Stämmchen zu dichten Polstern, Kissen und Rasen, wodurch deren wasserhaltende Kraft bedeutend erhöht wird.

In der Mehrzahl der Fälle übernimmt ein aus einer oder mehreren Schichten bestehender, peripherisch gelegener Hohlzylinder, das Stereom (Fig. II, r), die mechanische Festigung des Stämmchens, einerlei ob es sich nun um aufrechte, auf Biegungsfestigkeit in Anspruch genommene Stengel (z. B. Polytrichum commune) oder um flutende Achsen (z. B. Fontinalis) handelt, bei denen die Zugfestigkeit eine Rolle spielt. Die Zellen des Stereoms sind durchweg prosenchymatisch und mit dicken, gelben, rotbraunen oder roten Wänden ausgestattet. In allen wesentlichen Eigenschaften ähneln diese langgestreckten, an beiden Enden lang zugespitzten Elemente den Stereïden höherer Pflanzen, sie sind durchaus bastfaserähnlich und in ihren Membranen oft bis zum Schwunde des Lumens verdickt. Wie an Querschnitten festgestellt werden kann, stimmt das Stereom der Seta mit dem des Stämmchens vollkommen überein, ebenso wird in den Blättern die mechanische Festigung durch ein oder zwei Bündel aus Stereïden erzielt.

An die Zellen des peripherischen Hohlzylinders schließen sich meist ohne scharfe Grenze die weitlumigeren und parenchymatischen Elemente des Grundgewebes (Fig. II, g) an. Bei sehr vielen Arten tritt uns dann noch auf dem Stengelquerschnitt eine zentral gelegene Gruppe zartwandiger Zellen, der sogenannte Zentralzylinder oder das Hadrom (Fig. II, c) entgegen, das wohl als ein einfach gebautes und offenbar der Wasserleitung dienendes Gefäßbündel aufzufassen ist. Seine Zellen sind sehr langgestreckt und mit schief gestellten Querwänden versehen. Als Besonderheit sei noch die bei verhältnismäßig wenigen Arten vorkommende Außenrinde hervorgehoben. Sie erreicht ihre höchste Ausbildung bei Sphagnum, wo oft drei bis vier Schichten zur Entwicklung gelangen. Ihre Außenmembranen sind immer zart (hyalin), oft ist, wenn nur eine Schicht vorliegt, die Außenwand kollabiert (Breutelia arcuata), d. h. nach innen vorgewölbt. Nicht immer ist der Außenrindenzylinder vollständig, er bleibt dann oft auf die Umgebung der Blattinsertion beschränkt, in diesem Falle spricht man von blattbürtiger Außenrinde.

Den stärksten Grad der anatomischen Differenzierung besitzen die Stämmchen der Polytrichaceen, die auch aus anderen Gründen als die höchst organisierten Laubmoose gelten müssen. Der Zentralstrang gliedert sich hier in zwei ziemlich scharf voneinander gesonderte Abschnitte. Der innere wird zum größten Teile von Zellgruppen gebildet, deren Einzelelemente von stark verdickten, meist etwas gefärbten und zugleich von sehr zarten, hyalinen Membranen umschlossen werden, es entstehen dadurch Zellenvereinigungen, die Hydroiden, die wie gefächert erscheinen. Umgeben wird dieser massive Teil des Hadroms von einem Hohlzylinder aus englumigeren und dünnwandigen Zellen, deren etwas kräftigere Membranabschnitte nur schwach, meist gelblich gefärbt sind. Eine weitere Komplikation im anatomischen Aufbau besteht in dem Auftreten eines meist mehrschichtigen Leptoms, das in Gestalt eines Hohlzylinders wiederum das Hadrom umschließt. Der der Wasserleitung dienende Zentralstrang bildet in Vereinigung mit dem Eiweißstoffe transportierenden

Leptom nach Haberlandt[1]) ein konzentrisches[2]) Gefäßbündel im Gegensatz zu dem einfachen Leitbündel, wie es sich bei der Mehrzahl der Laubmoose findet. Erreichen die Zellen der Blattrippe, wie es für viele Polytrichaceen, für Voitia und wenige andere Arten nachgewiesen ist, den Zentralstrang, so bezeichnet man die auf dem Stämmchenquerschnitt im Grundgewebe auftretenden Zellgruppen als echte Blattspuren. Bei Mnium u. a. endigen diese Stränge blind im Grundgewebe, sie treten also nicht in den Zentralstrang über, man nennt sie deshalb falsche Blattspuren.

Echte axilläre Verzweigung, eine bei höheren Pflanzen so häufige Erscheinung, kommt nach den Ergebnissen neuerer Forschungen[3]) bei den Laubmoosen niemals in Frage, die Anlagen zu den Verzweigungen liegen also bei diesen nicht im Blattwinkel. Stellt die Hauptachse eines Stämmchens ihr Wachstum ein, und übernehmen eine oder mehrere Nebenachsen deren Stelle, so nennt man die Verzweigung sympodial, im umgekehrten Falle monopodial.

Die beblätterten Sprosse der meisten Laubmoose „wachsen mit einer dreiseitig-pyramidalen oder tetraëdrischen Scheitelzelle", deren obere freie Wand nach außen uhrglasförmig vorgewölbt ist, während sie mit den drei anderen Seiten, die Spitze der Pyramide annähernd lotrecht nach unten kehrend, in das Stengelgewebe versenkt erscheint (Fig. III, A, s). Nur bei sehr wenigen Gattungen der deutschen Flora — Fissidens, Octodiceras, Distichium — ist bisher die Existenz einer zweischneidigen, keilförmigen nachgewiesen worden. Hofmeister fand bei Fissidens bryoides, daß dessen Stämmchen in der Jugend eine tetraëdrische Scheitelzelle besitzt, später aber in den Besitz einer zweischneidigen gelangt, auf deren Tätigkeit die scharfe zweizeilige Beblätterung beruht, zumal die Scheiteltorsion des Stämmchens in kaum zu erkennender Weise zur Geltung gelangt.

Während die dreiseitig-pyramidale Scheitelzelle parallel zu ihren drei Seitenwänden in gesetzmäßiger Weise neue Membranen aufführt, erfolgt die Neubildung von Wänden in der keilförmigen abwechselnd nach rechts und links, jede neue Zelle wird als ein Segment der Scheitelzelle bezeichnet, aus ihm entsteht immer ein Blatt, das, soweit bis jetzt bekannt ist, stets „mit einer zweischneidigen Scheitelzelle wächst". (Fig. III, B, s.) Vollzöge sich nun der Aufbau der Wände stets unter demselben Kantenwinkel und machten sonst keine Veränderungen in der Gegend des Vegetationspunktes — so

---

[1]) Haberlandt, G., Beiträge zur Anatomie und Physiologie der Laubmoose. Pringsheims Jahrb. f. wiss. Bot., S. 392—406.
[2]) Strasburger, E., Das botanische Praktikum. 5. Aufl. 1913. S. 311 bis 318, außerdem Tansley, A. G. u. Chick, E., Not. on the conduct. syst. in Bryoph. Ann. of Bot. XV., 1901.
[3]) G. O., S. 77—79, S. 809, 810. — Correns, C., Über Scheitelwachstum, Blattstellung u. Astanlagen des Laubmoosstämmchens. Festschrift f. Schwendener, Berlin 1899. — von Schönau, Zur Verzweigung der Laubmoose. Diss., München 1910 und Hedwigia 1910.

heißt die Gesamtheit der teilungsfähigen Zellen an der Stämmchenspitze — durch Torsionserscheinungen (Scheiteltorsion) geltend, so müßten die Blätter genau die Divergenz $1/3$ zeigen, also in genau drei Reihen übereinander stehen, wie es an schlanken Stammspitzen von Fontinalis antipyretica, bei Meesea tristicha, Seligeria tristicha u. a. annähernd der Fall ist. Außer der Divergenz $1/2$, die bei den mit zweischneidiger Scheitelzelle ausgestatteten Arten auftritt, und einer solchen von $1/3$ kommen bei Laubmoosen noch die Stellungen $2/5$, $3/8$, $5/13$, $8/21$ und $13/34$ vor. Nicht selten leistet die Feststellung der Divergenz bei der Bestimmung der Arten gute Dienste.

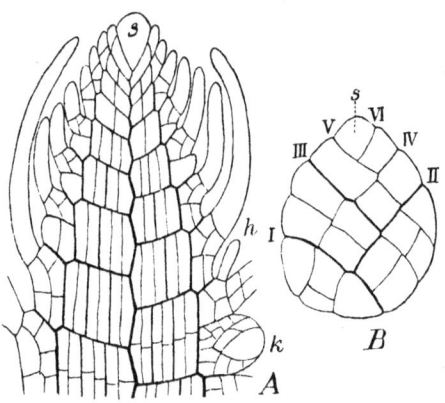

Fig. III. Medianer Längsschnitt durch die Stämmchenspitze von Fontinalis antipyretica L. — A An der Spitze die tetraëdrische Scheitelzelle s, bei k eine Knospe. — B Erstes Blatt einer Knospe am thalloidischen Protonema von Sphagnum acutifolium Ehrh., s Scheitelzelle (zweischneidig), das älteste Segment der Scheitelzelle, von der von links oben nach rechts unten verlaufenden, stark konturierten Wand I und drei Außenwänden umgeben, umfaßt vier Zellen, das nächst jüngere (Wand II) besteht aus fünf Zellen, Segment III aus vier, Segment IV aus zwei Zellen.

Auf dem Querschnitt durch eine Knospe von Mnium undulatum, von Tetraphis pellucida, Meesea longiseta u. a. beobachtet man zwischen den Blättern kreisrunde Zellen, die von Schleimmassen umhüllt werden. Es handelt sich um Querschnitte durch die meist in den Blattwinkeln entspringenden, sogenannten Keulenhaare, die wahrscheinlich durch die Abgabe von Schleim den Vegetationspunkt schützen. Außer diesen Anhangsgebilden des Moosstämmchens wären noch die Paraphyllien und Paraphysen zu erwähnen. Besonders reich an ersteren sind die Sprosse der Arten von Hylocomium und Thuidium, sie liegen hier oft als dichter Filz dem Stämmchen an. Nach Göbel sind sie „als Protonemaäste begrenzten Wachstums" aufzufassen, „die sich teilweise zu Zellflächen entwickelt haben, der

Wasseraufsaugung dienen und zugleich eine Verstärkung des Assimilationsapparates darstellen, Bildungen, die teilweise eine der der Blätter analoge Wachstums- und Ausbildungsweise erfahren haben" (G. O., S. 819). Die Paraphysen sind ebenfalls haarähnliche Gebilde, die zweifellos mit den Keulenhaaren in naher verwandtschaftlicher Beziehung stehen und neben den Perichätialblättern den Geschlechtsorganen zum Schutze dienen. Sie sind geeignet, Wasser kapillar festzuhalten, auch vermögen sie den Antheridien eine Stütze zu gewähren (z. B. in den männl. Gametangienständen von Polytrichum, Mnium, Philonotis u. a., vielleicht spielen sie auch bei der Entleerung der Antheridien eine Rolle[1]).

Die Bestimmungstabellen dieses Buches gründen sich in erster Linie auf die Beschaffenheit des Blattes. Alle Laubmoose haben sitzende, einfache, quer, seltener schief am Stämmchen (Plagiothecium) angewachsene (quer- oder schiefinserierte) Blätter, die fast immer von einer medianen, anatomisch differenzierten Rippe durchzogen werden. Eine Ausnahme machen die in der Hauptbestimmungstabelle IX verzeichneten Arten. Die Rippe ist vollständig oder unvollständig, je nachdem sie das Blatt ganz, d. h. bis zu dessen Spitze oder nur zum Teil durchzieht. Vielfach tritt sie als kürzerer oder längerer Stachel, hin und wieder auch als hyalines Haar oder als geschlängelte Granne aus. Ihre Färbung, ihre Stärke, ob der austretende Abschnitt glatt, gesägt, gezähnt oder warzig ist, alles dies muß von Fall zu Fall unter dem Mikroskop festgestellt werden. Bei verhältnismäßig wenigen Arten trägt die Rippe an ihrer Oberseite einschichtige, in der Längsrichtung verlaufende Zellflächen, Lamellen genannt (Pogonatum, Polytrichum[2]), Catharinaea, Oligotrichum, Pterigoneurum) oder gegliederte Fäden (Aloina).

Die seitlich der Rippe gelegenen Blattabschnitte bezeichnet man als Lamina. Sie ist meist aus einer Schicht ziemlich gleichartiger Zellen aufgebaut, kann aber auch zwei und mehr Schichten umfassen, was sich nur an zarten Querschnitten ermitteln läßt. Die Mehrzahl der in den Tabellen verwendeten Kunstausdrücke bedarf keiner weiteren Erklärung, einige verstehen sich jedoch nicht von selbst, müssen deshalb kurz erläutert werden.

Nach ihrer Gestalt teilt man die Zellen in parenchymatische und prosenchymatische ein. Erstere sind nach den drei Dimensionen des Raumes ungefähr gleichmäßig entwickelt, bei letzteren überwiegt die Längenausdehnung, auch laufen sie nach beiden Enden spitz zu. Sind die Membranen in den Ecken verdickt, so liegt ein kollenchymatisches Gewebe vor. Bei einer sehr erheblichen Anzahl pleurokarper Bryineen begegnet man in den Ecken des Blattgrundes den Blattflügelzellen, die von den übrigen Zellen der Lamina haupt-

---

[1] Kienitz-Gerloff, Über die Bedeutung der Paraphysen. Bot. Zeit. 1886.
[2] Lorch, W., Die Polytrichaceen. Abhdl. der Kgl. Bayr. Akad. d. Wiss. München 1908. S. 448—546.

sächlich in folgenden Punkten abweichen: sie sind stets parenchymatisch, weitlumig, farblos (hyalin) oder abweichend gefärbt (meist bräunlich oder gelblich), sehr oft dünnwandig und blasig aufgetrieben.

Mit den Mamillen, die durch Vorwölbung der Außenwand einer Zelle zustande kommen (Fig. IV), dürfen die schon von Hedwig beobachteten Warzen oder Papillen (Fig. V und VII) nicht verwechselt werden. Durch die Mamillen- bzw. Papillenbildung wird die Oberfläche eines Blattes bedeutend vergrößert und zur Aufnahme und auch Speicherung größerer Wassermengen geeigneter gemacht.

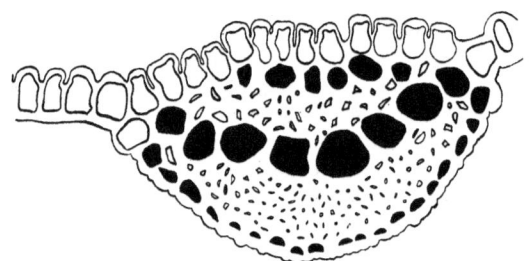

Fig. IV. Timmia megapolitana Hedw. Querschnitt durch die Blattrippe und (links) durch einen Teil der Lamina. Wände der epidermalen Zellen der Rippe und der Lamina an der Bauchseite mamillös vorgewölbt. In der Mitte eine Reihe weitlichtiger Deuter (schwarz), Rücken- und Bauchzellen differenziert. Zwei Stereïdenbänder. — Orig.

Sehr heterogene Elemente, große, inhaltsleere, hyaline oder Wasserzellen, deren Wände z. T. resorbiert sind, einerseits und langgestreckte, chlorophyllführende Zellen anderseits beteiligen sich an dem Aufbau der Blätter von Sphagnum[1]) und Leucobryum vulgare.

Gegen das Einreißen ist der Rand der Membranperforation bei den Wasserzellen meist durch eine schwielige Verdickung geschützt. Im Vergleich mit den hyalinen Elementen treten die assimilierenden sehr stark in den Hintergrund, hierauf beruht die ungemein große wasserspeichernde Kraft der Torfmoose und auch von Leucobryum vulgare. Verdunstet das Wasser in den hyalinen Zellen, so tritt Luft an seine Stelle, damit steht die blasse Färbung trockener Sphagnum- und Leucobryumpolster im Zusammenhang. Zellen mit durchlöcherten Membranen kommen noch vor in den basalen Teilen der Blätter von Encalypta und einigen Tortulaarten.

Wie bei vielen höheren Pflanzen läßt sich auch bei zahlreichen Laubmoosen eine Sonderung der Blätter in Nieder-, Laub- und Hoch-

---

[1]) Die porösen Zellen von Sphagnum sah zuerst Moldenhauer (Beitr. z. Anat. d. Pfl., 1812, S. 117), H. v. Mohl wies solche dann für Leucobryum vulgare und das tropische Octoblepharum albidum nach. (Flora 1838, S. 337 u. Vermischte Schriften. Tübingen 1847.)

blätter durchführen. Erstere sind meist klein und schuppenförmig, wir begegnen ihnen vornehmlich an unterirdischen Stengelteilen (Climacium), an Ausläufern, wohl auch am unteren Abschnitt orthotroper Stämmchen (Climacium, Thamnium, Polytrichum u. a.). Die Mehrzahl der Blätter eines Sprosses sind Laubblätter, und wo von Blättern in den Tabellen die Rede ist, handelt es sich stets um Laubblätter; zu Untersuchungzwecken müssen immer die mittleren Stengel- und Astblätter, die unter sich wiederum im anatomischen Bau oft nicht unbedeutend voneinander abweichen, gewählt werden.

Welche Seite der Blätter man als Ober- und welche als Unterseite ansprechen soll, ist leicht zu entscheiden. Die dem Stämmchen zugewendete (adaxiale), meist konkave Fläche ist die Oberseite, die vom Stämmchen abgewendete, (abaxiale) meist konvexe, die Unterseite. Von wenigen Ausnahmen abgesehen, zeigen also die Blätter der Laubmoose eine scharf ausgeprägte Dorsoventralität, gegen die Verwendung der Termini „dorsale" oder „Rückenseite" und „ventrale" oder „Bauchseite" ist also nichts einzuwenden.

Fig. V. Hedwigia ciliata Ehrh. — Oben ein Teil des einschichtigen Blattes, von der Fläche betrachtet. Auf die Lumina (punktiert) sind die zwei- und mehrspitzigen Papillen aufgesetzt. Unten Querschnitt durch einen Teil des Blattes ders. Art. Beiderseits über dem Zellumen kräftige Papillen. — Orig.

Ein nicht geringes Interesse beanspruchen die Symmetrieverhältnisse der Sprosse, zumal auch bei den Laubmoosen Beziehungen nachgewiesen wurden, die man bei höheren Pflanzen längst erkannt und für die man in den meisten Fällen eine befriedigende Erklärung gefunden hat[1]). Wenn wir die räumliche Anordnung der Laubblätter in bezug auf die Achse zugrunde legen, so lassen sich folgende drei Fälle unterscheiden. Ist die Verteilung der Blätter derart, daß sie nach allen Seiten am Stämmchen ziemlich gleichmäßig verteilt sind, so nennt man den Sproß radiär. In diesem Falle ist keine Seite bevorzugt, und jede durch die Achse gelegte Symmetrieebene ergibt zwei gleiche Hälften, die sich zur Deckung bringen lassen. Sachs hat die Pflanzenorgane in zwei Gruppen eingeteilt, er unterscheidet orthotrope und plagiotrope. Unter ersteren versteht er solche, die auf wagerechtem Boden lotrecht aufrecht und lotrecht abwärts, unter letzteren solche, die schief zur Horizontalebene oder in dieser

---

[1]) Göbel, K., Organographie der Pflanzen. S. 185—312; 801—809. Über die Anisophyllie bei Laubmoosen. S. 231—233.

selbst wachsen. Wie bei höheren Pflanzen, sind auch bei den Laubmoosen die orthotropen Sprosse fast immer radiär (Polytrichum). Verhältnismäßig selten finden wir bei den Laubmoosen eine Verteilung der Blätter, wie sie von der bilateralen Symmetrie gefordert wird. Hierher gehören die plagiotropen, abgeflachten Sprosse von Fissidens und Schistostega; an ihnen beobachten wir zwei Symmetrieebenen, von denen die eine von vorn nach hinten, die andere senkrecht dazu von rechts nach links verläuft, so daß zweimal je zwei unter einander gleiche Abschnitte entstehen. Bei den Vertretern der beiden genannten Gattungen ist die Anordnung eine deutlich zweizeilige, bei Schistostega ist aber die Zweizeiligkeit auf eine Blattverschiebung zurückzuführen[1]). Nur scheinbar zweizeilig beblättert sind die „komplanaten" Stämmchen von Neckera, Homalia, Pterygophyllum, vielen Plagiothecia u. a. Plagiotrope Sprosse werden sehr oft von der dorsoventralen Symmetrie beherrscht. Bei ihr ist nur eine Symmetrieebene (Sagittalebene) vorhanden, durch die das betr. Organ in zwei, aber nur spiegelbildlich gleiche (enantiomorphe) Hälften zerlegt wird, außerdem kann man stets eine Rücken- und eine von dieser verschiedene Bauchseite unterscheiden. Als Beispiele dafür, daß ein und dasselbe Organ vom orthrotropen zum plagiotropen Wachstum übergehen kann, seien die stockwerkartig aufgebauten Stämmchen von Hylocomium splendens und die vegetativen und gametangientragenden Sprosse von Mnium undulatum angeführt. Wie bei zahlreichen höheren Pflanzen, neigen die plagiotropen und dorsoventralen Sprosse von Laubmoosen zur Anisophyllie, d. h. zur Ausbildung ungleich großer und oft auch abweichend gestalteter Blätter und zur Asymmetrie oder Symmetrielosigkeit. So sind die unecht zweizeiligen, verflachten Sprosse von Pterygophyllum lucens plagiotrop und dorsoventral. An der Rückenseite (Oberseite) liegen vier Reihen ungefähr gleichgroßer, aber etwas unsymmetrischer Blätter, die fünfte Reihe kleinerer, aber symmetrischer Blätter findet sich an der Bauchseite (Unterseite). Es ist also bei dieser Art die Oberseite gefördert, eine Eigentümlichkeit, die man als Epitrophie[2]) bezeichnet. Ausgesprochene Amphitrophie[2]) (Förderung der Flanken) wie sie uns an den oberirdischen dorsoventralen Achsen von Lycopodium complanatum entgegentritt, und Hypotrophie[2]) (Förderung der Unterseite) hat man bisher nur bei außereuropäischen Laubmoosen beobachtet. Hypotroph sind nach Göbel (O., S. 286) die Blätter von Fissidens, denn wir „können bei der Keimpflanze noch ganz deutlich verfolgen, wie an dem ursprünglich bifazialen Blatte der hypotrophe, zuerst an der Spitze entstehende Flügel immer mehr die Oberhand gewinnt."

---

[1]) Leitgeb, H., Das Wachstum von Schistostega. Mitt. d. nat. Ver. zu Graz, 1874.
[2]) Wiesner, J., Über Trophieen nebst Bemerkung über Anisophyllie. Ber. d. Dtsch. bot. Ges. 1895.

P. G. Lorentz[1]) hat zuerst auf die Bedeutung einiger charakteristischer Zellgruppen in den Blättern der Laubmoose, der sogenannten „Deuter" und „Begleiter" hingewiesen und deren hohen systematischen Wert erkannt. In Verbindung mit anderen Zellgruppen, z. B. den epidermalen Rücken- und Bauchzellen und den Stereïdenbändern, geben die „Deuter" und „Begleiter" vortreffliche Bestimmungsmerkmale ab, weshalb der Anfänger keine Mühe scheuen sollte, sich an zarten Querschnitten über die Anatomie der Blätter Klarheit zu verschaffen. Die Deuter durchziehen die Blattrippe in einer oder seltener in zwei Reihen (Fig. IV, VI, VII, VIII). Meist nehmen sie eine mittlere Lage ein, ist nur eine Reihe vorhanden, so sehen

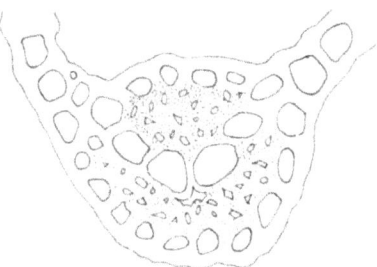

Fig. VI. Oncophorus virens (Sw.) Brid. — Zwei Stereïdenbänder (punktiert), getrennt durch die weitlichten Deuter. Zwischen den beiden mittleren Deutern nach der Rückenseite hin ein Begleiter. Außenzellen (Rücken- und Bauchzellen) gut entwickelt. — Orig.

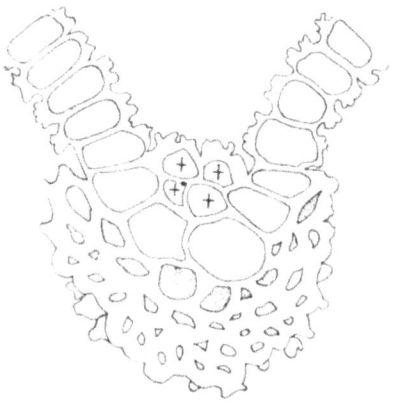

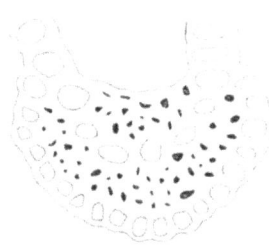

Fig. VIII. Brachysteleum polyphyllum (Dicks.) Hornsch. — Zwei mächtige Stereïdenbänder (Lumina schwarz). Zwischen ihnen die großlumigen Deuter. Rückenzellen vorhanden, Bauchzellen fehlen. — Orig.

Fig. VII. Tortula ruralis (L.) Ehrh. — Querschnitt durch die Blattrippe und Teile der Lamina. Nur ein dorsales, sichelförmiges Stereïdenband. In der Mitte vier großlumige Deuter. An der Bauchseite vier großlumige Bauchzellen (+). Zwischen den Deutern und dem Stereïdenband weitlumige (punktierte) Zellen an Stelle der Begleiter. Rücken- und Bauchseite der Rippe dicht warzig, ebenso die Außenwände der Laminazellen. — Orig.

---

[1]) Lorentz, P. G., Grundlinien zu einer vergleichenden Anatomie der Laubmoose. Pringsh. Jahrb. f. wiss. Bot., 1867. Mit zahlr. Tafeln.

wir sie oft nach der Blattoberseite verschoben. Die Deuterzellen fallen durch ihre Weitlumigkeit sofort ins Auge, sie sind von parenchymatischer Gestalt, ihre Membranen in der Regel schwach verdickt. In den Winkeln zwischen den Deutern stößt man bisweilen auf Gruppen dünnwandiger Elemente (Fig. VI), sie setzen entweder größere Bündel zusammen oder durchlaufen in Einzelsträngen das Blatt, es sind die Begleiter.

Außer dem übereinstimmenden Bau des weiblichen Geschlechtsorgans, des Archegoniums (Fig. X links) ist für alle Archegoniaten, also auch für die Laubmoose, ein scharf ausgeprägter Generationswechsel charakteristisch. Im Laufe der Entwicklung lösen zwei durchaus verschiedene Generationen einander ab, eine geschlechtliche oder proembryonale und eine ungeschlechtliche oder embryonale. Das beblätterte Stämmchen mit den Geschlechtsorganen, den Antheridien und Archegonien (Fig. IX u. X links), stellt die

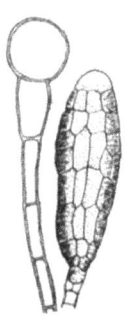

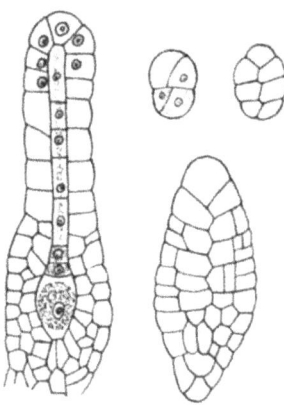

Fig. IX. Ein Antheridium von Funaria hygrometrica Sibth. — Unten der Stiel, oben die Öffnungskappe. Links eine Paaraphyse mit größerer, kugliger Endzelle. Nach P. Janzen.

Fig. X. Links ein Archegonium von Funaria hygrometrica. Im Bauchteil die Eizelle, darüber die Bauchkanalzelle, über dieser sechs Halskanalzellen. Mit geringfügigen Abweichungen nach Campbell. — Rechts drei Embryonen ders. Art von verschiedenem Alter. Nach P. Janzen.

geschlechtliche Generation, den Gametophyten, dar. Aus der befruchteten Eizelle (Fig. 10 links) des Archegoniums geht die ungeschlechtliche Generation oder der Sporophyt hervor, er erzeugt in einem besondern Behälter, dem Sporogonium, auf ungeschlechtlichem Wege die Sporen. Diese beiden Generationen sind auch „innerlich" verschieden, und zwar hinsichtlich der Struktur ihrer Zellkerne, die allerdings nur auf umständlichen Wegen und bei Anwendung stärkster Vergrößerungen erkannt werden kann. Die Zellkerne des Sporophyten verfügen nämlich über die doppelte Chromosomenzahl[1]) der Gametophytenzellkerne, erstere sind diploid, letztere haploid[2]). Wir können demzufolge im Entwicklungsgang eines Laubmooses eine diploide und haploide Generation oder eine Diplophase und Haplophase unterscheiden. Wenn die haploiden Zellkerne der Eizelle und eines Spermatozoids, beides Organe, die dem Gametophyten angehören, zusammentreten, so muß die befruchtete Eizelle, die Zygote, die doppelte Chromosomenzahl aufweisen. Die Zellkerne des aus der befruchteten Eizelle hervorgehenden Sporophyten bleiben diploid, erfahren aber kurz vor der Bildung der Sporen eine Reduktionsteilung, wir erhalten wieder haploide Sporen, aus der sich der Gametophyt oder die haploide Generation[3]) entwickelt.

Wir nennen die Organe, in denen die Geschlechtswerkzeuge, die Gameten, zur Entwicklung gelangen, Gametangien. Alle Archegoniaten stimmen nun darin überein, daß der weibliche Gamet, die bewegungslos gewordene Eizelle von dem einer Eigenbewegung fähigen, mit Geiselfäden versehenen, männlichen Gameten, dem Spermatozoid befruchtet wird. Bei den Bryophyten, sowie den Lycopodiaceen trägt dieses, soweit bekannt, stets zwei Zilien, wogegen die entsprechenden Organe bei den übrigen Pteridophyten, also den Farnen, Schachtelhalmen und Isoetaceen mit vielen Cilien ausgestattet, demnach poly- oder multiciliat sind. Beide Gameten unterscheiden sich sehr wesentlich durch ihre Größe, hiermit hängen wohl auch die Unterschiede zusammen, die sich im Aufbau der Gametangien geltend machen, obwohl diese, wie die Entwicklungsgeschichte lehrt, als homologe Organe aufgefaßt werden müssen, denn während bei den Antheridien alle von der einschichtigen Wand umschlossenen Zellen fertil werden, tritt bei den Archegonien insofern eine Änderung ein, als nur eine einzige Zelle, die Eizelle, fertil bleibt, alle übrigen aber, die Halskanalzellen einschließlich der Bauchkanalzelle der Sterilität anheimfallen. Mit Rücksicht auf den Größenunterschied zwischen Eizelle und Spermatozoid bezeichnet man wohl auch die Archegonien als Makrogametangien, die Antheridien als Mikrogametangien.

Große Übereinstimmung herrscht im Bau der männlichen Gametangien, der Antheridien (Fig. IX). Für den Zellenaufbau kommt eine zweischneidige Scheitelzelle in Betracht. Der meist

---
[1]) In der Vererbungslehre spielen die Chromosomen eine hervorragende Rolle, denn man hält sie für die Träger der Vererbung. Sie stellen einen besonderen, fadenförmigen Zustand des Kerngerüstes dar und setzen sich aus einer färbbaren Substanz, dem Chromatin, und einer nicht tingierbaren, dem Linin, zusammen. Zwischen je zwei Chromatinabschnitten liegt ein aus Linin bestehendes Verbindungsstück. (Vgl. Strasburger, Bot. Prakt. 5. Aufl. S. 657—684.)
[2]) G. O. 2. Aufl. S. 414—424.
[3]) El. u. Em. Marchal, Aposporie et sexualité chez les mousses. Bullet. de l'acad. roy. de Belgique. Classe des sciences. I, 1907. II, 1909 III, 1911.

ei- oder keulenförmige, seltener kugelige (Sphagnum), von einem kürzeren oder längeren Stiele getragene Hauptteil des Antheridiums besteht aus einer Wandschicht und den Spermatozoidmutterzellen. Die Spermatozoiden verlassen als schleimige Masse in Form einer Wurst das Antheridium an dessen oberem Ende, eine aus einer oder mehreren Zellen bestehende Öffnungskappe ermöglicht den Austritt der männlichen Gameten.

An den gleichfalls meist gestielten Archegonien (Fig. X, links) unterscheiden wir zwei Hauptteile, den Halsteil und den Bauchteil, der die Eizelle und eine über ihr liegende Zelle, die Bauchkanalzelle, umschließt. Zur Reifezeit verquellen die inneren Zellen des Halses, die Halskanalzellen, zu einer schleimigen Masse, dasselbe Schicksal erleidet die Bauchkanalzelle. Dadurch, daß die obersten Halszellen auseinanderweichen, wird den beweglichen Spermatozoiden der Weg zur Eizelle ermöglicht. Der im Halskanal gebildete Schleim enthält Stoffe, die anziehend auf die in der Nähe befindlichen Spermatozoiden einwirken (Chemotaxis).

Stehen mehrere Gametangien dicht beieinander, so sprechen wir von einem Gametangienstand[1]). Bei den zweihäusigen (diözischen) Polytrichumarten bilden die männlichen Gametangien, mit Paraphysen oder Saftfäden gemischt, einen zierlichen, von Hüllblättern umgebenen, schon für das unbewaffnete Auge deutlich erkennbaren Becher, ähnlich liegen die Verhältnisse bei den zweihäusigen Mnium-, Rhodobryum-, Splachnum-, Timmia- und Philonotisarten. Sind, wie in den angeführten Fällen in einem Gametangienstande nur männliche Gametangien (Antheridien) oder nur weibliche (Archegonien) enthalten, so liegt ein eingeschlechtiger, sind beiderlei Gametangien in demselben Stand vereinigt, ein zwitteriger Gametangienstand vor. Als monözisch oder einhäusig bezeichnet man ein Moos, wenn beiderlei Gametangienstände räumlich voneinander getrennt demselben Individuum angehören, als diözisch oder zweihäusig, wenn sie auf zwei Individuen derselben Art verteilt sind, als polygamisch oder polyözisch, wenn beiderlei Stände bald an demselben Individuum, bald an mehreren derselben Art vorkommen.

Soweit bis jetzt bekannt, sind alle Laubmoose akrogyn, d. h. das erste Archegonium geht immer aus der Scheitelzelle eines Haupt- oder Seitensprosses hervor. Dasselbe gilt von dem ersten Antheridium eines Sprosses, demnach sind die Laubmoose auch alle akrandrisch. Eine scheinbare Ausnahme von der Akrandrie machen Sphagnum und Polytrichum, bei letzterem bleibt die Scheitelzelle erhalten und wächst zu einem neuen Sproß aus, nicht aber z. B. bei Mnium, wo sie bei der Bildung der Antheridien aufgebraucht wird. Ein Hauptsproß, der seine Scheitelzelle zur Bildung eines Archegoniums verwendet,

---

[1]) Janzen, P., Die Blüten der Laubmoose Hedwigia 1920. S. 163—281. — Grimme, A., Über die Blütezeit deutscher Laubmoose u. die Entwicklung ihrer Sporogone. Hedwigia 1903. S. 1—75. — Arnell, De Scandinaviska Löfmossornas Kalendarium. Upsala 1875.

ist gezwungen, sein Wachstum einzustellen. In der Regel brechen dann unter der Stämmchenspitze ein oder mehrere Seitenäste, die Innovationen (Bryum) hervor, diese übernehmen die Rolle der Hauptachse und wachsen in deren Richtung fort. So bei den akrokarpischen Bryineen. Bei den pleurokarpischen dagegen bleibt die Scheitelzelle der Hauptachse erhalten, hier sind es die Scheitelzellen der Seitenäste, welche mit der Bildung der Archegonien abschließen und deshalb keines Wachstums mehr fähig sind. Es sei noch bemerkt, daß auch bei zwittrigen Gametangienständen das erste Archegonium immer seinen Ursprung der Scheitelzelle verdankt, also stets eine terminale Stellung einnimmt.

Bei zweihäusigen Laubmoosen übertreffen die weiblichen Pflanzen die männlichen oft nicht unerheblich an Größe (Polytrichum, Ephemerum, auch Buxbaumia). Seinen stärksten Ausdruck findet dieser sexuelle Dimorphismus[1]) bei Leucobryum vulgare und vielen einheimischen Dicranumarten. Außer männlichen Pflanzen von normaler Größe bringt z. B. die erstgenannte Spezies winzige, armblättrige Knöspchen, die sogenannten Zwergmännchen, hervor. Wir finden diese nach Fleischer „an oder in den oberen Schopf- und Perigonialblättern" und immer „nur auf sporogontragenden Rasen." Es ist bisher noch niemandem der Nachweis gelungen, daß die männlichen Zwergpflanzen ihren Ursprung aus sekundärem Protonema nehmen, und es ist nicht einzusehen, warum die Verhältnisse bei Leucobryum und Dicranum anders als bei den tropischen Gattungen Makromitrium, Schlotheimia und Trismegistia liegen sollen. Nach wie vor stehe ich auf dem Standpunkt, daß alle Zwergmännchen aus Sporen hervorgehen, und hierin bestärken mich vor allem die Ergebnisse von Untersuchungen M. Fleischers an tropischen Laubmoosen.

Bei den Laubmoosen entwickelt sich aus der befruchteten Eizelle ein spindelförmiges Gebilde (Fig. XI, rechts), der Embryo. Er bleibt längere Zeit in einer Hülle, dem Epigon[2]), eingeschlossen. An dem Aufbau dieses Schutzorgans können 1. der Bauchteil des Archegoniums, 2. der Stiel des Archegoniums und 3. das Stämmchen unterhalb des Stiels Anteil haben, nicht, wie man früher fast allgemein annahm, nur der Archegoniumbauch. Bei Andreaea z. B. sind nur der Fuß des Archegoniums und das obere Stämmchenende an der Bildung des Epigons beteiligt, bei Leptobryum pyriforme nur der Stiel. Auf weitere Einzelheiten kann hier nicht eingegangen werden, doch sei noch erwähnt, daß bei einigen Laubmoosen, z. B. Funaria und Enca-

---

[1]) Göbel, K., Über sexuellen Dimorphismus bei Pflanzen. Biol. Zentralbl. XXX. 1910. G. O., S. 137—142 u. S. 850 —. Fleischer, M., Über die Entwicklung der Zwergmännchen aus sexuell differenzierten Sporen bei den Laubmoosen. Ber. d. dtsch. bot. Ges. 1920. S. 84—92. Hier wie bei Göbel zahlr. Literaturangaben.

[2]) Diese Bezeichnung rührt von Bischoff her, wurde dann nicht mehr angewendet, bis Hy sie wieder in Aufnahme brachte.

lypta das Epigon stark erweitert ist, wodurch ein sogenannter „Wasserbauch" zustande kommt.

Mit dem Wachstum des Embryos hält das des Epigons nicht gleichen Schritt, andernfalls würde jener ja dauernd von der Hülle umschlossen bleiben müssen. An einer vorgebildeten Stelle tritt am Epigon ein Riß ein, der sich streckende Embryo hebt alsdann den oberen Teil als Kalyptra oder Haube empor, während der untere Abschnitt, die Vaginula oder das Scheidchen, die basale Partie der späteren Seta, den „Fuß" schützend umhüllt. Diesem fällt die Aufgabe zu, den Sporophyten im Gametophyten, zu dem ja auch die Vaginula gehört, zu verankern, außerdem wirkt er als Saugorgan, als Haustorium. Er entnimmt seiner Umgebung in Wasser gelöste Nährstoffe, die sich nach oben bewegen und beim Aufbau und der Ernährung des Sporophyten Verwendung finden. Obwohl das Sporogonium Zellen mit Chloroplasten und sehr oft auch Spaltöffnungen besitzt, so ist der Sporophyt meines Erachtens doch nicht imstande, die zu seinem Aufbau nötigen Stoffe selbst herzustellen, er ist vielmehr fast ganz auf die Zufuhr vom Gametophyten her angewiesen, führt also ein parasitisches Dasein auf der geschlechtlichen Generation[1]). Oft trägt die Vaginula an ihrer Außenseite Paraphysen, ein oder mehrere unbefruchtete Archegonien und Blätter. Bei einigen Orthotrichum- und zahlreichen Grimmiaarten ist der Vaginula noch ein meist zylindrisches, oft zerschlitztes weißhäutiges Gebilde, die sogenannte Ochrea aufgesetzt (Fig. XI, A, o.).

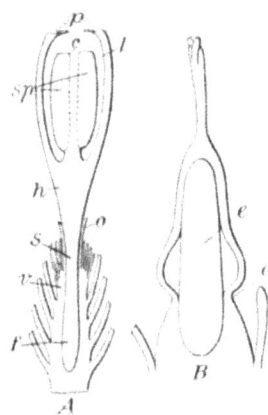

Fig. XI. A. Orthotrichum stramineum Hornsch. Längsschnitt durch den Sporophyten. Schematisch. Deckel abgeworfen. — f Fuß, v Scheidchen oder Vaginula, s Seta (kurz). o Ochren, h Hals, sp Sporenbildende Schicht, l Luftraum, c Columella, p Peristom. — B. Physcomitrella patens B u. S, jugendlicher Sporophyt im Längsschnitt, e Embryo. Bei a löst sich der obere Abschnitt des Epigons ab und wird vom sich streckenden Embryo als Haube emporgehoben. Zwischen Embryo und der ringförmigen Ausbuchtung der Haube ein Wassersack.

Von den am Stämmchenende stehenden Archegonien wird in der Regel nur eins befruchtet. Eine Ausnahme machen z. B. die polyseten Formen einiger Mnium- und Dicranumarten. Nach der Befruchtung wachsen die Hüllblätter oft zu bedeutender Größe heran, in ausge-

---

[1]) Diese Ansicht vertreten in erster Linie Sachs (Lehrb. d. Bot., 4. Aufl.), S. 341 und Göbel in „Die Muscineen" (Schenks Handb. d. Bot. S. 316). Im Gegensatz hierzu stehen die Anschauungen Haberlandts (Beitr. z. An. u. Phys. d. Laubm.), S. 427—457.

wachsenem Zustand heißen sie dann Perichätialblätter. Sie dienen wohl der Wasserspeicherung, gehören, morphologisch aufgefaßt, zwar zum Gametophyten, in physiologischem Sinne aber zum Sporophyten.

Im fertigen Zustand stellt die Seta einen meist sehr langgestreckten, zylindrischen, biegungsfesten und im Verhältnis zum Sporogon verhältnismäßig einfach gebauten Körper dar. Bei ihr übernimmt wie beim Stämmchen ein peripherisch gelegener Zylinder aus langgestreckten, dickwandigen Zellen die mechanische Festigung. Das Zentralgewebe dagegen besteht aus dünnwandigen, gleichfalls langgestreckten Elementen. Es dient offenbar der Wasserleitung, fehlt aber bei vielen Laubmoosen. Es sei noch auf die starke Hygroskopizität besonders der reifen Seten, auf die bei der Eintrocknung auftretende bandartige Verflachung und auf die damit in Verbindung stehenden Drehungserscheinungen hingewiesen, die entweder im Sinne des Uhrzeigers oder im entgegengesetzten Sinne oder in beiderlei Sinne an derselben Seta erfolgen können. Man unterscheidet dementsprechend rechts- und linkswindende bzw. gegenläufige Seten[1]).

In morphologischer Beziehung sind der Hals (besonders groß bei Meesea, Amblyodon, Paludella, Trematodon, Bruchia, Plagiobryum, mehreren Webera- und Bryumarten), die Apophyse (Polytrichum, Splachnum, Tetraplodon) und der Kropf (Dicranella cerviculata, Cynodontium strumiferum, Oncophorus virens, Leucobryum vulgare) der Seta zuzurechnen, denn man hat nach Haberlandt „von der Annahme auszugehen, daß das Laubmoossporogon erst nach bereits vollzogener Differenzierung in Kapsel, Stiel und Fuß in den Besitz eines selbständigen Assimilationssystems gelangt ist." Grebe[2]) erblickt in den genannten drei Setenabschnitten hypertrophische Bildungen und führt diese auf eine sehr reichliche Ernährung zurück, weil alle in Betracht kommenden Laubmoose auf sehr nährstoffreichem, humosem Boden wachsen.

An dem spindelförmigen, schon weit fortgeschrittenen Embryo ist zwar die Anlage des Sporogoniums vorhanden, äußerlich aber nicht erkennbar, bei genauerem Zusehen finden wir sie aber am oberen Ende der Spindel im Anfangsstadium (Fig. XII, links). Durch die Tätigkeit eines unter der Sporogonanlage liegenden, lange Zeit hindurch teilungsfähigen Gewebes, eines interkalaren Meristems (Fig. XII, links) wird zuerst die Seta aufgebaut, die also der Entwicklung des Sporogoniums stark voraneilt. „Nur dieses Gewebe ermöglicht es dem jungen Sporophyten aus der ihn umgebenden Hülle herauszukommen (G. O., S. 535).

---

[1]) Lorch, W., Die Torsionen der Laubmoosseta. Hedwigia 1919. S. 40—96.

[2]) Grebe, C., Studien zur Biologie und Geographie der Laubmoose. Hedwigia 1917, S. 8—11.

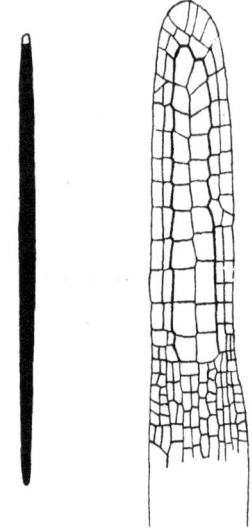

Wenn wir einen jugendlichen Embryo[1]) in Javellesche Lauge legen und ihn darauf mit Saffranin färben, so können wir an dem fast durchsichtigen Präparat die Hauptteile des noch in den Anfangsstadien der Entwicklung befindlichen Sporogons erkennen (Fig. XII, rechts).

An der Spitze bemerken wir die zweischneidige Scheitelzelle mit einigen Segmenten, unter ihr eine aus zahlreichen Wänden zusammengesetzte, hin und her verlaufende Kontur, die Mittellinie, rechts und links von dieser eine Reihe großlumiger Elemente, die das Endothecium bilden. An dieses schließt sich weiter nach rechts und links eine Schicht von Zellen an, die durch perikline Membranen bereits in zwei Zellen zerfallen sind und als Amphithecium bezeichnet werden. Noch bessere Aufschlüsse über den Bau eines jugendlichen Sporogons erteilt ein Querschnitt (Fig. XIII). Die schematische Figur zeigt vier Quadranten, die durch zwei senkrecht zueinander verlaufende Linien und die zugehörigen Abschnitte der Peripherie begrenzt werden. Durch anti- und perikline Wände teilt sich jeder Quadrant in eine innere Zellgruppe (punktiert), das Grundquadrat, das dem Endothecium entspricht, und eine äußere, das Amphithecium. Bei fast allen Laubmoosen gehören die Columella oder das Mittelsäulchen und die sporenbildende Schicht oder das Archespor, dem Endothecium an, ebenso der innere Sporensack, der der Innenseite des Archespors anliegt. Der äußere Sporensack, aus zwei bis drei Schichten bestehend, geht wie die Kapselwand und die Zellen der Intercellularen aus dem Amphithecium hervor. Bei Sphagnum nimmt das Archespor indessen seinen Ursprung aus dem Amphithecium, Sphagnum und Andreaea erzeugen auch keine Intercellularräume, und während bei den Vertretern des Bryineentyps das Archespor einer beiderseits offenen Tonne gleicht, durchsetzt bei Sphagnum und An-

Fig. XII. Rechts Längsschnitt durch ein jugendliches Sporogon von Catharinaea undulata (L.) W. et M. Oben links die zweischneidige Scheitelzelle. In der Mitte, von stärkeren Linien umzogen, das Endothecium, rechts und links davon das Amphithecium. Unten das kleinzellige zartwandige Meristem. — Links ein freipräparierter Embryo derselben Art. Aus dem oberen, nicht geschwärzten Teil geht das Sporogon hervor. — Mit geringfügigen Abweichungen vom Original nach Göbel, Organographie.

---

[1]) Kienitz-Gerloff, Entwicklung der Laubmooskapsel. Bot. Zeitg. 1878.

dreaea die Columella das Archespor oben nicht. Archidium besitzt zwar Intercellularräume, entbehrt aber des Mittelsäulchens.

Auf dem Querschnitt durch ein vollentwickeltes Sporogon von Funaria hygrometrica treten uns genau sechzehn, reich mit Chloroplasten versehene, in radialer Richtung verlaufende Zellfäden, die sogenannten Spannfäden entgegen (Fig. XIV, B). Sie umschließen große Lufträume und stehen mit einer Art Schwammgewebe der Sporogonwand in Verbindung. Man hat den Eindruck, als ob die Columella samt Archespor und den beiden Sporensäcken in der Mitte des Sporogons aufgehängt wäre. Bei Polytrichum ist noch ein innerer Luftraum vorhanden, der ebenfalls von Spannfäden durchsetzt wird, welche das Mittelsäulchen mit dem inneren Sporensack verbinden.

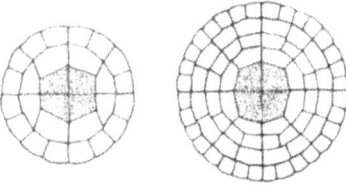

Fig. XIII. Querschnitte durch den Sporogonteil von Embryonen von Phascum cuspidatum Schreb. Schematisch. In beiden Figuren die Quadrantenwände, in der Mitte (punktiert) das Grundquadrat (Endothecium), außerhalb desselben das Amphithecium. Vgl. Fig. XII. — Mit unwesentlichen Abänderungen nach Göbel, Organographie.

Das Assimilationssystem[1]) der Laubmooskapsel hier genauer zu schildern, muß ich mir versagen. Wer sich dafür interessiert, sei auf die ziemlich ausführlichen Darlegungen in Haberlandts „Beiträge zur Anatomie und Physiologie der Laubmoose" (S. 427—442) hingewiesen. Ebenso empfehle ich den Abschnitt über das Wassergewebe (S. 423—427), das in der Sporogonwand oft mehrere Schichten zartwandiger, meist mit wässeriger Flüssigkeit erfüllter Zellen bildet, der Beachtung der Bryologen.

Von hohem diagnostischem Werte sind die meist am unteren Teil des Sporogons, am Halse oder an der Apophyse gelegenen Spaltöffnungen oder Stomata. Sie stehen mit dem Luftraume des Sporogons in Verbindung. Man unterscheidet phaneropore und kryptopore Spaltöffnungen, je nachdem ihr äußerer Porus in der Wandoberfläche oder unter dem Niveau der Epidermis liegt. Die kryptoporen Stomata kommen dadurch zustande, daß sich benachbarte Epidermiszellen über die zwei (meist) halbmondförmigen Schließzellen der Spaltöffnung z. T. vorwölben, wodurch diese, von außen betrachtet, oft ein strahliges oder sternförmiges Aussehen erlangen.

Ein aus einer bis mehreren Schichten zusammengesetzter, aus großen, inhaltsleeren, etwas abgeplatteten Zellen gebildeter Ring[2]),

---

[1]) Magdeburg, Fr., Die Laubmooskapsel als Assimilationsorgan. Diss. Berlin 1886. — Bünger, Beiträge z. Anat. der Laubmooskapsel. Bot. Centralbl. 1890. — Haberlandt, G., Beitr. z. Anat. u. Phys. d. Laubmoose. S. 457—475.

[2]) Dihm, H., Untersuchungen über den Annulus der Laubmoose Flora 1894.

der Annulus, bewirkt die Abtrennung des oberen Teiles des Sporogons, des Deckels, von der Urne. Dadurch wird den reifen Sporen[1]) der Austritt aus dem Sporogon ermöglicht. Bei den kleistokarpischen Bryineen öffnet sich dieses nicht mit einem Deckel, die Sporen gelangen durch Verwitterung der Sporogonwand ins Freie. Auch die Sphagnaceen entlassen ihre Sporen durch Abwerfen eines Deckels. Die Andreaeaarten ähneln betr. der Sporenaussaat den Jungermanniaceen. Die Sporogonwand zerfällt durch vier Längswände in ebenso viele Klappen, die aber an ihrer Spitze dauernd verbunden bleiben.

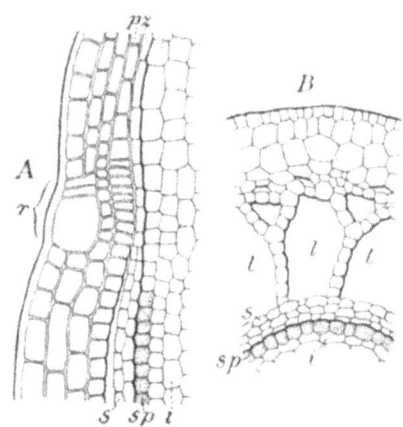

Fig. XIV. Links Längsschnitt durch ein fast reifes Sporogon von Ceratodon purpureus Brid, s äußerer, i innerer Sporensack, sp sporenbildende Schicht, pz peristombildende Zellen, r Ring. — Rechts Querschnitt durch ein fast reifes Sporogon von Funaria hygrometrica Sibth., l Lufträume, s äußerer, i innerer Sporensack, sp sporenbildende Schicht.

Ist der Deckel abgeworfen, so kommt am Rande der Urne eine je nach der Art verschiedene Anzahl von Zähnen, Fäden, Wimpern oder ähnlich geformten Gebilden zum Vorschein, es ist der Mundbesatz oder das Peristom, ein Organ, so eigenartig, daß man es nicht ohne Grund als das Charakterorgan der Laubmoose bezeichnet hat. Unterzieht man sich der Mühe, die Zahl der Zähne, Fäden usw. festzustellen, so ist man nicht wenig erstaunt, außer der selten vorkommenden Zahl 4 immer gerade Vielfache davon, also 8, 16, 32 und 64 zu erhalten. Sind zwei Zahnreihen, eine äußere und innere, vorhanden oder kommt nur eine in Betracht, so unterscheidet man zwischen doppeltem und einfachem Peristom. Nacktmündig oder gymnostom heißt das Sporogon, wenn der Mundbesatz fehlt. In systematischer[2]) und auch in rein praktischer Beziehung ist das Peristom von großer Bedeutung.

---

[1]) Göbel, K., Über die Sporenausstreuung bei den Laubmoosen. Flora 1893. — Pfähler, A., Étude biologique et morphologique sur la dissémination des spores chez les mousses. (Bull. de la soc. vaudoise des sc. nat. Lausanne 1904.) — Timm, R., Die Ausstreuung der Moossporen und die Zweckmäßigkeit im Naturgeschehen. Verh. d. nat. Ver. in Hamburg. 1910.

[2]) Das System M. Fleischers in „Hedwigia", Bd. LXI, Heft 6, S. 390 bis 400.

Die Entwicklungsgeschichte lehrt, daß mit Ausnahme von Tetraphis und Tetrodontium das Peristom seinen Ursprung aus dem Deckelgewebe nimmt, die Deckelcolumella und die Wand des Deckels dagegen nicht am Aufbau der Zähne beteiligt sind. Bei den beiden Tetraphideenarten zerfällt der ganze obere Teil des Sporogons mit Einschluß des Mittelsäulchengewebes, aber mit Ausschluß der äußeren Deckelschicht in vier, aus ganzen Zellen bestehende Zähne. Auch bei den Polytrichaceen ist jeder Peristomzahn aus unversehrten, toten Zellen aufgebaut. Diese unterscheiden sich aber wesentlich durch ihre hufeisenförmige Gestalt von denen der Tetraphideen. Anders liegen die Verhältnisse bei den Bryineen. Hier setzen sich die Zähne aus verdickten Membranstücken zusammen, wogegen die zarten in Fortfall kommen.

Eine wichtige Rolle spielt das Peristom bei der Sporenaussaat[1]). Die Zähne des einfachen und besonders die äußeren des doppelten Peristoms sind meist stark hygroskopisch. Ist die Luft trocken, so richten sich die Zähne auf, wodurch die Urnenmündung frei wird, so daß die trockenen, leichten Sporen austreten können. In feuchter Atmosphäre dagegen neigen die Zähne wieder über der Urnenmündung zusammen und verhindern dadurch das Eindringen von Tau und Regen in das Sporogon. Besonders lange Zähne des Peristoms (Dicranum, Fissidens u. a.) biegen sich im trockenen Zustand mit ihrem oberen Ende über den Urnenmund nach innen. An Rauhigkeiten und Fortsätzen allerlei Art bleiben dann Sporen haften; erfolgt später eine Streckung, so kann die leiseste Luftbewegung die Sporen fortführen. Liegt ein doppeltes Peristom vor, so dient das äußere oft, da es stark hygroskopisch ist, zum Verschluß der Löcher, Spalten und Lücken des inneren Mundbesatzes, der nur geringe oder gar keine hygroskopische Eigenschaften aufweist (Fontinalis, Cinclidium, Funaria u. a.). Die Arten von Buxbaumia und Diphyscium verfügen in dem gefalteten, oben offenen Trichter ihres Peristoms über eine Art von Blasebalgeinrichtung, die eine allmähliche Sporenaussaat ermöglicht. Bei manchen Hypnaceen, Bryaceen und Mniaceen arbeitet das innere Peristom auch als Schleudereinrichtung. Die peristomlosen Sporogonien von Sphagnum explodieren zur Zeit der Sporenreife mit deutlich wahrnehmbarem Geräusch. Deckel und Sporen werden dadurch oft bis 10 cm weit fortgeschleudert. Nach Nawaschin handelt es sich um einen Druck von 3—5 Atmosphären.

Auch die Columella hat bei manchen Laubmoosen Anteil an der Sporenausstreuung. So bei den Polytrichaceen, deren Mittelsäulchen ungefähr in der Höhe der Urnenmündung eine häutige, kreisförmige Verbreiterung (Epiphragma) erfährt, die von den Zähnen des Peristoms getragen wird. Es entsteht auf diese Weise eine Art Porenkapsel, der des Mohnes vergleichbar, die ganz allmählich die Sporen durch die vom Urnenrand, den Zähnen und dem Epiphragma gebildeten Löcher entläßt.

---

[1]) Steinbrinck, C., Der hygroskopische Mechanismus des Laubmoosperistoms. Flora 1884.

Die Kalyptra oder Haube[1]) dient in erster Linie dem jugendlichen Sporogon zum Schutze. Sie ist meist vergänglich und fällt in der Regel lange Zeit vor der Loslösung des Deckels ab. Bei mancher Art bleibt sie aber mit diesem in Verbindung und trägt sicherlich dazu bei, den Deckel von der Urne abzuheben.

II. Die Bestimmungstabellen.

Bei der Abfassung der Bestimmungstabellen sind nur rein praktische Gesichtspunkte maßgebend gewesen, und ich glaube im allgemeinen den Nachweis erbracht zu haben, daß es sehr gut möglich ist, auch auf Grund vornehmlich vegetativer Merkmale den wissenschaftlichen Namen eines Laubmooses zu ermitteln, was von mancher Seite bestritten wird. Es ist nur nötig, eine Art, auf die mehrere Angaben, z. B. solche hinsichtlich der Färbung des Rasens oder Polsters, zutreffen, in einer entsprechend größeren Zahl von Tabellen unterzubringen, wie es in diesem Buche geschehen ist. Es sei deshalb darauf aufmerksam gemacht, daß nicht wenige Formen in mehreren Tabellen wiederkehren, wodurch die Bestimmung wesentlich erleichtert wird. Erst in zweiter Linie haben die den Sporophyten betreffenden Einzelheiten Berücksichtigung gefunden, womit aber deren hoher diagnostischer Wert nicht herabgesetzt werden soll. Eine nicht unbeträchtliche Anzahl Laubmoose bringt nur selten Sporogonien hervor, von manchen kennt man sie überhaupt noch nicht. In diesem Falle ist der Anfänger also schon ohnehin bei der Bestimmung auf die vegetativen Organe hingewiesen. Es erschien mir durchaus nicht ratsam, Prinzipien systematischer Art zur Geltung zu bringen, denn jeder Eingeweihte weiß, daß das natürliche System sich nicht in die Fesseln einer analytischen Bestimmungstabelle schlagen läßt.

Durchweg sind leicht erkennbare Merkmale, vor allem in den größeren Kategorieen, gewählt worden. Es empfahl sich nicht, die rein dichotomische Methode überall zur Anwendung zu bringen. Bei einer geringeren Anzahl mag es wohl angebracht sein, eine Bestimmung nach jener Methode vorzunehmen, häufen sich aber die Formen, so vergrößert sich auch die Zahl der „Einschachtelungen", wodurch die Bestimmung erschwert wird. Tunlichst vermieden wurde auch der Gebrauch negativer Merkmale, denn auch aus der positiven Angabe der entsprechenden Kategorie läßt sich nicht immer etwas über den Sinn der negativen Angabe entnehmen. Um Irrtümer und Verwechslungen in den den Kategorieen vorangestellten Zahlen und

---

[1]) Lorch, W., Die Haube von Polytrichum formosum Hedw. — Hedwigia 1920. S. 346. — Zielinski, Beiträge zur Biologie des Archegoniums und der Haube der Laubmoose. Flora 1909. — Janzen, P., Die Haube der Laubmoose. Hedwigia 1916. S. 156—280.

Buchstaben zu vermeiden, wechseln diese in den größeren Kategorieen immer miteinander ab. Auf ein A folgt eine I und auf diese ein α. Der Anfänger beginne die Bestimmungen stets mit den an erster Stelle stehenden zehn großen Hauptabteilungen und lasse sich nicht verleiten, durch Blättern im Buche oder Nachlesen an verschiedenen Stellen den Namen der Art erfahren zu wollen. Folgt er diesem Rate, dann wird er mit Leichtigkeit sofort entscheiden können, in welcher der zehn großen Abteilungen zunächst die betr. Form zu suchen hat. Die verhältnismäßig geringsten Schwierigkeiten bereiten die Abteilungen I—VII, da schon das unbewaffnete Auge bzw. eine gute Lupe ausreichen, um zum Ziele zu gelangen. Anders in den Gruppen VIII bis X. Zur Feststellung, ob die Blätter rippenlos sind, ob die Rippe kurz oder nur angedeutet ist, ob sie in letzterem Falle einfach, doppelt oder dreiteilig ist, darüber gibt nur das Mikroskop, auf dessen Unentbehrlichkeit hier schon ausdrücklich hingewiesen sei, zuverlässige Auskunft. Die umfangreichste Abteilung X, welche alle Arten umfaßt, bei denen die Rippe mindestens bis zur Blattmitte reicht, ist aus guten Gründen an das Ende gestellt. Gehört eine Art in diese, so benutze man zunächst den großen Bestimmungsschlüssel, der unmittelbar darauf folgt. Damit der im deutschen Tieflande oder Mittelgebirge sammelnde Anfänger sich nicht unnötigerweise bei ausschließlich in alpinen Regionen vorkommenden Formen aufhält, sind diese durch ein fettgedrucktes und vorangestelltes **A** kenntlich gemacht

Sind in einer Tabelle mehr als zwei gleichwertige Kategorieen vorhanden, so gibt eine Zahl hinter dem Zeichen der ersten Kategorie an, wieviel Kategorieen noch folgen. So bedeutet A(3), daß noch zwei Kategorieen, B und C, berücksichtigt werden müssen.

III. Hilfsmittel für die Untersuchung der Laubmoose.

Ein nur flüchtiger Blick in die Bestimmungstabellen zeigt, daß zum eindringenderen Studium der Laubmoose eine gute Lupe, die in manchen „Führern" als völlig ausreichend bezeichnet wird, nicht genügt, daß vielmehr stärkere Vergrößerungen, wie sie nur das Mikroskop bietet, erforderlich sind, um Untersuchungen, die zum gewünschten Ziele führen, anstellen zu können. Beim Ankauf eines Mikroskopes beachte man jedoch, daß es eine 200- bis 400fache Vergrößerung ermöglicht, da manche Feinheiten erst bei Zuhilfenahme stärkerer Systeme erkennbar sind. Unentbehrliche Hilfsmittel sind außerdem ein gutes, an der Unterseite plangeschliffenes Rasiermesser, eine feine Pinzette, mehrere Präpariernadeln und -messerchen, davon eins mit doppelter Schneide, ein feiner Marderhaarpinsel, Uhrschälchen, Objektträger und Deckgläser, eine Spirituslampe, ferner Hollundermark, hochprozentiger Alkohol, Glyzerin und Glyzeringelatine, Kalilauge und Chloralhydratlösung.

Will man einen Querschnitt durch ein Stämmchen herstellen, so verfahre man in folgender Weise. Nachdem ein Stengelstückchen von den Blättern befreit worden ist, lege man es zum Zwecke der Härtung in hochprozentigen oder absoluten Alkohol. Dann halbiere man z. T. ein Säulchen Hollundermark und bringe mit der Pinzette das gehärtete Objekt in den Spalt, achte aber darauf, daß der Gegenstand möglichst gut orientiert ist, damit schiefe Schnitte vermieden werden. Nach Anfeuchtung des Rasiermessers mit Alkohol versuche man zarte Querschnitte herzustellen und führe diese vermittelst einer Nadel oder eines Pinsels in den zuvor auf den Objektträger gebrachten Wassertropfen über, darauf bedecke man das Ganze mit einem Deckglase. Überflüssiges Wasser läßt sich leicht vom Rande des Deckglases her durch Fließpapierstreifen entfernen. Luftblasen, die als Perlen mit schwarzen Rändern oft störend wirken, beseitige man durch Zusatz von Alkohol oder durch vorsichtiges Erwärmen über einer Spirituslampe. Zur Aufhellung des Schnittes sei die Verwendung von Kalilauge (Vorsicht!), durch welche zugleich Quellungserscheinungen hervorgerufen werden, empfohlen. Man stelle gleich mehrere Querschnitte her und wähle den brauchbarsten zur Untersuchung aus. Wie man zwecks Anfertigung eines Längsschnittes durch das Stämmchen zu verfahren hat, braucht wohl nicht näher dargelegt zu werden. Beläßt man die Blätter am Stengel, so erhält man bei Querschnitten durch letzteren oft auch brauchbare Blattquerschnitte. Dies gelingt noch am besten, wenn man das Objekt beim Schneiden ziemlich stark zusammendrückt.

Eine andere und sicherer zum Ziele führende Methode, dünne Blattquerschnitte zu erhalten, ist folgende. Man klebt vermittelst Glyzeringummi (Gemisch von 10 g Gummi arabicum, 10 g Wasser, 40—50 Tropfen Glyzerin und etwas Karbolsäure) mehrere Moosblätter aufeinander und versucht, „ohne das Trocknen des Gummis abzuwarten" (Strasburger, Bot. Praktikum, 5. Aufl., S. 334), das verdickte Objekt zwischen Hollundermark zu schneiden. Das anhaftende Gummi löst sich leicht in Wasser auf.

Ganze Blätter faßt man mit einer feinen Pinzette an der Spitze und reißt sie darauf von dem Stämmchen ab. Oft löst sich dann aber das Blatt nur unvollständig von der Achse, so daß man die Zellen der Insertion, die Blattohren und Blattflügelzellen nicht zu Gesicht bekommt. Bessere Resultate hat man zu erwarten, wenn man mit einem scharfen Messerchen längs des Stengels hinfährt.

Den inneren Bau des Sporogons studiert man am besten an Quer- und medianen Längsschnitten, letztere geben zugleich Aufschluß über die Anatomie des Ringes. Ist das Sporogon bereits entdeckelt, so bietet die Untersuchung des Peristoms keine besonderen Schwierigkeiten dar. Man hat nur nötig, einen Querschnitt durch die Urne in einiger Entfernung von deren Rande herzustellen, das erhaltene ringförmige Band aufzuschlitzen und zwei Abschnitte davon auf dem Objektträger auszubreiten, damit Rücken- und Bauchseite der Zähne gleichzeitig untersucht werden können. In vielen Fällen, und dies gilt auch für das doppelte Peristom, ist der Mundbesatz ziemlich tief unter der Mündung an der Innenseite des Sporogons inseriert, so daß die Zellen der Urnenwand ein klares Bild nicht zustande kommen lassen. Durch geeignete Manipulationen suche man dann das störende Gewebe zu entfernen. Ist der Deckel noch mit der Urne in Verbindung, so halbiere man das Sporogon der Länge nach und lege beide Hälften in einen Tropfen Wasser. Ring und Deckel können dann leicht, besonders bei Anwendung eines schwachen Druckes auf das Deckglas, abgelöst werden. In dem Wassertropfen zerstreuen sich gleichzeitig die zahllosen Sporen, welche die Beobachtung unter Umständen außerordentlich erschweren. Diesen Übelstand beseitigt man, indem man die Objekte vermittelst einer feinen Präpariernadel in einen frischen Tropfen Wasser überführt. Will man die beiden Teile eines doppelten Mundbesatzes getrennt erhalten, so führt ein Schnitt durch den basalen Abschnitt des Peristoms oft zum gewünschten Ziele.

Um Dauerpräparate herzustellen, bringe man in die Mitte eines zuvor sauber gereinigten Objektträgers ein Stückchen Glyzeringelatine, das man durch Erwärmung des Objektträgers in den flüssigen Zustand versetzt. Nachdem man das Präparat in die Flüssigkeit gelegt hat, setze man das vorher etwas erwärmte Deckglas mit der Kante am Flüssigkeitsrande auf und lasse es behutsam mit Hilfe einer Nadel hinabgleiten. Nach Ablauf von etwa einem halben Jahre muß der Rand des Deckgases vermittelst Kanadabalsam, Goldsize oder einer anderen geeigneten Verschlußflüssigkeit luftdicht verkittet werden, weil sonst die Deckgläser beschlagen oder auch wohl die Präparate nach längerer Zeit zugrunde gehen.

Für bryologische Zwecke ganz besonders empfehlenswert ist die Aufbewahrung von Präparaten vermittelst Glimmerplättchen, da man das zwischen die Lamellen des Glimmers eingespannte Objekt jederzeit leicht befeuchten und von neuem der Beobachtung unterwerfen kann, auch lassen sich die biegsamen Präparate gut im Herbarium aufbewahren Dünne Glimmerplättchen schneidet man mit der Schere in rechteckige Täfelchen und spaltet sie so, daß der Zusammenhang der beiden Spaltstücke an einer Seite erhalten bleibt. Das Präparat feuchte man vorher an und schiebe es darauf in den Spalt hinein.

IV. Exkursionen.

Wer in Begleitung eines erfahrenen Bryologen botanische Ausflüge zu unternehmen in der Lage ist, genießt jedem anderen, auf sich allein Angewiesenen gegenüber einen erheblichen Vorsprung. Die Anleitung sollte aber immer nur eine orientierende sein, niemals dürfte der Anfänger vor die vollendete Tatsache gestellt werden, da sich sonst bei diesem leicht die Meinung festsetzt, er wisse alles, während er in Wirklichkeit kaum über die ersten Anfangsgründe hinaus ist. Mühelose Aneignung bryologischer Kenntnisse führt leicht zu Überhebung und Oberflächlichkeit, was bei einem gewissenhaften Autodidakten kaum der Fall sein dürfte.

Zu jeder Jahreszeit und überall kann der Anfänger bryologische Exkursionen mit Erfolg ausführen. Als unentbehrliche Ausrüstungsgegenstände sind außer einer guten Lupe mit möglichst großem Gesichtsfelde zu nennen eine geräumige, am besten weißgestrichene Botanisierbüchse, an deren Stelle auch mit Vorteil eine Tasche, ein Sack oder eine Pflanzenmappe benutzt werden kann, ferner festes Papier — empfehlenswert wasserundurchlässiges Pergamentpapier —, in das man größere Moosrasen einschlägt, außerdem Papierkapseln zur Aufnahme kleiner Arten und schließlich ein kräftiges Taschenmesser, mit dessen Hilfe Rindenmoose samt dem Substrat losgelöst und sehr kleine Erdmoose (Phascaceen z. B.) mit einer dünnen Erdschicht abgehoben werden können.

Torfmoore, Sumpfwiesen, Brüche, Waldsümpfe, Hohlwege, Gräben und deren Ränder, Wasserfälle, Steine und Holzwerk in und an fließenden Gewässern, Wehre, Ausstiche, Brunnen und Brunnentröge, überhaupt alle reich befeuchteten Stellen vereinigen oft auf engem Raum eine ungeahnte Fülle der schönsten und verschiedensten Moosarten. Mit Ruhe, das Auge nicht allzu weit vom Boden entfernt, mustere man aufmerksam die vielgestaltigen Formen, mache von der Lupe ausgedehnten Gebrauch und wende allen, den größeren wie den kleineren Arten, das gleiche Interesse zu.

Den erheblichsten Anteil an der Zusammensetzung der Flora eines Torfmoors pflegen die meist bleichen, oft auch prachtvoll rot oder violett angehauchten Torfmoose, Sphagna, zu haben. Meist wohnen zahlreiche, nicht leicht zu unterscheidende Arten dicht beieinander, untermischt mit vielen reich verzweigten Hypnaceen, schwellenden Rasen von Vertretern der artenreichen Gattungen Bryum, Mnium und Polytrichum; fast niemals fehlt Aulacomnium palustre, das durch seine lockeren, filzigen gelblichgrünen, etwas verworrenen Rasen sofort ins Auge fällt. Oft fehlen aber auch in Mooren und Sümpfen die Sphagna vollständig. Den Grund dafür haben wir in einem allzu reichlichen Kalkgehalt des Wassers zu suchen. Mit zunehmender Erhebung über den Meeresspiegel ändert sich ganz allgemein der Charakter der Flora. Dies gilt auch für die Hochmoore der Mittel- und Hochgebirge, deren bryologische Eigenart sich in dem Besitz zahlreicher, den Mooren des Flachlandes fehlender Arten zu erkennen gibt.

Wer mit Aufmerksamkeit Waldsümpfe, Brüche und Sumpfwiesen untersucht, wird sich bald davon überzeugen, daß jede dieser Örtlichkeiten besondere Arten beherbergt. Man begnüge sich aber nicht mit der bequemen Erforschung der Ränder solcher Terrains, sondern betrete mutig, wenn auch mit Vorsicht, die wasserreicheren Stellen und achte vor allem auf die Vegetation modernder Baumstämme und auf die grünen Überzüge in den Höhlungen von Erlenstümpfen (Plagiothecium latebricola).

Reiche Ausbeute an den verschiedenartigsten, meist dunkel- oder schwärzlichgrün gefärbten Moosgeschlechtern gewähren in der Regel Steine und Holzwerk in und an fließenden Gewässern. Das Vorkommen der Fontinalis- und Cinclidotusarten, von Amblystegium fluviatile und fallax, mehrerer Rhacomitriumarten, von Schistidium alpicola var. rivulare, Rhynchostegium rusciforme u. v. a. ist an derartige Lokalitäten gebunden. An Felsen, die vom Sprühregen alpiner Wasserfälle dauernd benetzt werden, entfaltet die Mooswelt oft eine Üppigkeit und Pracht, daß sie stets das Entzücken aller Bryologen und sinnigen Naturfreunde wachruft.

Einer sorgfältigen Prüfung unterziehe man den feuchten Ackerboden, Wege- und Grabenränder, Ausstiche, die durch die Anlage von Bahndämmen und Ziegeleien entstanden, die Ufer stehender Gewässer und den Grund trockengelegter Teiche. Winzige, gesellig oder herdenweise auftretende Moose, besonders aus der Gruppe der Cleistocarpi, wie Ephemerum, Ephemerella, Acaulon, Astomum, Phascum, Pleuridium, Physcomitrella u. v. a., außerdem Physcomitrium- und Pottia-Arten, Archidium phascoides erwählen sich solche Stellen zum Wohnsitz.

An Feld- und Straßenbäumen, besonders Weiden und Pappeln, Birken und Ebereschen, Ahornen und Linden, Eichen und Ulmen gehe man nie achtlos vorüber. Die Mehrzahl der trübgrünen Orthotricha, manche Tortula-Arten, wie laevipila, papillosa, latifolia, und viele pleurocarpische Formen, unter diesen vor allem Leucodon sciuroides und Homalothecium sericeum, bewohnen die Rinde vornehmlich älterer Bäume.

Im Schatten des Bergwaldes höherer Regionen, in erster Linie an feuchten, mit Steinen und Felsblöcken übersäten, gegen Norden gerichteten, geschützten Plätzen entfaltet die Mooswelt all ihre Reize und einen Formenreichtum, wie ihn der Botaniker, der bisher nur die artenarme und einförmige Bevölkerung des wenig fruchtbaren Sandbodens der norddeutschen Heiden und Kiefernwälder kennen lernte, nicht von ferne ahnt. Auf kleinstem Raum findet der Anfänger oft so zahlreiche Arten zusammengedrängt, daß er Tage, selbst Wochen hindurch eine bevorzugte Stelle aufsuchen und immer wieder neue Funde verzeichnen kann. Wer einen tieferen Einblick in die Abhängigkeitsverhältnisse der Laubmoose vom Substrat erhalten will, achte vor allem auch auf die chemische Beschaffenheit des Bodens und Gesteins, denn nicht wenige Moose kommen z. B. ausschließlich auf kalkhaltiger Unterlage vor. Mit einem Schlage ändert sich dann das Bild, wenn man beispielsweise von kalkarmen oder kalkfreien Schiefern des Devons auf den Massenkalk desselben Systems gelangt. Die Überraschung ist groß, wenn man beim Übergang auf kalkführendes Gestein viele Formen antrifft, denen man vorher nirgends begegnete. Hylocomium chrysophyllum, Hypnum molluscum und Sommer feltii, Eurhynchium Tommasinii, Barbula tortuosa, Ditrichum flexicaule, mehrere Grimmiaarten u. a. siedeln sich mit Vorliebe auf Kalkboden an.

Laub- und Nadelwälder weichen, und dies kann dem aufmerksamen Blicke auch des Anfängers nicht entgehen, bezüglich ihrer Moosbevölkerung nicht unerheblich voneinander ab. Die Belichtungsverhältnisse, der Feuchtigkeitsgrad des Bodens, das Alter und die Dichtigkeit des Baumbestandes, der Böschungswinkel der Abhänge und deren Orientierung zu den Himmelsrichtungen müssen stets berücksichtigt werden, wenn man über die Lebensbedingungen der einzelnen Arten Klarheit erlangen will. Besondere Aufmerksamkeit wende man feuchten Hohlwegen zu, die meist eine sehr reiche Ausbeute gewähren, man versäume auch nicht, an steil überragenden Felsen emporzuklettern und in deren schattigen Spalten genaue Umschau zu halten; denn hier verbergen sich bisweilen so manche Seltenheiten, wie Schistostega, Seligeria, die wirklich gesucht sein wollen. An stark besonnten Teilen der Felsen verschwinden die schatten- und feuchtigkeitsliebenden Arten und werden durch Vertreter der Gattungen Grimmia, Schistidium, Hedwigia, Coscinodon, Rhacomitrium u. a. ersetzt. Den Waldboden selbst, Baumstümpfe und -wurzeln, Steine und Felsblöcke überziehen in schwellenden Polstern zahlreiche Hypneen, besonders Arten von Hypnum und Hylocomium, auch die acrocarpischen Familien der Dicranaceen, Leucobryaceen, Mniaceen und Polytrichaceen haben an der Zusammensetzung der Moosdecke einen hervorragenden Anteil.

Wessen Zeit und Mittel es erlauben, versäume nicht, dem Hochgebirge einen längeren bryologischen Besuch abzustatten. Auf Schritt und Tritt erschließen sich in alpinen Höhen dem prüfenden Auge neue Herrlichkeiten, und immer mehr kommt dann auch bei dem Anfänger die Erkenntnis zum Durchbruch, daß für die geographische Verbreitung der Laubmoose genau dieselben Faktoren maßgebend sind wie für die höheren Pflanzen, und daß sich in der Organisation vieler Arten Beziehungen zwischen Funktion und Gestalt nachweisen lassen, wofür ihm aus der Biologie der höheren Pflanzen Analogieen vielleicht längst bekannt sind.

V. Das Sammeln und Präparieren für das Herbarium.

Beim Sammeln lege man das größte Gewicht darauf, außer den vegetativen Teilen eines Laubmooses auch dessen Sporophyten in möglichst guter Erhaltung und Vollständigkeit der Organe, vor allem das Peristom, den Deckel und die Haube zu erhalten, denn je größer die Vollständigkeit ist, desto leichter die Bestimmung. In den Tabellen dieser Flora ist bei jeder Art angegeben, zu welcher Jahreszeit die Reife des Sporogons eintritt, der Sammler kann also, besonders wenn er sich bei seinen Ausflügen auf die nächste Umgebung seines Wohnsitzes beschränkt, stets zu vollständigen Exemplaren in dem oben angegebenen Sinne gelangen. Eine nicht unbedeutende Anzahl von Laubmoosen, darunter viele häufige Arten, bringen indessen nur selten Sporogone hervor; in diesem Falle empfiehlt es sich, die betr. Art an möglichst zahlreichen Stellen aufzusuchen.

Man sammle stets reichlich, schon aus dem Grunde, um Tauschobjekte zur Verfügung zu haben und jedem Bryologen, den man um Unterstützung beim Bestimmen angeht, vollständige Exemplare einhändigen zu können, denn mit kärglichen Stengelchen vermag auch der gewiegteste Mooskenner oft nichts anzufangen.

Größere Moose müssen mit den in der Erde befindlichen Teilen eingesammelt werden. Wenn auch dieses Buch nur an wenigen Stellen auf sie Bezug nimmt, so kann dies doch kein Grund sein, sie für nebensächlich oder gar wertlos zu erachten, es ist also das Abschneiden der Rasen über der Erde durchaus zu verwerfen. Die anhaftende Erde wasche man sofort oder bei der nächsten sich bietenden Gelegenheit aus, beseitige durch Ausdrücken das überflüssige Wasser und schlage die Rasen in Papier ein. Winzige Arten, wie Phascum, Acaulon, Ephemerum u. a., hebe man samt einer dünnen Erdschicht mit einem Messer ab. Um den Zerfall des Räschens durch Lockerung der Erdteilchen zu verhindern, schlage man folgenden Weg ein. Auf einen Streifen dünner Pappe trage man eine kräftige Schicht von dickflüssigem Gummi arabicum auf und lege die Erdschicht mit der Unterseite auf die Klebmasse. Dadurch, daß die Flüssigkeit zwischen die Erdteilchen eindringt und zugleich eine feste Verbindung der Erdschicht mit der Pappunterlage herstellt, wird der Zerfall des Räschens verhindert. Bei der Präparation für das Herbar müssen solche Objekte in besonders starken Papierkapseln untergebracht werden. Tiefrasige, dichte Moospolster kann man durch senkrecht geführte Schnitte in dünne Scheiben spalten, mehr lockere Rasen mit einer Pinzette in kleinere Teile zerreißen und diese nochmals auf dem zum Trocknen dienenden Papiere so ausbreiten, daß Wuchsform und die charakteristische Verzweigung der Stämmchen auch in trockenem Zustand zur Geltung gelangt. Starkes Pressen ist zu vermeiden, es genügt vollkommen, wenn man die Papiermassen dem gelinden Druck einer Drahtgitterpresse oder zweier starker Pappdeckel, die man am besten durch eine kräftige Schnur zusammenhält, aussetzt. Wechselt man das feucht gewordene Papier in Zwischenräumen von mehreren Stunden einige Mal gegen trockenes aus, so kann man schon nach ein bis zwei Tagen die völlig trockenen Moose in Papierkapseln dem Herbar einverleiben oder sie vermittelst Gummi arabicum auf weißem starken Papier oder Karton aufkleben.

Eine gut schließende, allen Ansprüchen genügende, auch für Tauschzwecke sehr geeignete Papierkapsel erhält man, wenn man ein rechteckiges Stück Papier, dessen Seiten ungefähr in einem Verhältnis von 3 : 4 stehen, einen Zentimeter unterhalb der Mitte parallel zu der kürzeren Seite umschlägt. Dadurch entsteht an der größeren

Hälfte ein Rand, den man nach vorn über den längeren freien Rand der kleineren Hälfte umbricht. Die Papierkapsel ist fertig, sobald die beiden kürzeren Seiten nach rückwärts in einer Entfernung von 1 bis 1,5 cm umgebrochen sind.

Bei der Anlage eines Herbars lasse man sich ausschließlich von wissenschaftlichen und praktischen Gesichtspunkten leiten. Die beste Anordnung ist und bleibt selbstverständlich die systematische, anderseits darf aber nicht verkannt werden, daß man eine bestimmte Art am schnellsten im Herbar auffindet, wenn sämtliche Formen nach ihren Gattungs- und Artennamen streng alphabetisch aufeinander folgen. Jede Art, auf ein besonderes Stück Papier oder Karton in Quartformat aufgeheftet, bietet den großen Vorteil, daß jederzeit die alphabetische Anordnung durch die systematische und umgekehrt ersetzt werden kann.

B. Spezieller Teil.

Abkürzungen.

A. = Alpen.
Arg. = Alpenregion.
Astbl. = Astblätter.
Az. = Außenzellen.
Bg. = Bergregion.
Bl. = Blatt o. Blätter.
br. = braun.
Brutkp. = Brutkörper.
Bz. = Bauchzellen.
D. = Deckel.
diöc. = diöcisch o. zweihäusig.
Div. = Divergenz.
Dt. = Deuter.
Eb. = Ebene.
F. = Frühling.
Gamet. = Gametangien.
Geb. = Gebiet.
G.O. = Göbel, Organographie der Pflanzen.
gr. = grün.
Hb. = Haube.
H. = Herbst.
Ha. = Hochalpen.
Hrg. = Hügelregion.
hfg. = häufig.
monöc. = monöcisch o. einhäusig.
Mv. = Massenvegetation.
P. = Peristom.
Pbl. = Perichätialblätter.
polyg. = polygamisch.
Pz. = Peristomzähne.
Ras. = Rasen.
Rg. = Ring.
Rz. = Rückenzellen.
S.(in den Beschreibungen) = Seta.
S. = Sommer.
Sp. = Sporogonium.
St. = Stengel o. Stämmchen.
Stbl. = Stengel- o. Stämmchenblätter.
U. = Urne.
Varg. = Voralpenregion.
W. = Winter.
zwitt. = zwitterig.
zerstr. = zerstreut.
1—12 = Januar bis Dezember.

* bedeutet, daß die Blätter ganzrandig sind. — Bei insgesamt 203 Arten sind genauere Angaben (nach Grimme) über die Sporenreife, die Blütezeit und die Entwicklungsdauer der Sporogonien hinzugefügt worden. Beispiel: Cinclidotus fontinaloides. Die Beschreibung dieses Mooses schließt mit drei Zahlengruppen: 6—8. VII, (11—13). Bedeutung dieser Zahlengruppen: Die Reife der Sporogonien vollzieht sich in den Monaten Juni bis August (arab. Zahlen), die Blütezeit fällt in den Juli (röm. Zahl), zur Entwicklung brauchen die Sporogonien elf bis dreizehn Monate (eingeklammerte arab. Zahlen).

Übersicht über die Bestimmungstabellen I—X.

I Pflänzchen sehr niedrig, einzeln, truppweise (Buxbaumia Fig. 9 Seite 11) oder rasenfg. (Diphyscium Fig. 10 Seite 11), auf Erde oder faulendem Holze. St. sehr kurz, einfach, mit reichlichen Rhizoiden, bei Buxbaumia mit hinfälligen, chlorophyll- u. rippenlosen, einschichtigen, bei Diphyscium mit bleibenden, zweigestaltigen, blattgrünführenden, berippten Bl. Sp. unverhältnismäßig groß, schief eifg., dorsoventral. S. entweder sehr kurz, bleich u. ohne Zentralstrang (Diphyscium) oder sehr dick, 5—20 mm hoch, warzig und mit Zentralstrang (Buxbaumia). Siehe Seite 14.

II Kräftige Moose von ausgesprochen baumförmiger Tracht. Siehe Seite 15.

III Bl. deutlich in drei Reihen angeordnet. Bei Fontinalis tritt die dreireihige Anordnung der Bl. an den jugendlichen Sproßspitzen am deutlichsten hervor. Siehe Seite 16.

IV Bl. deutlich querwellig. Siehe Seite 17.

V St. mit echter oder unechter zweizeiliger Beblätterung. Die St. erscheinen verflacht. Siehe Seite 21.

VI Bl. deutlich sichelförmig-einseitswendig. Siehe Seite 30.

VII Bl. in eine weiße, glasartige, hyaline Spitze auslaufend. Siehe Seite 43.

VIII Bl. mit sehr kurzer, oft nur angedeuteter Rp., diese einfach, doppelt oder dreiteilig. Siehe Seite 56.

IX Bl. rippenlos. Siehe Seite 65.

X Bl. mit Rp., mindestens bis zur Blattmitte. Siehe Seite 3—14 u. 68—208.

Gliederung der Abteilung X.

Diese Abteilung umfaßt mehr als doppelt soviel Arten wie alle übrigen Abteilungen zusammengenommen. Zunächst ist darüber zu entscheiden, ob eine Art der Reihe der Acrocarpi oder Gipfelfrüchter oder der Reihe der Pleurocarpi oder Seitenfrüchter angehört. **Pleurocarpi:** Weibl. Gametangien o. Archegonien und demzufolge auch stets die Sporophyten
an kurzen Seitentrieben (Perichätialästen) des Hauptstengels und seiner Zweige. Die Perichätialäste haben eine kurze Achse und sind mit Perichätialblättern, die von den Laubblättern bzgl. ihrer Gestalt meist erheblich abweichen, besetzt. Der Fuß der meist langen Seta bohrt sich in das Gewebe des Perichätialastes tief ein, dessen oberes Ende zum Scheidchen wird. Das Peristom ist, von wenigen Ausnahmen abgesehen, doppelt. Es besteht aus 16 äußeren und 16 inneren Zähnen. Die Haube ist fast immer kappen- oder kapuzenförmig, sie ist an einer Seite aufgeschlitzt und bedeckt das Sporogon einseitig. Zu den Pleurocarpi gehören ausschließlich ausdauernde Moose. Hauptstengel

kriechend, niedergestreckt, aufsteigend oder aufrecht, meist durch seitliche Äste einfach, seltener doppelt oder dreifach gefiedert, höchst selten unverzweigt. Zentralstrang meist fehlend oder sehr schwach entwickelt, seltener gut ausgebildet. Differenzierung des Stengel- und Blattgewebes viel geringer als bei den höher stehenden Acrocarpi. Rippe aus durchweg gleichartigen Zellen aufgebaut. Zellen der Lamina meist prosenchymatisch, in den basalen Blattecken sehr oft Blattflügelzellen. Echte zweizeilige Beblätterung kommt nicht vor, dagegen treten verflachte Sprosse (Neckera, Homalia, Plagiothecium) nicht selten auf. Paraphyllien nur bei Vertretern dieser Reihe. (Thuidium, Hylocomium u. a.) Der Anfänger vergleiche die Abbildungen pleurocarpischer und acrocarpischer Arten miteinander, es wird ihm nicht schwer fallen, zu entscheiden, in welche Reihe eine zu bestimmende Art gehört. Siehe Seite 6 Zeile 4 v. u.

Acrocarpi: Weibl. Gametangien o. Archegonien und die sich aus deren Eizelle entwickelnden Sporogonien stets an der Spitze von Hauptsprossen. Diese schließen also mit der Entwicklung eines Sporophyten ihr Wachstum ab. Entsteht unter der Spitze des Hauptsprosses ein Seitenproß — es können auch mehrere Seitensprosse, Innovationen, auftreten —, und wächst dieser in der Richtung des Hauptsprosses weiter, so wird der Sporophyt zur Seite gedrängt, und es scheint so, als ob die betr. Art zu den Pleurocarpi gehöre. Zentralstrang meist vorhanden und scharf vom Grundgewebe des Stengels abgesetzt. (Alle acrocarpischen Moose ohne Zentralstrang sind unter *A* in der nachstehenden Tabelle vereinigt.) Blattbau komplizierter, als bei den Pleurocarpi, meist können Deuter, Begleiter, 1 oder 2 Stereïdenbänder und Außenzellen unterschieden werden (siehe Einleitung). Im Bau des Sporogoniums, bes. des Peristoms größte Mannigfaltigkeit. Siehe Seite 3.

α. **Acrocarpi.**

A. Zentralstrang fehlt.[1]) *Erforderlich ist ein Querschnitt durch den Stengel. Bei kleinen Arten (Pottia z. B.) muß der Querschnitt durch den oberen Stengelteil geführt werden.*

I St. flutd., oft von bedeutender Länge, gabelig verzweigt und m. zahlr., kurzen Ästchen (Cinclidotus) o. büschelästig (Orthotrichum rivulare). Ras. dunkel-, schwärzl.- oder olivengr., bei Cinclidotus riparius oft metallisch glänzd. Sp. eingesenkt o. auf kurzer S. An Felsen, Steinen und Holz in fließenden Gewässern.

  α Bl. am Rande stark wulstig verdickt. Rp. s. kräftig, meist als kurze Stachelspitze austretd. P. einfach o. unvollkommen. Zähne in lange, fadenfg. Schenkel gespalten. Diöc.

    1. (3) Sp. eingesenkt, zuweilen seitlich hervortretd., br., entleert längsfaltig, rotmündig. S. 0,5—1,2 mm lang, gelb, Fuß tief in

---

[1]) „B. Zentralstrang vorhanden" auf Seite 4.

das Astgewebe eindringd. Pz. in 2—3 fadenfg., schwach papillöse Schenkel gespalten, unten durch wenige Querleisten verbunden. Ras. locker, 4—10, selt. bis 20 cm l. Astspitzen oliven- bis schwärzlichgr. Bl. an den Flügeln herablaufd., gekielt, mit stark verdickten Rändern. Rp. als dicker, stumpfer Stachel austretd. o. in der Spitze endd. — Zerstr. 6.—8. VII. (11—13.)
Cinclidotus fontinaloides (Hedw.) P. B. 1.
2. Sp. auf 3—6 mm hoher, dicker, rötlichgelber S. emporgehoben, gelbl., dann br., zuletzt schwarz. Pz. unregelmäß., in 2—4 fadenfg., am Grunde durch Querleisten verbundene, glatte Schenkel gespalten. Ras. 2—8 cm lang, dunkel- bis schwarzgr., oft metallisch glänzd. Bl. stumpf, kurz stachelspitzig, kaum kielig, Rand 2—5 schichtig. — Bg., A., mit den Flüssen hinabsteigd. Zerstr. 7. u. 8.
Cinclidotus riparius (Host) Arn. 2.
3. (Fig. 1 Seite 11) Sp. (a) olivengr., rotmündig, später glänzd. rotbr., zuletzt schwarz, auf rötlich., 2—3 mm l. S. P. s. unvollständ., Pz. (b) unregelmäß. Bl. sichelförmig, einseitswendig (c), nicht herablaufd. Rp. s. breit, als stumpfe Stachelspitze austretd. — Schnellfließende Gewässer der Bg. u. A. Zerstr. F.
Cinclidotus aquaticus (Jacq.) B. S. 3.
β Blränder nicht verdickt. P. doppelt. Ras. schwärzlichgr., flattrig, 2—4 cm l., nach der Anheftungsstelle hin locker beblättert u. an dieser nackt. Bl. lanzettl.-zungenfg., Spitze abgerundet u. in der Regel ausgefressen-gezähnelt, Ränder umgeschlagen, am Grunde beiderseits mit einer Längsfalte. Rp. vor der Spitze verschwindend. Blzellen mit je einer niedrigen, einfachen Warze. S. 0,6 mm l. Sp. ganz o. halb eingesenkt, br., m. 8 Falten. Umündung rot. D. rotrandig, geschnäbelt. Hb. weit, glockig, mit schwärzl. Längsrippen. Stomata kryptopor, am Halse in 1—2 Reihen. Äußeres P. aus 8 Paarzähnen bestehd., gelb, trocken zurückgeschlagen, inneres aus 16 (8 längeren u. 8 kürzeren) 2 zellreihigen Cilien gebildet. Monöc. — Bg. Im Westen des Gebiets. Selten. 5. 6.
Orthotrichum rivulare Turn. 4.
II St. nicht flutend. Siehe Seite 100.
B. Zentralstrang vorhanden.
I Bl. ganzrandig.
α Bl. ungesäumt.
1. Rp. die Spitze erreichd. o. als kürzerer o. längerer Stachel oder Granne austretd., bei vielen Arten den pfriemenfg., oberen Blteil ganz oder z. T. ausfülld.
a Rp. in der Spitze endd.
× Ras. hell-, dunkel-, freudig-, gelb-, bläulich- oder goldgr. Siehe Seite 133.

× × Ras. schmutzig-, oliven-, schwärzl.- oder braungr., br.,
bräunl., schmutzig- oder rötlichbr., rot, dunkelbraunrot, rötl., silberweiß, silbergrau oder grünlich-silberweiß.
Siehe Seite 139.
b Rp. austretd., bei mehreren Arten nur als kurzes Spitzchen.
  × Rp. auf dem Querschnitt m. 2 Stereïdenbändern, die
durch weitlumige Zellen getrennt sind. Erforderlich ist
die Herstellung zarter Blquerschnitte. Siehe Seite 145.
  × × Rp. auf dem Querschnitt nur m. 1 Stereïdenband o.
Stereïdenbänder als solche auf dem Querschnitt nicht
hervortretd. Siehe Seite 152.
2. Rp. vor der Spitze verschwindd.
a Blrand zurückgerollt, zurückgeschlagen, ganz oder teilweise (oft nur am Grunde, bei Webera gracilis auch hier
und da schwach umgebogen). Siehe Seite 157.
b Blrand flach. Siehe Seite 160.
β Bl. gesäumt. Siehe Seite 123.
II Bl. gesägt, gezähnt, gezähnelt, ausgefressen-gezähnelt, gekerbt
o. seicht ausgeschweift.
α Blränder gesäumt.
1. Bl. aus lanzettl. o. längl. Grunde allmähl. o. rasch lang und
fein pfriemen- oder borstenfg. und rinnig-hohl.
a (Fig. 2, Seite 11) Ras. 2—4 cm hoch, dicht, unten m. rötl.
Rhizoidenfilz. St. dünn, steif aufrecht, m. armzelligem
Zentralstrang. Rinde 2-, seltener 3 schichtig, rotbr. Bl.
aufr.-abstehend, an der Spitze etwas sichelfg. gebogen, bis
über 5 mm lang, am Grunde nicht geöhrt, am Rücken
scharf, nur an der obersten Spitze gezähnelt, ohne deutlich
hervortretende Blflügelzellen, an deren Stelle ungefärbte,
verlängert-6seitige, lockere, zarte Zellen, die übrigen
Blzellen locker 6seitig o. rectangulär, gr., am Rande lineare
Saumzellen. Rp. 3 schichtig. Az. der Oberseite (Bauchseite) groß und dünnwandig, inhaltsleer u. meist eben-
soviele Dt. In den dorsalen Winkeln der letzteren 2- u.
3 zellig. Gruppen ziemlich dickwandiger Zellen. Az. der
Rückenseite viel zahlreicher als an der Oberseite, meist
doppelt soviel, größere und kleinere. S. 1—1,3 cm lang,
gelb, geschlängelt-aufrecht. Sp. elliptisch, olivengr., gestreift u. gefaltet. Rg. 2-(3-)reihig. D. gelb, unten rot.
Pz. 16, b. z. Mitte gespalten. Vegetative Vermehrung durch
Bruchbl. Diöc. — Auf Torfboden, in Wäldern u. Heiden,
bis gegen 800 m. Zlch. verbr. 4, 5. IX. X. (18—20.)
Campylopus turfaceus B. S. 5.
b (A.) Ras. bis 8 cm h., lebhaft gr. o. gelb- bis bräunlichgr.,
seidenglänzd., innen br., m. spärlich., weißl. u. rötl. Rhizoidenfilz. St. m. kleinem Zentralstrang u. kleinzelliger
Rinde. Bl. über 6 mm l., geöhrt, aufr.-absthd. o. schwach

einseitswendig, an der Spitze schwach gezähnt. Rp. w. b. v., der Anlage nach 3 schichtig. Az. d. Oberseite s. groß u. dünnwandig. Die übrigen Zellen fast alle von gleicher Größe, Stereïden fehlen. Az. d. Rückenseite abwechselnd durch tangentiale Wände geteilt. ′ Blflügelzellen ausgehöhlt. Laminarrand mit einem Saum durchscheinender, linearer Zellen. Diöc. — In der Arg. an kalkfreien, feuchten Felsen, auf steinigen Triften.
Campylopus Schwarzii Schimp. 6.
2. Bl. ohne rinnige Pfriemenspitze.
  a Bl. (Schopf- oder obere Stbl.) nur an der Spitze o. gegen die Spitze hin klein, schwach, zuweilen unmerklich gezähnt, seltener auch scharf gesägt. Siehe Seite 166.
  b Bl. b. z. Mitte o. weiter hinab deutl. u. meist scharf gesägt o. gezähnt, bei Mnium cinclidioides m. kurzen, stumpfen Zähnchen. Siehe Seite 170.
    × (Fig. 3. Seite 11.) Rp. an der Oberseite m. 2—4 Längslamellen. Ras. schmutzig gelblichgr., 0,5—2 cm h., selten höher. Obere Bl. größer, längl., aufr.-abstehd., trocken gedreht u. mit gekräuselten Rändern, diese schmal gesäumt u. bis zur Mitte hinab einfach o. doppelt gezähnt. S. zart, bis 2 cm l. Sp. etwas geneigt, verk.-eifg. o. urnenfg. D. s. lang wie die U., geschnäbelt. Pz. 32, bleich. Paukenhaut am Rande zackig. Diöc. — Feuchte, lehmig-sandige Plätze. Eb. u. nied. Bg. Sp. meist vorhand. Zerstr. 9. V. (4.)
Catharinaea tenella Röhl 7.
    × × Rp. ohne Lamellen. Siehe Seite 166 B.
β Blränder ungesäumt.
1. Bl. nur an der Spitze gesägt, gezähnt, gekerbt.
  a Rp. die Spitze des Blattes erreichd. o. austretd.
    × Ras. weiß-, blau- oder silbergr. Siehe Seite 174.
    × × Ras. anders gefärbt. Siehe Seite 175.
  b Rp. vor der Blspitze verschwindd.
    × (3) Ras. blau-, bläulichweiß- oder silbergr. Siehe Seite 188.
    × × Ras. rötl. oder olivenbr., bräunl., schmutzig- o. bräunlichgr. Siehe Seite 188.
    × × × Ras. hell- oder dunkelgr., meist freudig-, licht-, bleich-, gelb-, gelbl.- o. goldgr. Siehe Seite 190.
2. Bl. b. z. Mitte o. tiefer hinab gesägt, gezähnt, gekerbt o. (bei Seligeria pusilla) seicht ausgeschweift.
  a Rp. in der Spitze endd. o. austretd. Siehe Seite 195.
  b Rp. vor der Spitze verschwindd. Siehe Seite 206.

β. Pleurocarpi.

A. Stquerschnitt elliptisch.

I (Fig. 4. Seite 11.) Beim Verlust des Wassers rollen sich die aufrechten (a) sekundären St. — die Hauptachse ist kriechd. —

spiralig (b) zusammen. Ras. hell- bis schmutziggr., im Alter
bräunl. Bl. der sekundären St. zungenfg., abgerundet, seltener
kurz zugespitzt, ganzrandig, die seitlichen abstehd., die an der
Bauch- und Rückenseite gelegenen anliegd. S. ca. 2 mm l. Sp. oval
o. längl.-oval, die Pbl. ein wenig überragd. Hb. auf einer Seite
aufgeschlitzt, gleich der Vaginula m. aufrechten, chlorophyllreichen Haaren (c). D. kurz, schief geschnäbelt, Schnabel rot.
P. doppelt. Zähne des äußeren P. 16, die des inneren als rudimentäre Läppchen auf niedriger Grundhaut. Rg. fehlt. Diöc. — Nur
in den südl. Grenzgebieten an alten Stämmen u. an Felsen. Zerstr.
Sp. s. selt. F.

Leptodon Smithii (Dicks.) Mohr 8.

II Beim Austrocknen findet eine schneckenfge. Einrollung nicht
statt. Meist sehr stattliche, kräftige, oft in Massen auftretende,
lockerrasige, einfach-, doppelt- bis dreifach-gefiederte Moose.
α Ras. glanzlos, meist verflacht, ausgedehnt, locker.
1. St. niederliegd., oft auf- und absteigd.
a (Fig. 5. Seite 11.) St. dreifach-gefiedert (a). Stattlichste
Art der Gattung Thuidium. Ras. sehr breit, goldgelbgr.,
ältere Teile wohl auch ockerfarben und bräunlichrot.
Hauptstengel kräftig, im Bogen auf- und absteigd., an
der Spitze astlos u. ausläuferartig, Rhizoidenbüschel zerstr.,
purpurrot, Rhizoiden glatt. Paraphyllien s. dicht, filzig.
Fiedern I. Ordnung abstehd., die der II. u. III. Ord.
aufr.-abstehd. Fiedern III. Ord. ohne Paraph. Endzellen
der fadenfg., reich verzweigten u. gezähnten Paraph.
2—3 spitzig. Stbl. (b) entfernt-stehd., am Grund herablfd.,
breit-3 eckig, m. schmal-lanzettl., zurückgebogener Spitze,
m. 4 Längsfalten. Div. $3/8$. Fiederbl. I. Ord. eifg., 2furchig,
Fiederbl. II. u. III. Ord. eilanzettl. Blzellen ± dickwandig, getüpfelt, basale Zellen der Stbl. orange, alle Endzellen 1 spitzig. Innere Pbl. verlängert längl.-lanzettl., m.
gezähnter, geschlängelter, bandfg., fädig gewimperter
Haarspitze (c). S. 3—5 cm l., purpurn, gegenläufig. Sp.
gekrümmt (d). Perichätialast (e) U. braunrot. D. lang
und schief geschnäbelt. Rg. 3- seltener 4reihig. Pz. auf
roter Grundhaut. Inneres P. blaßgelb. Diöc.—An feuchten,
quelligen Stellen in schattigen Laubwäldern. Verbr. Sp.
zlch. selt. W.

Thuidium tamariscinum (Hedw.) B. S. 9.

b St. doppelt gefiedert, bei Th. recognitum selten einfach.
× (3) St. 5—10 cm l., im Umriß lanzettl., Äste bis 8,
Ästchen bis 2 mm l. Rinde gelb, mehrschichtig.
Paraphyllien fadenfg., gabelig. Stbl. breit-herzfg.-
3 eckig, m. kurzer, lanzettl., zurückgebogener Spitze,
4 faltig, Ränder umgerollt, Grund orange. Rp. der
Stbl.- u. der Fiederchenbl. I. Ord. vor d. Spitze

verschwindd., bei den Fiederchen II. Ord. b. z. Mitte. Zellen aller Bl. stark verdickt, getüpfelt, papillös, Endzellen stets oval u. 2—4 spitzig. Pbl. längsfaltig, aufr., aus lanzettl. Basis in eine lange, geschlängelte, gezähnte Pfriemenspitze übergehd., Rp. b. z. Mitte der Pfriem. S. 2—2,5 cm l., rot, gegenläufig. Sp. längl.-zylindr., hochrückig, entleert fast wager. U. rötlichgelb, D. schief geschnäbelt, Rg. 2- und 3reihig. Pz. auf brauner Grundhaut. Inneres P. goldgelb. Diöc. — In Wäldern, am Grunde alter Stämme, in nassen Wiesen, auch an Felsen u. steinigen Abhängen. Verbr. Sp. selt. W.

Thuidium delicatulum (Dill. L.) Mitt. **10.**

× × St. 5—10 cm lang, im Umriß lanzettl., Äste bis 10 mm lang. Ras. starr, gelbgr. u. gebräunt. Alle Äste m. Paraphyllien, diese 2 zellreihig, am Rande gewimpert. Stbl. am Grunde herzfg und tief längsfaltig, plötzlich in eine kurze, lanzettl., schiefe, zurückgebogene Spitze übergehd., Rp. mit der Spitze endd. Rp. der Fiederblätter I. Ord. vor der Spitze, die der II. Ord. in der Mitte verschwindd. Alle Blzellen stark verdickt, papillös, alle Endzellen längl., 2—4 spitzig. Blattränder flach, lang gezähnt, aus der Mitte einer jeden Zelle des Blattrückens eine vorwärtsgerichtete und einwärtsgebogene Papille. Pbl. lanzettl., allmähl. lang-priemenfg., in der Spitze gezähnt. S. 2,5 cm l., braunrot, gegenläufig. Sp. fast aufr., wenig gebogen, hellbr., U. nach der Entleerung unter der Mündung stark verengt. Rg. 3 reihig. P. dem der vor. Art ähnl., inneres bleich. Diöc. — An lichten, trockenen Stellen in Wäldern, Wiesen, Heiden. Verbr. Häufig mit Sp. 9, 10, VII, VIII (13—15).

Thuidium recognitum (L. Hedw.) Lindbg. **11.**

× × × St. bis 10 cm, im Umriß lanzettl. Ras. locker, gelblichbr. Rinde gelbbr., Zentralstrang schwach entwickelt (wie bei vor.). Paraphyllien fehlen den Achsen II. Ord., sonst zahlr., s. lang, fadenfg., Ränder gewimpert. Stbl. herz-eilanzettl., lang und fein zugespitzt, hohl, vierfaltig, in der Spitze mit 1—5, meist hyalinen Einzelzellen. Ränder unten umgeschlagen, undeutl. gezähnelt. Rp. bis zu $2/3$ der Bl., gelbbr. Alle Blzellen dickwandig und getüpfelt, beiderseits mit vorwärtsgerichteter Papille. Astbl. nicht gefurcht, Rand flach, Rp. b. z. Mitte. Endzelle der Ästchenbl. oval, 2—3 spitzig. Pbl.

längsfaltig, lanzettl. m. langer, zurückgekrümmter Pfriemenspitze. S. 1,5 cm l., rot, gegenläufig. Sp. zuletzt gekrümmt-zylindr., braunrot, U. entleert unter d. Mündung verengt. D. schief-geschnäbelt. Rg. 2- und 3 reihig. Pz. auf niedriger Grundhaut, blaßgelb, inneres P. gelb. Diöc. — Besonders auf kalkhaltigen, nassen Wiesen. S. zerstr. 10.
Thuidium Philiberti (Philibert) Limp. **12.**
2. St. meist aufr. o. aufsteigd., einfach gefiedert.
  a St. 5—12 cm lang, aufsteigd., starr, wenig verästelt, im Umriß linealisch-lanzettl., Fiedern dicht gestellt, wedelartig, derb, nach der Spitze hin sich verkürzd. Ras. locker, gelbgr., im Alter rostbr. Rinde gelbrot. Zentralstrang aus wenigen, kleinen, zartwandigen Zellen gebildet. Paraphyllien zahlr., fadenfg., einfach o. verästelt, lanzettl. u. am Rande m. Fäden. Stbl. feucht aufr.-abstehd. (dachziegelig), trocken angedrückt, zlch. groß, eilanzettl., s. hohl, m. 4 Längsfalten, an der Basis orange u. an einer Seite zurückgeschlagen. Astbl. dachziegelig, m. 2 Falten. Rp. aller Bl. vor der Spitze verschwindd. Alle Blzellen w. b. v., nur Papillen an der Rückenseite länger, alle Endzellen einspitzig. Pbl. eilanzettl.-pfriemenfg., Spitze hakig zurückgekrümmt, Ränder ungewimpert, gezähnt. S. bis 3 cm l., gelbrot, gegenläufig. Sp. fast aufr., schmal zylindr., schwach gekrümmt, U. gelbbr., entleert br. u. unter der Mündung verengt. D. kegelig. Rg. 3 reihig. Pz. auf orangefarbener Grundhaut, goldgelb, innere von gleicher Farbe. Diöc. — Trockene, sonnige, sandige Stellen, in lichten Wäldern, auf Heideland, auch auf Felsen. S. verbr. Sp. selt. F.
Thuidium abietinum (Dill. L.) B. S. **13.**
b St. 6—16 cm hoch, mit reichl. Filz aus Rhizoiden u. Paraphyllien. Fiedern dicht, geschlängelt, verdünnt zulaufd., nach der Stspitze hin an Länge abnehmend. Ras. ausgedehnt, weich, kräftig, geblichgr., unten rost- o. strohfarben. Paraphyllien s. zahlr., fadenfg., oft geteilt, weißl., später br. Stbl. fast sparrig abstehd., aus lang herablaufendem, breitem, verkehrt-herzeifg. Grunde rasch lanzettl. u. scharf zugespitzt, längsfaltig, Ränder zurückgeschl. Astbl. eifg., locker dachziegelig, gesägt, mit 1 spitziger Endzelle. Alle Blzellen dünnwandig, nur am Rücken mit schwacher, gerader Papille. Pbl. bleich, zart, undeutl. längsfaltig, eilanzettl. u. lang u. fein pfriemenfg., Ränder umgebogen, Spitze gezähnt. S. 3—5 cm l., rotgelb, gegenläufig. Sp. längl.-zylindr., geneigt bis wager., schwach gekrümmt, U. rostrot, entleert unter der Mündung verengt u. stark gekrümmt. D. kegelig. Rg. 3 reihig. Pz. bräunlichgelb, auf

orangefarbener Grundhaut, innere gelb. Monöc. — In Sumpf- und Torfwiesen, bes. Nord- u. Mitteldeutschlands. Sp. hfg. 5, 6.

Thuidium Blandowii (W. et M.) B. S. **14.**

β Ras. glänzd. (Hyl. triquetrum), seidenglänzd. (Hyl. Oakesii), mattglänzd. (Hyl. umbratum).

1. (3) St. doppelt gefiedert, 15—20 cm lang, niederliegd., m. umherschweifenden Ästen, hier und da mit Rhizoidenbüscheln, unregelmäßig u. büschelig verästelt, Fiederäste und Jahressprosse bogig niedergekrümmt. Ras. locker, dunkel- oder bräunlichgr. Zentralstrang fehlt, Grundgewebe orange, Rinde rotgelb, 2—3 schichtig. An allen Achsen vielgestaltige, scharf gezähnte, am Grunde orangefarbene Paraphyllien. Stbl. ziemlich locker gestellt, sparrig-abstehd., breit-herz-eifg., kurz zugespitzt, faltig, hohl, Ränder unregelmäßig u. scharf gesägt. Rp. doppelt, kurz, gr., Zellen in den Blflügeln orange. Fiederbl. I. Ordnung eifg., Rp. bis zu $^3/_4$. Pbl. bleich, breit lanzettl.-zugespitzt, an der sparrig zurückgebogenen Spitze grob gesägt. S. 1,5 bis 2,5 cm l., purpurn, dick, gegenläufig. Sp. wager., eifg. u. hochrückig, kastanienbr. D. kegelig, spitz. Rg. fehlt. Pz. rötlichbraun, gelb gesäumt, innere goldgelb. Diöc. — In dunkeln, schattigen Wäldern auf feuchten Steinen und Felsen. Bg. u. A. Hin und wieder. Sp. selt. W.

Hylocomium umbratum (Ehrh.) B. S. **15.**

2. St. 6—8 cm lang, kräftig, niederliegd., m. zieml. dicken, gekrümmten, dicht beblätterten Ästen. Ras. locker, seidenglänzd., meist gelbgr. Zentralstrang nur angedeutet. Grundgewebe rötlichgelb. Rinde 2—3 schichtig, rotgelb. Paraphyllien zahlr., groß, reich verzweigt, am Grunde rotgelb. Stbl. aus schmälerem, eifg.-längl. Grunde plötzl. kurz zugespitzt, von 2—3 tiefen Längsfalten durchzogen, hohl, Ränder unten und z. T. auch oben zurückgerollt, von der Mitte b. z. Spitze grob gesägt. Rp. einfach, gabelig geteilt bis über die Mitte o. kurz u. doppelt. Ränder der Astbl. flach, gesägt, Rp. einfach. Blzellen stark verdickt u. getüpfelt, unten orange. S. 1—2 cm l., purpurn, gegenläufig. Sp. wager., eifg.-hochrückig, rotbr. D. lang zugespitzt. Rg. fehlt. Pz. rotbr., innere goldgelb. Diöc. — V. d. oberen Waldgrenze bis in die Arg. auf steinigem, felsigem Boden. Verbr. Sp. s. selten. H.—F.

Hylocomium Oakesii Sull. **16.**

3. St. s. kräftig, oft über 15 cm h., aufsteigd. bis aufr., m. ungleich langen Ästen, diese entweder kurz u. dick o. peitschenfg. zulaufd. Ras. ausgedehnt, s. starr, glänzd., gelbl.- oder reingr. Hauptachse holzig, an der Spitze durch die Blätter sternfg. Zentralstrang w. b. v. Grundgewebe orange. Rinde purpurn, 6—8 schichtig. Paraphyllien fehlen. Stbl. sparrig abstehd., bisweilen sichelfg. u. einseitswendig, unten

Tafel I. Fig. 1—16.

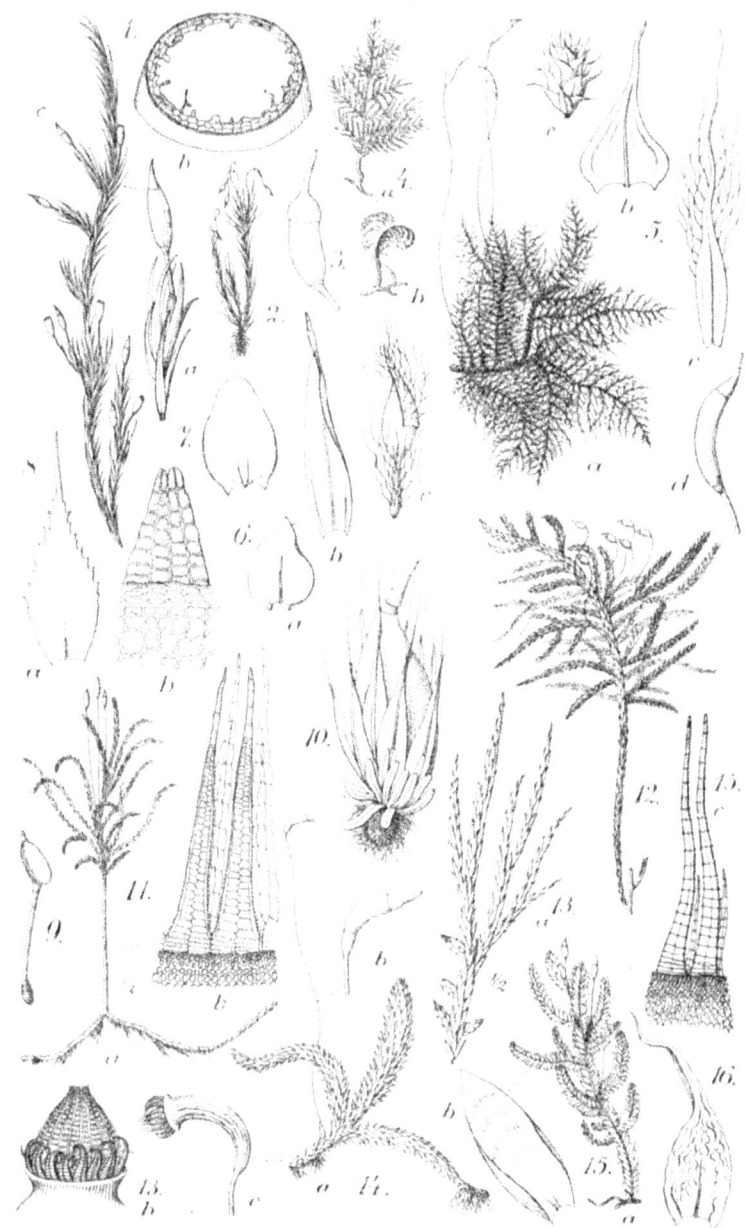

breit-herz-eifg., nach oben lanzettl., faltig, am Rücken gezähnt, Ränder scharf gesägt, flach, Rp. doppelt bis $3/4$. Wände der linealischen u. geschlängelten Blzellen stark u. getüpfelt, an der Basis orange. Div. $5/13$. Blflügelzellen fehlen. Pbl. pfriemenfg., sparrig zurückgekrümmt, nicht faltig. S. bis 4 cm l., meist rechts gedreht, purpurn. Sp. wager. o. geneigt, dick-eifg., hochrückig, rot. D. spitz. Rg. 2- u. 3 reihig. Pz. orange, m. gelbl. Saum, innere orange. Diöc. — Eb. bis untere Arg. S. hfg. u. meist m. Sp. Liebt trockene, waldige Stellen. 3, 4. V. (10—11.)

Hylocomium triquetrum (L.) B. S. 17.

B. *Stquerschnitt rund o. rundl.-kantig (3-, 5- u. mehrkantig).*

I Bl. ungefähr so lang wie breit, fast kreisrund o. breit-eirund.
α (Fig. 6 a, b Seite 11.) Bl. ungef. s. lang wie breit, fast kreisrund (a) u. sparrig, hohl, glatt, flach- u. ganzrandig. Rp. b. z. Mitte o. fast b. z. Spitze, kräftig, meist einfach. St. hingestreckt, Äste aufsteigd. o. aufr. Zentralstrang armzellig. Rinde gelblichrot. Paraphyllien fehlen. Ras. locker, starr, dunkel- o. braungr., meist schwärzl., schwach glänzd. Pbl. anliegd., lang zugespitzt (b), flach- u. ganzrandig, m. einfacher, starker Rp. S. ca. 1 cm l., purpurn, dick, gegenläufig. Sp. fast gerade, trocken horizontal, kurzhalsig, verk.-eifg., trocken gekrümmt, kastanienbr. D. stumpfwarzig. Rg. 2reihig. Pz. grünlichgelb, Spitzen hyalin, innere bleichgelb. Monöc. — Auf Gestein an Wasserfällen u. in schnellfließenden Gewässern der subalp. u. alp. Reg. Verbr. Sp. selt. S.

Hypnum arcticum Sommerf. 18.

β Bl. dicht, schuppig-anliegd., löffelartig-hohl (Fig. 7, Seite 11), flach- u. ganzrandig, Spitze abgerundet, fast kappenfg. Div. $1/3$. Rp. br, bis ½. Blzellen eng linealisch, Wände gebräunt, am Grunde rectangulär u. goldbr., derbwandig, getüpfelt. Ras. tief, braungelb o. braungr., innen schwarzbr., Spitzen gelbgr., ölartig glänzd. St. s. schlank, 10—40 cm l., aufr. o. niederliegd., oben mit kurzen, drehrunden, keulen- o. schlangenfg. Ästen. Rinde 2schichtig, dunkelpurpurn. S. 2,5—5 cm l., geschlängelt, purpurn, gegenläufig. Sp. m. engem Halse, geneigt, zylindr., rostfarben. D. kegelig-stumpf, hellbr. Rg. 3- bis 4-, selbst 5reihig. Äußere Pz. gelb u. auch gelb gesäumt, Spitzen weißl., innere gelbl. Diöc. — Tiefe Sümpfe von der Tiefeb. bis in die Alpentäler. Sp. s. selten. 6. 7.

Hypnum trifarium W. et M. 19.

II Stbl. bzw. Bl. länger als breit.
α Bl. an d. Spitze abgerundet, stumpf o. stumpfl., meist zungenfg., hohl, kappenfg., ganzrandig. (Bei einigen Arten mit winzigem Spitzchen!) Seite 68.
β Bl. zugespitzt.
1. (3) Bl. rings gesägt o. gezähnt. Siehe Bem. zu 3.

a Bl. längsfaltig.
  × Rp. purpurrot, $3/4$ bis fast vollständig. Bl. schwach
  2 faltig, rings o. nur am Grunde schwach gesägt. Ras.
  hingestreckt, stark glänzd., rot u. gr. gescheckt, oft
  ganz purpurn, dicht, tief. St.- u. Astspitzen purpurn,
  zugespitzt, in der Regel sichelfg. Zentralstrang armzellig, gelbwandig. Rinde gelbl. o. rötl., 2—3 schichtig,
  derbwandig, mit blatteigener Außenrinde. Stbl.
  zweigestaltig, die unteren gerade, die oberen sichelfg.
  u. einseitswendig. Blflügelzellen in einer Querreihe am
  Blgrunde, leer, aufgeblasen, hyalin o. in der Nähe
  der Rp. braunrot. S. 3—6 cm l., purpurn, zart, verbogen, gegenläufig. Sp. längl.-zyl., hochrückig, geneigt.
  U. im Alter braunrot. D. m. purpurner Warze. Rg.
  fehlt. Pz. gelb, unten schmal, oben breit, hyalin gesäumt, innere hellgelbl. Diöc. — In stehenden Gewässern u. Sümpfen der subalp. u. alp. Reg. Sp. selt. S.
  Hypnum purpurascens Schimp. **20.**
  × × Rp. gr. o. gelbgr. Seite 72.
b Bl. nicht faltig. Seite 78.
2. Bl. bis unter die Mitte mit 4—5 bzw. 8—12 großen, vorwärts
  gerichteten Zähnen. Seltene, nur in südlichen Gebietsteilen
  vorkommende Arten. Kleinste, seidenglänzende, lebhaft gr.
  Fels- u. Rindenmoose. S. 3—7 mm l., blaßgelb, gegenläufig.
  Sp. aufr., regelmäßig, birnfg. o. verk.-eilängl. D. kegelig o.
  flach gewölbt, m. niedriger Warze. Rg. fehlt. P. einfach,
  Zähne 16, zuerst 8 Paarzähne, später getrennt.
  a (3) Bl. am Rande beiderseits bis unter die Mitte m. 4 bis
    5 vorwärts gerichteten, an der Basis zweizelligen Wimpern,
    Blspitze fein pfriemenfg., entfärbt hyalin. Monöc. — Im
    Süden u. Westen d. Geb. an Felsen und Stämmen. 3, 4.
    III. (12—13.)
    Fabronia pusilla Raddi **21.**
  b (Fig. 8, a, b S. 11.) Blränder (a) bis zur Mitte herab durch
    8—12 einzelne, ± abstehende Zähne scharf gesägt, Blspitze
    fein, gelbl. Sp. am Munde mit 4—5 Reihen abgeplatteter
    Zellen (b). Monöc. — Im Süden des Geb. in Spalten,
    Klüften, Höhlungen sonniger Felsen u. Mauern, bisweilen
    auch an Baumstämmen.
    Fabronia octoblepharis (Schleich.) Schwägr. **22.**
  c Blränder bis unter die Mitte durch vorspringende Zell-
    ecken ± deutlich u. fein gesägt. S. selt.
    Fabronia Sendtneri Schimp. **23.**
3. Bl. ganzrandig. Bem. Als ganzrandig gelten auch diejenigen
  Bl., die an oder in der Spitze o. am Grunde gesägt o. gezähnt
  sind. Die Arten mit durchaus ganzrandigen Stbl. sind durch
  ein * kenntlich gemacht.

a (3) Rp. vor, in o. kurz über der Mitte endd. Siehe Seite 82.
b Rp. bis· zu $^2/_3$ o. $^3/_4$ das Bl. durchlaufd., vor der Pfriemenspitze endd. o. in diese eintretd. Siehe Seite 92.
c Rp. in der Spitze des Bl. o. kurz vor dieser endd. Siehe Seite 95.

I.

A. Pflänzchen von höchst eigenartiger Tracht, einzeln o. truppweise auf Erde o. faulend., morschem Holze. St. verkürzt, 1 mm h., einfach, knollig, m. 0,5—1 cm h., steifer, dicker S. u. relativ s. groß., auffällig., dorsoventralem, schief-eifg. Sp. Pbl. u. Laubbl. zur Zeit der Spreife nicht vorhanden. Unterseite des Sp. — Bauch- o. Schattenseite — bauchig, Oberseite — Licht o. Rückenseite — flach bis flach gewölbt. Hals kurz, m. hohlem, zylindr. Luftraum. Hb. kl., nur den ebenfalls kl. D. umhüllend. Sporensack außen von großem, von chlorophyllreichen Spannfäden durchzogenem Luftraum umgeben. Der Fuß des Sporophyten von Buxbaumia u. Diphyscium besitzt schlauchfg., rhizoidenartige, bei Diph. bisweilen verzweigte Auswüchse. Rhizoidbildung am Fuße kannte man bisher nur bei den beiden angeführten Gattungen. Neuere, von mir durchgeführte Untersuchungen beweisen, daß auch die meisten deutschen Bryum-Arten rhizoidenartige Auswüchse am Fuße besitzen. Auch Rhodobryum, Plagiobryum u. mehrere tropische Gattungen der Bryaceen verfügen über solche. (G. O., S. 149 über sexuel. Dimorphismus, S. 468, 469 über d. Dorsoventralität d. Sp., S. 777 über d. Protonema, S. 788 über Protonemamoose, S. 867—869 über d. Peristom, S. 868 über d. Sporenverbreitung; außerdem Göbel, Archegoniatenstudien in „Flora" 1896, S. 40—44).

I. (Fig. 9, Seite 11.) Meist herdenweise. Sp. eines Trupps alle gleichgerichtet, auf abschüssigem Terrain ist die Rückenseite des Sp. dem steigenden, die Bauchseite dem fallenden Terrain zugewendet. S. 1,5—2 cm l., purpurn, m. großen Warzen. Hals gerade, Sp. schief, später fast wager. Rückenfläche glänzd., gr., später bläulichgr. Bauchfläche glänzd., braunrot o. purpurn. Diöc. — Auf tonigem, sandig. Boden, gern an Erdlehnen u. Hohlwegen in Laub- u. Nadelwäldern. Hin u. wieder. 6. VII. (11.) — Lit.: Haberlandt, Beitr. z. Anat. u. Physiol. d. Laubm. S. 367 u. 368 (Bau d. Seta), S. 431—433 (Assimilationssystem d. Sp.), S. 480—482 (Saprophytismus).

Buxbaumia aphylla L. 24.

II. S. 0,5—1 cm l., gelblichrot, m. kleineren Warzen. Sp. gerade o. fast gerade. Beide Sporogonflächen gleichfarbig, blaßolivengr., später gelblichbr. Diöc. — Auf feucht. Holze, selt. auf Humus o. Erde, bes. in Nadelwäldern. Seltener als vor., stets vereinzelt. 5. 6.

Buxbaumia indusiata Brid. 25.

B. St. (Fig. 10, S. 11) zu 0,5—1 cm hohen, dichten, wie geschorenen, dunkel- o. schwärzlichgr., später br. Ras. vereinigt. Untere Bl. zungenfg., a. d. Spitze abgerundet. Lamina beiderseits mamillös u. warzig. Zellen reich an Chloroplasten, dickwandig, rundl. 4—6 seitig. Rp. gebräunt. Diese Bl. (Niederbl.) gehen allmähl. in die mit s. langer, gezähnter Granne versehenen, viel größeren Pbl. über, die am Grannengrunde wimperartig zerschlitzt sind. Von den Pbl. umschlossen das sehr große, blaßgelbe, schief-eifg., weichhäutige Sp. Hb. u. D. klein. P. doppelt. Äußeres P. einen niedrigen Ring darstellend, inneres weißl., Zähne nicht differenziert, sie setzen eine kegelfg., oben offene, mit 16 feinen, scharfen Längsfalten ausgestattete trichterfg. Röhre zusammen. Diöc. — An Erdlehnen, Wegerändern, bes. in lichten Wäldern. Eb. bis Varg. Verbr. 8, 9. VIII. (12—13.) — Näheres bei G. O., S. 468, 469 (Dorsiventralität des Sp.), S. 550 (Fußrhizoiden), S. 799 (Hochblattbildung) u. S. 777 (Protonema m. Assimilatoren).
Diphyscium sessile Schmidel. **26.**

II.

Stattliche Moose von baumfg. Tracht, m. kriechd., rhizomartig-unterird., m. Niederbl. besetzter Hauptachse. Nebenachse I. Ord. 5—15 cm h., kräftig, aufr., o. aufsteigd., ebenfalls m. Niederbl., oberwärts m. reich verzweigter Krone. Ras. schwach glänzd. S. purpurn. Sp. kastanienbr.

A. (Fig. 11a Seite 11.) Pflanzen freudig- o. bräunlichgr. Div. $3/8$. Äste meist schopfartig gedrängt — in den Ras. find. sich aber auch einf. Stämmchen —. St. mit zahlr., fadenfg. ästigen Paraphyllien. Stquerschnitt 3- u. mehrkantig. S. zahlreich, kirschrot, 1,5—4,5 cm l., rechts gedreht. Sp. aufr., gerade. D. zugespitzt. Rp. der Niederbl. gelbrot, die der Astbl. gr. P. doppelt, Pz. gleichlang. Äußere Pz. (b) braunrot, schmal gesäumt, innere orangefarben, zarthäutig, mit linealischen, in der Mittellinie leiterartig durchbrochenen Fortsätzen. Diöc. — Nasse Wiesen, Sümpfe. Tiefeb. bis Voralp. Gemein. Sp. nicht hfg. 3, 4. IX. X. (17—19.)
Climacium dendroides (Dill. L.) W. et M. **27.**

B. (Fig. 12a, Seite 11.) Pflanzen dunkel- o. gelbgr. Krone mit fast 2zeilig angeordneten Ästen. Div. $5/13$. St. ohne Paraphyllien, Querschnitt rund. S. 1—1,5 cm l., kaum gedreht, purpurn. Sp. geneigt bis horizont., derbwandig. D. lang und schief geschnäbelt. Äußere Pz. gelb, breit hyalin gesäumt, Spitze weißl., innere blaßgelb. Diöc. — Nasse Felsen, Steine, an den Ufern von Waldbächen, an Quellen, Wasserfällen. Tiefeb. u. Arg. selten, verbr. in der unteren Bg. Sp. selten. 3, 4. V. VI. (9—11.)
Thamnium alopecurum (L.) B. S. **28.**

III.

A. Bl. rippenlos, scharfkielig-nachenfg. o. rundrückig u. rinnig hohl. Div. ¹/₃. *Stattliche, flutende, reich- u. oft büschelig-verzweigte Wassermoose, m. dünnen, aber biegungs- u. zugfesten, scharf 3kantigen o. fast drehrunden Achsen. St. ohne Zentralstrang, oft nach der Anheftungsstelle hin ohne Bl. u. Äste (Herabsetzung des Reibungswiderstandes) Bl. 1schichtig, nur an der Insertion 2schichtig. Geschlechtsäste an Haupt- u. Nebensprossen. Gametangien u. Paraphysen spärl. Weibl. Äste relativ kurz, spitz. Sp. fast ganz vom Perichätium fest umhüllt, fast sitzend. P. doppelt. Innere Pz. zu einer gitterartigen, kegelfg., oben offenen Kuppel verbunden (Seite 11 Fig. 13b)*
                             Fontinalis (Dill.) L. em.

I ´Bl. scharf gekielt u. nachenfg., zlch. fest. Äste u. Ästchen dch. die Beblätterung scharf 3kantig.

α (Fig. 13a, b Seite 11.) Äste u. Ästchen stumpf zugespitzt. Blgrund nicht geöhrt. Einer o. beide Blränder zurückgeschlagen. Bl. breit eilanzettl., zugespitzt, m. gekrümmter Rückenlinie. Pfl. oft mehrere dm lang. Ras. schwarzgr. bis gelbrötlich, Astspitzen meist gr. Diöc. — In fließend. u. stehend. Gewässern an Steinen, Felsen, Baumwurzeln, in Brunnen u. an ähnl. Stellen. Von der Tiefeb. bis in die Varg. Gemein. Sp. zlch. selt. 8. VI. (14.)
                             Fontinalis antipyretica L. 29.

β Äste u. Ästchen scharf zugespitzt. Blgrund geöhrt, Ränder nicht zurückgeschlagen. Bl. eilanzettl., stumpfl., die älteren längs des Kieles bis zum Grunde gespalten. Ras. hell- o. dunkelgr., grüngelb u. rotbraun-goldig gescheckt. Diöc. — In Bächen, bes. in den Bg., seltener in der Eb. u. in den A. Zerstr. Sp. zlch. selt. 7,8.
                            Fontinalis gracilis Lindbg. 30.

II Bl. nicht gekielt, sondern rundrückig, rinnig hohl o. flach. Beblätterte St. u. Äste drehrund o. rundl.-3kantig.

α Stbl. fast flach oder nur wenig hohl. St. schlaff, Querschnitt rund.

1. Pflanzen weich, hell- o. dunkelgr., auch schwärzl. St. 20 cm u. länger, m. zlch. langen, kätzchenartigen, schweifähnl., pfriemenartig zugespitzten Ästen. Stbl. weitläufig, schlaff, Astbl. nach d. Enden hin dichter, hohl, schmäler als die Stbl. Blflügelzellen sehr locker, gebräunt. Diöc. — Stehende u. langsam fließende Gewässer. Eb. u. niedere Bg. Zerstr. 7, 8.
                           Fontinalis hypnoides R. Hartm. 31.

2. Pflanzen etwas glänzd., hellgr., unten dunkelgr. St. fast fiederig verzweigt, bis 20 cm lang. Alle Bl. gleichartig, am Grunde deutl. geöhrt, schmal lanzettl., in den drehrunden Astspitzen dachziegelig u. langspitzig, an der Spitze mit mehreren Zähnen. Blflügelzellen hyalin o. hellgr., locker. —Bisher nur in den Seen Ost- u. Westpreußens.
                            Fontinalis microphylla Schimp. 32.

β Bl. sehr hohl o. rinnig hohl.
1. Stquerschnitt rund. St. schwarz, bis 40 cm lang, am Grunde blattlos. Ras. schmutzig- o. schwarzgr. o. schwarz, glänzd. Äste pfriemenfg., fast walzenfg. Bl. ganzrandig, flachrandig, längl.-lanzettl., stumpf. Diöc. —An Steinen schnellfließender Gewässer. Bes. Bgld. Mitteldeutschlds. Zlch. verbr. Sp. s. selt. S.
Fontinalis squamosa L. 33.
2. Stquerschnitt rundlich-3kantig. Ras. unten oft gebräunt, sonst dunkelgr., nicht glänzd. St. bis 40 cm lang, am Grunde blattlos. Äste fadenfg., rundlich-3kantig, langspitzig. Bl. sehr hohl, Ränder beiderseits eingerollt, lanzettl. u. scharf zugespitzt. Diöc. — Bisher nur im NO. des Gebiets an Steinen u. Wurzeln, bes. Seeen Ost- u. Westpreußens. Sp. s. selt. 7, 8.
Fontinalis dalecarlia Schimp. 34.

B. Bl. mit Rp. Div. $^1/_3$.

I Echtes, 10—15 cm hohes Sumpf- u. Torfmoos. Ras. locker, breit, freudig- o. dunkelgr., innen schwärzl. St. oben mit 1—2 schlanken, locker beblätterten Ästen, m. großem Zentralstrang. Bl. entfernt gestellt, aus halb stengelumfassender, aufrechter Basis lanzettl., scharf zugespitzt u. auffällig sparrig zurückgekrümmt. S. bis 10 cm l., geschlängelt, unten rechts, oben links gedreht. Sp. mit geradem, aufrecht., 4 mm l. Halse, in der Trockenheit stark eingekrümmt. D. kegelfg., stumpf. Rg. 2reihig. Diöc. — Von der Tiefeb. bis in das Hochgebirge. Verbr.
Meesea triquetra (L.) Aongstr. 35.
II Winziges, selten 1 cm hohes, feuchte Kalkfelsen u. Kalksteine bewohnendes, zlch seltenes Moos. Ras. dicht, starr, bräunl.- o. schwärzlichgr. St. mit genau 3zeilig beblätterten, unfruchtbaren Ästen. Bl. dicht, aufr., aus lanzettl. Grunde allmählich pfriemenfg. Blzellen am Grunde durchsichtig, zartwandig, oben starkwandig. S. 2—3 mm l., blaß, linksgedreht, Sp. aufr., birnfg., bräunlichgelb, später schwärzlichbr. D. m. lang., schief. Schnabel. P. 16zähnig. Zähne trübrot. Monöc. — Zerstr. 6, 7.
Seligeria tristicha (Brid.) B. S. 36.

IV.

A. (3) St. u. Äste durch unechte zweizeilige Beblätterung verflacht. Ras. polsterfg.

I (Fig. 14, Seite 11.) Ras. weißl.-gr., im Alter weißl., flach, locker, sehr weich u. schlaff, mattglänzd., ansehnl., wie hingestreckt, umherschweifd. Äste verdünnt zulaufd. (a). Die rücken- u. bauchständigen Bl. symmetrisch, die seitenständigen in der Ebene des St. abstehd., asymmetrisch u. breiter als die übrigen. Rp. ungleichdoppelt. Sp. geneigt bis wager., schwach hochrückig (b), trocken gefurcht (c), gelbbräunl., zuletzt br. Diöc. — Auf d. Boden schatt., feuchter Wälder. Eb. bis obere Bg. Verbr. Sp. hin u. wieder. 6, 7.
Plagiothecium undulatum (L.) B. S. 37.

II Ras. rein-, hell-, gelbl.- o. bräunlichgr., ansehnl., flach polsterfg.,
lebhaft o. matt glänzd. o. fast glanzlos, nur an Fels. u. Bäumen.
α Rp. kurz, undeutl. o. fehlend.
1. Sp. auf 3—12 mm l. S., eifg. o. ellipsoid. Rg. fehlt. P. doppelt.
a (Fig. 15a, Seite 11.) St. 10—20 cm., selbst bis 30 cm l., setzen
meist s. ausgedehnte, rein-, gelbl.- o. bräunlichgr., innen rostbr.,
meist herabhängende, stark glänzd. Ras. zusammen. Stenden
aufstrebd. Bl. (b) längl. bis zungenfg., 3—4 mm l., stumpf zugespitzt, dicht gehäuft, sehr deutlich gewellt (4—7 halbkreisfg. Querwellen) S. 8—12 mm l. Sp. eifg., im Alter rotbr. D.
m. pfriemenfg. Schnabel. Hb. in der Jugend m. spärl. Rhizoiden. P. doppelt (c). Äußere Pz. unten quer-, in der Mitte
schrägstreifig, oben glatt. Diöc. — An Felsen u. alt. Baumstämmen, bes. Eichen u. Buchen. Eb. bis Varg. Verbr. Sp. hin
u. wieder. 3, 4. VIII. (19—20.)
Neckera crispa (L.) Hedw. 38.
b St. 3—6 cm, selten bis 10 cm l., zart, angedrückt-kriechd.,
hell- o. dunkelgr. Bl. eilanzettl. o. zungenfg., allmähl. o. plötzl.
scharf zugespitzt, mit tiefen Querwellen, an der oft geschlängelten Spitze gesägt. In den Achseln d. Niederbl. oft knöllchenartige Kurztriebe, die zu fadenfg., leicht abfallend. Ästchen sich entwickeln. S. 3—5 mm l. Sp. etwas emporgehoben,
rötlichgelb, im Alter rotbr. D. m. kurz., schief. Schnabel. Hb.
ohne Rhizoiden. Vegetative Vermehrung durch blattachselständige Brutknospen an kleinblättrigen Flagellen. Diöc. —
An alten Stämmen, bes. von Nadelhölzern u. Buchen. Eb. bis
in die Alpentäler. Zerstr. Sp. selt. 4, 5.
Neckera pumila Hedw. 39.
2. Sp. eingesenkt, von den scheidigen Pbl. überragt. Die 5—10 cm
l. St. sind zu hell- bis gelblichgr., aufrecht., aufsteigd. o. hängend., polsterfg. Ras. vereinigt. Äste stumpfl., kurz. Bl. eilanzettl., allmähl. o. kurz zugespitzt, wenig querwellig, am Rande
bis zur Mitte gezähnelt. Sp. bräunlichgelb, später rötl. D. w. b.
vor. Hb. nackt. Monöc. — In feucht., schatt. Wäldern an alten
Baumstämmen, bes. Buchen, seltener an Felsen. Eb. bis obere
Waldreg. Verbr. Sp. hfg. 2—4.
Neckera pennata (L.) Hedw. 40.
β Rp. deutl., weit über d. Mitte reichend. In Größe u. Tracht
N. crispa ähnl. Ras. dunkelgr., schwach glänzd., innen rostbräunl. St. 10 cm u. darüber, durch kurze u. meist stumpfe, nur
z. T. peitschenfg. Äste regelmäß. gefiedert. Bl. zungenfg., tief
querrunzelig, abgerundet o. m. Spitzchen, Rand von der Spitze
bis zur Mitte gezähnelt. S. 1 mm l. Sp. braunrot, von d. Pbl.
vollstd. umschlossen u. gänzl. eingesenkt, m. schwachen Längsfurchen. D. w. b. vor. Diöc. — An Felsen u. Baumstämmen der
Bg. S. selt. Sp. desgl. 3, 4.
Neckera turgida Jur. 41.

Bestimmungstabelle IV. 19

B. *St. unregelm. bis fiederig beästet. Stbl. einseitswdg. (Fig. 16, Seite 11), längsfaltig, wellig-runzelig. Ras. locker, meist ausgedehnt, breit, weich, doch kräftig, meist goldbräunlich o. gelbl., selten rein gr., innen hellrostbr., schwach glänzd. St. 6—12 cm l., niederliegd., dann aufsteigd., dch. die gedunsene Beblätterung dick. Äste an d. Spitze gekrümmt, zweizeilig angeordnet, kurz u. dick o. dünner u. verdünnt zulaufd. Stbl. sehr dicht, aufr., sichelfg.-einseitswendig, dachziegelig, eilängl.- lanzettl. u. allmählich lang pfriemenfg. Div. $^3/_4$. Blränder in d. Spitze scharf gesägt, Spitze rinnig. Rp. bis über d. Mitte. Astbl. kaum einseitswendig, weniger runzelig, kurz zugespitzt. Sp. äußerst selten, nur von wenigen Stellen bekannt. Diöc. — An sonnigen, grasigen, kalkig-tonigen Stellen, steinigen, felsigen Plätzen. Tiefebene selten, Bg. u. Hochgeb. verbr. S.*
     Hylocomium rugosum (Ehrh.) De Not **42**.

C. *St. weder verflacht noch fiederig beästet, sondern allseitig beblättert u. aufrecht (orthotrop u. radiär).*

I Bl. an der Oberseite mit 4—8 bzw. 3—6 niedrigen Längslamellen. Rand gesägt. Rücken der Rp. u. Lamina gezähnt, an der Unterseite der letzteren die Zähnchen in schiefen Reihen.

α (Fig. 17a, Seite 25.) St. meist einfach, bis 8 cm hoch, dunkelgr., in lockeren Ras. Zentralstrang polytrichoid. Bl. unten klein, schuppenfg., gegen die Spitze hin dichter u. größer werdend, die höchsten zungenfg., sehr deutl. querwellig-kraus. Div. $^3/_8$. Rand schmal gesäumt, Zellen gelbl., fast bis z. Grunde mit einfachen o. doppelten Zähnen besetzt. Rp. auslaufd., m. 4—8 Lamellen. S. 2—4 cm hoch, rot, dick. Sp. (b) einzeln, gekrümmt, rotbr., m. sehr lang geschnäbeltem D. P. 32 zähnig, Pz. bleich. U. nach der Entdeckelung noch lange dch. eine bleiche Paukenhaut, das Epiphragma, geschlossen. Zwitt., polyg. — Schattige, grasige Stellen, in Wäldern, an Wegen, Erdlehnen. Eb. bis Varg. Gemein. Sp. hfg. 2, 3. Ende V. (9—10.)
     Catharinaea undulata (L.) W. et M. **43**.

β Steht der vor. Art sehr nahe, unterscheidet sich jedoch von ihr durch folgende Merkmale: St. bis 2,5 cm hoch. Bl. oberseits m. 3—6 Lamellen. Rp. vor d. Spitze verschwindd. Sp. gehäuft, 2—6, selt. einzeln, auf 0,8—1,6 cm l., hin- u. hergebogener, gelblichroter S. Zwitt. — In Nadelwäldern auf feucht. Boden, an Bachufern. Selten. W.
    Catharinaea Hausknechtii (Jur. et Milde) Broth. **44**.

II Blätter ohne Lamellen.

α (Fig. 18, Seite 25.) Bl. ausgezeichnet wellig, verlängert-zungenfg. abgerundet-stumpf, kurz zugespitzt, nach oben an Größe schnell zunehmend u. dichter. Div. $^3/_8$. Rp. vor der Spitze verschwindd. Bildet lockere, ausgedehnte, meer- o. grasgrüne Ras. Fruchtbare St. aufr., oben m. großem, rosettigem Blschopf (orthotrop). Aus den Achseln der Schopfbl. entspringen peitschenartige, erst aufsteigende, dann im Bogen niedergekrümmte u. später wurzelnde, unfruchtbare Sprosse (plagiotrop); St. daher von palmenartiger Tracht. Andere Sprosse aus dem kriechenden Hauptstengel. S. 2—3 cm l., rot, oben gelb. Sp. hängd. bis geneigt, eifg., grünlichgelb, entleert blaßorange, später br., gehäuft, zu 2—10, selten einzeln. Diöc. — An feuchten, beschatt. Stellen, in Wäldern, Gebüsch, an Bachrändern, in Obstgärten. Eb. bis obere Bg. Verbr. Sp. hin u. wieder. 5. VI. (11.)

Mnium undulatum (L.) Weis 45.

β Bl. lanzettl.-linealisch, lang zugespitzt, selten mit vor der Spitze endender Rp. St. wurzelfilzig. Blrippe mit 5—10 medianen Dt.

1. (4) Rp. oben an der Blunterseite mit 2—4 niedrigen Lamellen, mit 6—10 Dt. Ras. ausgedehnt u. locker, gelbgr., mattglänzd. St. kräftig, m. reichl., br. Rhizoidenfilze. Bl. abstehd., stark querwellig, unten m. zurückgerolltem Rande, an diesem bis unter die Mitte mit scharfen, groben Zähnen, die endständigen Bl. locker zusammengewickelt, etwas einseitswendig. S. blaßgelb, 3—4 cm l., geschlängelt, unten rechts, oben links gedreht. Sp. (Fig. 19, Seite 25.) gehäuft (1—5), hellbr., ohne Rg., fast zylindr., trocken stark gekrümmt. D. langgeschnäbelt, Schnabel rechtsgedreht. Pz. 16, bis unter d. Mitte 2—4 schenklig. Diöc. — Auf feuchter u. trockener Erde in Wäldern u. Heiden, auch an Felsen. Eb. bis Arg. Verbr. Sp. hin u. wieder. 10. VI, VII. (15—16.)

Dicranum undulatum Ehrh. 46.

2. Rp. u. Lamina an der Blunterseite oben durch mamillöse Zellen s. rauh, mit 5—6 Dt. Ras. zusammenhängd., bis 10 cm hoch, gr., mattglänzd. St. aufsteigd. o. aufr., meist unterbrochen beblättert, unten rostfilzig. Bl. lineal-lanzettl., trocken anliegd., verbogen, mit gedrehter Spitze, stark querwellig, untere klein, obere größer, die endständigen zu einem knospenartigen Schopf vereinigt, Rand ausgefressen-gezähnelt. Div. $5/13$. Sp. einzeln, entleert hellbr. S. gelb, hin- u. hergebogen, links gedreht, 2—3 cm l. D. schief u. lang geschnäbelt, Schnabel rechts gedreht, abwärts gebogen. Rg. vorhanden. Pz. oft bis zum Grunde 2- u. 3spaltig. Diöc. — Auf Sandboden in Nadelwäldern u. Heiden. Eb. bis nied. Bg. Verbr. Sp. hin u. wieder. 6, 7. V, VI. (12—14.) (Fig. 20, Seite 25.)

Dicranum spurium Hedw. 47.

3. Rp. an der Unterseite glatt, mit 8 Dt. Ras. dicht, bis 20 cm hoch, stark braunfilzig, hellgr., glänzd. Bl. dicht, aufr.-abstehd., obere selten einseitswendig, breit-lanzettl., an der stumpfen Spitze ausgefressen-gezähnelt, trocken dicht anliegd., verbogen u. mit gedrehter Spitze, wenig querwellig. Sp. (Fig. 21, Seite 25.) mit Rg., trocken gefurcht, einzeln wenig gefurcht. S. 3—4 cm l., gelbl. D. geschnäbelt, halb so lang wie das

Sp. Pz zweischenklig. Diöc. — In Torfsümpfen. Eb. bis
Hochgeb. Sp. hin u. wieder. 8, 9. V. (15—16.)
                            Dicranum Bergeri Bland. 48.
4. (Fig. 22a, Seite 25.) Rp. an der Unterseite ohne Lamellen,
aber gezähnt. Ras. locker, bis 15 cm hoch, gr., gelbgr. o.
bräunl., m. dichtem, weißl., später bräunl. Rhizoidenfilze. Bl.
(b) aufr.-abstehd., aus breitem, flachem Grunde lanzettl.,
linealisch ausgezogen und zugespitzt, gegen die Spitze scharf gesägt u. m. leichten Querwellen. Rp. sehr schmal, weit unter der
Spitze endend. Sp. einzeln o. zu 2, schwach gekrümmt, längl.
zylindr., undeutlich streifig, gelbgr. S. 2—5 cm l., gelbgr.,
unten rötlich, links gedreht. Rg. fehlt. D. so lang w. das Sp.,
mit rechts gedrehtem Schnabel. Pz. 2- u. 3spaltig. Diöc. —
Moorige, sumpfige Wiesen. Eb. bis Hochgeb. Zlch. verbr.
Sp. selt. 8, 9.
                            Dicranum Bonjeani De Not. 49.

V.

*A. Bl. scharf- 2 zeilig, m. Fortsatz u. Rückenflügel. Die St. wach-
sen mit 2 schneidiger Scheitelzelle, Div. $^1/_2$ — die ersten Bl.
junger Keimpflanzen von Fiss. bryoides noch ohne Flügel und
in 3 Zeilen —, die nach rechts u. links Segmente abscheidet.
Aus jedem Segment geht ein Bl. hervor, daher die scharf-2 zeilige
Beblätterung. „Auf der Unterseite des Blattnerven bildet sich
ein flügelförmiger*[1]*) Auswuchs, der später so groß wird, daß
er scheinbar das eigentliche Blatt darstellt, während das
letztere als Scheidenteil des Flügels erscheint." Parallel-
bildung bei höheren Pflanzen das Blatt von Iris . G. O.,
I. Aufl., S. 359, 524, auch 203. II. Aufl., S. 206, 357,
807, 809. — Stämmchen farnwedelartig. P. einfach, Pz. 16,
rot, bis zur Mitte in 2, seltener 3fadenfg. Schenkel gespalten.*

I Bl. gesäumt. St. m. Zentralstrang. Fortsatz des Bl. ungefähr so
lang wie der stengelreitende Teil.
α (3) Fortsatz des Bl. so lang wie der stengelreitende o. Scheidenteil. Dorsalflügel die Anheftungsstelle des Bl. erreichend.
1. St. in Räschen o. herdenweise, bis 1 cm hoch, rötl., einfach,
ohne sterile Sprosse, niedergebogen, m. 5—10 Blpaaren. Bl.
schmal messerfg., meist mit Stachelspitze, gelb gesäumt, Saum
bis zur Spitze reichd. S. rötlichgelb, bis 0,5 cm l. u. darüber,
unten gekniet, verbogen, oben fast hakig. Sp. stark gekrümmt,
bucklig, geneigt bis wager. D. kegelig, schief zugespitzt, rotbr.
Rg. meist 2reihig, gelbl. Pz. blutrot, fast bis z. Grunde gespalten. Diöc. — Schatt., feuchte Stellen, Wegeränder, Gräben.
Oft m. d. folg. Art zus. Hin u. wieder. W.—F.
                            Fissidens incurvus Starke 50.

---
[1]) Vergrößerung der assimilierenden Oberfläche des Blattes.

2. Räschen rein- u. freudiggr. St. einfach o. durch grundständige
Sprosse büschelig-ästig. Bl. breit-eifg., lanzettl.-zugespitzt,
stachelspitzig, rings m. schmal., hyalin., gelb. Saume. Sp. aufrecht o. wenig geneigt, eifg. D. schief geschnäbelt. Pz. purpurn,
bis zu $3/4$ gespalten. Monöc. — An dens. Stellen w. vor. Eb.
bis Arg. Sehr verbr. W.
Fissidens bryoides (L.) Hedw. **51.**

β Fortsatz der Bl. länger als d. Scheidenteil.
1. St. gr., herdenweise, s. niedrig, meist 1—3, selten bis 5 mm hoch,
m. 3—4, selten mehr Blpaaren. Dorsalflügel nur in den oberen
Bl. die Anheftungsstelle erreichd. Rp. u. Saum die Spitze nicht
erreichd. S. bis 3 mm l., gelb, verbogen. Sp. eifg. bis längl.,
schwach gekrümmt, meist ein wenig geneigt. D. rot, m. gerad.
o schief. Schnabel. Rg 2-, seltener 3 reihig. Pz. bis zu $3/4$ gesp.
o. schief. Schnabel. Rg. 2-, seltener 3 reihig. Pz. bis zu $3/4$ gespalten. Diöc. — Auf Gestein in schattigen Waldschluchten.
Eb. bis nied. Bg. Verbr. 8—11. VII—IX. (11—16.)
Fissidens pusillus Wils. **52.**
2. St. in lockeren, dunkelgr. Räschen, 5—10 mm hoch, am Grunde
dch. zahlr. Seitensprosse büschelig-ästig. Bl. schmal-lanzettl.-
lineal., m. gelbl., vor d. Spitze verschwindendem Saume. Rp.
die Spitze nicht erreichd. Dorsalflügel nicht bis zur Anheftungsstelle reichd. S. 3—7 mm l., rötl., oben gelbl., dick. Sp. aufr.,
ellipsoidisch. D. rötlichgelb, m. kurz. Schnabel. Rg. 2-, selt.
3reihig. Pz. bis zu $3/4$ geteilt, orange. Diöc. — Auf verschiedenart. Substrat in fließend. Wasser. Bis zur Bg. Zerstr. H.
Fissidens crassipes Wils. **53.**

γ Fortsatz des Bl. kürzer als der Scheidenteil.
1. Der Dorsalflügel erreicht mit 2 Zellreihen die Anheftungsstelle
d. Bl. Saum vor d. Spitze verschwindd., wulstig, aus 4—6 Zellreihen gebildet, 2- u. mehrschichtig, zuletzt bräunl. Rp. kräftig,
rotbr., vor d. Spitze verschwindend. Bl. lanzettl., scharf zugespitzt. St. bis 3 cm hoch. Ras. schmutzig-gr., zuletzt bräunl.
S. blutrot, dick, 7—10 mm l. Sp. aufr. o. schwach geneigt. D.
m. schief. Schnabel. Rg. 2 (3)reihig. Pz. dunkelblutrot, bis
$3/4$ gespalt. Polygam. — Auf überrieseltem Kalkgestein in
Bächen. Selten. W.
Fissidens Mildeanus Schimp. **54.**
2. Dorsalflügel die Anheftungsstelle erreichd. u. herablaufd. Saum
aus mehreren Zellreihen gebildet, 2schichtig, zuletzt rotbr. Rp.
rötl., in die Spitze übertretd. Bl. kurz- und stumpf-zugespitzt.
Sterile St. bis 4 cm hoch. Ras. oliven- bis bräunlichgr. S. 4,5
mm l., rot, dick. Sp. m. deutl. Halse. D. rötl. u. m. stumpfer
Spitze. Rg. 4- (3—5)reihig. Pz. blutrot, bis unter d. Mitte gespalt. Monöc. — In fließ. Wasser an kalkhalt. Gestein.
Selten. W.
Fissidens rufulus B. S. **55.**

II Bl. ungesäumt.
 α Fortsatz des Bl. ungefähr so lang etwas länger o. kürzer als der reitende Teil.
 1. St. mit Zentralstrang.
  a Rp. in der Blspitze auslaufend, dick.
  × St. 1—2 mm h., in gelbgr. Räschen, m. 3—4 Blpaaren. Bl. lanzettl., zugespitzt. Rand krenuliert. Dorsalflügel die Anheftungsstelle nicht erreichd. Rp. gelbl. S. 3,5 bis 6 mm l., kräftig, gelbl. o. rötl. Sp. aufr. D. mit kurzem, gerad. o. schief. Schhabel. Rg. 2reihig. Pz. fast bis zum Grunde gespalt. Diöc. — Tonige, schattige Plätze. Eb. u. niedere Bg. Zerstr. W. u. F.
Fissidens exilis Hedw. 56.
  × × St. bis 2 cm h., mit zahlr. Blpaaren. Ras. tiefgr., locker. Bl. breit-lanzettl., stachelspitzig o. zugespitzt. Rp. hell, kräftig. Fortsatz viel kürzer als der reitende Teil d. Bl. Dorsalflügel herablaufend. Saum dch. helle Zellen krenuliert o. gesägt. S. bis 1,5 cm l., rötlich, hin- und hergebogen, am Grunde d. St. entspringd. Sp. geneigt bis wagerecht. D. so lang wie d. U., mit schiefer, pfrieml. Spitze. Rg. 1- (2)reihig. Pz. bis zu ¾ gespalt. Monöc. — Schattige, feuchte Stellen. Wälder, Hohlwege, Grabenränder usw. Eb. bis A. Verbr. 3, 4. VI. (9—10.)
Fissidens taxifolius (L.) Hedw. 57.
  b Rp. vor der Spitze verschwindend.
  × Sporophyt aus der Spitze des Hauptsprosses. Ras. dicht, lebhaft gr., bis 3, selten 6 cm hoch. St. sprossend, m. zahlr. gebräunten Blpaaren. Bl. breitlanzettl., stumpf, stachelspitzig. Rand krenuliert. Fortsatz kürzer als der reitende Teil. Dorsalflügel am Grunde gerundet, abwärts ein wenig schmaler werdend. S. dick, 7—14 mm l. Sp. wager. o. geneigt, derb. Rg. 1reihig. Pz. bis zu ¾ gespalten. Diöc. — Sumpfige, moorige Wiesen, in humösen Felsspalten. Eb. bis Hochgeb. Verbr. H.
Fissidens osmundoides (Swartz) Hedw. 58.
  × × Sporophyt aus der Mitte von Jahrestrieben.
   O (Fig. 23a, Seite 25.) Ras. locker, 10—15 cm h., gr., später gebräunt. St. kräftig, sprossend, ästig, m. viel. Blpaaren. Bl (b) breit-lanzettl., allmähl. zugespitzt. Rand gezähnt, an d. Spitze scharf gesägt, aus 3—4 Reihen stärker verdickter, heller gefärbter Zellen gebildet. Fortsatz meist kürzer als der reitende Scheidenteil. Dorsalflügel herablaufd. (Rp. selten auslaufd.!) S. 1—2,5 cm l. Sp. geneigt, dunkelbr., derb. D. so lang o. länger als die Urne, schief pfriemenfg., geschnäbelt. Rg. 1- (2)reihig. Meist diöc., selten monöc. — Sumpfige, moorige Wiesen, quellige Plätze, nasse Felsen. Eb. bis A. Verbr. 3, V, VI. (9—10.)
Fissidens adiantoides (L.) Hedw. 59.

OO Ras. dichter als b. vor., selt. bis 6 cm hoch. Bl. fast gleichbreit, am Rande bis tief hinab grob u. ungleich gesägt. Fortsatz etwas länger als der reitende Scheidenteil. Rp. auf d. Querschn. m. 4—10 basalen Dt. (bei vor. m. 6—12) u. meist 2 Reihen großer Innenzellen (w. b. vor.) Blrand wulstig, aus 3 bis 4 Reihen stark verdickter Zellen bestehd. S. meist 1 cm l., D. m. rotem Rand. Diöc. — In Spalten von Kalkfelsen. Bg. bis Ha. Sp. selt.

Fissidens decipiens De Not. 60.

2. St. ohne Zentralstrang, s. kräftig, bis 10 cm l., büschelig-verzweigt, dunkelgr. bis schwärzl., in breiten Ras. Bl. ungesäumt, lineal-lanzettl., stumpfl. Fortsatz etwas kürzer als der Scheidenteil. Dorsalflügel die Anheftungsstelle erreichd. S. verbogen, ca. 1,5 cm l., rotgelb. Sp. fast aufr., derb, rotbr. D. schief geschnäbelt. Rg. fehlt. Pz. fast bis zum Grunde gespalten. Diöc. — Untergetaucht an Kalkfelsen. Nur von wenigen Stellen bekannt.

Fissidens grandifrons Brid. 61.

β Fortsatz des Bl. 2—3 mal länger als der reitende Teil. St. flutend, schlaff, dunkelgr., bis 10 cm l., fadenfg., gabelästig. Bl. locker, lanzettl.-linealisch, stumpf, trocken kraus, ungesäumt, ganzrandig. Dorsalflügel d. Blgrund nicht erreichd. Rp. weit vor der Spitze verschwindend. S. oberhalb des Scheidchens angeschwollen, gelb. Sp. aufr., klein, zart. D. länger als die U., gerade geschnäbelt. Rg. 1reihig. P. 16zähnig, Pz. kurz, breit, gestutzt. Zur Zeit der Reife bricht die S. über dem Scheidchen ab. Monöc. — In Brunnen u. Brunnentrögen, an Baumwurzeln u. Pfählen im Wasser. Zerstr. Nicht in d. A. F., S.

Octodiceras Julianum (Savi) Brid. 62.

B. Bl. ohne Fortsatz u. Flügel.

I St. aufrecht.

α St. (Fig. 24a, Seite 25.) 2gestaltig, die unfruchtbaren farnwedelartig, mit längs angehefteten, scharf- 2zeilig angeordneten, am Grunde miteinander verwachsenen Bl., die fruchtbaren St. nur im oberen Teil mit nur wenigen Fiederbl., an der Spitze mit schief u. quer angeordneten, in 5 Reihen stehenden Bl. Bl.rippenlos. Ras. bis 1 cm hoch, bläulichgr., locker, oft weite Strecken überziehd. Protonema ausdauernd, mit prachtvollem. smaragdgr. Lichte[1]) sanft leuchtend (daher Leuchtmoos). Sp. (c) aufr., winzig, kuglig, auf fast farbloser 2—4 mm l. S. P. fehlt. Vegetative Vermehrung durch zylindr. u. stumpfe o. spindelförmige u. spitze, vom Protonema erzeugte Brutkp. Diöc. — Nur an

---

[1]) Leitgeb, H., Das Wachstum von Schistostega. Mitt. d. nat. Ver. Graz, 1874. — Noll, F., Über das Leuchten der Schistostega osmundacea. Arb. d. bot. Inst. in Würzburg. III. Bd. S. 477 ff. — G. O., S. 464, 465, 777, 791, 806.

Tafel II. Fig. 17—35.

schattigen Orten, in Klüften, Spalten, unter überhängenden Felsen, in Erdhöhlen, bes. auf Sandstein. Hrg. bis Varg. Zerstr. 5. VI. (11.)
Schistostega osmundacea W. et M. **63**.
β Bl. deutlich 2reihig, quer angeheftet, dicht dachziegelig, kielartig hohl, gleichsam wie der Scheidenteil des Fissidens-Blattes stengelreitend. Div. $\frac{1}{2}$. Ras. dicht, weich, lebhaft seidenglänzd. Rp. kräftig. Felsmoose.
1. (Fig. 25a, Seite 25.) Ras. breit, zlch. hoch (bis 8, selt. 15 cm), gr. o. gelblichgr., mit Ausschluß der jüngsten Triebe m. dichtem rostbr. Filze. Bl. (b) pfriemenfg., lang u. fein. S. 0,5—2 cm l. Sp. (c) aufr., gerade, ellipt.-walzenfg. Monöc. — Schattige Ritzen u. Spalten v. kalkhalt. Gestein u. Mauern. Hrg. bis Ha. Verbr. 7. V. (13—14.)
Distichium capillaceum (Sw.) B. S. **64**.
2. Ras. 1—2 cm h., selt. höher, dunkel- o. braungr. St. m. schwach. Rhizoidenfilz. S. meist 1 cm l. (selt. 2,5 cm). Sp. geneigt o. gekrümmt. Monöc. — An ähnl. Stellen wie vor. Niedere Bg. bis Ha., s. selt. in d. Eb. S.
Distichium inclinatum (Ehrh.) B. S. **65**.
II Ras. ± hingestreckt.
α (Fig. 26a, Seite 25.) Beblätterter St. bis 1 cm breit. Ras. s. breit, kräft., blaßgr., trocken heller, eigentüml. mattglänzd. Bl. (b) deutl. 5reihig, an der Bauchseite 1 Reihe, am Rücken 2 Reihen, beiderseits je 1 Reihe. Untere Bl. kleiner als die übr., alle rippenlos u. ganzrandig. Div. $^5/_{13}$. S. gelblichrot, dick, unten gekniet, 1—2 cm l. Sp. (c) wager., geneigt o. fast hängd., braunrot, zuletzt schwärzl., derb. D. gelblichrot, kegelig, geschnäbelt. Hb. an der Basis ein wenig gelappt. Vegetative Vermehrung durch blattbürtige Brutkp. Monöc. — In tiefem Schatten an quelligen Waldplätzen. Eb. bis Varg. Zerstr. 11, 12.
Pterygophyllum lucens (L.) Brid. **66**.
β Beblätterter St. viel schmäler.
1. (3) (Fig. 27a, Seite 25.) Bl. zungenfg.-messerfg., stumpfl., s. deutl. 2zeilig, dicht dachziegel., am Grunde schmal, flach asymmetrisch, am Rande u. an der Spitze etwas gekerbt, m. zlch. breiter, gr., einfacher, zuweilen doppelt., selt. fehld. Rp. Ras. niederliegd., meist gelblichgr., auch dunkelgr., sehr stark glänzd. St. aufsteigd., mehrfach gabelig geteilt. Äste verflacht, stumpf. S. 1—2 cm l., purpurn, rechtsgedreht. Sp. (b) aufr. o. geneigt, rotbr. D. s. lang wie d. U., m. schief. Schnabel. Rg. 2- (3)reihig. P. doppelt (c). Monöc. — In schattigen Wäldern an Baumstämmen, auf d. Erde, an Felsen u. Steinen. Ebene u. nied. Bg. S. verbr. Sp. hfg. 1, 2. VI. (7—8.)
Homalia trichomanoides (Schreb.) B. S. **67**.
2. Bl. an der Spitze abgerundet, m. o. ohne Spitzchen. Rg. fehlt.
a Ras. stark seidenglänzd., niedergedrückt o. hängd., im

letzteren Falle w. b. N. crispa u. pennata mit aufstrebenden
Spitzen. St. 10—15 cm l., dicht u. zlch. regelmäß. gefiedert.
Bl. flach, zungenfg., an d. Spitze abgerundet, plötzl. kurz zugespitzt, m. kleinen Zähnchen. S. 0,7—1 cm l. Sp. ellipt.
D. zart u. schief geschnäbelt. Die Astspitzen verlängern sich
oft zu peitschenfg., leicht abfallenden Trieben (vegetative
Vermehrung). Diöc. — Am Grunde v. Waldbäumen u. auf
Gestein. Eb. u. Bg. Gemein. Sp. selt. 5. IV. (13.)
     Neckera complanata (L.) Hüb. **68.**
b Ras. bleich- o. gelblichgr., später bräunl., weniger glänzd. Bl.
ohne Spitzchen. In der Tracht der vor. sehr ähnl., nur kleiner u.
zarter. Diöc. — Schattige, kalkhalt. Felsen, auch an Baumstämmen. Bes. in Süddeutschld. u. A. Sp. s. selt. Sehr zerstr. 3, 4.
     Neckera Sendtneriana B. S. **69.**
3. Bl. zugespitzt (kurz, scharf, rasch, plötzl., allmähl., fast haar- o.
pfriemenfg.).
a In den Winkeln der Astbl. entspringen Kurztriebe (vegetative
Vermehrung). Oft bis zu 100 pinselfg. Büschel in einem Blwinkel. Diese Brutästchen tragen bleiche, entfernt stehende
Niederbl. Ras. gelblichgr., stark glänzd., niedergedrückt,
ausgedehnt. St. ungleich beästet. Zentralstrang klein- u.
armzellig. Astbl. längl.-lanzettl., allmähl. lang zugespitzt,
fast haarfg. Rp. fehlt o. kurz u. ungleich 2schenkl., bis $\frac{1}{3}$ d.
Bl. S. 1,2—2 cm l., purpurn, gegenläufig. Sp. aufr. bis wager.,
zart, rötlichgelb. Rg. 2reihig, rot. Diöc.
     Plagiothecium elegans (Hook.) Sull. **70.**
Ändert ab: var β Schimperi (Jur. et Milde) Limp. Ras.
meist dunkelgr., sehr deutl. verflacht, dem Substrat s. dicht
anliegd, wie angepreßt. Astenden meist abwärts gekrümmt,
ebenso die Bl. — Auf festem, kalkfreiem Waldboden. Selten in
der Eb., dagegen hfg. im Mittelgeb. u. in d. A. Sp. unbekannt.
— var γ nanum (Jur.) Walth. et Mol. Niemals auf Erde, sondern stets auf Silikatgesteinen. Unterscheidet sich durch
aufr., sehr zarte, brüchige, oft peitschenartig verlängerte Äste.
Bisher nur von relativ wenigen Stellen bekannt.
b Kurztriebe fehlen.
× St. m. Zentralstrang, dieser oft klein- u. armzellig.
O (Fig. 28 a, Seite 25.) Ras. schmutzig- o. dunkelgr., mattglänzd. o. glanzlos, locker. St. niederliegd. o. aufsteigd., m.
meist aufsteigd. Ästen. Bl. (b, c) trocken schwach längsfaltig.
Rp. kräftig, gabel., in o. vor d. Mitte endend. Sp. 2—4 cm l.,
rot. Sp. (d) m. deutl. Halse, zylindr., wenig gekrümmt,
trocken längsfurchig. D. ziemlich lang geschnäbelt. Diöc.
— Schattige, feuchte Waldstellen, an Felsen. Eb. bis obere
Baumgrenze. Sehr verbr. Sp. hfg. Vegetative Vermehrung
durch blattachselständige Brutkp. S. — Siehe auch unter × ×
     Plagiothecium silvaticum (Huds.) B. S. **71.**

OO Ras. freudig-, hell-, bleich-, bei P. recurvifolium bis weißlgr., oft sehr stark seidenglänzd.
! Bl. längl.-lanzettl., allmähl. fein zugespitzt bis fast haarfg.
† Bildet auf faulenden Baumstümpfen, bes. solchen von Nadelhölzern, lockere, sehr weiche, schwach seidenglänzende Rasen. St. kriechd., 2—3 cm l., m. kleineren u. größeren Bl. Äste hin- u. hergewunden, gegen d. Spitze verjüngt u. oft stark gekrümmt. St. u. Astbl. (Fig. 29a, Seite 25) auch trocken fast wager. u. sparrig abstehd. o. zurückgebog., an d. Sproßenden auch öfter einseitswendig, daher diese nicht verflacht, sondern gerundet. Rand oben gezähnelt. Rp. fehlt o. kurz u. gabel. S. 1,5—2,5 cm l., geschlängelt, rot, oben gelbl. Sp. (b) bogig gekrümmt, trocken glatt. D. stumpf-kegelfg., m. aufgesetztem Spitzchen. Rg. 1reihig. Monöc. — Tiefebene bis 1000 m, in den A. auch höher. Verbr. Sp. hfg. 7. IX. X. (9—10.)
Plagiothecium silesiacum (Sel.) B. S. 72.
†† In erderfüllten, kalkhalt. Felsspalten kleine, dichte, freudig-grüne, seidenglänzende Räschen bildend. St. u. Äste — Äste 0,5—1 cm l. — meist m. einseitswend. Bl., daher undeutl. verflacht. Bl. ganzrandig, rippenlos. S. 1—2 cm l., dünn, purpurn. Sp. auch trocken u. entleert aufr., kaum etwas geneigt. D. stumpf-kegelfg., bleich. Rg. 2reihig. Monöc. — Obere Bg. u. Arg. Verbr. Sp. hfg. 6—9.
Plagiothecium pulchellum (Dicks.) B. S. 73.
!! Bl. eilängl. o. lanzettl., aber kurz o. rasch u. fein zugespitzt o. fast stumpfl.
† (4) Ras. weich, s. stark seidenglänzd. St. hingestreckt, Äste unregelmäß., dicht, meist aufr., s. deutl. verflacht. Bl. (Fig. 30a, b, Seite 25) eifg., rasch u. schmal zugespitzt o. fast plötzl. in ein Spitzchen überghd., ganzrandig o. an d. Spitze gezähnelt, asymmetrisch, lang herablaufd. S. 1,5 bis 3 cm l., gerade. Sp. (c) geneigt bis wager., gekrümmt, trocken glatt. D. mit Spitzchen. Ring 2- u. 3reihig. Vegetative Vermehrung durch blattbürtige Brutkp. Monöc. — Schattige Wälder, unter Gebüsch, gern an modernden Baumstümpfen u. Wurzeln, auf Fels. u. Steinen. Eb. bis Hochgeb. Sehr verbr. Sp. hfg. 7. VII. VIII. (11—12.)
Plagiothecium denticulatum (L.) B. S. 74.
†† Ras. dicht, ausgedehnt, hellgr., glänzd. Äste rings dicht beblättert, gedunsen, daher undeutl. verflacht. Bl. (Fig. 31a, Seite 25) trocken einander deckend, eilanzettl. u. rasch feinspitzig, wenig herablaufd., symmetrisch, ganzrandig. S. 1,5—3 cm l., Sp. (b) aufr. o. fast aufr., schwach längsfurchig. D. stumpf, m. winzigem Spitzchen. Rg. 1- u. 2reihig. Diöc. — Auf Erde, an Abhängen u. Gestein in

schatt. Wäldern. Eb. bis Arg. Verbr. Meist reichl.
m. Sp. 7,8.
Plagiothecium Roeseanum (Hampe) B. S. 75.
††† Ras. zart, klein; niedergedrückt, s. weich, stark glänzd.,
dicht anliegd., m. kurzen, büschelig gestellten, flachen
Ästen. St.- u. Astbl. dicht, scheinbar 2 reihig, niedergebogen bis einseitswendig, die unteren u. oberen flach anliegd., die seitl. abstehd. u. gefaltet. Stbl. flach, ganzrandig
o. gezähnelt, eilängl., kurz zugespitzt o. fast stumpf. Rp.
fehlt o. sehr kurz u. doppelt. S. 0,6—1,2 cm l., rötlichgelb.
Astbl. w. d. Stbl., aber rippenlos u. deutl. gezähnelt. Sp.
trocken gekrümmt, zart, bräunl., eilängl., m. deutl. Halse.
D. gelb, lang geschnäbelt. Rg. 2 reihig, rot. Diöc. —
Schattige, feuchte Felsen u. Steine, an Mauern, Ruinen, in
Schluchten, Höhlen, an Baumwurzeln. Bg., A. Zerstr.
Sp. selt. W.
Plagiothecium depressum (Bruch) Dix. 76.
†††† Ras. locker, bleich- bis weißlichgr., stark glänzd. St.
dicht anliegd., m. gelbbr. Rhizoiden u. hakig abwärts
gekrümmten Astenden u. Bl. Stbl. bleich, 2 seitig dachziegelig deckend, asymmetrisch, eilängl., rasch u. kurz
zugespitzt, herablaufd., ganzrandig, flach. Rp. kurz,
2 schenklig. S. bis 2 cm l., purpurn, verbogen. Sp. horizont. o. stark geneigt, längl.-zylindr., zartwandig, gelblichgr., später rostfarben, wenig gekrümmt und im Alter nicht
furchig. D. m. purpurner Warze. Rg. 1 reihig. Monöc. —
Auf der Erde in Nadelwäldern, an morschen Baumstümpfen.
Mittelgeb. u. Waldreg. d. A. Zerstr. Sp. hfg. 7, 8.
Plagiothecium curvifolium Schlieph. 77.
× × St. ohne Zentralstrang.
O Ras. schmutzig u. dunkelgr., mattglänzd.
Plagiothecium silvaticum 71.
OO Ras. lebhaft gr. u. stark glänzd.
! (3) Ras. zierlich, niedrig, stark glänzd., dicht freudiggr.
Bl. eilanzettl., lang u. scharf zugespitzt, locker, aufr.-ab-
stehd., in der Gestalt gleich, ganzrandig, rippenlos. St.
u. Bl. mit chlorophyllösen, meist 4 zelligen, keulenfg. Brutkp.
S. 0,5—1 cm l., rot, zart. Sp. aufr. o. fast aufr., winzig,
eifg., zarthäutig, gelbl., später br. D. m. Spitzchen. Brutkp.
an den Blspitzen. Diöc. — Bes. in Erlenbrüchen, Höhlungen morscher Baumstümpfe. Eb. u. nied. Bg. Zerstr. Sp.
selten. W.
Plagiothecium latebricola (Wils.) B. S. 78.
!! A. Ras. stattlich, von ausgezeichneter Neckera-Tracht,
weich, freudiggr., seidenglänzd. St. s. deutl. verflacht, m.
zahlr. bleichen Ausläufern, die m. kl. Bl. besetzt sind u.
in Laubsprosse übergehen. Äste einfach o. wiederum ver-

ästelt u. oft in peitschenförmige Verlängerungen auslaufd.
Laubbl. locker, deutl. dimorph, die oberen u. unteren symmetrisch u. dicht anliegd., die seitl. asymmetrisch, wagerecht abstehd. u. herablaufd., nach d. Spitze hin runzelig querwellig, ganzrandig o. in der äußersten Spitze gezähnt. Rp. ungleich 2schenklig. S. 1,5—2 cm l. Sp. aufr., mit deutl. Halse, hellbr., später dunkler, zartwandig, nicht gefurcht. D. geschnäbelt. Rg. 2- u. 3reihig. Diöc. — In Spalten, Klüften, auf feuchtem, schattigem Gestein der A. (Gneis, Glimmerschiefer). S. zerstr. Sp. selt. S.
Plagiothecium neckeroideum B. S. 79.
!!! St. ausläuferartig, zerstr. m. roten, warzigen Rhizoiden besetzt, fiederig beästet. Äste oft peitschenartig verlängert u. verflacht. Stquerschnitt m. einschichtiger, sphagnöser Außenrinde. Bl. lanzettl., lang pfriemenfg., ganzrandig, nicht herablaufd., rippenlos o. mit einfacher o. m. doppelter, ungleichschenklig. Rp. S. 1,2—1,5 cm l., dick, rot. Sp. fast aufr. o. geneigt, rötlichgelb, später br. zartwandig, ungefurcht. D. m. dickem Schnabel. Rg. 2reihig. Diöc. — An humösen, schatt. Stellen, feucht. Felsen, Baumwurzeln. Bg. Varg. Zerstr. Sp. selt. S.
Plagiothecium Müllerianum Schimp. 80.

VI.

In dieser Abteilung fehlen alle Arten mit nur schwach sichelförmiger Beblätterung. Auch haben solche, bei denen nur die an der Spitze des Stämmchens und der Äste stehenden Blätter sichelförmige Gestalt besitzen, hier keine Aufnahme gefunden.
A. St. ohne Zentralstrang u. ohne Außenrinde.
I Rp. vollständig, also in der Blspitze endd.
α St. gabelästig, Äste unregelmäßig, kurz. Achse dünn, nach der Anheftungsstelle hin nackt o. m. d. Resten der Blrippen. Bl. flach. Ras. dunkelgr. — An Felsen u. Steinen in schnellfließenden Gewässern.

Cinclidotus aquaticus 3.
β (Fig. 32a, Seite 25.) St. mit fast 2zeilig u. entfernt gestellten Ästen, mit hakig gebogenen Astspitzen, flutend. Ras. gr., goldbräunl., am Grunde schwärzl. Bl. scharf gekielt u. gefaltet, gegen d. Spitze gezähnt. Div. $\frac{1}{3}$. Rp. in der Spitze endend o. kurz austretd. Blzellen linealisch, am Grunde goldgelb. S. 0,5—1,5 cm l., rot, zart, von den inneren Pbl. bis zur Mitte rechts spiralig umschlungen. Sp. zylindr., rostbr. D. lang geschnäbelt. Rg. fehlt. Die inneren Pz. (b) bilden einen oben offenen Gitterkegel. Diöc. — Untergetaucht u. an zeitweise überfluteten Steinen, Wurzeln d. ob. Bg. S. selt. Sp. s. selt. S.
Dichelyma falcatum (Hedw.) Myr. 81.

Bem. Das bisher nur von wenigen Stellen aus dem Osten des Gebiets bekannt gewordene Dich. capillaceum (Dill.) Schimp. unterscheidet sich von der vor. Art außer dch. größere Zartheit der St. u. Äste vornehmlich durch die aufr.-abstehd. o. schwach einseitswendigen u. längeren Bl., außerdem dch. die lang auslaufende Rp. Das Sp., von einer 0,3—0,4 cm l. S. getragen, wird von den Pbl. vollständig eingehüllt u. tritt nur nach dem Abwerfen des Deckels seitlich hervor. Diöc.

II Rp. nicht auslaufend, bei Hypn. Bambergeri ungleich doppelt o. ungleich 2 schenklig. Moose von pleurocarpem Typus.
  α St. mit Paraphyllien.
    1. Rp. der Stbl. vor der Spitze endd., kräftig.
     a St. schön kammartig gefiedert, m. rotbr., dichtem Rhizoidenfilz, m. s. zahlr., einfachen, vielgestaltigen Paraphyllien, aufr., bis ca. 10 cm h., gelbgr. o. rostbr., weiche, oft kalkig inkrustierte Ras. zusammensetzd. Stbl. (Fig. 33a, Seite 25.) entfernt, aus verschmälertem Grunde plötzlich breit 3 eckiglanzettlich, rinnig, flachrandig, rings fein gesägt, tief längsfaltig, Astbl. (b) kleiner, trocken in der Spitze gekräuselt. Blzellen 5—6 m. s. l. wie br., sehr eng, am Grunde goldgelb. Blflügel ausgehöhlt, Blflügelzellen spärlich, wenig ausgebildet, rectangul., getüpfelt, gelb, bräunl. o. durchsichtig, verdickt. S. 4—5 cm l., dick, purpurn, gebogen, kniefg.-aufsteigd. Sp. (c) wager. o. geneigt, zylindr. u. bogenartig gekrümmt, derbwandig, br. D. kegel., spitz. Rg. 3 reihig, schmal. Diöc. — Quellenreiche, kalkhaltige Stellen, auch an nassen Felsen. Eb. bis Varg. Verbr. Sp. meist vorh. 6. IX, X. (8—9.)
                           Hypnum commutatum Hedw. 82.
     b Diese Form unterscheidet sich v. Hyp. commut., als dess. Varietät sie auch angesprochen wird, durch die gelbbr. Färbg. der Ras., durch aufsteigde., selten aufr., oft flutende, wenig o. gar nicht wurzelfilzige, unregelmäß. beästete St., dch. eilängl. allmähl. lanzettl.-pfriemenfg., gegen den Grund am Rande gezähnte Stbl., dch. längere Blzellen, dch. goldbr., derbwandige, getüpfelte, bis z. Rp. reichende Blflügelzellen. Diöc. — An kalkhaltigen, quelligen, sumpfigen Stellen. Dch. d. ganze Geb. Verbr. Sp. hin u. wieder. 7, 8.
                           Hypnum falcatum Brid. 83.
    2. A. Rp. bis ½ od. ¼ d. Bl. durchlaufd., gelb. Ras. bräunlichgelb o. -gr. St. aufsteigd., 2 zeilig beästet, ohne o. nur m. spärl. Rhizoidenfilz. Spitze der St. u. Äste meist hakig. Paraph. meist zahlr. Stbl. fast sichelfg. eingerollt. Am Blgrunde einige Querreihen dickwandiger, getüpfelt., goldgelber Zellen. Diöc. — Auf kalkhalt., feucht. Gestein. Sp. nicht bekannt.
                           Hypnum sulcatum Schimp. 84.
  β St. ohne Paraphyllien.
    1. A. Ras. meist polsterfg., braungr., goldbräunl. gescheckt,

innen blaß rostfarben. Bl. dicht, sehr deutlich 2reihig-einseitswendig und kreisfg. gekrümmt. Stbl. längl., lanzettl., rinnigpfriemenförmig, Spitze meist geschlängelt. Blzellen lineal., Membranen stark verdickt u. getüpfelt, am Grunde goldgelb, Blflügelzellen orangefarben. Diöc. — Auf feuchtem Kalkgestein. Verbr. Sp. s. selt. 7.
Hypnum Bambergeri Schimp. 85.

2. Ras. starr, aufr., gelbl.- o. goldgr., oft rötl. u. bräunl., feucht firnisglänzend, bis 15 cm h. St. meist regelmäß. gefiedert, St.- u. Astspitzen stark eingekrümmt. Bl. längl.-lanzettl., in der Spitze rinnig, ganzrandig. Rp. bis ½, gelb. Blzellen sehr lang und schmal, am Gr. viel kürzer, gelbrot o. purpurn. S. 4—5 cm l., rot. Sp. wager., zylindr., bucklig, trocken stark gekrümmt. D. purpurn, m. Spitzchen. Rg. breit, 3reihig. Diöc. — Sumpfwiesen. Ebene, niedere Bg. Verbr. Sp. hin u. wieder. 6. IX, X. (8—9.)
Hypnum vernicosum Lindbg. 86.

B. *Stengel mit Zentralstrang. Moose von pleurocarpem Typus.*

I St. mit sphagnöser, hyaliner, oft kleinzelliger, bei Hypnum exannul. blattbürtiger Außenrinde.

α Rp. fehlt o. sehr kurz, einfach, gleich- o. ungleich-doppelt, nie die Blmitte erreichd.

1. Rinde (einschließl. Außenrindenschicht) 3—5schichtig, gelb oder gelbrot.

   a Außenrinde locker. Die zarten Außenwände (auch trocken) nicht nach innen zusammenfallend.

   × In den Blattecken eine scharf umgrenzte Gruppe aufgeblasener, hyaliner Blflügelzellen, die sich dch. Größe u. Gestalt scharf von ihrer Umgebung abheben. Ras. schwellend, weich, locker, gr. o. gelbgr. St. 4—8 cm l., niederlgd. o. aufsteigend, m. 4—8 mm l., ungleich großen, an d. Spitze oft gekrümmten, Ästen. Stbl. (Fig. 34a, Seite 25.) ganzrandig, gedrängt, einseitswendig bis kreisfg., oben gekräuselt, rinnig-hohl, eifg.-lanzettl.-pfriemenfg., herablaufend. Pbl. längl.-lanzettl., zugespitzt, rippenlos (b). Rp. kurz, ungleich-doppelt o. fehld. Äste ohne Zentralstrang. S. 1,5—2 cm l., wellig verbogen, purpurn. Sp. (c) rostgelb, wenig gekrümmt, entleert unter der erweiterten Mündung verengt (d). D. orange, m. Spitzchen. Rg. breit, 3- und 4reihig. Diöc. — Auf feucht. o. durchnäßten Stellen, auf Waldboden, Grasplätzen, Steinen, Waldwegen. Mittelgeb. A. Verbr. Sp. zlch. hfg. 7, 8.
   Hypnum callichroum (Brid.) B. S. 87.

   × × A. Eine scharf umgrenzte Blflügelzellgruppe fehlt, an deren Stelle bisweilen 3—4 hyaline Zellen. Ras. polsterbildend, dicht, meist gelb, bisweilen rötl. angelaufen, trocken brüchig. St. aufsteigd. bis aufr., fast regelmäß. gefiedert. Stbl. in der Spitze gesägt, nicht herablaufend. Rp. gelb, doppelt. Äste

mit Zentralstrang. Diöc. — Feuchte, steinige Plätze, bes. d. Zentralalp. Zerstr. Sp. s. selt. 7, 8.
Hypnum hamulosum B. S. 88.
b Außenrinde nicht locker, kleinzellig. Die peripherischen Wände trocken kollabiert, d. h. nach innen eingefallen, daher die Peripherie d. Stquerschnitts höckerig. Blflügelzellen zahlr., klein, quadratisch.
× **A.** Stbl. flach- u. ganzrandig. Die kriechd. Hauptachse mit bleichen, langen Ausläufern. Stbl. faltenlos, nicht herablaufend, eifg. o. längl., löffelfg. ausgehöhlt, oben pfriemenfg. Rp. ungleich-2 schenklig. Blzellen dickwandg. u. getüpfelt. Blflügelzellen als umfangreiche Gruppe deutl. hervortretd., ebenfalls dickwandig u. getüpfelt. Ras. dicht, braun- o. gelbgr., glänzd. St. durch aufr. Äste fast gefiedert. Paraphyllien vereinzelt, halbkreisfg., eifg. bis lanzettl. Diöc. — In den A. auf Kalkfelsen u. kalkhalt. Gestein. Verbr. Steril.
Hypnum Vaucheri Lesqu. 89.
× × Stbl. mit den Rändern ganz oder nur gegen den Grund — dann meist nur auf einer Seite bei Hypn. cupressif. — ± zurückgerollt o. -geschlagen. Ausläufer fehlen.
O (3) (Fig. 35a, Seite 25.) Stbl. (b) faltenlos, ganzrandig o. in der Spitze gesägt, hohl, 2 reihig, aber einseitswendig, sichelbis hakenfg. weit herablaufend, längl.-lanzettl., allmähl. lang u. haarfg. zulaufd. Rp. fehlt o. s. kurz u. doppelt. Blflügelzellen hyalin o. goldgelb, stark verdickt, aufgeblasen. Ras. bleich-oliven- o. bräunlichgr., meist flach, ausgedehnt, polsterfg. Astenden meist hakig. Paraphyllien spärl., pfriemenfg. o. lanzettl. S. 1,5—2,5 cm l., purpurn. Innere Pbl. scheidig, ohne Rp. (c). Sp. (d) fast aufr. o. geneigt, zylindr., schwach gebogen, br., entleert unter dem Munde verengt (e). D. geschnäbelt. Rg. orange, meist 2 reihig. Diöc. — Ändert sehr stark ab, je nach dem Standort. Auf der Erde, an Felsen, Steinen, Baumstämmen, auf Dächern usw. Ebene bis Hochgeb. S. gemein. Sp. hfg. 1—3. IV. V. (8—11.)
Hypnum cupressiforme L. 90.
OO **A.** Ränder der Stbl. bis gegen die Spitze stark zurückgerollt, ganzrandig o. a. d. Spitze gezähnt, mit schwachen, unregelmäßigen Falten, hohl, a. d. Spitze rinnig, dicht, sichelhakenfg-einseitswendig, unten eilängl., nach oben rasch lanzettl.-pfriemenfg. Rp. meist kurz u. doppelt o. ungleich-2 schenklig, gelb. Blflügelzellen gelb, in d. Ecken zuweilen 2—4 große hyal. Zellen. Ras. an d. Oberfläche bräunl. o. gelbl. gescheckt, schwach glänzd. St. aufr., mit fiedrigen, meist einseitswendigen Ästen. St.- u. Astenden meist hakig. Diöc. — Bes. auf kieselhalt., feuchtem Gestein d. A. u. Varg. Verbr. Sp. äußerst selt.
Hypnum revolutum (Mitt.) Lindbg. 91.

OOO A. Ränder der Stbl. gegen d. Grund schmal zurückgeschlagen. Ränder ganz o. in d. Spitze gezähnt. Stbl. faltenlos, kaum herablaufd., aus eifg. Grunde lanzettl. u. lang pfriemenfg., aufr.-abstehd., schwach sichelfg.-einseitswendig, oben rinnig-hohl. Rp. fehlt o. sehr kurz u. doppelt u. gelb. Blflügelzellen deutl. Ras. dicht, weich, gelblichgr., schwach glänzd. St. m. fiedrigen, ungleich langen, fadenfg. Ästen. Diöc. — Auf kalkhaltigen Felsen und Gestein. Verbr. Sp. s. selt.

Hypnum dolomiticum Milde 92.

2. Rinde 1—2 schichtig, braunrot o. gelbl. Außenrinde lockerzellig, hyalin.

a Rinde braunrot. Stbl. 2 zeilig-einseitswendig u. hakenfg., unten breit-eifg., oben schnell kurz u. breit zugespitzt, flachrandig, stark ausgehöhlt. Blflügelzellen meist wasserhell, aufgeblasen, eifg., sehr scharf hervortretd. Blflügel ausgehöhlt, geöhrt. Astbl. schmäler u. länger zugespitzt. Ras. niedergedrückt, gelb-, braun- o. goldgr. glänzd. St. mit unregelmäßig u. entfernt gestellten Ästen. St.- u. Astenden gekrümmt. S. 3—4 cm l., geschlängelt. Sp. wager., stark gekrümmt, langhalsig, braunrot. D. u. Rg. orange, letzterer 3 reihig. — Feuchte Stellen, Wälder, Wiesen, Moore. Diöc. — Eb. bis Varg. Verbr. Sp. selten. 6.

Hypnum Lindbergii Mitten 93.

b Rinde gelbl. Stbl. scheinbar 2 zeilig, Spitzen ders. einseitswendig u. niedergebogen, eilanzettl., aber lang u. schmal zugespitzt, fast flach. Blflügelzellen in geringerer Anzahl, nicht aufgeblasen, quadrat. Blflügel nicht ausgehöhlt u. nicht geöhrt. Astbl. w. b. vor. Ras. durch die Beblätterung abgeflacht, sehr weich u. locker, blaß- o. gelblichgr. St. m. fast gleichlangen, aber unregelmäßigen u. büscheligen Ästen. S. 3 cm l. Sp. wager. bis geneigt, eifg.-bucklig, ockerfarben. Rg. 3 reihig. Diöc. — Nasse, moorige Plätze, Sumpfwiesen, Moore. Zerstr. Sp. s. selt.

Hypnum pratense Koch 94.

β Rp. stets bis über die Mitte, bei manchen Arten bis gegen die Spitze verlaufend o. in dieser endend.

1. Stblätter mit Längsfalten, bei Hypn. ochraceum seicht.

a Ras. s. breit, weich, locker, grünl.-gelb o. bräunlichgr. oder bleich., glänzend. St. niederliegd. o. aufsteigd., s. entferntfiederästig. Äste hingestreckt, zart, hin- u. hergebogen, Enden gleich denen des St. ausgezeichnet hakig. Außenrinde 1 schicht. Stbl. (Fig. 36a, Seite 40.) s. stark sichelfg.-einseitswendig, aus breit. Grunde lanzettl., allmähl. s. lang. pfriemenfg. verschmälert, an d. Spitze fast schneckenfg. eingerollt, hohl. Ränder entfernt u. fein gezähnelt. Rp. in d. Mitte o. in d. Spitze endend. Astbl. kürzer, schmäler. Blflügelzellen wasser-

hell, fast 6seitig, sehr dünnwandig, leer. S. lang, purpurn, geschlängelt. Sp. (b) zieml. aufr., gekrümmt, trocken, unter der Mündung verengt (c). D. orangefarben, m. kurzer, purpurner Spitze. Monöc. — Schattige, feuchte Stellen, Geröll, Erde, Waldboden, Mauern, faulendes Holz, Baumstämme u. -wurzeln. Eb. bis subalpine Rg. S. verbr. Sp. hfg. 7. VIII. (11.)
Hypnum uncinatum Hedw. 95.
b (Fig. 37a, Seite 40.) Ras. s. breit, weich, meist schwellend, gr. bis bräunlichgr., gescheckt, innen meist ockerfarben. St. m. aufrecht., langen, meist einfachen u. gleichhohen, an der Spitze hakig-gekrümmten Ästen. Außenrinde s. locker, sonst wie b. vor. Bl. dicht, schlaff, vielgestaltig, einseitswendig, sichel- o. schneckenfg., eifg. o. eilanzettl., lanzettl.-zugespitzt, m. seichten Falten, flach- u. ganzrandig, an d. Spitze undeutl. gezähnt. Rp. kräft., gabelig. in o. oberhalb d. Blmitte endend. Blflügelzellen hyalin o. blaßgelbl., rectangul. Sp. ockerfarben (b). Diöc. — An Steinen in Bächen u. a. Wasserfällen. Mittgeb. bis Arg. Verbr. Sp. selt. F.
Hypnum ochraceum Turn. 96.
2. Stengelblätter ohne Längsfalten.
a (4) Ras. ausgedehnt, gelblichgr., später bleich, bräunl. St. meist aufr., bis 18 cm l., fiederästig. Zentralstrang klein, aber deutlich, aus 5—8 derbwandigen Zellen bestehd. Zellen d. 2—3-schichtigen Rinde ebenfalls dickwandig, gelbrot. St.- u. Astbl. stark sichelfg. u. einseitswendig, nicht herablaufd., eifg.-längl., nach oben lanzettl. u. zugespitzt bis kurz pfriemenfg., ganzrandig, oben rinnig o. röhrig. Rp. bis über d. Mitte, gelblichgr. o. bräunl. Blflügelzellen s. spärl. (2—4), locker, zartwandig, hyalin. S. lang (ca. 4 cm), zart, gelblichrot. Sp. wenig gekrümmt, zylindrisch, bräunlichrot, trocken schwach gefurcht. Rg. 2reihig. Diöc. — Tiefe Sümpfe. Eb. bis Arg. Verbr. Sp. s. selt. 5.
Hypnum intermedium Lindbg. 97.
b Ras. weich, meist purpurn o. schwärzlichrot, seltener, und dann meist nur oben gr. St. niederliegd., meist m. unregelmäßig, selt. fiedrig gestellten Ästen. Zentralstrang, Rinde u. Außenrinde ähnl. wie b. vor. Art. St.- u. Astbl. (Fig. 38a, Seite 40.) sehr dicht gleichmäßig, bis z. Grunde schneckenfg. eingerollt, nicht herablaufd., oben rinnig hohl, ganzrandig o. in der Spitze m. undeutl. Zähnen. Rp. bis zur Mitte. S. 2—4 cm l. Sp. (bc) ähnl. d. vor. Rg. 2- und 3reihig. Monöc. — Tiefe, kalkhaltige Sümpfe. Dch. d. ganze Gebiet. Zerstr. Sp. hin u. wieder. S.
Hypnum revolvens Sw. 98.
c Ras. hell-, gelb- o. braungr., seltener schmutzig-br. o. violett. St. bis 10 cm l., niederliegd. o. aufsteigd., auch flutend u. schwimmd., m. unregelmäßigen Fiederästen. St.- u. Ast-

spitzen hakig. Zentralstrang armzellig. Außenrinde blattbürtig. Bl. zlch. locker, sichelfg.-einseitswendig, wohl auch zuweilen aufr. und dann ausschließl. die St.- u. Astenden hakig. Bl. längl.-lanzettl., m. langer, feiner Spitze, hohl, ganzrandig, entfernt u. schwach gezähnelt. Rp. bis zu $3/4$ d. Bl., gelb. Blflügel herablaufd., deutl. geöhrt. Blflügelzellen groß, aufgeblasen, dünnwandig. S. lang, bis 5 cm l. Sp. geneigt, gekrümmt, zylindr. D. rotwarzig. Rg. fehlt. Diöc. — Sümpfe, Gräben. Eb. bis Hochgeb. Verbr. Sp. selt. 6.

Hypnum exannulatum (Gümb.) B. S. 99.

d Ras. s. kräftig, dunkelbr. bis tiefschwarz, nur in den jüngeren Teilen schmutzig- o. gelbgr., meist untergetaucht. St. bis 30 cm l. u. meist unterbrochen-fiederästig. Äste kräftig, bis 3 cm l. Enden d. St. u. Äste fast spiralig eingerollt. Rinde 3 schichtig, braunrot. Bl. dicht, sichelfg. u. einseitswendig, nicht herablaufd., eilanzettl., u. sehr lang pfriemenfg., zugespitzt, hohl, ganzrandig. Rp. bis gegen die Spitze, rötlichbr. Blflügelzellen spärl. (4—6), locker, zart, gelbl. Diöc. — Kalkhaltige Wiesen. Eb., nied. Bg. Selt.

Hypnum Cossoni Schimp. 100.

II St. ohne Außenrinde.

α (3) Rp. s. kurz, doppelt o. fehlend.

1. Bl. scheinbar 2 zeilig, aber doch einseitswendig-sichelfg.

a (4) Blflügelzellen s. auffällig, groß, aufgeblasen, hyalin o. schwach gelbl., 4- bis 6-seitig, nach oben hin von quadrat. Zellen umgeben. Stbl. nicht herablaufd., am Rande über d. Grunde etwas zurückgeschlagen, aus breit-eifg. Grunde allmähl. lanzettl. u. in eine lange, dünne, rinnig-hohle Spitze übergehd. St. kriechd., 5—10 cm, dch. reichl. rotbr. Rhizoiden büschel dicht am Substrat (Holz) befestigt, fast regelmäßig gefiedert. Äste 5—8 mm l., gegen den Rand des Ras. ausgebreitet, in dessen Mitte aufr. Stengelrinde 4—5 schichtig, gelblichrot. Ras. kräftig, weich, flach, gr. o. gelblichgr. S. 1,5—2,5 cm l., geschlängelt. Sp. geneigt, längl.-eifg., wenig gekrümmt, rostgelb, m. rotbr. Rücken. Monöc. — An faulend. Baumstämmen. Eb. selt., Bg. zerstr. Sp. meist hfg. 6.

Hypnum fertile Sendtn. 101.

b Blflügelzellen groß, quadr. o. fast rechteckig, orangefarben, deutl. als besondere Zellgruppe hervortrd. Stbl. sichel- bis kreisfg., Ränder am Gr. zurückgeschlagen, bis zur Mitte gesägt. St. bis 10 cm l., dicht u. fast regelmäßig gefiedert, hingestreckt, m. spärl. Rhizoidenfilz. Rinde 4—5 schichtig, braunrot. St.- u. Astenden hakig. Ras. locker, flach, weich, angenehm gelblichgr. S. 2—3 cm l., rot, oben gelb. Sp. fast aufr., schmal, rostfarben, später kastanienbr. D. scharf gespitzt. Rg. 3 reihig. Diöc. — In feuchten Wäldern auf Steinen, Erde,

Baumwurzeln. Eb. u. nied. Bg. Zerstr. Sp. hin u. wieder. Hat große Ähnlichkeit m. Hypn. cupressif. H.

Hypnum imponens Hedw. 102.

c (Fig. 39a, Seite 40.) Blflügelzellen klein, spärl., nicht aufgeblasen, goldgelbl. Stbl. (b) nicht herablaufd., aus bauchigem Grunde breiteifg., lang u. kurz zugespitzt, Ränder von der Mitte aufwärts scharf gesägt. Rp. kurz, doppelt, gelblich (b). St. 2 bis 5 cm l., kriechd., fast regelmäßig gefiedert, dch. lange, rote Rhizoidenbüschel am Substrat (abgestorbenes Holz, Felsen) angeheftet. Äste kätzchenartig, sonst w. b. Hypn. fertile. Stengelrinde 3 schichtig, gelb. Ras. freudiggr., dicht, kriechd., flach. S. 1—1,5 cm l. Pbl. längsfaltig, lang u. schmal zugespitzt, in der Spitze scharf gesägt (c). Sp. (d) klein, aufr., gekrümmt, gr., später rötlichgelb. D. blaßgelb, zart geschnäbelt. Monöc. — Auf abgestorbenem Holze, an Wurzeln. Eb. selten, häufiger in. d. Hügel- u. Bg. Sp. meist vorhanden. 9, 10. IX. (12—13.)

Hypnum reptile Rich. 103.

d A. Blflügelzellen wie b. vor., aber farblos. Stbl. (Fig. 40a, Seite 40) nicht herablaufd., sehr dicht, eilanzettl., stark sichelfg. gebogen, lang u. dünn zugespitzt, flach- u. ganzrandig. Pbl. (b) lanzettl., lang zugespitzt, zartrippig, mehrfurchig (4—6). St. kriechd., 2—5 cm l., m. rötlichgelb. Rhizoiden, dch. kurze, büschelige, aufr., fädige, starre, stark gekrümmte Äste unterbrochen gefiedert. Äste inmitten des Ras. aufrecht, gegen dessen Ränder hin ausgebreitet. Ras. gelb- o. braungr., sehr dicht. S. ca. 1,5 cm l., rötlichgelb. Sp. (c) fast aufr., wenig gekrümmt, rostgelb. D. stumpfwarzig. Rg. 2reihig. Monöc. — Kalkfelsen d. A. Verbr. Sp. hfg. 6,7.

Hypnum fastigiatum (Brid.) Hartm. 104.

2. Eine (scheinbar) 2 zeilige Anordnung der Sichelblätter nicht wahrzunehmen.

a **A.** Stbl. ganzrandig. St. starr, 6—10 cm l., durch dichte, regelmäßig. Äste sehr schön kammartig gefiedert. Ras. ausgedehnt, kräftig, gold- o. braungr., glänzend. Sp. unbekannt. Diöc. — Felsen, Steine, in Spalten. Verbr.

Hypnum procerrimum Mol. 105.

b Stbl. deutl. scharf o. fein gesägt, rings o. von d. Mitte aufwärts.

× St. s. deutlich kammartig gefiedert.

O (Fig. 41a, Seite 40.) Der vor. Art s. ähnl., doch zarter. Bildet ausgedehnte, s. weiche, wollige, flache, schwellende, gelblichgr., zuweilen gebräunte, dicht verwebte Ras. St. w. b. vor., mit nach der Spitze hin kleiner werdenden Ästen, mit roten Rhizoidenbüscheln. Stbl. (b) aus breit-herzf. Grunde plötzlich lanzettl.-pfriemenfg., rings scharf gesägt. S. 1—1,5 cm l., kräftig, purpurn. Sp. (c) dick-eifg.-bucklig, br. D. gespitzt. Hb. behaart. Rg. 3reihig, breit. Diöc. — Bes. auf Kalk. An Felsen, auf d. Erde, an buschigen Abhängen, liebt Schatten u. Feuchtigkeit. Oft Mv. Eb. bis Hochgeb. Sp. nicht selten. 4—6. VI. 10—12.

Hypnum molluscum Hedw. 106.

OO (Fig. 42a, Seite 40.) St. prächtig kammartig gefiedert, von straußfederähnl. Aussehen, mit dichten, nach der Spitze kürzer werdenden Ästen. Stbl. m. 5—6 tiefen Längsfalten, Ränder von der Mitte aufwärts scharf gesägt. Ras. starr, nicht verwebt, breit, s. weich, gr., meist gelbgr. o. goldgr., m. zartem Seidenglanze. S. 3—5 cm l., geschlängelt. Sp. (b) zyl., derb, wager., gebräunt, ockerfarbig. D. m. Warze. Hb. nackt. Rg. 1reihig. Diöc. — Feuchte, schattige Wälder, bes. Nadelwälder. Eb. bis Arg., hfg. in der Bg. Sp. hin u. wieder. S.

Hypnum crista castrensis L. 107.

×× (Fig. 43a, Seite 40.) St. unregelmäßig u. entfernt fiederästig, hin- u. hergewunden, bis 20 cm l., m. meist hakigen Enden u. ungleich langen, ebenfalls an der Spitze hakigen Ästen. Rasen s. derb, elastisch, locker, s. ausgedehnt, rein oliven- o. graugr. Stbl. tief längsfaltig, aus eilanzettl. Grunde allmähl. in eine lange, haarfeine, bogig zurückgekrümmte Spitze übergehd., bes. an der Spitze scharf gesägt. Div. $^8/_{21}$. S. 2 bis 4 cm l., purpurn. Sp. (b) dick eifg.-kugelig, derb, br., wager. D. m. spitzer Warze. Rg. 2reihig. Diöc. — Auf Erde u. Gestein in schattigen Laub- u. Nadelwäldern. Oft Mv. Sehr verbr. Sp. zlch. hfg. 4, 5. V. (11—12.)

Hylocomium loreum (Dill. L.) B. S. 108.

β Rp. bis gegen die Mitte.

Hypn. procerrimum 105.

γ Rp. über die Mitte hinauslaufend, fast die Spitze erreichd., in diese eintretd. o. den pfriemenfg. Teil der Bl. ausfüllend.

1. St. fiederästig. Moose vom pleurocarpen Typus.

a Blflügelzellen zahlr., sich als scharf umgrenzte Gruppe von der Umgebung abhebend.

× (5) Ras. s. locker, weich, gelbgr. o. bräunl., innen br. bis schwärzl., schwach glänzd., ausgedehnt, tief. St. niederliegd. bis aufsteigd., s. hoch. Äste unregelmäß., fiedrig, die oberen gleich der Stspitze hakig. Stbl. wenig herablaufd., längl.-lanzettl., von der Mitte ab allmähl. in eine rinnige Spitze übergehd., m. gelblichbr., kräft., fast in die Spitze eintretd. Rp. Blflügel nicht geöhrt, Blflügelzellen meist gelblichbr., locker, groß, fast quadrat., dickwandig, getüpfelt. S. lang (3—4 cm). Sp. trocken etwas faltig. D. rotgespitzt. Rg. 3 reihig. Diöc. — Torfsümpfe. Eb., nied. Bg. Sp. selt. 6.

Hypnum Sendtneri Schimp. 109.

× × Ras. ausgedehnt, gelbl.- o. goldgr., glänzd., innen bräunl. o. ockerfarb., sonst wie vor. St. s. lang (ca. 20 cm), schlaff, verbogen, aufsteigd. Äste unregelmäßig.-fiedrig. Stbl. eilanzettl., lang u. feinspitzig zulaufd., herablaufd., m. dünner Rp. (¾ bis ½ d. Bl.) Blflügelzellen wasserhell o. geibl., groß, bis zur Rp. reichd. S. s. lang (5 cm u. mehr), geschlängelt, zart. D. m. purpurner Spitze. Rg. 3reihig. Diöc. — An ähnl. Orten wie vor. Eb., nied. Bg. Verbr. Sp. selt. 6. IX. X. (8—9.)

Hypnum Kneiffii (B. S.) Schimp. 110.

× × × Ras. braun- o. gelblichgr., locker, schwach glänzd. St. bis 10 cm u. darüber, kräft., aufsteigd. o. aufr. Stbl. schwach sichelfg., längl.-lanzettl., in eine lange, pfriemenfg., rinnige u. schwach hin u. her gebogene Spitze auslaufd. Rp. gelb, bis weit über d. Mitte. Blflügel herablaufd., Blflügelzellen aufgeblasen, gelb, dickwandig, die Hälfte jeder Laminafläche einnehmend. S. lang (2—4 cm). Sp. (Fig. 44, Seite 40.) gekrümmt. Rg. 4reihig, breit. Diöc. — An ähnl. Stellen wie vor. Hin u. wieder. S.

Hypnum aduncum Hedw. 111.

× × × × Ras. tief, ausgedehnt, weich, gelblichgr., abwärts bräunlichgr., glanzlos. St. schlaff, sehr hoch (bis 30 cm u. darüber) arm- u. unterbrochen-fiederästig. St. u. Astspitzen hakig. Stbl. schlaff, eilanzettl., allmähl. schmäler werdend u. in eine fadenfg. Spitze auslaufd., trocken verbogen, längsgedreht u. geschlängelt. Rp. gelbgr., weit über die Mitte reichd. S. hoch (5 cm), rötlich. Sp. hellbr. Rg. 3- u. 4reihig. Diöc. — Moortümpel, Gräben u. ähnl. Stellen. Eb., nied. Bg. Zerstr. Sp. s. selt. 5, 6.

Hypnum Wilsoni Schimp. 112.

× × × × × Ras. locker, hell-, gelb- o. bräunlichgr., glanzlos. St. niederliegd. o. aufsteigd., unterbrochen gefiedert. Äste zart, ungleich lang. Stbl. locker dachziegelig anliegd. o. schwach sichelfg.-einseitswendig, aus schmalem Grunde breit-eifg. u. schnell schmal-lanzettl.-zugespitzt. Rp. bis zu ⅔ d. Bl. Blflügelzellen gelb, dickwandig, getüpfelt, oft bis zur Rp. reichd. S. lang (5 cm), verbogen. Sp. stark gekrümmt, hellbr. D. hellbr. Rg. 2reihig. Diöc. — Sümpfe, sumpfige Ufer, Gräben. Eb. Verbr. Sp. meist reichl. 5, 6.

Hypnum polycarpon Bland. 113.

b Blflügelzellen spärl., auch von den benachbarten sehr wenig verschieden. Ras. in der Regel untergetaucht, s. kräft., gelbbis schwarzbr., die jüngsten Stengelteile gr. u. glänzend. St. etwa fußlang, s. derb, straff. Stbl. dicht, gleichmäßig, stark sichelfg.-einseitswendig, zurückgekrümmt, s. starr, verlängert-lanzettl.-pfriemenfg., ganzrandig. Rp. gelblichbr., s.

Tafel III. Fig. 36—60.

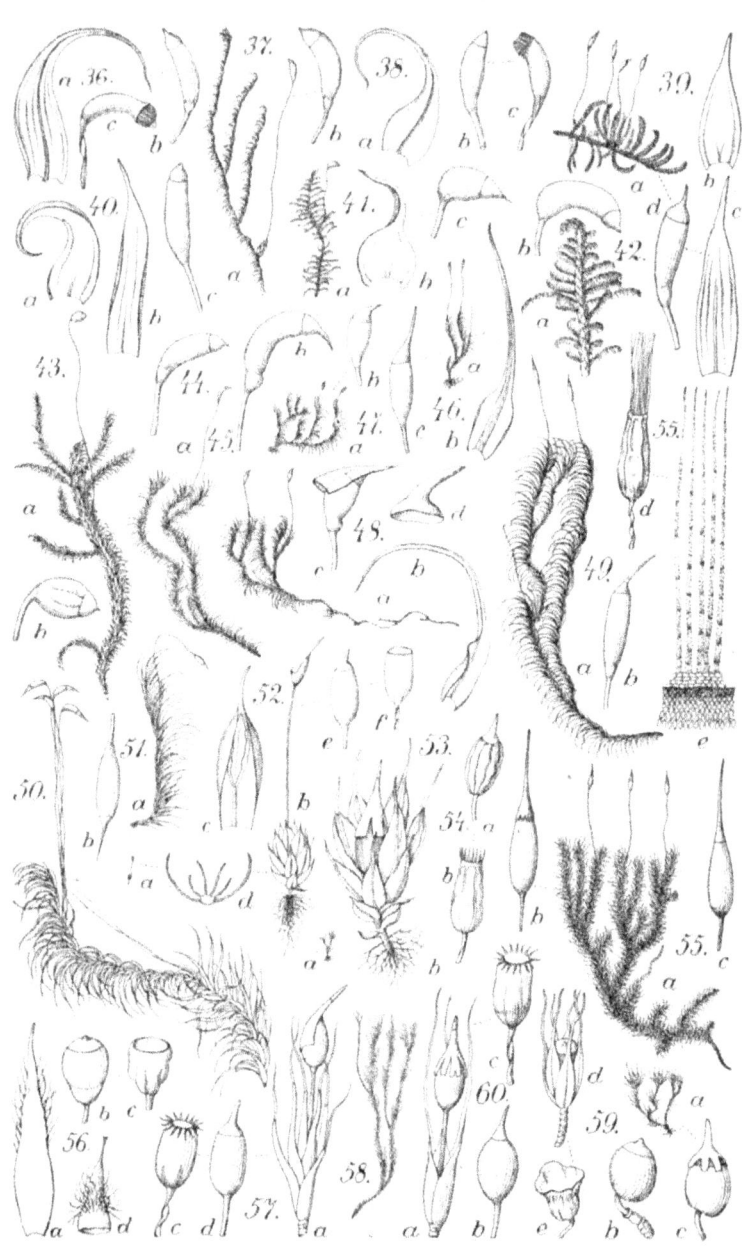

kräft., bis in die Spitze. Sp. unbekannt. Diöc. — Sumpfwiesen. Eb., nied. Bg. Selten.

Hypnum hamifolium Schimp. 114.

2. Stengel einfach, also nicht fiedrig Moose von acrocarpem Typus.

a (Fig. 45a, Sei e 40.) Bl. ganzrandig, nicht kraus, sichelfg.-einseitswendig, am Grunde lanzettl., allmähl. lang rinnig-pfriemenfg. Lamina nicht warzig. Rp. auslaufd. Blflügelzellen groß. Ras. locker, rein-, gelb- o. bräunlichgr., glänzd., bis 6 cm hoch (selten höher). St. m. groß. Zentralstrang, 5 kantig. S. 1—1,5 cm l., rötl. Sp. (b) m. kropfigem Halse, längl. o. längl.-zylindr., aufr. o. schwach geneigt, symmetrisch, gekrümmt, längsgestreift, später tief gefurcht. D. kegel-pfriemenfg., lang geschnäbelt. Rg. 2- o. 3reihig. P. einfach, Pz. 16, blutrot. Monöc. — Kalkfreie Felsen. Bg. Hochgb. Verbr. Sp. zlch. hfg. S.

Dicranum Starkei W. et M. 115.

b Bl. gesägt, gezähnt, gezähnelt. In der Spitze, gegen die Spitze hin, von d. Mitte bis zur Spitze oder weit hinab am Borstenteil des Bl., im letzteren Falle doppelt- o. mehrreihig.

× (Fig. 46a, Seite 40.) Blflügelzellen fehlen. Bildet kleine (bis 2 cm h.) glänzende, gr. o. schmutziggelbl. Ras. Bl. (b) aus langem, schmalem, verkehrt-eilängl., scheidigem Grunde sichelfg. borstenartig-einseitswendig, an der Spitze verkümmert gezähnelt. Rp. die Borstenspitze ausfüllend. Sp. (c) aufr., eifg.-längl., braunrot, gestreift, trocken gefurcht. D. schief geschnäbelt. Rg. 2reihig. P. einfach. Pz. 16, bis zur Mitte gespalten. Diöc. — Auf nackter, feuchter, sandig-lehmiger Erde. Bg. u. Hochgeb. Verbreit. Sp. hfg. H. W.

Dicranella curvata (Hedw.) Schimp. 116.

× × Blflügelzellen vorhanden.

O St. ohne Wurzelfilz.

! **A.** Ras. glänzd. (Fig. 47a, Seite 40.) oliven- o. braungr., dicht, 0,5—2 cm hoch. Bl. dicht, einseitswendig-sichelfg., lang pfriemenfg. zugespitzt. Blattflügelzellen spärl., locker. S. gelb, bis 4 cm l. Sp. (b) aufrecht, regelmäß., verkehrt-eifg., mit kurzem, nicht kropfigem Halse, entdeckelt weitmündig u. unter d. Munde stark eingeschnürt. D. rötlichgelb, m. bleichem, schiefem, rechtsgedrehtem Schnabel. Rg. 2reihig. P. einfach. Pz. 16, purpurn, meist einfach, seltener 2 schenkl. Monöc. — Kalkfreie Felsen u. Felsspalten. Zerstr.

Dicranum fulvellum (Dicks.) Sm. 117.

!! **A.** (Fig. 48a) Ras. glänzd., nicht sehr dicht, bis 5 cm h. St. schlank, aufsteigd. Bl. (b) s. deutl. sichelfg.-einseitswendig, m. langer, feiner, gezähnelter Pfriemenspitze u. lang auslaufd. Rp. Blflügelzellen spärl., undeutl. S. 0,5—1 cm l. Sp. (c) m. kropfigem Halse, verkehrt-eifg., gebogen, br.,

geneigt, symmetrisch, streifen- und furchenlos. D. (d) schief geschnäbelt. Pz. trocken aufrecht-abstehd., m. eingebogenen Spitzen. Rg. fehlt. Monöc. — In der alp. Region an kalkfreien, feuchten Felsen. Selten. 7.
Dicranum falcatum Hedw. 118.
OO St. m. spärl., weißl. o. rostrotem Rhizoidenfilz.
! Rhizoidenfilz weißlich.
† (3) Ras. (Fig. 49a, Seite 40) locker, weich, ausgedehnt, seidenartig glänzend, dunkel-, see- o. graugr., 3—8 cm h. St. aufsteigd., gabelästig, a. d. Spitze stark sichelfg. gekrümmt. Bl. lanzettl., allmähl. s. lang u. haarartig zugespitzt, fast röhrig, oben auf dem Rücken u. am Rande scharf gesägt. Rp. sehr breit, das obere Bl. einnehmd. Blflügelzellen br., locker. S. 1—2 cm l. Sp. (b) aufr. o. wenig geneigt, nicht gestreift, selten schwach gekrümmt. D. lang, m. schiefem, schwach rechtsgedrehtem Schnabel. Rg. fehlt. Pz. 16, purpurn, einfach oder bis unter d. Mitte ungleich 2schenklig. Diöc. — Meist auf kalkfreiem Gestein, auch an Baumstämmen. Niedere Bg. bis Ha. Verbr. Sp. selten. 7, 8. VI, VII. (12—14.)
Dicranum longifolium Ehrh. 119.
†† (Fig. 50, Seite 40.) Ras. gr., bis 10 cm u. höher, sonst wie vor. Zentralstrang gelb. Rinde 2schichtig. Bl. sehr lang (bis 1 cm), ausgeprägt sichelfg.-einseitswendig, aus breitem, fast eifg. Grunde s. lang pfriemenfg., in der austretenden Rp. u. am Rande von der Mitte ab aufwärts scharf gezähnt. S. bis 5 cm l., zart, geschlängelt. Sp. gehäuft (1—5), verkehrt-eifg., zieml. klein, fast wagerecht, ungestreift, zuletzt stark gekrümmt, schwach längsfurchig. D. m. langem, schiefem, links gedrehtem Schnabel. Rg. fehlt. Pz. braunrot, bis unter die Mitte 2schenklig. Diöc. — Schattige, feuchte Waldstellen. Eb. bis obere Bg. verbr., A. selten. Meist m. Sp. 8,9.
Dicranum majus Smith 120.
††† Ras. s. weich. u. dicht, 3—10 cm h., gr. bis gelbgr. St. aufr., schwach, wie die Bl. brüchig, m. weißl., spärl. Rhizoidenfilz in den Blachseln. Zentralstrang farblos, Rinde einschichtig. Bl. aufr.-abstehd., aus eifg. Grunde lang pfriemenfg., von der Mitte des breiteren, basalen Blabschnitts ab gesägt. Blflügelzellen hinfällig, zart, farblos. Diöc. — Schattige Schluchten an Felsen. Zerstr.
Dicranodontum aristatum Schimp. 121.
!! Rhizoidenfilz rot o. rostrot.
† (Fig. 51a, Seite 40.) Ras. gr., gelbl.- o. bräunlichgr., dicht., 2—8 cm h., glänzd., unten m. dickem, rotbraunem Filze, oft m. dünnen, locker beblätterten Sprossen. Bl. aus breitem, lanzettl. Grunde lang pfriemenfg. Rand u. Rp.

unterseits von der Mitte ab fein gesägt. S. 1 cm l., gelb, schwanenhalsartig niedergebogen, zuletzt aufr. u. geschlängelt. Sp. (b) längl. D. aufr., lang geschnäbelt. P. einfach. Pz. 16, bis zum Grunde in 2 fadenfg. Schenkel gespalten. Vegetative Vermehrung durch dickere, aber schmälere Brutbl. Diöc. — Auf schattigem, torfigem Waldboden, an faulenden Baumstämmen, auch an Felsen u. Steinen. Eb. bis Hochgeb. Verbr. Sp. hin und wieder. 10—12. VI, VII. (15—18).
Dicranodontium longirostre (Starke) Schimp. **122.**
†† Ras. dunkelgr., nicht glänzd. St. mäßig rotfilzig, unten gekniet, aufsteigd. Rinde 2—3schichtig, rotbr. Bl. einseitswendig, die endständigen fast kreisfg. gekrümmt, sonst w. vor. Blborste in mehreren Reihen fein gesägt. S. 1 cm l., ähnl. d. vor. Sp. elliptisch, entleert ein wenig längsfaltig. D. langgeschnäbelt. Rg. fehlt. Pz. gelblichrot, sonst w. b. vor. Diöc. — In höheren Gebirgen auf kalkfreiem Gestein. Selten. F.
Dicranodontium circinatum (Wils.) Schimp. **123.**

VII.

Hyalinen Haarspitzen, die als eine direkte Anpassung an äußere Faktoren aufzufassen sind, begegnet man nur bei Bewohnern trockener, oft sonnendurchglühter Standorte. Die „Glashaare" verschwinden bei Feuchtkultur, auch gibt es Varietäten von Rhacomitrium, Grimmia, Hedwigia u. a., die an feuchteren Stellen solche nicht hervorbringen. Die hyalinen Haare dienen als Wasserspeicher und setzen die Transpiration herab (G. O., 368, I. Aufl.).
  A. *(4) Bl. an d. Oberseite mit Lamellen[1]). (Chlorophyllöse Zellflächen auf der Rippe.)*
I. Rp. im oberen Blatteile mit 2—6 Lamellen. Pflänzchen knospenförmig.
  α Hyalines Haar glatt.
  1. Herdenweise oder breit- u. dichtrasig, dunkelgr. St. (Fig. 52a, b, Seite 40 bis 3 mm h. Bl. (c, d) s. breit verkehrt-eifg., löffelfg. ausgehöhlt, glänzd., dicht, die oberen zusammenschließd. Rp. gr., als Stachelspitze o. gebogenes Haar austretd. Lamellen (d) 2—6, wellig. S. 2—5 mm l., rötlichgelbbr. Sp. aufr., eilängl., runzelig-faltig. D. schief geschnäbelt (e), fast so l. w. d. U.

---

[1]) Die Lamellen der Polytrichaceen und von Pterygoneurum, die gabelig verzweigten Fäden mehrerer Aloina-Arten vermögen relativ große Wassermengen festzuhalten. Sie können nur als Einrichtungen zum Festhalten von Wasser gedeutet werden. Es wäre irrig, sie ausschließlich für eine Verstärkung des Assimilationssystems zu halten. Bemerkenswert ist das Vorkommen von Lamellen in drei Verwandtschaftsreihen der Laubmoose (G. O. 364, I. Aufl.).

Hb. kappenfg., m. d. D. abfalld. P. fehlt (f). Monöc. — Auf lehmigem, kalkigem Boden, auf Äckern, Mauern u. a. ähnl. Stellen. Eb. u. höhere Bg. Verbr. 3. VI. (9.)
Pterygoneurum cavifolium (Ehrh.) Jur. 124.
2. Dichtrasig, graugr. St. bis 1 cm h. Obere Bl. verkehrt-eifg. o. zungen-spatelfg., kurz zugespitzt. Lamellen 4. S. 7—10 mm l., rotbr. Sp. längl. bis zylindr., gerade o. schwach gekrümmt, trocken m. kurzen Falten. Hb. halb so l. w. d. U., sonst w. vor. P. vorhanden, fällt meist mit d. D. ab. Monöc. — Auf lehmigem, angeschwemmtem Boden, an alten Mauern, Dämmen u. an ähnl. Plätzen. Eb. u. Hrg. Selten. F.
Pterygoneurum lamellatum (Lindbg.) Jur. 125.
β (Fig. 53 a, b, Seite 40.) Hyalines Haar schwach gesägt. Herdenw. o. in locker., ausgedehnten, niedr., graugr. Räschen. Bl. m. eingerollt., oben schwach gezähnt. Rändern. Lamellen 2—4, niedrig. S. kürzer als d. Sp. Sp. eingesenkt, fast kugl., entdeckelt becherfg. erweitert u. weitmündig. Hb. kappenfg., m. 3—5 Lappen am Rande. D. m. geradem o. schiefem Schnabel. P. fehlt. Monöc. — Lehmig-sandiger Boden, bes. auf Mauern. Zerstr. F.
Pterygoneurum subsessile (Brid.) Jur. 126.
II Rp. a. d. Oberseite m. zahlr. Lamellen (20—32). Ras. oft s. ausgedehnt, locker (b. 5 cm h.), schmutzig bräunlichgr., dch. die Haare graugr. Bl. mit halbzylindrischem Grunde stengelumfassd., nach oben plötzl. in eine nadelartige, steife Spreite übergehd. Div. $^8/_{21}$. Spreitenränder breit aufwärts eingeschlagen, die Bloberfläche bis auf einen Spalt bedeckd. Lamellenendzellen auf d. Querschnitt mit flaschenfg. Mamillen. Sp. 4kantig, fast würfelfg., anfangs aufr., später wager., mit s. deutl. Halse (Apophyse), Hb. filzig, hellbr., mützenfg., d. Sp. vollstdg. einschließd. D. kurz geschnäbelt. P. 64 zähnig. Umündung nach der Entdeckelung durch eine bleiche Paukenhaut (Epiphragma) geschlossen. Diöc. — Unfruchtb., sandige, steinige Plätze. Eb. bis Hochgeb. S. gemein. Sp. s. hfg. 6. Ende IV, Anfang V. (13.)
Polytrichum piliferum Schreb. 127.
B. Bl. an d. Oberseite der Rp. m. chlorophyllösen, gegliederten, gabelig verzweigten Fäden. Ras. polsterfg., dicht, dch. d. hyalinen Haare grau, bis 2 mm h. Bl. trocken anliegd., feucht aufr.-abstehd., Saum u. Spitze entfärbt. Haar von Bllänge. Zellfäden m. dickwandigen, 2- u. mehrspitzigen Endzellen. S. zart. Sp. aufr., elliptisch längl. D. kurz geschnäbelt. P. auf einer 6 Zellreihen hohen Grundhaut. Pz. 2 mal links ge. wunden, warzig. Monöc. — Sonnige, steinige Stellen, kalkhaltige Felsen. Eb. bis Bg. S. zerstr. 3, 4.
Crossidium squamigerum (Viv.) Jur. 128.
C. Bl. an d. Oberseite mit Brutkp.
I (3) Brutkp. auf der oberen Hälfte der Rp.
α (3) Räschen schmutziggr., locker, oft kissenfg. Obere Bl. breit

spatelfg., rosettenartig, hohl, kurz zugespitzt, m. flachem, aber etwas gebogenem Rande, m. fast glattem Haar. 2 mediane Dt. u. 1 Begleitergruppe, meist 4 großlumige Bz. (Querschnitt!), Lamina glatt oder nur auf d. Unterseite jede Zelle in der Mitte m. einer einfachen Warze. Brutkp. mehrzellig, eifg., im Alter br. Diöc. — An der Rinde von Feldbäumen (Weiden, Pappeln, Linden usw.). Eb. bis Hrg. Sp. bei uns noch nicht gefunden.
Tortula papillosa Wils. **129.**

β Räschen olivengr. o. bräunl. Unterscheidet sich von der vor. durch einen großen Zentralstrang, dch. gabelig verzweigte St., längl.-zylindrische, rhizoidenbürtige Brutkp., 2 weitlumige, selten doppelschichtige Bz., außerdem Lamina beiderseits dicht mit hufeisenfg. Warzen. Div. $^3/_8$. Sp. gerade o. wenig gekrümmt, längl.-zylindr. D. spitz, m. gezacktem Rande. Grundhaut des P. rhomboidisch getäfelt, Pz. 3- bis 4 mal links gewunden. Vegetative Vermehrung nach Correns auch durch kleine, in der Endrosette eingeschlossene Brutbl. Monöc. — An Feldbäumen (Weiden, Pappeln usw.). Eb. im West. u. Nordwesten d. Geb. Sp. hfg. 5,6.
Tortula laevipila Brid. **130.**

γ Räschen oliven- bis schmutziggr., 1—2 cm h. Obere Bl. größer, schopfbildend, feucht zurückgekrümmt, trocken anliegd., spatelförmig, abgerundet o. ausgerandet. Bl. m. zylindrischen Brutkp. Rp. m. 2 medianen Dt., 2 doppelschichtigen Bz., 4—6 weitlumigen Begleitern. Lamina beiderseits m. gabeligen Warzen. Sp. aufr., schwach gekrümmt., D. spitz. Grundhaut d. P. rhomboidisch getäfelt, Pz. 1 mal links gewunden. Diöc. — An alten Bäumen. Eb. u. Bg. Zerstr. Sp. s. selten. 5. III, IV. (13—14.)
Tortula pulvinata Jur. **131.**

II Brutkp. an der Spitze der Bl., kugelig, mehrzellig, zuletzt rötlichgelb. Ras. breit, locker, leicht zerfalld., gelbgr. o. dunkelgr., auch gelbbr. u. schwärzl. St. aufsteigd. Bl. feucht zurückgeschlagen, dann aufr.-abstehd., lanzettl., lang zugespitzt, die oberen m. grobgezähnter, kurzer Haarspitze, Rand auf einer Seite umgeschlagen. Sp. bisher nur an s. wenigen Stellen beobachtet. Diöc. — Schattige Felsen u. Felsblöcke. Eb. hin u. wieder, verbr. im Mittelgeb. u. A.
Dryptodon Hartmanni Schimp. **132.**

III Brutkp. im basalen Teil des Bl.

α (3) Brutkp. auf der Lamina beiderseits der Rp. Ras. locker, hell- o. gelblichgr., zuweilen gebräunt, selten schwärzl., leicht zerfalld., polsterfg. St. aufsteigd., bis 2 cm h. Bl. schmal-lanzettl., tief gekielt. Rp. in ein fast glattes Haar auslaufd., Rand nur an einer Seite umgebogen. Sp. wager. bis hängd., 8 rippig, m. rotem Munde (Fig. 54 a, b, Seite 40). Diöc. — Kalkarme Felsen, Steine, Mauern. Hrg. u. Bg. Hin u. wieder. 4, 5.
Grimmia trichophylla Grev. **133.**

β Brutkp. aus dem Rücken der Rp. Ras. außen gelbgrünl., innen
tiefbr. bis schwarz, polsterfg., dicht, weich u. leicht zerfalld.
St. schlank, aufr., 1—5 cm h., mehrmals gabelig u. büschelig
verzweigt. Bl. in trockenem Zustand spiralig um den St. gedreht,
längl.-lanzettl., zusammengefaltet, scharfkielig, Rand beiderseits in der Mitte umgebogen, auch wohl ganz flach. Obere Bl.
m. kurzer, hyaliner Spitze. — Subalp. Reg. bis Ha., an Felswänden kalkärmerer Gesteine. Zlch. verbr. Diöc.
Grimmia torquata Hornsch. 134.
γ Brutkp. aus der Rp. u. Lamina. Ras. dunkel- b. schwarzgr., bis
2 cm h. Bl. längl.-lanzettl., oben gekielt, Spitze meist gezähnt.
Rand nur an einer Seite zurückgerollt. Haar lang u. rauh. Diöc.
— Bes. auf Silikatgesteinen. Tiefeb. hin u. wieder, verbr. in d. Bg.
Grimmia Mühlenbeckii Schimp. 135.

D. *Bl. ohne Lamellen, Fäden, Brutkp.*

I St. m. ± zahlr., verkürzten, zuweilen knotigen o. knospenfg. Seitenästen.
α Blhaar warzig. Zentralstrang fehlt. S. links gedreht.
1. (Fig. 55a, Seite 40.) Ras. locker, s. breit, leicht zerfalld., dch. d.
Haarspitzen greisgrau, sonst gelbgr. St. m. wenigen verkürzten
Seitenästen. Bl. feucht sparrig abstehd., trocken locker anliegd.,
Basis eifg., 2faltig, dann lanzettl. zugespitzt, oben gekielt,
hyaline Spitze schwach gezähnt, Ränder bis zur Spitze stark
umgerollt. Div. $3/8$. S. glatt. Sp. (b) elliptisch-zylindr.,
gerade, farbig gestreift, trocken längsfurchig. D. fast länger als
die U., nadelspitzig. Rg. 2reihig. Pz. bis zum Grunde gespalten,
Schenkel (c) fädig, schwach knotig, feinwarzig. — Steinige,
sandige Stellen. Dch. d. ganze Geb. 3, 4. V. (10—11.) Diöc. —
Eine der häufigsten Abänderungen ist var. β ericoides m. s.
zahlr. kurzen, stumpfen Ästen.
Rhacomitrium canescens (Weis) Brid. 136.
2. Ras. s. breit, hoch, starr, kräft., olivengr., dch. d. Behaarung
greisgrau, innen schwärzl. St. niederliegd., dann aufsteigd.,
bis 20 cm l., m. zahlr. kurzen Ästen. Bl. aus breitem, lanzettl.
Grunde allmähl. u. s. lang zugespitzt, Spitze wimperig-gezähnt,
grobwarzig, am Grunde m. umgerollten Rändern, feucht aufr.-
abstehd. S. rauh. Sp. aufr., eifg., gelblichbr. D. w. b. v.,
etwa so lang w. d. U. Rg. 4—5reihig. Pz. w. b. vor., aber
Schenkel nicht knotig, doch s. warzig. Diöc. — Fels. u. Steine.
Bg. u. Hochgeb. Verbr. Sp. hin u. wieder. S.
Rhacomitrium lanuginosum (Ehrh. Hedw.) Brid. 137.
β Blhaar nicht warzig, nicht gezähnt. Zentralstrang fehlt. S.
rechts gedreht.
1. (3) Ras. anfangs zlch. dicht, polsterfg., später locker und ausgebreitet, an besonnten Stellen gelbgr., an feuchten u. schattigen
dunkel- bis schwarzgr. St. abwärts dunkel-schmutzigbr., hingestreckt, in der Mitte d. Polsters aufr., m. wenig. Ästen. Bl.

zart gefaltet, Haar lang, Rand bis z. Spitze umgerollt. S. etwa 1 cm l., glatt. Sp. aufr., längl.-zylindr. o. keulenfg., bräunl. D. pfriemenfg. geschnäbelt, etwa halb s. l. w. d. U., rot, zackig gerandet. Rg. 2—3reihig. Pz. bis z. Gr. gespalten, Schenkel ungleichlang, fädig. Diöc. — Bes. auf Silikatgestein. Eb. selt., verbr. in d. Hügel- u. niederen Bg. Sp. meist vorhanden. 4, 5. IV, V. (11—13.)
Rhacomitrium heterostichum (Hedw.) Brid. 138.

2. Ras. locker, bräunlichgelb. St. niederliegd., dann aufsteigd., m. zahlr. knotigen Ästchen. Bl. nach oben größer u. schopfig. Haar kurz, Rand bis gegen d. Spitze umgerollt. Sp. aufr., längl.-zylindr., schwach glänzd., m. gerad. o. ein wenig schiefem, zackig-gerandetem D. Schenkel des P. knotig, bis zum Grunde oder bis $2/3$ gespalten. Diöc. — Feuchte, berieselte Felsen. Sehr zerstreut. F.
Rhacomitrium affine (Schleich.) Lindbg. 139.

3. Polster breit, locker, flach, gelblichgr., seltener schwärzlichgr., innen bräunl. bis schwärzl. St. gabelig geteilt, m. regelmäß., zahlr., verkürzten Ästchen, in der Mitte d. Polsters aufr., an der Peripherie niederliegd. Bl. nicht gekielt. Div. $3/8$. Haar kurz. Ränder w. b. vor. S. etwas gekrümmt. Sp. aufr., eifg.-längl. o. ellip., gelbl., mit kurzem, meist schief gschnäbelt. D. Diöc. — An kieselhaltigen Felsen und Felsblöcken. Bes. Bg. Verbr. Sp. stets vorhanden. 8. V. (15.)
Rhacomitrium microcarpum (Schrad.) Brid. 140.

II St. einfach gabelig- o. büschelig-verzweigt, ohne verkürzte Seitenäste.

α (Fig. 56, Seite 40.) Bl. ohne Rp., eifg. zugespitzt., mit lang gezähnt. o. gewimpert., durchscheinend., warzigem Haar, mit zurückgerollt. Rändern. Div. $3/8$. Ras. locker, je nach dem Standort heller o. dunkler gr., trocken bläulichgr. o. weißl. St. gabelig verzweigt, aufr. o. aufsteigd. S. s. kurz. Sp. eingesenkt, aus langem, birnfg. (b) Halse kuglig, hellbr., Mund orange. Rg. u. P. fehlen (c). D. (b) breit, zlch. flach, kurz u. kugelig gespitzt. Hb. nackt o. behaart (d). Pbl. mit geschlängelten Wimpern (a). Monöc. — Kalkfreie Felsen u. Steine der Eb. u. Bg. S. verbr. Sp. hfg. 6. VI, VII. (11—12.)
Hedwigia ciliata Ehrh. 141.

β Bl. m. Rp.

1. Blränder flach, aufrecht bis eingebogen.

a Bl. der ganzen Länge nach oder oben scharf gekielt.

× Beiderseits der Rp. je eine Längsfurche, bei mehreren Arten im oberen Blabschnitt.

O (Fig. 64a, Seite 60.) Ras. ausgedehnt, kissenfg., dicht, niedrig (1—2 cm), blau- bis schwärzlichgr., dch. d. Behaarung grauschimmernd. St. gabelteilig. Bl. eilanzettl., die unteren kleiner, haarlos, die oberen größer, mit Haar,

flachrandig, feucht aufr.-abstehd., trocken anliegd. Obere Laminahälfte 2schichtig. S. s. kurz (bis 1 mm), gelb, linksgedreht. Sp. (b, c, d) aufr., aus den Pbl. wenig hervorragd., verk.-eifg., entdeckelt weitmündig u. becherfg., blaßgelb. Hb. (b) ockerfarb., glockig, längsfalt., am Rande mehrlappig. D. (c) purpurn, gerade u. spitz geschnäbelt. Pz. 16 (e), lanzettl., warzig, oft in mehrer. Längsreihen siebartig durchbrochen. Diöc. — Trock. o. feuchte, sonnige Felsen. Niedere Bg. bis obere Waldreg. Meist m. Sp. 6. IX. (21.)
Coscinodon cribrosus (Hedw.) Spruce 142.

OO A. Kissen bis 1,5 cm h., gr. bis schwärzl., sonst wie vor. Bl. aus längl. eifg. Grunde plötzl. lanzettl. zugespitzt, oben gekielt, beide Ränder oben umgerollt, Haar kräft., kurz, sonst w. vor. Pbl. m. kurzem Haar. S. s. kurz (3 mm), oben dicker u. allmähl. in den Hals übergehd., links gedreht. Vaginula m. Ochrea. Sp. aufr., emporgehoben, längl.-zylindr., kurzhalsig, kastanienbr., Mündung nicht erweitert. Hb. winzig, kappenfg., kaum länger als der stumpfe, am Rande schwach gekerbte D. Pz. 16, dolchfg., meist einfach, hin u. wieder an der Spitze geteilt oder an wenigen Stellen durchlöchert. Diöc. — Feuchte, kalkfreie o. kalkarme Felsen der A. Selten. 7.
Grimmia caespiticia (Brid.) Jur. 143.

×× Bl. ohne Längsfurchen.
O Rp. aufwärts stärker.
! (3) Kissen rundl., dicht, niedrig, schwärzlichgr., grauschimmernd. St. spärl., gabelig geteilt, aufr., unten wurzelhaarig, bis 2 cm h. Bl. feucht aufr.-abstehd., trocken locker anliegd., obere verlängert, lanzettl., gekielt, flachrandig, Haar schwach gezähnt, so lang oder halb s. l. w. d. Bl. S. bis 2,5 cm l., gelb, gerade, linksgedreht. Sp. aufr., gerade, oval, bleichgelb. Hb. klein, mit 3—5 Randlappen. D. s. kurz u. stumpf gespitzt, blaß rötl-gelb, m. gekerbt. Rande. Pz. 16, orange, warzig. Monöc. — Bg. bis Arg. Verbr. Sp. hfg. 8—10. IX—IV. (16—23).
Grimmia Doniana Smith 144.

!! A. Kissen dicht, niedrig (b. 1,5 cm h.) gr. — nach einer anderen Angabe blaugr. — bis schwärzl., düster grauschimmernd. St. w. b. vor. Bl. dicht dachziegelig, nach oben größer, aus längl.-eifg. Grunde lanzettl. zugespitzt, hohl, gekielt, flachrandig, Haar fast glatt. Pbl. m. geschlängelt,. längerem Haar. Rp. als stielrunder Wulst am Blrücken hervortretd. Vaginula m. kurzer Ochrea. S. gerade, bräunlichgelb, linksgedreht. Sp. wenig emporgehoben, ellipsoidisch, br., glatt, später mit Längsrunzeln. Hb. bis z. Umitte. D. niedrig, kegeligstumpf, m. glattem Rande. Pz. 16, purpurn, fein warzig, bis etwa zur Hälfte

2—3 spaltig, Schenkel seitl. miteinander verbunden, selten Pz. an der Spitze 2- o. 3 spaltig. Diöc. — Feuchte, kalkfreie o. kalkarme Felsen u. Steine d. A. Zerstr. Sp. meist vorh. 6.
Grimmia alpestris Schleich. 145.
!!! Kissen dunkel- bis schwärzlichgr., sonst w. vor. Obere Bl. zlch. lang u. schmal linealisch-lanzettl., Haar s. lang, schwach gezähnt, hin- u. hergebogen, sonst w. vor. S. bis 1,5 mm l., oben gekrümmt, gelb. Sp. hängd., blaßgelb. entleert längsfaltig u. weitmündig, seitlich zwischen den Haarspitzen der Bl. hervortretd. D. bleichgelb, stumpfwarzig. Pz. gelb, warzig, rissig-löcherig, selten 2- o. 3 spaltig. Monöc. — Auf kalkfreiem Gestein d. Bg. u. Arg. S. selt. H. u. F.
Grimmia arenaria Hampe 146.
OO Rp. gleichbreit. Kissen ca. 1 cm h., dicht, dunkelgr., weich, grauschimmernd. Bl. aus eifg. Basis längl.-lanzettl., hohl, gekielt, oberwärts am Rande etwas eingebogen, Haar lang, sonst wie Gr. Doniana. Pbl. größer u. m. längerem Haare. S. gerade, ca. 2 mm l., gelb, links gedreht. Sp. (Fig. 57a, Seite 40.) aufr., eifg. (c, d), klein, gelbl., später rotbr. Hb. m. langem (d) Schnabel. D. schief geschnäbelt (d). Pz. schmal, gelb, warzig, oben unregelmäßig zerschlitzt, zuweilen an mehreren Stellen durchbohrt. Diöc. — Bes. auf Silikatgestein der Bg. u. Arg. Zerstr. Sp. hfg. 3, 4. III, IV. (11—13.)
Grimmia montana B. S. 147.
b Bl. flach, hohl oder rinnig-hohl (nicht gekielt).
× Bl. am Rücken mit 2—3 Zellen hohen Längslamellen. Ras. oliven- bis braungr., grauschimmernd. St. gabelästig, starr. Bl. linealisch-lanzettl.-pfriemenfg., steif, aufr.-abstehd., trocken dicht anliegd., Haar lang, gezähnt. Sp. gehäuft, eifg. S. kurz, geschlängelt. D. schief geschnäbelt. Diöc. — Sonniger, trockener Boden, auch an schattigen Felsen. Südl. Grenzgebiete. S. selten.
Campylopus polytrichoides De Not 148.
× × Lamellen an der Blrückenseite fehlen.
O (Fig. 58, Seite 40.) Rp. dch. stark vorgewölbte Außenwände der Epidermiszellen vielfurchig, aber nicht lamellös. Ras. gelb- bis bräunlichgr., im letzt. Falle stets m. goldigem Schimmer, meist 1—2 cm h. St. brüchig, durch die schopfige Beblätterung am Ende der Jahrestriebe knotig gegliedert. Bl. oben plötzlich größer, dichter, starr, verlängert-lanzettl. pfriemenförmig, Haar kurz, warzig. Blflügelzellen groß, wasserhell o. br. S. feucht niedergebogen, trocken aufrecht, geschlängelt. Sp. längl., rotbr. gefurcht. Diöc. — Auf der Erde in Heiden u. Wäldern. Selten. Sp. s. selten. 7.
Campylopus brevipilus B. S. 149.

OO Rp. unterseits nicht gefurcht, als konvexe Leiste scharf hervortretd.
! Rp. unten schwächer.
† (Fig. 59a, d, Seite 40.) P. fehlt (e). Polster dicht, leicht zerfalld., grauschimmernd. Blrand flach. S. bis 3 mm l., gelb, oben dicker u. etwas gekrümmt. Sp. fast kugelig (b), geneigt, am Grunde einseitig stark bauchig, rötlich gelb, entleert weitmündig. Hb. (c) am Rande 5—7lappig. D. flach gewölbt, stumpfwarzig (b). Monöc. — Sonnige, trockene Kalkfelsen. Hrg. bis Hochgeb. Zerstr. 4.
Grimmia anodon B. S. 150.
†† P. vorhanden. Pz. zlch. breit, oben 3- bis 5spaltig, orange. Obere Bl. m. kurzem, gezähntem Haar. S. bis 4 mm l., sonst wie vor. Sp. oval, blaßbr. entleert nicht weitmündig. D. w. b. vor. Monöc. — Bes. auf Sandstein. Nied. Bg. S. selten. F.
Grimmia plagiopodia Hedw. 151.
!! Rp. gleichbreit oder unten breiter.
† Sp. emporgehoben. S. gerade. Lamina 2schichtig.
? Polster niedr., dicht, ausgedehnt, leicht zerfalld., schmutz.- o. schwärzlichgr., grauschimmernd. St. mit wenigen kurzen Ästchen. Obere Bl. eilängl., hohl, flachrandig, m. lang. gezähntem Haar. S. 1—2 mm l., gelbl. Vaginula länglich-zylindrisch, Rand d. Ochrea zerschlitzt. Sp. (Fig. 60a, Seite 40) eifg. b. längl., rötlichbr., derbwandig, glatt, m. enger Mündung. Hb. (a) mützenfg., bis zu $\frac{1}{3}$ d. U. reichd., Rand gelappt. D. gerade geschnäbelt (b), am Rande gezackt. Rg. 3reihig. Pz. purpurn, trocken horizont., warzig, breit, 2- bis dreimal bis unter die Mitte gespalten und durchbrochen. Diöc. — Sonnige Felsen u. Felsblöcke. Verbr. Sp. nicht häufig. 4.
Grimmia leucophaea Grev. 152.
?? Polster s. breit, locker, oft große Strecken bedeckend, leicht zerfalld., ca. 1—2 cm h., dunkel- bis schwärzlichgr., grau schimmernd. Obere Bl. m. kurzem, gezähntem Haar, eifg. o. längl. schmal lanzettl. S. 3—4 mm l., rötlich. Vaginula u. Ochrea w. b. vor. Sp. eifg., sonst wie vor. Hb. kappenfg., bis zur Mitte d. U. reichd. D. schief u. stumpf geschnäbelt. Rg. 3- u. 4reihig. Pz. trocken aufr.-abstehd., trübrot, warzig, bis zur Mitte 2- o. 3mal gespalten. Diöc. — An dens. Stellen wie vor. Tiefeb. bis über d. Bg. Zerstr. 4. II. (14.)
Grimmia commutata Hüben. 153.
†† Sp. eingesenkt.
? S. schwanenhalsartig gekrümmt, s. kurz. Sp. nickend o. hängend, von d. Pbl. fast vollständig umschlossen, eifg., trocken leicht längsstreifig (c). Hb. kappenfg.

(Fig. 61a, Seite 60), klein. D. kurz, kegelfg. (b), m. stumpfer, purpurner Spitze. Rg. 3reihig. Pz. schmal, körnig-rauh, dunkelorange, bis z. Mitte unregelmäß. 2- bis 3spaltig, durchbrochen. Polster winzig, niedr., flach, grauschimmernd. Obere Bl. längl.-eifg., hohl, flachrandig, m. abgerundeter, hyaliner Spitze u. s. langem, fast glattem Haar. Vaginula zylindr., m. Ochrea. Monöc. — Trockene, sonnige Mauerspalten. Zerstr. F.

Grimmia crinita Brid. 154.

?? S. gerade, s. kurz (0,6 mm) gelbl. Vaginula eikegelig, m. Ochrea. Sp. aufrecht, eifg., bräunl. Hb. bis unter d. D. reichd., mehrlappig, mützenfg. D. kegel., m. geradem Schnabel. Rg. 2- bis 3reihig. Pz. gelblichrot, schmal, warzig, an d. Spitze gespalten, wenig durchbrochen. Polster locker, leicht zerfalld., 1—2 cm h., schwärzlichbr., grauschimmernd. Obere Bl. m. entfärbter Spitze, mit langem, schwach gezähnt. Haar., Ränder oben weißhäutig. Monöc. — Besonnte Kalkfelsen u. kalkhalt. Sandstein. Hrg. bis Varg. Zerstr. Sp. selten. 4, 5.

Grimmia tergestina Tomm. 155.

2. Blränder umgerollt, oft nur an einer Seite oder in der Mitte.
a (Fig. 62a, Seite 60.) Bl. feucht sparrig im Bogen zurückgekrümmt, trocken locker anliegd., die oberen größer u. an d. Stengelspitze schopfig, scharf gekielt, Rand fast b. z. Spitze zurückgerollt, Haar lang, scharfzähnig (b). Div. $3/8$. Rp. bräunl., am Rücken stachelig. Lamina beiderseits dicht warzig. S. 1—2 cm l., rot, links gedreht. Sp. aufr., wenig gekrümmt, längl.-zylindr., br. Hb. $1/3$ d. U. D. pfriemenfg., etwas schief, stumpf, m. rotem, zackigem Rande. Rg. 2 (3) reihig. Pz. (c) auf hellrötl. Grundhaut, warzig, linksgedreht. Ras. locker, ausgedehnt, leicht zerfalld., gelbl.- bis bräunlichgr., innen rostrot, trocken mißfarb. wie verbrannt. Diöc. — Auf nackter Erde, bes. auf Sandboden, auch an Felsen, am Grunde von Baumstämmen, auf Strohdächern usw. Eb. bis A. Sp. hfg. 5, 6. IV, V. (12—14.)

Tortula ruralis (L.) Ehrh. 156.

b Bl. ± aufr.-abstehd., bei Grimmia elong. bis sparrig, aber nicht bogig zurückgekrümmt.
× Zentralstrang fehlt.
O (3) Blrand fast seiner ganzen Länge nach zurückgerollt.
! (3) Pflänzchen s. klein (bis ca. 8 mm h.), meist büscheligverzweigt, rötlich o. rötlichbr. Rp. s. kräft. Haar s. lang, kräft., glashell o. gelbl. Hb. kappenfg., d. braunrote, glänzende, kugelige Sp. dicht einhüllend. S. hyalin, gekrümmt. Monöc. — An lehmig-sandigen Stellen. Verbr. F.

Phascum piliferum Schreb. 157.

!! Polster niedrig, klein, locker, oft weit. Strecken überziehd., dunkelgr., grau schimmernd. St. gabelig geteilt, büschelästig. Bl. feucht abstehd., dachziegelig, längl.-lanzettl., m. zurückgerollten Rändern, Haar schmal-lanzettl., wasserhell, gesägt. Vaginula m. Ochrea. S. 4 mm l. Sp. eingesenkt, zylindr.-längl., hellgelb, kurzhalsig, entleert m. 8 zarten Streifen. Hb. glockig, $2/3$ d. Sp. bedeckd., nackt o. wenig u. kurz behaart. D. kegel., m. orangefarb. Rande. Rg. 2 (3) reihig. P. doppelt. Äußere Pz. 16, kräftig, dolchfg., bleich, dichtwarzig. Cilien 16, fadenfg., dichtwarzig, wasserhell. Monöc. — An Feldbäumen (Weiden, Pappeln), Zäunen, seltener an Felsen. Eb. bis A. Verbr. 4, 5. III, IV. (12—14.)
Orthotrichum diaphanum (Gmel.) Schrad. 158.

!!! Ras. schmutziggelb, braunrot bis schwarz. St. 4 bis 10 cm l., niederliegd., gabelig verzweigt, zart, brüchig, starr, m. kurzen Ästchen. Bl. locker, die an der Spitze dichter u. größer (schopfig), meist einseitswendig, breit-lanzettlich, allmählich zulaufd., m. kurzem, gezähnt. Haar, Ränder stark umgerollt. S. gerade. Sp. klein, längl., zart, blaß rötlichbr. Hb. mehrlappig. D. schief geschnäbelt. Rg. fehlt. Pz. 16, lanzettl.-fadenfg., trocken zusammenneigd. Monöc. — An trockenen, schattigen Felswänden u. Felsblöcken, vornehml. auf Kalk. Bg. bis A. Verbr. H.
Schistidium gracile Schleich. 159.

OO Blrand am Grunde auf einer Seite zurückgeschlagen. Bl. längl.-lanzettl., lang zugespitzt, trocken anliegd. u. ein wenig gedreht, oben gekielt, in der Spitze gezähnt, Haar kurz, starr, gezähnt. S. 2—3 mm l., gerade, rechtsgedreht. Sp. aufr., eifg., rotmündig. Hb. geschnäbelt. D. gerade, geschnäbelt, rot, Rand gekerbt. Rg. 2—3reihig, gleichbreit, großzellig. Pz. 16., entfernt gegliedert, bis zum Grunde gespalten, Schenkel linealisch, purpurn, rauh- u. dichtwarzig. Ras. schmutzig-bis schwärzlichgr. Diöc. — Felsen u. Felsblöcke. Obere Bg. bis A. Verbr. Meist m. Sp. 4, 5.
Rhacomitrium sudeticum (Funck) B. S. 160.

OOO Blränder in d. unteren Blhälfte fast spiralig zurückgerollt, in der oberen flach. Bl. spatelfg., an der Spitze abgerundet o. ausgerandet, selten kurz zugespitzt. Rp. br. Haar s. lang, wasserhell o. blaßgelblich, gesägt. 2 mediane Dt., 2 großlumige, doppelschichtige Bz., 1 Begleitergruppe, 1 braunrotes Stereïdenband. Lamina beiderseits dicht warzig. S. bis 1,5 cm l., rot. Sp. aufrecht, br. Pz. 2—3½ mal links gewunden, auf bleicher, niedriger, getäfelter Grundhaut. Diöc. — Meist auf Kalkfelsen in sonniger Lage. Hrg. bis Varg. Verbr.
Tortula montana (N. v. E.) Lindbg. 161.

× × Zentralstrang vorhanden, wenn auch oft armzellig.
O Bl. je nach der Art längl.-spatelfg. o. verkehrt-eilängl.-spatelfg. o. verlängert-zungen-spatelfg., oben abgerundet, stumpf, selten ausgerandet, rasch zugespitzt.
! (3) Ras. bläulichgr., grauschimmernd, $\pm$ dicht, niedr. (1,5 cm h.). St. spärl.-gabelästig. Zentralstrang groß, lockerzellig, nicht deutl. begrenzt. Bl. aufr.-abstehd., trocken etwas gedreht u. anliegd., die unteren längl.-lanzettl., die oberen spatel- o. zungenfg., stumpf, oft ausgerandet, selten zugespitzt, Rand umgerollt. Div. $^3/_8$ Haar s. lang, glatt. S. 1—2 cm l., gelbl. o. rötl., unten rechts-, oben linksgedreht. Sp. aufr., längl.-zylindr., leicht gekrümmt, zuletzt schwärzl. D. schief-kegelig, geschnäbelt, Rand gezackt. Rg. 2 (3) reihig. Grundhaut d. P. niedrig. Pz. 32, 2- bis 3 mal linksgewunden, lang. Monöc. — An Felsen, Mauern, Dächern u. ähnl. Orten. Dch. d. ganze Geb. S. gemein. Sp. stets vorh. 6—8. V—VII. (11—15.)
Tortula muralis (L.) Hedw. 162.
!! Ras. gelbgr., grauschimmernd, locker, 1—5 cm h. Zentralstr. w. b. vor. Untere Bl. kleiner. die oberen schopfig, trocken locker anliegd., feucht aufw.-abstehd., verkehrteilängl. bis spatelfg. Rand fast ganz umgerollt. Haar hyalin o. gelbl., glatt. S. unten rot, oben gelb, bis 1,5 cm h., sonst w. vor. Sp. aufr., ellipsoidisch, nach d. Entleerung leicht längsgefaltet. D. schief geschnäbelt. Rg. 2- u. 3reihig. Grundhaut d. P. getäfelt. Pz. 32, rot, warzig, 2 mal linksgewunden. Monöc. — Sonnige, trockene Abhänge, bes. im Süden u. Westen d. Geb. Zerstr. 2—4.
Tortula canescens (Bruch) Mont. 163.
!!! Ras. olivengr. bis bräunl., meist 1—2 cm h., selten höher, locker. An Bäumen.
Tortula laevipila 130.
OO Bl. stets lanzettlich.
! Bl. an beiden Rändern umgerollt o. umgeschlagen (b. z. Mitte o. in der Mitte o. über diese hinaus).
† Hyalines Haar glatt o. fast glatt.
? (5) Kissen s. dicht, halbkugelig, hell- o. olivengr., grauschimmernd. St. bis 2 cm h., selt. höher, gabelig. Bl. dicht, die oberen gekielt, längl.-lanzettl., m. langem Haar, Rand in der Mitte wenig umgebogen. S. 2—3 mm l., blaßgelb, anfängl. schwanenhalsartig nach unten gebogen, später aufsteigd. u. hin- u. hergebogen, gegenläufig. Vaginula zylindr., Ochrea zerschlitzt. Sp. geneigt o. nickend, kugl., unregelmäßig u. schwach längsstreifig. D. m. breiter Warze, sonst flach. Pz. breit-lanzettl., rotgelb, 2—4spaltig, fein warzig, querrippig. Monöc. —

Trockene, sonnige Mauern u. Kalkfelsen. Hrg. u. Bg. Hier u. da. 4, 5. II. (14—15.)
Grimmia orbicularis Bruch 164.
?? Polster hoch, breit, locker, leicht zerfalld., unten schwärzl.-, oben schmutziggr., grauschimmernd. St. bis 8 cm h., kräft., oben dicht beblättert, gabelästig. Bl. trocken anliegd., feucht aufr.-abstehd., selten einseitswendig, breitlanzettl., gekielt. Rand bis weit über die Mitte zurückgerollt Haar lang. S. 2—3 mm. l., erst herabgebogen, dann aufsteigd. Vaginula längl.-zylindr., m. Ochrea. Sp. wager. (Fig. 63a. Seite 60) bis hängd., eifg., groß, ca. 10. (seltener 8) Rippen. Hb. lappig. D. (b) klein, kurz kegelfg., mit dick. Warze, purpurn. Pz. durchbrochen o. 2—3 spaltig, außen stark querrippig. Diöc. — Bes. auf kalkarmen o. kalkfreien Felsen und Felsblöcken. Obere Bg., untere Arg. Verbr. Sp. nicht hfg. 4—6.

Grimmia elatior Bruch 165.
??? *Siehe Grimmia torquata 134.*

???? A. Polster gelblichgr., bis 1,5 cm h., innen schwärzl. Bl. lanzettl., oben gekielt, Haar kurz, glatt, Ränder zurückgerollt. Rp. unten schwächer. S. ca. 2,5 mm l., herabgebogen, bleichgelb, linksgedreht. Vaginula zylindr., m. niedriger Ochrea. Sp. glatt, gelbl., nicht groß, sonst wie vor. U. rotmündig. Hb. 4—5 lappig, mützenfg. D. gelbrot, m. dicker Warze und gezacktem Rande. Pz. schmal, oben durchbrochen, unregelmäß.-2 spaltig. Monöc. — Hochalpen. Zentralalpen an feuchten Felsen. Selten. 8.

Grimmia apiculata Hornsch. 166.
????? Kissen dicht, klein, niedrig, schmutziggr., bräunl. o. schwärzl., grauschimmernd. Obere Bl. größer, schmallanzettl., Haare verschieden lang. Rp. vor d. Spitze verschwindend, oben längsgefurcht, Rand in der Mitte zurückgerollt. Pbl. länger, Rand bis zur Spitze zurückgerollt. S. gerade. Sp. zlch. eingesenkt, aufr., fast kugel.- entleert kreiselfg. u. runzelig. Hb. winzig, 3—5 lappig. D. gewölbt, m. kleiner Warze, Rand später aufgebogen. Pz. nur angedeutet, fein warzig, gelblichrot. Monöc. — Kalkfreie Felsen. Bg. bis nied. Arg. Selten. F.

Schistidium pulvinatum (Hoffm.) Brid. 167.
†† Hyalines Haar fein gesägt, gezähnt o. rauh.
? Polster grauschimmernd, blau-, gelbl.-, braun- o. schwärzlichgr.
△ Sp. m. 9—10 deutl. Rippen. Pz. an der Spitze 2—3 spaltig, bisweilen ungeteilt. Ras. blaugr. o. schwärzl. Monöc. — Trockene Felsen, Felsblöcke, Steine, Mauern usw. Eb. bis nied. Bg. S. gemein. 5, 6. I—III. (14—17.)

Grimmia pulvinata (L.) Smith 168.

△△ Sp. wager. o. hängd. (Fig. 65a, Seite 60) trocken stark längsfurchig (c), achtrippig. D. meist m. geradem Schnabel (b). Pz. bis zu ⅔ in 2—3 fädige, ungleich lange Schenkel geteilt. Ras. gelbl.- bis braungr. Monöc. — Felsen u. Felsblöcke. Eb. u. nied. Bg. Zerstr. 5.
Grimmia decipiens (Schultz) Lindbg. 169.
?? Polster nicht grauschimmernd, gr., schmutzig- o.schwärzlichgr., braun o. olivenbr.
△ (Fig. 66a, Seite 60.) P. purpurn. Hyalines Haar seitlich an der Blattspitze herablaufend. Sp. (b) br., entleert weitmündig. D. m. kurzem, schiefem Schnabel, mit der Columella abfallend (c). Pz. 16, durchlöchert o. rissig o. nicht durchlöchert (d). Ras. schmutzig- bis schwärzlichgr. o. olivenbr. Monöc. — Mauern, Felsen. Überall gemein. 3, 4. V. (10—11.)
Schistidium apocarpum (L.) B. S. **170.**
△△ P. orange. Sp. grünlichgelb. Ras. gr., schwärzlichgr. o. br. Monöc. — Sonnige Felsen u. Mauern. Hrg. bis A. Verbr. 3, 4.
Schistidium confertum (Funck) B. S. **171.**
!! Bl. nur an einer Seite umgeschlagen, bei Gr. incurva meist an einer Seite.
† Hyalines Haar glatt o. fast glatt.
? A. Bl. trocken spiralig um den fädigen St. gedreht. Ras. bis 5 cm hoch, blau- bis gelblichgr., innen schwärzlichbr. Diöc. — Felsen u. Felsblöcke. Verbr. Sp. selt. 8, 9.
Grimmia funalis (Schwägr.) Schimp. **172.**
?? Bl. trocken nicht spiral. um d. St. gedreht.
△ (Fig. 54, Seite 40.) S. anfangs herabgebogen, dann aufsteigd., bis 0,5 mm l., links gedreht. Sp. wager. bis hängd., eifg., gelbl., dann bräunl., m. 8 deutl. Rippen, rotmündig. Pz. purpurn, schmal, lang-zugespitzt, bis unter die Mitte 2- u. 3spaltig.
Grimmia trichophylla 133.
△△ Kissen olivengr. bis schwärzl. St. bis 2,5 cm h., mehrmals gabelig verästelt. Obere Bl. aufr.-abstehend, längl.-lanzettl. zugespitzt. Rand gegen d. Grund an einer Seite umgeschlagen. S. steif aufr., gerade, gelbl., 2—3 mm l., linksgedreht. Vaginula m. Ochrea. Sp. eifg. o. ellipsoidisch, glatt, rotbr., derb, später runzelig. Monöc. — Kalkfreie Felsen u. Felstrümmer. Hrg. bis Arg. Hfg. Sp. meist reichl. 3, 4. IX—IV. (11—19).
Grimmia ovata W. et M. **173.**
†† Hyalines Haar rauh o. schwach gezähnelt. Rp. am Grunde meist schwächer.
? (3) A. Polster bräunl.- o. schwärzlgr. o. schwarz, dicht, leicht zerfallend. Bl. klein, feucht weit abstehd., schmal-

längl.-lanzettl., abgestumpft, Haar kurz u. schwach gezähnt. Blzellen gelb. S. gerade, gelbl., linksgedreht. Sp. aufr., eifg., glatt, bräunl. D. kurz u. abgestumpft kegelfg. Pz. rötlich-gelb, ungeteilt, kaum o. nicht durchbrochen, dolchfg. Diöc. — Felsen. Sp. selten. 8, 9.
Grimmia elongata Kaulf. 174.

?? Kissen flach, bis 4 cm h., dunkelgr. bis schwärzl. Bl. trocken gekräuselt, feucht abstehd. bis sparrig, sehr schmal lanzettlich-pfriemenfg., Haar kurz, rauh. S. 2 mm l., anfangs herabgebogen, später aufr., linksgedreht. Sp. wager. bis hängd., klein, eifg., dünnhäutig, blaßgrau, glatt, später br. u. längsrunzelig. D. stumpfkegelfg. Pz. gelbrot, ungeteilt o. bis zur Mitte hinab durchbrochen, selten gespalten. Diöc. — An kalkfreien Felsen u. Felstrümmern, liebt geschützte Plätze, wie Höhlen, Spalten u. dgl. Obere Bg. bis Arg. Verbr. Sp. selten. 7, 8.
Grimmia incurva Schwägr. 175.

??? S. b. 3 mm l., anfängl. herabgebogen, später aufr., gelbl., linksgedreht. Sp. oval, m. 9—10 zarten Längsrippen, im Alter br. D. rot, kurz geschnäbelt, Rand etwas gekerbt. Pz. purpurn, ungeteilt o. an d. Spitze 2spaltig.
Grimmia Mühlenbeckii 135.

VIII.

A. Stbl. eifg., eilängl., eirund, oval-ellipt. o. fast kreisrund, stumpf, stumpf o. kurz zugespitzt, mit o. ohne Spitzchen.

I St. dch. 2zeilige, dichte Äste fast regelmäßig und kammartig gefiedert.

α St.- u. Astenden stechend spitz (Fig. 67a, Seite 60). (Die Bl. sind zusammengewickelt und bringen dadurch die scharfe Zuspitzung hervor.) Ras. gr. o. gebräunt, aufr., dicht, glänzd. Zentralstrang kleinzellig, aber deutl., Außenrinde großzellig, hyalin. Stbl. (b) breiteilängl., fast dachziegelig, stumpf, bisweilen m. kurzem Spitzchen. Rp. kurz u. doppelt. In den ausgehöhlten Blecken zahlr. lockere, hyaline, bauchige, dünnwandige Blflügelzellen. Astbl. kürzer u. schmäler (c). S. ca. 7 cm l., dick, purpurn, starr. Sp. m. deutl., aufr. Halse, gekrümmt, trocken gefurcht. D. kegelig, spitz, etwas schief. Rg. 3- u. 4reihig. Diöc. — Sümpfe, Gräben, Wiesen, oft weite Strecken überziehd. Tiefeb. bis Varg. Sehr verbr. Sp. hfg. 5, 6. Siehe auch Abteilung IX.
Acrocladium cuspidatum (L.) Lindbg. 176.

β St. u. Astenden nicht stechend spitz.

1. St. starr, gegen das Licht gehalten rot durchschimmernd, 10—15 cm l., niederliegd., dann aufr. Äste meist spitz, aber nicht stechend-scharf, wie bei vor., ohne Außenrinde. Stbl.

dachziegelig, nachenfg.-hohl, schwach längsfaltig, breit-eilängl., abgerundet oder zungenfg.-stumpf, Spitze gekerbt. Div. $^3/_8$. Rp. doppelt, s. kurz. S. 2—2,5 cm l., unten purpurn, oben bleich. D. kegelig, spitz. Rg. fehlt. Ras. gelbgr., etwas glänzd. Diöc. — Bes. in Nadelwäldern u. Heiden. Oft Mv. Dch. d. Geb. Sehr gemein. Sp. meist hfg. 2, 3. V. (9—10.)
Hylocomium Schreberi (Willd.) Schreb. **177**.
2. Diese Art, der vorigen in Größe u. Tracht täuschend ähnlich, unterscheidet sich von dieser durch das ausschließliche Vorkommen auf Kalkboden, durch den starken Glanz der gelbl.- o. goldgr. Rasen, durch dichtere Beblätterung, durch unterbrochen fiederästige St., völlig faltenlose Bl. — St. bis 15 cm l., Äste fast walzenf. Rp. mehrstreifig, Streifen s. kurz. Rinde gelb. Sp. aufr., gerade, zylindr., derbwandig, br. auf ca. 1,5 cm l., purpurner, gerader oder gebogener S. Rg. vorhanden, gelb. Diöc. — Auf kalkhaltigem Boden, an Kalkfelsen. Im Westen u. Süden d. Geb. Oft Mv. Sp. s. selten. H.
Cylindrothecium concinnum (De Not.) Schimp. **178**.
II St. sehr entfernt (also nicht kammfg. w. b. vor.), unregelmäß. fiederig beästet.
α Astenden gekrümmt. Sehr kräftige, meist aufrechte, braungr., br., goldbräunliche, oft fast schwarze Ras. bildend. St. u. Äste dch. d. lockere Beblätterung gedunsen, Astenden verdickt u. gekrümmt (ähnlich dem Hinterleib des Skorpions). Zentralstrang fehlt. Außenrinde locker, zartwandig. Bl. eilängl., kurz. u. stumpf zugespitzt, zuweilen mit kleinem, aufgesetztem Spitzchen, dachziegelig, die oberen o. auch alle etwas einseitswendig. Rp. doppelt u. kurz, s. schwach. Blflügelzellen s. locker, zart, groß, durchsichtig — nach anderen dickwandig u. rotbr. — S. bis 6 cm l., purpurn, geschlängelt. Sp. trocken stark gekrümmt, gefurcht. Diöc. — In tiefen Torfmooren, Sümpfen. Eb. bis Varg. Verbr. Sp. selten. 6.
Scorpidium scorpioides (L.) Schimp. **179**.
β Astenden gerade u. meist stumpf.
1. (4) Bl. dicht, meist einseitswendig, breit oval-elliptisch bis fast kreisrund, stumpf o. m. kurz. Spitzchen, zieml. flach, faltenlos, nur in der Spitze undeutl. gezähnt. Rp. kurz, ungleich-2schenkl., bisweilen einfach. Ras. bis 4 cm h., locker, freudig- o. gelblichgr., oft goldig u. rot gescheckt, glänzd. St. unten blattlos, schwarz, niederliegd., dann aufsteigd., Äste stumpf, gedunsen. Außenrinde fehlt. Blflügelzellen gelb, dickwandig. S. bis 2 mm l., dick, purpurn. Sp. geneigt, mit Hals, dunkelbr. D. orange, m. roter Warze. Rg. 2reihig. Monöc. — Steine u. Felsen in raschfließenden Gewässern u. an Wasserfällen. Obere Bg. u. Arg. Verbr. Sp. nicht selten. 8, 9.
Hypnum dilatatum (Wils.) Schimp. **180**.

2. **A.** Bl. nur in den Astspitzen schwach einseitswendig, sonst sparrig abstehd. u. dicht, fast kreisrund, hohl, längsfaltig, Rand rings gezähnt, Spitze s. breit u. stumpf. Rp. kurz-2schenklig o. undeutl. S. 1,2 cm l., purpurn, dick, rechtsgedreht. Sp. etwas geneigt, eifg., m. kurz., dickem Halse u. verhältnismäßig groß., hohem, glänzd. braunrotem D. Rg. 2—3reihig. Ras. bleichgr., auch weißlichgr., oben oft ziegelrot gescheckt, weich. Hauptst. kriechd. St. u. Äste kätzchenartig. Monöc. — An Steinen der Hochgebirgsrg. Sp. zlch. hfg. Verbr. 8.
   Hypnum alpinum Schimp. 181.
3. **A.** (Fig. 68a, Seite 60.) Bl. allseitswendig, aufr.-abstehd., eifg.-elliptisch (b, c), nach oben in eine kurze Spitze übergehd., hier schwach gezähnt, sonst hohl u. schwach faltig. Rp. s. kurz, 2- u. 3teilig. Blflügelzellen gelblichrot, dickwandig. S. ca. 0,8 cm l. Sp. geneigt, eifg., Hals kurz. D. gelb, m. orangefarb. Spitzchen. Rg. 3- u. 4reihig. Ras. weich, locker, olivengr. bis bräunl., schwach glänzd. Äste fast kätzchenfg. Monöc. — In Gebirgswässern, an Wasserfällen. Zerstr. Sp. s. selt. S.
   Hypnum molle Dicks. 182.
4. **A.** (Fig. 69a, b, Seite 60.) Bl. dicht, dachziegelig, eirundlich, stumpf, selten m. Spitzchen (c, d), hohl, Rand fein gezähnt. Div. ⅓. St. aufr., Äste gabelig, fadenfg. u. s. deutl. kätzchenfg. (b), stumpf, an der Basis m. Rhizoidenbüscheln. Rp. meist fehld., selt. angedeutet, einfach o. doppelt. S. purpurn, hin- u. hergebogen. Sp. (e) aufrecht, kurzhalsig, längl.-eifg., klein, gelbgr., später rostbr. D. kurz, kegelf., stumpf o. m. roter Warze. Rg. meist 3reihig. Ras. dichte Kissen bildend, meist 3—6 cm h., hell- o. bläulichgr., trocken weißlichgr., innen ockerfarben. Diöc. — Feuchte Felsen. Verbr. Sp. s. selt. 7, 8.
   Myurella julacea (Vill.) B. S. 183.

B. Bl. aus verschieden gestaltetem Grunde ± lang, plötzl. o. allmähl. zugespitzt.

I Bl. allmählich lang o. kurz zugespitzt.
  α Bl. lang zugespitzt, oft pfriemen- bis fadenfg.
1. Bl. zweigestaltig. Stbl. am Grunde herzfg., rasch u. lang zuge spitzt, von der Mitte ab sparrig im Bogen zurückgekrümmt, Rand flach, rings fein gezähnt. Astbl. kleiner, fast aufr.-abstehd., trocken dachziegelig, eifg., stumpfl., selt. spitz. St.- o. Astbl. m. kurzer Doppelrippe. Ras. starr, freudig- o. gelbgr., flach, glanzlos. Diöc. — Auf d. Boden der Wälder, auch an Baumwurzeln u. Gestein. Hrg. bis Arg. Hin u. wieder. Sp. nicht selt. W. F.
   Heterocladium squarrosulum (Voit) Lindbg. 184.
2. St.- u. Astbl. in der Gestalt nicht verschieden. (Sind sie, wie bei Hypnum stellat., incurvat. u. e. a. vorhanden, so unterscheiden sie sich nur durch die Größe, nicht aber dch. die Gestalt.)
   a (Fig. 70a, Seite 60.) Bl. rings am Rande fast spiralig umgerollt.

Ras. breit, locker, rost- o. fuchsrot, stark glänzd. Hauptst. m.
spärl., gekrümmten Ästen. Bl. starr, aufr.-abstehd. bis einseitswendig, lanzettl. (b), lang u. fein zugespitzt, ganzrandig,
längsfaltig, im Alter weißspitzig. Sp. aufr. o. fast aufr., zartwandig, bräunl., auf ca. 2—3,5 cm l. S. Diöc. — An überrieselten Stellen, Wasserfällen, bes. auf Kalk. Bg. u. Arg.
Zlch. verbr. Sp. selten. 8.
   Orthothecium rufescens (Dicks.) B. S. **185.**
b Blrand flach.
× Bl. ganzrandig.
O (Fig. 71 a, Seite 60.) Ras. nicht glänzend. Rp. s. kurz, s.
verkümmert, kaum wahrnehmbar. Ras. zart, breit, flach,
dem Substrat angedrückt, gelbl.- o. freudiggr., St. s. zart,
haarartig dünn, ebenso die Äste in trockenem Zustand. Bl.
(b) locker, allseits- o. schwach einseitswendig, abstehend,
lanzettl.-pfriemenfg., Rand flach u. ganz. Sp. (c) ziembl.
aufr., längl.-zylindr., zartwandig, gr., später br., trocken
unter der Mündung etwas eingeschnürt (d), auf zarter, rotgelber S. Monöc. — Bes. an alten Laubbäumen, seltener an
Steinen. Eb. bis Bg. Verbr. Sp. stets vorh. 8. VIII. (12.)
   Amblystegium subtile (Hedw.) B. S. **186.**
OO Ras. glänzend.
! Stbl. aufrecht-abstehend.
† Bl. meist ein wenig einseitswendig, aus breitem, eifg.
Grunde lanzettl., lang und oft etwas schief zugespitzt, ganz-
u. flachrandig, hohl, faltenlos. Rp. kurz u. doppelt o.
schwach angedeutet. Blzellen der Stbl. im Durchschnitt
halb so lang wie die der Astbl. (Stbl. 4—6, Astbl. 8—12mal
s. l. w. br.). Blflügelzellen zahlr., quadrat., durchsichtig.
Ras. niedergedrückt, gelblich- o. sammetgr., lebhaft seiden
glänzd. St. kriechd., 4—5 cm l., Äste etwas gekrümmt
o. aufr., ± regelmäßig gefiedert, aufsteigd. bis aufr., Rinde
locker, gelb- u. dickwandig. S. 1—2 cm l., purpurn. Sp.
aufr., gerade, längl.-zylindr. o. ellipt., zartwandig, rotbr.
D. kegelfg., ohne Spitzchen. Rg. 1reihig, s. schmal.
Innere Pz. länger als die äußeren. Monöc. — An Feld- u.
Waldbäumen, an altem Holzwerk, selten auf Gestein.
Bes. Ebene bis Bg. S. gemein. Sp. hfg. 2, 3. VIII—XI.
(15—19.)
   Pylaisia polyantha (Schreb.) B. S. **187.**
†† (Fig. 72 a, b, Seite 60.) Stbl. längl.-lanzettl.-pfriemenfg.
(c), ganzrandig o. a. d. Spitze undeutl. gesägt, die obersten
fast sichelfg., sonst w. b. vor. Rp. sehr kurz, doppelt, zart,
grün. Blzellen geschlängelt, linealisch, chlorophyllreich.
Blflügelzellen spärl., quadrat., gelb. Ras. s. breit, flach,
dünn, gelbl.- u. bräunlichgr., lebhaft seidenglänzd. St.
kriechd., zart, m. fadenfg., aufsteigd., hin- u. **hergebogenen**

Tafel IV, Fig. 61—78.

Ästen. St.- u. Astspitzen schwach sichelfg. S. 1—1,5 cm l.,
purpurn. Innere Pbl. fast scheidig, lang- u. schmal-
spitzig (d). Sp.(e) geneigt, zylindrisch, gekrümmt, braunrot,
trocken stark gekrümmt. D. kegelfg., spitz geschnäbelt.
Rg. 2reihig. Monöc. — Bes. auf kalkhaltigem Gestein, s.
gern auf Basalt, seltener an Baumstämmen. Eb. bis ca.
1800 m, bes. Bg. Verbr. Sp. meist reichl. 7. VII, VIII.
(11—12.)
        Hypnum incurvatum Schrad. 188.
!! Stbl. sparrig-abstehd. u. wenig zurückgebogen, aus breit-
eifg. Gr. lanzettl., scharf zugespitzt, flach- u. ganzrandig,
am Stende meist sternfg. angeordnet. Div. $3/8$. Rp. ein
o. zwei, ± lange, gelbl. Streifen. Blzellen derb, schmal, sehr
lang (je nach der Lage 6 bis 12 m. s. l. w. br.). Blflügel
herablaufd., hier eine Gruppe zieml. großer, gelblichgr. o.
bräunlichgelber, dickwandiger, getüpfelter Zellen. Ras.
aufr., 5—15 cm h., ansehnl., kräftig, schwellend, locker,
gelb- o. braungr., goldbr., stets goldglänzd. S. 2,5—3,5 cm
l., geschlängelt, rötlichgelb. Sp. kurzhalsig, geneigt, längl.-
zylindr., gekrümmt, derb, orangebr., trocken gefurcht. D.
gewölbt-kegelfg., m. kurzer Spitze. Rg. 3reihig. Äußere
Pz. goldgelb u. gelb gesäumt. Diöc. — Torfmoore, Sumpfwiesen, Erlenbrüche. Eb. bis subalp. Rg. Hfg. Sp. selt. 6, 7.
        Hypnum stellatum Schreb. 189.
×× St.- u. Astbl. rings fein gesägt o. nur in der oberen Hälfte
o. nur an der Spitze.
 O (3) St.- u. Astblätter rings mit entfernten, kleinen Säge-
zähnen, sparrig-2zeilig-abstehd. u. einseitswendig, eilanzettl., lang pfriemenfg., weit herablaufd. Rp. s. kurz, gabelig. Blzellen sehr schmal, am Grunde getüpfelt, Blflügelzellen reichl., meist quadrat., hyalin o. gelbl., aufgeblasen.
S. 1—2 cm l., rot, geschlängelt, zart. Sp. geneigt o. fast aufr.,
verkehrt-eifg.-zylindrisch, langhalsig, zart, im Alter br.,
trocken gestreift, zartwandig. D. am Rande gezackt. Rg.
2reihig, rot. Äußere Pz. blaßgelb, m. schmalem Saume,
innere weißl. Diöc. — Auf Torfboden, seltener in Felsspalten. Bes. in der Arg. Sp. meist reichl. S.
    Plagiothecium striatellum (Brid.) Lindbg. 190.
OO St.- u. Astbl. in der oberen Randhälfte schwach gesägt.
       Plagiothecium denticulatum 74.
OOO Stbl. ganzrandig o. in der Spitze schwach gesägt.
 ! Bl. nur in den St.- u. Astspitzen schwach sichelfg.
       Hypnum incurvatum 188.
!! Alle Stbl. schwach sichelfg., wie di̭ Astbl., nach allen Seiten
aufr.-abstehd., nur in der Spitze schwach gesägt, Astbl
dagegen rings gesägt. Stbl. aus eifg. Grunde schmal-lanzettl.
lang pfriemenfg. Rp. s. kurz u. doppelt. Blzellen schmal

linealisch, grünlich, am Grunde gelb, dickwandig u. getüpfelt. Blflügelzellen zahlr., quadratisch, hyalin o. gelbl., derb. S. bis 1,2 cml., rötl. Sp. fast aufr., zylindrisch, kaum gekrümmt, zartwandig, bleich rostfarben. D. bleicher als die U., kegelfg., gespitzt. Rg. 1 reihig. Monöc. — In Gebirgen, bes. an alten Nadelhölzern. Verbr. Sp. hfg. 6, 7. VI. (12—13.)
     Hypnum pallescens (Hedw.) B. S. **191.**
β Bl. kurz u. scharf zugespitzt.
 1. Bl. ganzrandig (bei Orthoth. chryseum zuweilen in der Spitze undeutl. gezähnt).
  a A. Ras. goldgr. o. strohfarben-goldig, seidenglänzd. St. schlank, zlch. einfach, wenig verästelt. Stbl. steif aufr.-abstehd., trocken angedrückt, breit-lanzettl.-kurz zugespitzt, mit tiefen Längsfalten (4) u. unversehrten, umgerollten Rändern. Rp. durch 2 kurze Streifen angedeutet. Blzellen englinealisch, sehr viel mal l. als br., am Grunde gelb, stark getüpfelt u. dickwandig. S. bis 3 cm l., zart, rötlichgelb. Sp. zlch. aufr., eilängl., blaßbr., trocken ein wenig gekrümmt. D. kurz gespitzt. Rg. 2 reihig. Diöc. — Feuchte Felsen u. Felsspalten, steinige Abhänge. Zlch. verbr. Sp. s. selten.
     Orthothecium chryseum (Schwägr.) B. S. **192.**
  b (Fig. 73 a, Seite 60.) Ras. breit, hingestreckt, kräftig, gelbl.- o. bräunlichgr., seidenglänzd. St. kriechd., bis 8 cm l., unregelmäßig fiederästig. St. m. großen, vielgestaltigen Paraphyllien. Stbl. (b) zweigestaltig, und zwar an den mit Rhizoiden ausgestatteten Stteilen einseitig aufwärts gerichtet, an den rhizoidenfreien Stteilen allseits aufrecht-abstehend, im ersteren Falle asymmetrisch, im letzteren symmetrisch, breit-eifg. o. eilanzettl., kurz und fein zugespitzt. Div. $^3/_8$. Rp. doppelt o. 2 schenklig, s. kurz, zart. Blzellen zart, geschlängelt, s. schmal u. s. lang, bleich, am Grunde gelbl., getüpfelt u. dickwandig, an den Blflügeln viele lockere, quadrat., hyaline o. gebräunte Zellen. Pbl. (c) oben plötzl. in eine s. lange, zurückgeschlagene, fadenfg. Spitze übergehd. S. 1—2 cm l., dick, purpurn, steif. Sp. (d) aufr., gerade o. etwas gekrümmt, längl.-zylindr., braunrot, dickwandig. D. kegl., schief geschnäbelt. Monöc. — Auf lehmigem o. tonigem Boden, bes. der Laubwälder, auch an Holzwerk, Baumstümpfen. Eb. u. nied. Bg. Zerstr. Meist m. Sp. W.
     Hypnum Haldanianum Grev. **193.**
 2. Bl. von der Mitte ab gegen die Spitze hin scharf gesägt o. warzig gezähnt.
  a (3) (Fig. 74 a, Seite 60.) St. u. Äste fadenfg. (b), schlangenfg. glatt, etwas starr, schweifartig verdünnt zulaufd., hin- u. hergebogen. Bl. gedrängt, dachziegelig, klein, eifg., zugespitzt, s. hohl, warzig. Div. $^3/_8$. Rp. s. kurz, einfach, gabelig o. doppelt.

Blzellen annähernd rhombisch, am Grunde mehrere Reihen quadratisch. Blflügelzellen spärl., klein. S. gelblichrot, warzig. Sp. aufr., etwas geneigt, zylindrisch, bräunlichgelb, m. rotem Munde. D. lang geschnäbelt. Rg. 2reihig. Fortsätze des inneren P. rudimentär o. kurzpfriemlich (c). Diöc. — Auf Rinde von Laubhölzern u. auf Gestein. Eb. bis Arg. Verbr. Sp. nicht hfg. 6, 7. VI, VII. (11—13.)
  Pterigynandrum filiforme (Timm) Hedw. **194.**
b (Fig. 75a, Seite 60.) Ras. erzgr., im Alter oft blaßgelb oder br., bronzeartig, mattglänzd. Hauptst. kriechd., dch. rotbr. Rhizoidenbüschel am Substrat befestigt. Sec. Sprosse strauchartig-büschelig, straff, eingekrümmt, m. absteigend., kleinblättrigen Ausläufern. Äste (b) trocken walzenfg. Bl. dicht, trocken fest angepreßt, fast aufr.-abstehd., breit-eifg., kurz zugespitzt, hohl. Div. $3/8$. Rp. doppelt o. gabelig. S. bis 1,5 cm l. Sp. aufr., walzenfg., oft etwas gekrümmt, dickwandig, gelblichrot bis br. Diöc. — An Felsen, seltener an Baumstämmen, im Süd. u. West. d. Gebiets. Zerstr. Sp. selten. W.
  Pterogonium gracile (Dill.) Swartz **195.**
c Ras. hingestreckt, verworren, starr, dunkel- bis schwarzgr. Hauptachse kriechd. o. aufsteigd., brüchig, durch zahlr. Äste fast regelmäß. gefiedert. Bl. der Zweige abstehd.-einseitswendig, aus eifg. Grunde allmähl. kurz zugespitzt, mit warzig gezähntem Rande. Blzellen starkwandig, Zellecken kollenchymatisch verdickt. Rp. vor d. Blmitte verschwindd., oft gabelig. Sp. wager., eifg., olivenbr., auf kurzer, roter S. Diöc. — Auf verschiedenartigem, feuchtem, schattigem Gestein. Bg. u. Arg. Verbr. Sp. im Geb. noch nicht beobachtet.
  Heterocladium heteropterum (Bruch) B. S. **196.**
II Bl. plötzlich länger o. kürzer zugespitzt.
α St. m. 2schichtiger, kleinzelliger Außenrinde u. Paraphyllien. Ras. abwärts rostfarben, oben gr. o. gelblichgr., weich, dicht, kräftig. St. unterbrochen regelmäßig u. meist doppelt gefiedert. Äste ungleich lang, an der Spitze gekrümmt und knospenfg. verdickt. Stbl. fast sparrig, dicht, sehr breit dreieckig-herzfg., plötzlich in eine schmale zurückgekrümmte Spitze übergehd., rings scharf gesägt. Rp. s. kurz u. doppelt. Blflügelzellen zahlr., hyalin. Astbl. weniger br., rippenlos u. scharf gesägt. S. ca. 2 cm l., purpurn, sehr rauhwarzig. Sp. geneigt bis wager., eifg.-bucklig, rotbr., dickwandig. D. kegelig, m. Spitzchen. Diöc. — An nassen Felswänden, an **Wasserfällen**. Selt. Sp. s. selt. H.
  Hyocomium flagellare (Dicks.) B. S. **197.**
β St. ohne Außenrinde.
1. St. mit Paraphyllien.
a Paraphyllien sehr zahlr., geteilt.
 × (3) St. deutlich etagenartig aufgebaut. Jeder Sproß ein Seitensproß des älteren. Jeder Sproß an der Basis unverästelt, oben

dagegen doppelt u. dreifach gefiedert, im Umriß sind die Fiederwedel breit-lanzettl. St. holzig, aufsteigd., durch die kniefömig gebogenen Achsen der Fiederwedel im Bogen auf- u. absteigd. Ras. s. breit, locker, gelblich- o. olivengr., seidenartig glänzd. Zentralstrang fehlt. Paraphyllien an der Hauptachse vielteilig, fädig-pfriemenfg. Stbl. breit-eifg., mit geschlängelter, zlch. langer Spitze. Rp. kurz, doppelt. Sp. mit Hals. D. lang geschnäbelt. Hb. blaßgelb. Rg. 2reihig. Diöc. — Auf d. Erde in Wäldern, auf Wiesen, Rasenplätzen. Eb. bis A. Sehr gemein. Meist Mv. Sp. zlch. hfg. 4, 5. V, VI. (10—12.)

Hylocomium splendens (Hedw.) B. S. **198.**

× × St. reich-, unregelmäßig-, baumartig- o. büschelig-verzweigt, kräftig, starr, zerbrechlich, niederliegd. o. aufsteigd. Äste z. T. verdünnt zulaufd., z. T. verdickt u. am Gipfel knospenartig. Alle Stteile durch s. zahlr., mehrmals verzweigte Paraphyllien zottig. Ras. sehr ansehnlich, locker, schwellend, meist kräftig gr. u. glänzd. Stbl. locker, breit-herzfg., Spitze lang, bandfg. u. zurückgebogen. Rp. w. b. vor. Sp. aus kurzem Halse längl., orangefarb., später br., trocken längsfurchig, auf bis 2,5 cm l., hin- u. hergebogener, oben wagerechter S. Diöc. — In schattigen Wäldern. Eb., Bg. Verbr. Sp. zlch. selt. 3, 4. V. (10—11.)

Hylocomium brevirostre (Ehrh.) B. S. **199.**

× × × St. einfach gefiedert, Äste kräftig, wurmfg. Ras. gelbgr.

Hylocomium Oakesii 16.

b Paraphyllien spärlich, ungeteilt, klein, bei Hypn. Halleri an der Ursprungsstelle der Sprosse, lanzettlich.

× (Fig. 76a, Seite (0.) Bl. (b) sparrig zurückgekrümmt, aus s. breit-eifg. Grunde plötzlich lanzettl.-rinnig-pfriemenfg. (c, d), rings gesägt. 2 kurze, gelbl. Streifen bilden die Rp. Ras. dicht, etwas starr, breit, grünspangr., gelbl. o. goldgelb, ältere Teile oft schwärzl. St. kriechd., m. niedr., aufsteigd., dichten, zarten Ästen. S. bis 1,5 cm l., purpurn, zart. Sp. (f) geneigt, walzenfg., schwach gekrümmt, kurzhalsig, rostfarben. Pbl. oben plötzl. zurückgekrümmt (e). D. niedr., mit kurzer, stumpfer (f) Spitze. Monöc. — Nur auf kalkhaltigem Gestein. Bg. u. Arg. Zlch. verbr. Oft Mv. Sp. meist reichl. 7, 8.

Hypnum Halleri L. fil. **200.**

× × (Fig. 77a, Seite 60.) Stbl. (b, c) fast sparrig abstehd., aber nicht zurückgekrümmt, lanzettl. Spitze viel länger als bei vor. Art, auch nicht rinnig, Rand nur unten gezähnt. Rp. wie b. vor. Ras. niedergedrückt, auch schwellend, verworren, zart, gelb oder gelblichgr. St. kriechd., durch aufsteigd. Äste fast gefiedert. S. etwa 2 cm l., rötl., oben gelbl. u. zierlich gebogen. Innere Pbl. aufr., m. fädiger Spitze (d). Sp. (e)

längl., gekrümmt, rostbr., zartwandig. D. orange, m. stumpfer, warziger Spitze. Monöc. — Bes. auf kalkhalt. Boden, an Felsen u. Steinen, auch am Grunde alter Stämme. Eb. bis Bg. Verbr. Sp. nicht selten. 6. VII, VIII. (10—11.)
Hypnum Sommerfeltii Myrin **201**.

2. St. ohne Paraphyllien. Ras. blaßgr., locker, weich. St. an der Spitze dch. die Beblätterung sternfg. Stbl. aus breit-eifg. Grunde sparrig zurückgeknickt, mit langer, lanzettl.-pfriemenfg., fast herabhängender Spitze, hier fein gesägt. Div. $^3/_8$ u. $^5/_{13}$. Rp. doppelt, sehr kurz. S. bis 3,5 cm l., geschlängelt. Sp. eifg.-bucklig, braunrot, derbwandig. Diöc. — Grasige Stellen, auf Wiesen, unter Gebüsch. Eb. bis Varg. S. gemein. Sp. nicht gerade hfg. 4. V. (11.)
Hylocomium squarrosum (L.) B. S. **202**.

IX.

A. Pflänzchen winzig, s. niedrig, meist 1—2 mm h., gesellig o. herdenweise wachsd., bei Ephemerum serr. u. Discel. nudum bleibt das Protonema erhalten, bei letztgen. Art bis zur Sporenreife. St. einfach, bei Tetrod. Brown. treten selt. s. kurze Seitensprosse auf.

I (Fig. 78a, Seite 60.) Sp. eingesenkt. S. (d) rudimentär. Das ausdauernde Protonema (b) bildet smaragdgr., verzweigte Fäden, die dem Boden dicht anliegen. Die 1 mm h. Pflänzchen erscheinen meist in größerer Anzahl am Protonema. Bl. (c) nach oben größer werdend, lanzettl., rings unregelmäß. grob gezähnt. Sp. (d) kugel.-eifg., etwas gespitzt, aufr., rotbr., glänzd. Hb. (d) zart, an der Seite aufgeschlitzt. D. u. P. fehlen. Die Sporen gelangen durch Verwitterung der Sporogonwand ins Freie. Diöc. — Auf tonigem Boden, an Wegerändern, Maulwurfshügeln, schlammigen Ufern u. ähnl. Plätz. Im Tiefld. verbr., seltener in der Bg. 5. VIII—IX. (9.)
Ephemerum serratum (Schreb.) Hampe **203**.

II Sp. auf verhältnismäßig langer S. Seltene Moose von acrocarpisch. Typus.

α Pz. 4 (c), jeder Pz. auf der Außenfläche mit s. deutlichen Längsrippen. Sp. (c) aufr., längl.-oval, hellbr., im Alter schwärzl. Haubenrand zerschlitzt. D. kegelfg., spitz. Rg. fehlt. Pflänzchen knospenartig (Fig. 79a, Seite 73), am Stgrunde eigentümliche, bräunlichgr., sehr lange, an der Spitze oft hirschgeweihartig (b) gespaltene, sonst linealische o. spatelfg. (c), sogenannte Protonemablätter. Stbl. nach oben an Größe zunehmend, eifg. bis längl. Monöc. — Auf Gestein (in Höhlungen, Klüften, Spalten) braungr. od. br. Ras. bildd. Bg. u. Arg. Selt. 8, 9.
Tetrodontium Brownianum (Dicks.) Schwägr. **204**.

β (Fig. 80 a b, Seite 73.) Pz. 16, 8- u. 9 gliedrig, jeder Pz. von der Basis gegen die Mitte durchbrochen. Sp. (c) eifg. bis kugelig, ge-

neigt bis herabgebogen, bleichgelbl., zart. Hb. oft an der Seta haftend (ҫ). D. zlch. groß. Pflänzchen m. nur wenigen Bl. S. bis 2 cm l., rechts gedreht, purpurn o. rötl. Protonema bis zur Sporenreife ausdauernd (b). Diöc. — Auf lehmig-sandigem Boden, bes. an Wegerändern und Grabenwänden. Sehr selten. F.
Discelium nudum (Dicks.) Brid. **205.**

B. *Pflanzen größer, auch verästelt. Meist Moose von pleurocarpem Typus.*

I Bl. stumpf (bei Acroclad. cuspid. u. Myur. julac. selten mit Spitzch.)

α Ras. schwarz- o. braunrot, tiefschwarz. Felsmoose. Das Sp. öffnet sich meist mit 4 Rissen.

1. **A.** Ras. schwarzrot bis tiefschwarz, glänzd. St. fadenfg., Bl. trocken anliegd. Div. $3/8$. Blzellen spärl. getüpfelt o. Tüpfel fehld., schwach warzig. Monöc. — An überrieselten Felsen. Selten.
Andreaea alpestris (Thed.) B. S. **206.**

2. (Fig. 81 a, b, Seite 73.) Ras. meist rotbr. o. schwarzbr. Div. $3/8$. Blzellen getüpfelt, an der Unterseite mit s. großen, hyalinen Warzen. Sp. (c). Monöc. — Hgl. bis A., in der norddeutschen Tiefebene auf Findlingen. — Verbr. 4, 5. IX, X. (18—20.)
Andreaea petrophila Ehrh. **207.**

β Ras. von anderer Färbung.

1. (Fig. 67, Seite 60.) St.- u. Astspitzen stechend-scharf.
Acrocladium cuspidatum 176.

2. St.- u. Astspitzen nicht stechend-scharf.

a (Fig. 69, Seite 60.) Ras. gelb- o. blaugr., trocken weißlichgr., innen ockerfarben. Äste sehr deutl. drehrund, stumpf.
Myurella julacea 183.

b Ras. gelbgr. o. goldbräunl., selten hellgr. Äste fast drehrund, lang zugespitzt.
Cylindrothecium concinnum 178.

II Bl. kurz o. lang zugespitzt.

α Bl. lang-pfriemen- bis haarfg. zugespitzt.

1. Bl. ganzrandig.

a Ras. ohne Glanz. Zentralstrang fehlt. Sehr zarte Moose.

× Ras. freudig-, gelblich- o. blaßgr.

O (Fig. 71, Seite 60.) Meist an Laubholzstämmen u. deren Wurzeln, selten an Steinen, stets reichl. mit Sp. Ras. dicht dem Substrat anliegd., freudig- bis gelbgr. Pbl. ganzrandig, die inneren mit Rp. bis zur Blmitte.
Amblystegium subtile 186.

OO Meist auf Kalk u. kalkhaltigem Gestein, s. selt. mit Sp. Ras. bleichgr. Pbl. alle rippenlos u. am Rande rings gezähnt. S. bis 0,5 cm l., purpurn. Von der vor. Art nur durch wenige Merkmale verschied. In d. Blattachs. kleine Büschel v. meist 3 zelligen, keilfg. Brutkp. Diöc. — Bg. u. A. Zerstr. S.
Amblystegium Sprucei (Bruch) B. S. **208.**

×× Ras. dunkelgr., später bräunl. bis schwärzl., dem Substrat fest anliegd., meist sehr zarte u. dünne Überzüge, bes. auf kalkhaltigem Gestein bildend. Unterscheidet sich von den beid. vor. Arten vor allem dch. das geneigte bis fast wager., eilängl.-hochrückige, gekrümmte Sp. S. bis 0,8 cm l. Pbl. rippenlos. Monöc. —Hrg. bis Arg. Zerstr. Sp. zlch. hfg. 8—10.
Amblystegium confervoides (Brid.) B. S. 209.
b Ras. glänzend.
× (3) Stbl. vom Grunde ab sparrig abstehend u. wenig zurückgebogen, an der Stspitze oft sternfg. angeordnet.
Hypnum stellatum 189.
×× Stbl. weit abstehd. o. zurückgekrümmt, an den Stspitzen sichelfg.-einseitswendig, aus breiter, herzfg. Basis plötzlich lang lanzettl.-rinnig-pfriemenfg. Astbl. den Stbl. ähnl. Ras. grünlich- o. goldgelb, seidenglänzend. Habituell dem Hypnum stellatum s. ähnl. Diöc. — Auf Kalk. Bg. A. Verbr. Sp. selten. 6, 7.
Hypnum protensum Brid. 210.
××× Stbl. aufr.-abstehd., gerade, alle o. nur z. T. schwach sichelfg. gekrümmt.
O Hauptachse kriechd., ohne Stolonen (Ausläufer).
! (Fig. 72, Seite 60.) Sp. geneigt bis fast wager. Spitzen der St. u. Äste schwach sichelfg. Meist auf Gestein.
Hypnum incurvatum 188.
!! Sp. aufr. o. schwach geneigt, regelmäß. o. fast regelmäßig, selten o. kaum etwas gekrümmt. An Stämmen u. Wurzeln.
† Blzellen nicht getüpfelt.
Pylaisia polyantha 187.
†† Blzellen an der Basis der Bl. getüpfelt, gelb- u. dickwandig.
Hypnum pallescens 191.
OO Hauptachse mit ± zahlreichen Stolonen. Ras. lebhaft- o. olivengr., bisweilen rötl. Alle Bl. meist ein wenig einseitswendig, lanzettl.-pfriemenfg. Blzellen linealisch, geschlängelt, getüpfelt. S. bis 2 cm l. Sp. aufr., mit deutl. Halse, entleert rotbr. Rg. 2reihig. Diöc. — Auf Kalk in Klüften u. Spalten. Bg. bis A. Zlch. verbr. Sp. s. selt. 8.
Orthothecium intricatum (Hartm.) B. S. 211.
2. Rand der St.- u. Astbl. rings o. in der oberen Hälfte klein u. entfernt gesägt.
a Rand der St.- u. Astbl. rings klein u. entfernt gesägt.
Plagiothecium striatellum 190.
b Rand der St.- u. Astbl. nur oben oder nur in der Spitze gesägt.
× Sp. geneigt, bogig gekrümmt.
Plagiothecium silesiacum 72.
×× Sp. aufrecht o. schwach geneigt, kaum gekrümmt.
Hypnum pallescens 191.

β Bl. kurz zugespitzt.
1. Bl. mit mehreren (meist 4—6) tiefen Längsfalten.
a Bl. mit meist 4 tiefen Längsfalten und rings umgerollten Rändern.
Orthothecium chryseum 192.
b Bl. mit meist 4—6 tiefen Längsfalten (Fig. 82b, Seite 73) und flachen Rändern. Div. $^8/_{21}$. Bildet lockere, dunkel- o. bräunlichgr., trocken schwarzgr. Ras. an alten Bäumen, seltener an Gestein. Hauptachse kriechd., mit einfachen oder sehr spärl. verzweigten, aufrechten o. bogig aufsteigenden, trocken deutlich schwänzchenfg. (a) Ästen. Die selten vorkommenden Sp. sind aufrecht, eifg., schwarzbr. Inneres P. ist nur als niedrige Grundhaut angedeutet, äußere Pz. fast der ganzen Länge nach gespalten, blaßgelbl. o. weißl. Vegetative Vermehrung durch Bruchästchen. Diöc. — Tiefeb. bis Bg. s. verbr., seltener in den A. 5. V. (12.)
Leucodon sciuroides (L.) Schwägr. **212.**
2. Bl. faltenlos.
a Blränder am Grunde zurückgeschl. Ras. niedrig, olivengr. o. goldbr., stark seidenglänzd. Hauptst. (Fig. 83a, Seite 73) kriechd., mit kätzchenfg., einfachen, aufrechten, kurzen, kaum einen cm langen Ästen, an den Enden oft kurze Brutästchen. Bl. (b) feucht aufr.-abstehd., trocken fest angepreßt, hohl, ganzrandig. Div. $^5/_{13}$. S. bis 1,5 cm l., purpurn. Sp. aufr. (a), walzenfg., bisweilen etwas gekrümmt, gelb-, später rotbr. D. kurz u. schief geschnäbelt. P. doppelt (c). In den Blwinkeln orthotroper Äste, meist an deren Spitze, Brutknospen. Diöc. — Am Grunde alter Baumstämme, an Zäunen u. ähnl. Örtlichkeiten. Eb. bis Varg. Zlch. verbr. Sp. nicht hfg. F.
Platygyrium repens (Brid.) B. S. **213.**
b Astenden nicht gerade, wie bei vor., sondern gekrümmt, außerdem verdickt.
Scorpidium scorpioides 179.

X.

α **Stbl. (Laubbl. bei Anomodon apic, vitic. atten.) an der Spitze abgerundet, stumpf u. stumpfl., meist zungenfg., hohl, kappenfg.**
(Bei einigen Arten mit winzigen Spitzchen.)
A. Stbl. (Laubbl. bei Anom. vitic., attenuat.) einseitswendig (oft schwach!) bis sichelfg.
I Ras. gelblich- o. freudiggr., später bräunlichgr., im Alter ockerfarben. Landmoose.
α Ras. ausgedehnt, locker, kräftig, starr, angenehm gelb-, freudig-, auch grasgr., innen ockerfarben, abgestorben schmutzigbr.,

Hauptachse (Fig. 84a, Seite 73) kriechend, ausläuferartig, mit Niederbl. u. zerstreuten Rhizoidenbüscheln. Zweige I. Ord. sehr kräftig, 5—15 cm lang u. 2—4 mm dick, straff, aufrecht, einfach oder nur mit vereinzelten Gabeläst. Zentralstrang arm- u. kleinzellig. Rinde mehrschichtig, gelbrot. Laubbl. (b) meist einseitswendig bis sichelfg., trocken verdreht, etwas herablaufend, 2—3 mm lang, eilanzettl.,zungenfg., stumpfl., ganzrandig, selten mit einigen Zähnchen a. d. Spitze, mit welligem, am Grunde zurückgerolltem Rande. Div. $^3/_8$. Rp. vor der Spitze verschwindd. Blzellen beiderseits über dem Lumen mit dichten, 1- und 2 spitzigen Papillen. S. 1,2—2 cm lang, gelbl. bis bräunl., rechtsgedreht, unter d. Sp. einmal links. Sp. (a) aufr. oder ein wenig geneigt, zylindrisch, glänzend rotbr., mit stärker gefärbten Streifen, im Alter längsfaltig. D. zugespitzt, schief geschnäbelt. Rg. 2 reihig. Zähne des äußeren P. (c) weißlich o. gelblich. Diöc. — Schattige Laubwälder an Felsen u. alten Bäumen. Häufig Mv. Von der Tiefeb. b. i. d. niedere Bg. S. hfg. Nicht immer m. Spor. 2, 3. VII. (7—8.)

Anomodon viticulosus (L.) Hook. et Tayl. **214.**

β Ras. locker, lebhaft gr., bräunlichgr., im Alter ockerfarben, verworren. Hauptachse w. b. vor. Äste I. Ord. reich büscheligverzweigt, 2—8 cm lang, mit eingekrümmten, stumpfen Spitzen und dünnen, peitschenartigen Ästchen. Zentralstrang fehlt. Rinde w. b. vor. Bl. der Äste I. Ord. schwach einseitswendig, schmal-lanzettl.-zungenfg., stumpf oder mit aufgesetztem Spitzchen, ca. 2 mm lang. Div. $^3/_8$. Ästchenbl. an der Spitze grob 3—5 zähnig. Papillen der Blzellen wie bei vor., aber auch solche über den Pfeilern. S. 1—2 cm lang, rot, rechts gedreht. Sp. w. b. vor., rostfarben. Rg. fehlt. Äußere Pz. gelb, ungesäumt, innere blaßgelbl. Diöc. — An schattigen Waldplätzen auf Wurzeln, Stämm., Fels. Von d. Eb. dch. d. nied. Bg. verbr. Sp. selt. H.

Anomodon attenuatus (Schreb.) Hüb. **215.**

II Ras. schwarzgr., oft goldgelb gescheckt, meist flutend. St. niederliegend, fadenfg., derb, starr, an der Spitze mit aufsteigenden Ästen, diese ungefiedert. Zentralstrang armzellig. Rindenzellwände stark verdickt u. gelb. Stbl. eilanzettl., kurz und stumpfl. zugespitzt ganzrandig, zuweilen etwas einseitswendig, mit rötlichbr., in oder kurz vor der Spitze verschwindender, sehr starker Rp. S. 1,2—2 cm lang, kräftig, purpurn. Sp. geneigt, zylindrisch, gekrümmt. U. gr., später rostrot. D. rot, mit Warze. Rg. 2reihig. Äußere Pz. unten orange, oben gelb, innere Pz. gelb. Monöc. — An Steinen u. Holzwerk in fließend. Wass. Eb. u. nied. Bg. Zerstr. Sp. s. selt. 5, 6.

Amblystegium fluviatile (Sw.) B. S. **216.**

B. Stbl. (Laubbl. bei Anomod. apic.) allseits abstehend.

I Nur eine Art von Bl.: Laubbl. (Die kleinen bleichen Niederbl. kommen nicht in Betracht.) Dem An. viticulosus sehr ähnl., doch kleiner. Ras. ausgedehnt, 4—6 cm hoch, dunkel- bis schwärzlichgr. Hauptachse w. b. An. vitic. Achsen I. Ord. aufrecht, steif, Spitze

Stbl. an der Spitze abgerundet, stumpf, stumpfl. usw.

meist stumpf, wenig verästelt. Zentralstrang fehlt. Rindenzellen gelb und dickwandig. Bl. allseitswendig, unten breit-herzeifg., geöhrt, plötzlich nach oben schmal zungenfg., stumpf, in der Regel mit plötzlich aufgesetztem Spitzchen, faltenlos, flach- u. ganzrandig. S. 6—8 mm lang, purpurn, gegenläufig. Sp. glänzend rotbr., trocken faltig, sonst wie bei An. vitic. D. orange, glänzend. Rg. 2reihig. Äußere Pz. weißl., ungesäumt, innere Pz. bleich, zart. Diöc. — Bes. auf beschattetem Eruptivgestein und am Grunde alter Bäume, Bg. Sp. s. selten. 11.

Anomodon apiculatus B. S. **217.**

II Zwei Arten von Bl., durch Größe und Gestalt oder nur durch eines dieser beiden Merkmale verschieden: St.- u. Astbl.

α St. (bei Hyp. turg.), Äste (bei Rhynch. mur.), St. u. Äste (bei Sclerop. pur.) durch die eigenartige Beblätterung gedunsen walzenfg., schwellend kätzchenfg., wurmfg. St.- bzw. Astenden stumpf oder stumpfl.

1. (3) Ras. ausgedehnt, locker, blaßgr. o. blaßgelb, schwellend, glänzend, weich. St. niederliegd. o. aufsteigd., bis 15 cm lang, zieml. regelmäßig gefiedert, Äste zweizeilig u. abstehend. Rinde gelbwandig, ein- bis zweischichtig. Stbl. (Fig. 85a, Seite 73) locker-dachziegelig, breit-eifg., Spitze abgerundet, mit kleinen zurückgebog. Spitzch., Ränder a. d. Spitze gesägt, hohl, faltig. Div. $5/_{13}$. Rp. gelb, b. z. Mitte oder doppelt u. kürzer. Blflügel ausgehöhlt, hier bleiche, durchsichtige, aufgeblasene Blflügelzellen. S. 2,5—4,5 cm lang, rot, hin- u. hergebogen, rechtsgedreht. Sp. (b) meist wagerecht, längl. D. verlängert-kegelfg., spitz. Äußere Pz. orange, breit gesäumt, innere gelb. Diöc. — Auf Waldboden, bes. in Nadelwäldern, auch an grasigen, feuchten Stellen. Oft Mv. Sp. nicht häufig. Sehr hfg. W.

Scleropodium purum (L.) Lindbg. **218.**

2. (Fig. 86a, Seite 73.) Ras. breit, zieml. dicht, schmutziggr., auch gelblichgr. und goldbräunlich, stark glänzend. St. kriechend, meist einfach oder unregelmäßig verzweigt, Äste kurz, schwellend, walzenfg. Rinde gelb- und dickwandig, mehrschichtig. Stbl. dicht, dachziegelig, sehr hohl, fast abgerundet-eifg., selten kurz zugespitzt, meist mit unvermittelt aufgesetztem Spitzchen, meist ganzrandig, an den Blflügeln schwach geöhrt. Rp. ungef. b. z. Mitte, gr. Blflügelzellen reichlich, locker, durchsichtig, zart, quadratisch, längl. sechsseitig od. rectangulär. S. rot, geschlängelt, ± kurz. Sp. (b) zahlr., bauchig-eifg., geneigt, bräunl., trocken unter dem weiten Munde zusammengeschnürt (c). D. fast so lang wie die U., rotbr., sehr lang (b) u. fein geschnäbelt. Rg. zweireihig. Äußere Pz. orange, breit hyalin gesäumt, innere gelb. Monöc. — Auf schattigem, feuchtem Gestein u. Mauern von d. Eb. bis in die Varg. Verbreitet. Spor. hfg. 5, 6. VI. (11—12.)

Rhynchostegium murale (Neck.) B. S. **219.**

3. Ras. tief, goldgelbl., grünl., bräunl., glänzend, oft kalkig inkrustiert. St. bis 20 cm lang, aufrecht oder aufsteigd, einfach- oder büschelig-ästig. Zentralstrang aus 2—4 Zellen bestehend. Rindenzellen starkwandig und rotgelb. Stbl. meist dicht, breit, stumpf, plötzlich oben in eine feine, kurze, zurückgebogene Spitze zusammengezogen, ganzrandig, Ränder sehr stark eingeschlagen, an den nicht ausgehöhlten Blflügeln einige quadrat. oder eifg. Zellen mit stark verdickten und getüpfelten Wänden. Diöc. — In kalkhaltigen Wiesenmooren u. Moorgräben. Süddeutsch. Bgld. u. A. Zerstr. Sp. unbek.

Hypnum turgescens T. Jensen **220.**

β Äste anders gestaltet, oft schlaff u. spitz.

1. A. Ras. purpurn o. schwärzl.-purpurn, oft rot und gr. gescheckt, weich, hingestreckt, stark glänzend. St. bis 20 cm lang, unregelmäßig und ungleich zweizeilig beästet. Zentralstrang kleinzellig. Rinde zweischichtig, gelb- und dickwandig. Stbl. (Fig. 87 a, b, Seite 73) locker, aufr.-abstehend, gehäuft, trocken eingebogen, längl.-zungenfg., sehr hohl, Spitze stumpf, kapuzenfg., mit oder ohne sehr kurze, scharfe, einwärts gebogene Spitze, ganzrandig, sehr hohl. Rp. purpurn, v. d. Spitze verschwindend. Blzellen mit roten Wänden, getüpfelt, sehr dicht, lang. Blflügel stark ausgehöhlt, hier eine Gruppe lockerer, zarter, großer, wasserheller, quadratischer o. rectangulärer Zellen. S. 2,5—3,5 cm lang, purpurn, gegenläufig. Pbl. fast scheidig (c). Sp. geneigt, längl. o. zylindr., gekrümmt, braun. D. mit Warze. Rg. fehlt. Äußere Pz. gelb, in der Mitte breit hyalin gesäumt, innere gelbl. Diöc. — Quellige, sumpfige Stellen in den Voralp. u. A. Zieml. verbr. Sp. selten. 8.

Hypnum sarmentosum Wahlenbg. **221.**

2. Ras. rein-, schwarz-, gelb- oder gelblichgr. o. fast strohfarben.

a (3) Ras. schwarzgr., oft gelbgr. gescheckt, meist flutend.

Ambystegium fluviatile 216.

b Ras. reingr., ausgedehnt, locker, weich, bis 20 cm hoch. St. weich, aufsteigend, hin- und hergebogen, schlaff, unverästelt oder durch einige kurze, schlaffe, spitze Äste fast gefiedert. Zentralstrang vielzellig. Rinde ein- u. zweischichtig, dickwandig, gelbrot. Stbl. (Fig. 88 a, Seite 73) groß, locker, feucht abstehend, trocken eingebogen, weich, fast flach, herz-eilängl. o. längl.-zungenfg., Spitze abgerundet. Div. $^5/_{13}$. Rp. grün, dicht v. d. Spitze endend. Astbl. kleiner. S. 5—8 cm lang, rot, hin- u. hergebogen. Sp. (b) wagerecht, zylindrisch o. dick-eilängl., hochrückig, schmutzig ockerfarben. U. nach der Entleerung runzelig. Rg. angedeutet, einreihig. Monöc. — Tiefe, wasserreiche, grasige Stellen. Von d. Eb. bis in die niedere Bg. Verbreitet. Oft mit Sp. 6, 7. VII, VIII (10—12.)

Hypnum cordifolium Hedw. **222.**

c Ras. gelbgr. bis strohfarben.

× Ras. fußhoch u. darüber, locker, gelbgr., stark glänzend, meist im Wasser. St. aufr., kräftig, meist regelmäßig gefiedert. Äste zweizeilig, abstehend, spitz. St.- u. Astbl. sehr verschieden, erstere locker gestellt, abstehend, breit-herz-eifg., kappenfg., hohl, mit stumpfer Spitze, ganzrandig, in den Blwinkeln ausgehöhlt. Rp. gelb, später rötlichbr., sehr kräftig, fast die Spitze erreichend. Blflügelzellen deutlich, sehr zartwandig, wasserhell, quadratisch und rectangulär, aufgeblasen. Astbl. zungenfg. o. linealisch. S. 5—6 cm lang, purpurn, gegenläufig. Sp. wagerecht, länglich-zylindrisch, am Rücken orange o. rostfarben, am Bauche ockerfarben. Rg. fehlt. Äußere Pz. unten gelb, ungesäumt, innere gelbl. Diöc. — In Sümpfen, Gräben, Tümpeln. Von der Tiefeb. bis durch die Bg. Verbreit. Selt mit Sp. 6. VII, VIII. (10—11.)
Hypnum giganteum Schimp. **223.**

×× Ras. sehr tief, bis 30 cm hoch, gelbl.-gr. o. strohfarben, matt glänzend. St. fadenfg., meist einfach o. kaum verzweigt, in letzterem Falle Äste kurz u. schlaff. Stbl. (Fig. 89, Seite 73) ziemlich locker stehend, aufrecht-abstehend, eilängl.-zungenfg., stumpf, hohl, ganzrandig, kappenfg., an der Spitze zuweilen mit einer Gruppe roter Rhizoiden. Div. $2/5$. Rp. gelbl., schwach, über der Mitte endend. Blwinkel ausgehöhlt, hier eine Gruppe wasserheller, aufgeblasener, rectangulärer Blflügelzellen. Astbl. den Stbl. ähnlich. S. 4—5 cm hoch, schwach, gegenläufig. Sp. geneigt, Hals faltig, gelb, später hellbr. D. mit purpurner Warze. Äußere Pz. blaßgelb, nur oben breit hyalin gesäumt, innere farblos. Diöc. — In Torfmooren u. Sumpfwiesen. Von der Tiefebene bis ins Hochgeb. Sehr verbr. Sp. hin u. wieder. 5, 6.
Hypnum stramineum Dicks. **224.**

×× Rippe grün oder gelbgrün.

A. Bl. sparrig abstehend.

I Pflanzen kräftig, etwas starr, bis 15 cm lang, kriechend-aufsteigend, unregelmäßig büschelig o. fast baumartig verästelt. Äste zweizeilig, gekrümmt, meist gegen die Spitze verjüngt oder peitschenartig verlängert. Ras. rein- oder bleichgr., glänzend, locker. Zentralstrang von dem lockeren, gelb- u. dickwandigen Grundgewebe scharf abgesetzt. Stbl. auch trocken sparrig abstehend, aus sehr breiter Basis breit-lanzettl. zugespitzt, mit mehreren starken Falten, hohl, am flachen Rande entfernt gesägt. Div. $3/8$. Rp. dünn, gelblichgr., über d. Mitte o. vor d. Spitze endend. Blflügel geöhrt, hier viele rectanguläre, starkwandige u. getüpfelte, wasserhelle Blflügelzellen. Astbl. in der Mitte des Astes längl.-lanzettl. u.

Tafel V, Fig. 79—102.

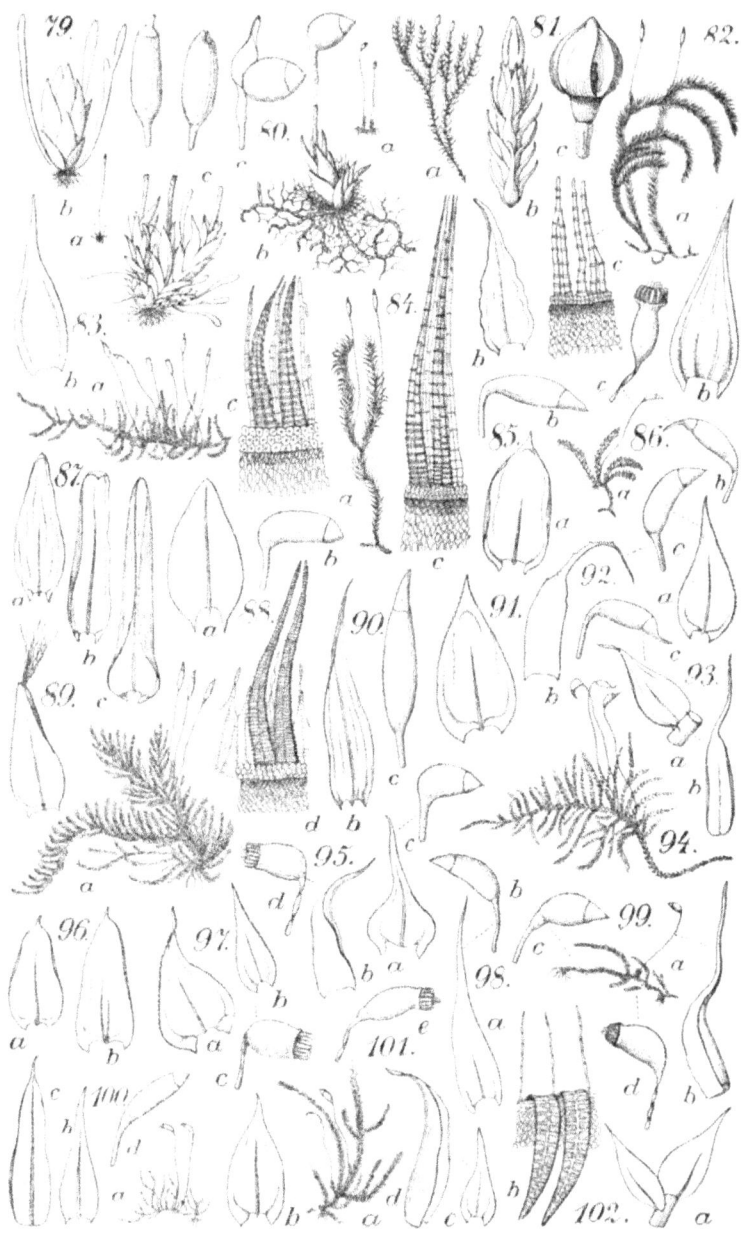

in der Spitze gedreht. S. purpurn, 2—3,5 cm hoch, rechtsgedreht.
Sp. fast walzenfg., kastanienbr. U. entleert stark gekrümmt. D.
lang u. schief geschnäbelt. Rg. breit, dreireihig. Äußere Pz. rostbr.,
gesäumt, innere gelbl. Diöc. — In schattigen Laubwäldern, unter
Gebüsch, von der Ebene durch die Bg. Sehr verbr. u. fast immer
mit Sp. 3. VI. (9.)

Eurhynchium striatum (Schreb.) Schimp. **225.**

II Ras. dunkel- bis braungr. St. starr, aufrecht, Äste kurz, dünn,
regelmäßig fiedrig und locker angeordnet. St. ohne Zentralstrang,
mit zahlreich. fadenfg., sehr langen, gezähnten u. warzigen Paraphyllien. Stbl. verbogen, zweigestaltig, aus breit-dreieckig-herzfg.
Grunde schmal u. kurz zugespitzt, faltig, rings gesägt, an der Basis
zurückgeschlagen. Außer diesen Bl. kommen noch vereinzelte
breit-ovale Stbl. mit winzigem Spitzchen vor. Rp. stark, gelblichgr., vor d. Spitze endend. Blzellen beiderseits mit zylindrischen,
spitzen Papillen, basale Zellen hyalin u. papillenfrei. Astbl. kleiner,
meist sichelfg. u. einseitswendig, eifg. S. 3—4 cm lang, purpurn,
gegenläufig. Sp. geneigt, gekrümmt, zylindrisch, hochrückig. U.
gelbl.-rostfarben, im Alter br. D. kegelig-stumpfl. Rg. ein- und
zweireihig, schmal. Äußere Pz. gelb, unten orange, mit breitem,
gelbem Saume, innere gelb. Diöc. — Quellige Stellen der Bg. u. Arg.
Hin u. wieder. Sp. selten. 8, 9.

Hypnum decipiens (De Not.) Limpr. **226.**

B. Stbl. aufrecht-abstehend oder abstehend, aber nicht sparrig.

I (3) Stbl. (Laubbl. b. Homal. seric.) etwa drei- bis viermal so lang
wie breit.

α (3) (Fig. 90a, Seite 73.) Rp. das Blatt zu ¾ durchlaufend. Ras.
flach, oft in der Mitte polsterartig und an den Rändern verflacht,
gelbgr., mit überaus starkem Seidenglanz. St. kriechend, durch
zweizeilig angeordnete und einseitig aufgerichtete, trocken stark
eingekrümmte Äste gefiedert. Laubbl. (b) dicht, öfter schwach
einseitswendig, lanzettl., lang zugespitzt, steif aufrecht, mit
zwei bis 4 tiefen Längsfalten, Rand rings fein gesägt. Blzellen
eng linealisch, an den Blflügeln eifg. u. quadratisch. S. 1,5—2 cm
hoch, sehr rauh, dick, purpurn, hin- u. hergebogen, rechtsgedreht.
Sp. (c) aufrecht, zylindrisch, U. im Alter rostfarben. D. kegelig,
purpurn, stumpf, Rg. zwei- bis dreireihig. Äußere Pz. (d) gelb
bis orange, gelbl. gesäumt, mit blasser Spitze, innere gelb. Diöc.
— An alten Stämmen, Felsen, Mauern. Eb. bis Varg. Sehr häufig
und meist mit Sp. 2, 3. VIII, IX. (17—19.)

Homalothecium sericeum (L.) B. S. **227.**

β Rp. in der Mitte oder etwas über der Mitte endend.

1. **A.** Ras. goldgr., stark seidenglänzend. St. kriechend, dicht
beästet, Enden fast ausläuferartig, Zweige steif aufrecht,
5—7 mm lang. Stbl. allseitig abstehd. bis einseitswendig,
eilanzettlich-lang-haarfg., mit schwachen Falten, rings fein
gesägt. Rp. bis über die Mitte. Blflügelzellen zahlreich

klein, quadratisch. Astbl. dicht, aufr.-abstehd., lang zugespitzt, sonst wie die Stbl. S. ca. 1 cm lang, mit hohen, stumpfen Warzen, dick, rot, gegenläufig. Sp. groß, geneigt, in der Trockenheit mit kurzem, dickem Halse. U. anfänglich zweifarbig, am Rücken bräunlichgr., am Bauche gr., im reifen Zustande überall rötlichgelb. D. gewölbt kugelig, gestutzt, rot. Rg. zwei-, selten einreihig, bleibend. Äußere Pz. orange u. breit gesäumt, Spitzen gebleicht, innere goldgelb. Monöc. — Auf Gestein, in Felsklüften. Von der subalp. bis zur nivalen Reg. Selten. 9.

Brachythecium trachypodium (Funck) B. S. **228**.

2. Ras. bleichgr., locker, stark seidenglänzend. St. 5—10 cm lang, niederliegend, habituell dem Hypnum Schreberi sehr ähnlich, Äste ± abstehend und fast regelmäßig fiedrig angeordnet. Stbl. breit-eilängl., zugerundet und dann unvermittelt in eine lange, hin- und hergebogene, haarfge. Pfriemenspitze ausgezogen. Div. $^5/_{13}$. Ränder rings gezähnt. Rp. in der Mitte endend. Die zahlreichen, wasserhellen, rectangulären Blflügelzellen zu einer dreiseitigen Gruppe vereinigt. Astbl. mit kürzerer Pfriemenspitze. S. 2—3 cm lang, purpurn, warzig-rauh, wenig gedreht. Sp. wagerecht oder geneigt, mit deutl. Halse, eifg. bis längl., hochrückig, braunrot. D. fast so lang wie die U., kegelig-pfriemlich, in der Regel gerade. Rg. zwei- und dreireihig, breit. Äußere Pz. rötlichgelb, am Grunde purpurn, lang u. fein zugespitzt, innere goldgelb. Diöc. — Schattiger Boden, bes. in Laubwäldern. Eb. bis ob. Bg. Verbreit. Sp. selten. F.

Eurhynchium piliferum (Schreb.) B. S. **229**.

γ Rp. kurz vor der Spitze verschwindend. Ras. gelbl.-gr., später bräunl., glänzend. St. durch dichte und meist aufsteigende, kurze, spitze Äste fast regelm. gefiedert. Stbl. dicht, aufr.-abstehd., steif, trocken aufrecht, längl.-lanz., schmal zugespitzt, in der Spitze zwei- bis vierfaltig, etwas hohl, Rp. kräftig. Zellen an der Basis gelb. Blflügelzellen wenige, quadratisch, gelbgr. Astbl. den Stbl. ähnl., 0,8—1,2 cm lang, dick, geschlängelt, purpurn, mit niedrigen Warzen, rechtsgedreht. Sp. geneigt, eifg., mit kurzem Halse, rötlich. D. so lang wie die U., mit gekrümmtem, zartem Schnabel. Rg. 2reihig. Äußere Pz. unten gelb, mit schmalem, hyal. Saume, innere gelbl. Diöc. — Auf schattigem Gestein, auch am Grunde von Stämmen, an Wurzeln. Erinnert in der Tracht sehr an Brachyth. velut. Zerstr. F.

Eurhynchium velutinoides (Bruch) B. S. **230**.

II Stbl. etwas länger als breit (etwa um ½, ⅓, ¼ o. noch weniger).
α Rp. an der Blunterseite als Dorn austretend, etwa ¾ des Bl. durchlaufend. Ras. gelbl.-, bräunl.- o. dunkelgr., locker, etwas starr, schwach glänzend. Achse I. Ordnung kriechend, Achse II. Ord. fast bäumchenfg., büschelig u. dicht fiedrig beästet. Stbl. aufr.-abstehd., am Grunde stark zusammengezogen, drei-

Rippe grün oder gelbgrün.

eckig-herzfg., lang-zugespitzt, zu beiden Seiten der kräftigen an der Blunters. als Dorn austretend. Rp. mit 1 o. 2 schwachen Falten, rings gesägt. Blwinkel eingedrückt. S. 1—2 cm l., ohne Warzen, kräftig, rot, rechtsgedreht. Sp. wagerecht bis geneigt, länglich, mit Hals. U. rötlichbr. D. so lang wie die U., mit dünnem, schiefem Schnabel. Rg. 1reihig. Äußere Pz. m. br. Rückenschicht, breit hyalin gesäumt, mit weißl. Spitzen, innere gelb. Diöc. — In schattigen Wäldern u. Gebüsch auf Kalkgestein durch das mittel- u. süddeutsche Mittelgebirge bis in die A. Verbreit. Sp. selt. 3, 4.

Eurhynchium striatulum (Spruce) B. S. **231.**

β Rp. nicht als Dorn an der Blunterseite austretend.

1. (3) Bildet an Quellen, Bächen, an quelligen Plätzen auffallend große, schwellende, lockere, etwas starre Ras. von gr. o. gelbl.-gr. Färbung. Die Hauptachse ist kriechend, die Äste sind oben baumartig oder büschelig, unten meist unverzweigt, sehr kräftig, aufrecht bis übergebogen. Stbl. (Fig. 91, Seite 73) locker, abstehd., wenig herablfd. u. am Grunde verschmälert, breit-herz-eifg., kurz zugespitzt, sehr hohl, längsfaltig, Rand flach, fein gesägt, Blflügel ausgehöhlt, hier Zellen fast wasserhell, zahlreich, sehr locker. Rp. am Grunde sehr breit, rasch verdünnt, über d. Mitte endend. S. 2—2,5 cm l., starr, kräftig, purpurn, von dichten Warzen rauh, rechtsgedreht. Sp. wager. bis übergeneigt, groß, gedunsen, rotbr., eilängl., kurzhalsig. D. kegel., fein gespitzt. Rg. 2-, selt. 3reihig, rot. Äußere Pz. rotbr., breit gesäumt, Spitze gelbl., inn. goldgelb. Diöc. — Eb. bis Arg. Sehr verbr. Sp. nicht hfg. 3. VI. (9.)

Brachythecium rivulare (Bruch) B. S. **282.**

2. A. Ras. hingestreckt, s. locker, weich, goldfarbig-gr. o. braungr., glänzd. St. kriechd., Äste entfernt stehd., kurz, rundl., gekrümmt, gegen d. Ende verdünnt. Rinde 2schicht., gebräunt. Stbl. locker, aufr.-abstehd. bis einseitswendig, weich, schwach gefaltet, ungleich, aus engem, herablaufd. Grunde breit-eifg. u. lanzettl., lang, schief, dünn, fadenfg. zugespitzt. Ränder gezähnelt, an d. Bas. stark zurückgeschlagen. Rp. rasch verdünnt, b. z. Mitte oder in der Pfrieme endend. Blflügel schwach ausgehöhlt, hier wenige quadrat., getüpfelte Zellen. Astbl. meist schwach einseitswendig. S. 8—12 mm lang, mit zahlr. gestutzten u. ausgerandeten Warzen, kräftig, purpurn. Sp. wager., eifg.-bucklig, rotbr., zuletzt schwärzl., dickhäutig. D. kegelig, kurz gespitzt. Rg. 2reihig. Äußere Pz. am Grunde purpurn, sonst bräunlichgelb, an der Spitze hyalin, innere gelb. Monöc. — Bes. auf kieselreichem Boden, auf Gletschermoränen, in Schneegruben u. an ähnl. Stellen. Oft Mv. Verbreit. Sp. s. selt. 7.

Brachythecium glaciale B. S. **283.**

3. A. Ras. dicht, polsterartig, freudig- o. gelbgr., etwas glänzd. Hauptst. mit zahlr., kräft., langen Ausläufern. Äste I. Ord.

aufr., gedrängt, stumpf, meist einfach. Paraphyllien zahlr. um die Sproßanlagen. Stbl. dicht-dachziegel., am Grunde herablaufd., stark verengt, 3 eckig-herzfg., rasch, schief, lang und fein zugespitzt, hohl, faltig, Ränder flach, entfernt u. klein gezähnt. Rp. veränderl., dünn u. in der Mitte endd. oder gabelig oder nur kurz angedeutet. Blflügel ausgehöhlt, hier eine große Gruppe vielgestaltiger, grünlichgelber Zellen. Astbl. dicht dachziegel., eifg., aber abgerundet, faltig, hohl, flachrandig, Rp. ähnl. w. b. d. Stbl. S. 0,5—0,7 cm l., kräftig, rot, glatt, rechtsgedreht. Sp. fast wager., br., eifg. bis längl., kurzhalsig. D. dünn geschnäbelt. Rg. 2 reihig. Äußere Pz. gelb, s. schmal gesäumt, Spitze gelbl., innere gelb. Diöc. — Auf steinigem, humösem Boden der Zentralalpen. Sp. s. selt. S.

Eurhynchium diversifolium (Schleich.) B. S. **234.**

III Stbl. etwa doppelt so lang wie breit oder etwas mehr.

α Ras. stark glänzend, gelblichgr. oder gr., bei Brach. rutabulum weißlichgr., bisweilen dunkelgr., oft goldbraun gescheckt bei Eurh. crassinerv.

1. Ras. kräftig, locker, schwellend. Hauptachse niedergestreckt, Äste aufr. u. gerade, stumpf oder lang zugespitzt. Stbl. (Fig. 92 a, Seite 73) breit-eifg., kurz zugespitzt, etwas hohl, mehrfaltig, Ränder flach, entfernt klein gesägt. Div. $3/8$. Rp. schwach, bis über die Mitte. Blflügel etwas ausgehöhlt, hier wenige ovale, aufgeblasene Zellen. Astbl. locker, abstehd. o. aufr.-abstehd., allmählich zugespitzt, Rp. schwächer. Pbl. (b) aus scheidigem Grunde plötzl. lang pfriemenfg. u. zurückgekrümmt S. 2—2,5 cm l., steif, überall sehr dicht- und rauhwarzig, gegenläufig, purpurn. Sp. (c) wager. bis geneigt, gekrümmt, länglich, dick, derb, rotbr., im Alter schwarz. D. hoch, kegelig, gespitzt oder geschnäbelt. Rg. 2 reihig. Äußere Pz. unten breit, oben schmal gesäumt, außen purpurn, innen gelblich, innere bräunlichgelb. Ändert stark ab. Monöc. — Bes. an schattigen, feuchten Plätzen, an Wegen, Steinen, Gemäuer, am Grunde von Stämmen, altem Holz u. dgl. Von der Tiefeb. b. in d. Alpentäler sehr gemein. Sp. hfg. 3, 4. V, VI. (9—11.)

Brachythecium rutabulum (L.) B. S. **235.**

2. Ras. meist weißlichgr., niederliegend. St. kriechend, unterbrochen ausläuferartig, mit kleinblättrigen Ausläufern. Äste etwas aufsteigend, auch aufr., feucht aufschwellend, zieml. rund. Stbl. zieml. dicht, feucht abstehd., trocken fast anliegd., breiteifg., kurz und ziemlich breit zugespitzt, sehr hohl. Rand gesägt, ganz unten etwas zurückgeschlagen. Rp. sehr kräftig, nicht in die Pfrieme eintretd., nach oben schwächer werdend. Blflügelzellen zahlr., quadr. u. längl., gr. Astbl. schwach faltig, Rp. bis $1/2$ o. $3/4$ d. Bl., oft gabelig. S. 0,7—1,5 cm l., oft geschlängelt, purpurn, dick, mit großen, stumpf. u. gestutzten Warzen, rechtsgedreht. Sp. m. deutl. Halse, oval-

Rippe grün oder gelbgrün. — Stbl. nicht faltig.

längl. etwas hochrückig, derb, anfängl. gr., im Alter rötlich. D. schief u. lang geschnäbelt. Rg. 2reihig. Äußere Pz. unten rot, sonst braungelb, gesäumt, innere gelb. Diöc. — Auf schattigem Gestein, bes. Kalk. Bes. in der unteren Bg. Sp. s. selt. F.
Eurhynchium crassinervium (Tayl.) B. S. **236**.

β Ras. gelblichgr., schwach glänzend, struppig, dicht, niedrig. St. kriechd., mit absteigd. Ausläufern, mit gestreckten oder aufsteigd., fiederästigen Hauptzweigen. Stbl. eiherzfg., fein zugespitzt, feucht abstehd., trocken locker anliegd., undeutl. faltig, Ränder flach, scharf gesägt. Rp. $4/5$ d. Bl. durchlfd., am Blrücken in einen Dorn endend, dünn. Blflügel wenig ausgehöhlt, hier wenige quadr. o. ovale, grüne Zellen. Astbl. kurz zugespitzt, auch bisweilen stumpfl., sonst wie die Stbl. S. 1—1,8 cm l., zart, ohne Warzen (glatt), rot, gegenläufig. Sp. fast wager., längl.-zylindrisch. U. zarthäutig, rötlichbr., trocken gekrümmt und unter d. Mündung verengt. D. zart u. schief geschnäbelt. Rg. breit, 2-, seltener 3reihig. Äußere Pz. bräunlichgelb, breit gesäumt, unten orange, Spitzen weißl., innere goldgelb. Diöc. — In Wäldern u. Gebüsch auf der Erde, an Baumstämmen, Wurzeln. Eb. bis Varg. Sehr verbr. Sp. hfg. 3. VII. (8.) — Ähnelt dem Brachyth. velut.
Eurhynchium strigosum (Hoffm.) B. S. **237**.

b Stbl. nicht faltig.

A. (3) Stbl. etwa 3 mal so lang wie breit, lang zugespitzt.
I Ras. glänzend.
α Stbl. mit langem, geschlängeltem Glashaar.
Eurhynchium piliferum 229.

β Stbl. ohne Glashaar. Ras. flach, trüb- o. gelbgr., struppig. St. kriechd., streckenweise ausläuferartig, 5—6 cm lang, büschelig verzweigt, unregelm. gefiedert. Äste dicht, steif aufrecht, kurz. Stbl. dicht, hohl, rundl.-eifg., lang zugespitzt, Spitze halb gedreht, abstehend, Ränder flach, klein gesägt. Rp. schwach, bis z. $2/3$ d. Bl. Astbl. den Stbl. ähnl., aber Rp. unterseits als Dorn austretd., was b. d. Stbl. selten vorkommt. S. 8—12 mm l., leuchtd. rot, warzig, schwach rechtsgedreht. Sp. meist halbaufr., eifg., derb, hochrückig. D. fast s. l. w. d. U., rotbr., kegel., lang u. krumm geschnäbelt. Rg. einreihig. Pz. orange, s. schmal gesäumt, Spitzen gelbl., innere goldgelb. Diöc. — Auf lehmigem, festem, steinigem Boden in Wäldern u. Gebüsch. Eb. b. unt. Bg. Sp. selten. Ende des W.
Eurhynchium Schleicheri (Hedw. fil.) Lorentz **238**.

Stbl. nicht faltig.

II Ras. nicht glänzend, starr, elastisch, dunkel- bis schwärzlichgr., überzugartig. St. hingestreckt, zähe, ohne Ausläufer, ± fiederästig. Äste aufr. Stbl. derb, abstehd. b. einseitswend., herablaufd., eifg.-lanzettl., lang- u. fein zugespitzt, hohl, flachrandig, entfernt gezähnt. Rp. kräft., gelbgr., in der Spitze o. kurz vorher endend. Blflügel ausgehöhlt, hier eine bis zur Rp. reichend. Anzahl gr., größerer, gelb- u. dickwandig., 6seitiger Zellen. Astbl. d. Stbl. ähnl., oft einseitswend. Pbl. ganzrandig, Rp. gelb, kräftig, vollständ. S. 2—3 cm l., unten purp., oben gelbrot, gegenläufig. Sp. längl.-zyl., gekrümmt. U. bräunlichgelb, später kastanienbr., entleert weitmündig, stark verengt. D. gewölbt, scharf gespitzt. Rg. 2-, selt. 3reihig. Pz. unten bräunlichgelb, gelb u. breit gesäumt, innere gelb. Monöc. — Steine, Holzwerk an Quellen, Bächen, Mühlen u. dgl. Eb., niedere Bg. Verbr. Sp. hfg. 6. VII, VIII. (10—11.)
Amblystegium irriguum (Wils.) B. S. **239**.

B. Stbl. etwa doppelt so lang wie breit oder etwas mehr.

I Ras. nicht glänzend, hellgr., im Alter oft bräunl. St. 6—10 cm l., meist niedergestreckt, dch. kurze, abstehende, 2zeilige Äste gefiedert, rotfilzig. Paraphyllien zahlr., vielgestaltig, einfach. Stbl. locker, weit herablaufd., stark ausgehöhlt, dreiseitig-lanzettl., faltenlos, Ränder flach, klein gesägt. Rp. kräftig, fast vollständig. Blflügelzellen groß, aufgeblasen, wasserhell o. bräunlichgelb, zartwandig, oval o. 6seitig-längl. Astbl. meist einseitswend., asymmetr., Rp. in d. Spitze aufgelöst. Pbl. mit vor d. Spitze verschwindd. Rp. S. 3—4 cm l., purpurn, gegenläufig. Sp. zylindr., übergeneigt. U. entleert wager., stark gekrümmt, unter d. weiten Mündung stark zusammengezogen. D. kegel., gespitzt. Rg. 1- u. 2reihig. Pz. gelb, breit u. gelb gesäumt, Spitzen hyalin, innere gelb. Diöc. — Quellige, sumpfige, vornehmlich kalkhaltige Stellen. Tiefeb. b. in die Hochalp. Verbr. Sp. nicht selt. F.
Amblystegium filicinum (L.) De Not. **240**.

II Ras. glänzend.

α Rp. kurz v. d. Spitze a. d. Blunters. als Dorn austretd., kräftig. Ras. stark seidenglänzd., s. locker, gr. o. gelblichgr. St. unregelmäß. verzweigt, Äste fast 2zeilig beblättert. Stbl. locker, eilanzettl., spitz, abstehd., Ränder scharf gesägt. Astbl. d. Stbl. ähnl. Pbl., rippenlos. S. 2,5—3 cm l., gelbrot, später schwärzlichrot, warzig-rauh, gegenläufig. Sp. meist wager., zarthäutig, braunrot, längl., am Rücken gewölbt. U. unter d. erweiterten Mündung verengt. D. dünn geschnäbelt. Rg. 2reihig. Pz. orange, sehr schmal gesäumt, oben weißl., innere goldgelb. — An feuchten Orten, Quellen, Brunnen, Waldsümpfen usw. Eb. u. Bgld., A. selten. F.
Eurhynchium speciosum (Brid.) Milde **241**.

β Rp. d. Stbl. nicht als Dorn a. d. Unterseite austretd.

1. Stbl. (Fig. 93a, Seite 73) mit halbgedrehter Pfriemenspitze, eifg. o. eilängl., mit ± langer Spitze, locker, abstehd., Ränder

Stbl. nicht faltig.

rings gezähnt. Rp. bis zu ⅔ d. Bl., bisweilen am Ende gabelig, gelbl. Ras. gelbl.- oder blaßgr., s. locker u. weich, etwas glänzd. St. niederliegend, schlaff-kriechd., mit unregelmäßig., wenig., schlaffen, ungleichlangen, meist einfachen Ästen. Stbl. d. Astbl. ähnl. Pbl. scheidig, von der Mitte ab pfriemenfg. u. zurückgebogen (b). S. 1,5—3 cm l., zart, geschlängelt, glatt, purpurn, rechtsgedreht. Sp. (c) wager., elliptisch. U. trocken gekrümmt, bräunlichgelb, im Alter br. D. lang u. spitz geschnäbelt. Rg. 2reihig, rot. Äußere Pz. gelblichrot, hyalin gesäumt, Spitzen weißl., innere goldgelb. Monöc. — Auf grasigem Boden, unter Hecken, Gebüsch, usw. Bes. in der Eb., selt. in d. A. Sp. meist vorhanden. W.

Rhynchostegium megapolitanum (B. S.) 242.

2. Stbl. mit gerader Spitze.

a **A.** Stbl. breit-eifg., kurz-lanzettl.-zugespitzt, s. hohl, beiderseits am Rande schwach gefaltet, Ränder flach, scharf gesägt. Rp. schwach, vor o. in d. Mitte verschwindd. Ras. fast kreisfg., in der Mitte höher, gelblichgr., seidenglänzd. St. bis 3 cm hoch, mit kurz., dichten, aufrecht., kätzchenfg., stumpf. Ästen. Astbl. dicht, dachziegel. bis etwas einseitswendig, am Grunde eifg., nach oben allmähl. ziemlich lang, etwas schief u. scharf zugespitzt, s. hohl, faltenlos, sonst wie d. Astbl. Rp. ¼ bis ½, zuweilen gabelig, auch fehld. o. nur als sehr kurze Doppelrippe auftretd. S. 6—12 mm l., hin- u. hergebogen, rot, fast glatt (zuweilen oben zerstreut niedrige Warzen), rechtsgedreht. Sp. geneigt, ziemlich groß, eilängl., am Rücken gewölbt, rostfarb. D. kegel., gewarzt, orange. Rg. breit, 2reihig. Äußere Pz. unten rot, sonst bräunlichgelb, schmal gesäumt, Spitzen blaßgelb, innere goldgelb. Monöc. — An steinigen Plätzen, in Felsspalten u. an ähnl. Plätzen. Zerstr. 9.

Brachythecium collinum (Schleich.) B. S. 243.

b Stbl. eifg. o. eilängl., allmähl. ± lang, bzw. scharf zugespitzt (bei Rh. rusciforme auch stumpfl.).

× Wassermoos, kräftig, starr, dunkel- o. schwärzlichgr., derb, locker, meist flutend. St. zähe, etwa fingerlang, nach dem Grunde hin meist frei von Blättern, Äste unregelmäß., rund oder verflacht, kräftig, aufsteigd., Ausläufer zahlreich, kleinblättr. Stbl. eifg. o. eilängl., fast flach, Ränder flach, gesägt. Rp. ½—¾ d. Bl., kräftig. Blzellen linealisch, blattgrünreich, 8—15 m. s. l. w. br., oben kürzer u. breiter, unten rectang. u. längl.-6seitig. Astbl. d. Stbl. ähnl. S. 0,5—1,7 cm l., glatt, dunkelrot, rechts gedreht. Sp. geneigt, kurzhalsig, bauchig-hochrückig, derb, br. D. etwa s. lang w. d. U., kegel., lang, dick, schief geschnäbelt. Rg. breit, 2reihig. Äußere Pz. rot, hyalin gesäumt, Spitzen gelb, innere gelb. Ändert sehr stark ab. Monöc. — An Steinen u. Holzwerk in fließenden Gewässern, auch in Quellen, Brunnen u. an ähnl.

Stellen. Eb. bis Varg. Sehr verbr. u. meist m. Sp. 3, 4. VI. (9—10.)

Rhynchostegium rusciforme (Neck.) B. S. **244.**

× × Landmoose.

O Stbl. fast flach, aufr.-abstehd., eifg., allmähl. lang zugespitzt, entfernt gesägt. Rp. bis $3/4$ d. Bl. Blzellen, von einigen Reihen basaler, quadr. Zellen abgesehen, überall 10—12 mal s. l. w. br., zartwandig, chlorophyllreich. Blflügel ausgehöhlt, hier rectang. u. quadr. Zellen. Astbl. scheinbar 2 zeilig. Pflänzchen in sehr weichen, lockeren, gr. o. gelblichgr., niedrigen Räschen. St. 2—3 cm l., fast gefiedert. S. ca. 1 cm l., glatt, rotgelb, gegenläufig (oben 1 mal linksgedreht). Sp. geneigt, aus deutl. Halse längl., am Rücken gewölbt, zartwandig. U. trocken gekrümmt u. unter d. Mündung stark verengt, anfängl. olivenfbg., später mattbr. D. lang, dünn u. spitz geschnäbelt. Rg. 2 reihig. Äußere Pz. braungelb, hyalin gesäumt, innere gelb. Monöc. — Bes. an nassen Mauern, Steinen, Holzwerk usw. Dch. d. Geb., in den A. selt. W.

Rhynchostegium confertum (Dicks.) B. S. **245.**

OO Stbl. sehr hohl.

Eurhynchium crassinervium 236.

C. Stbl. etwas länger als breit.

I Stbl. u. Astbl. auffällig verschieden. Stbl. weit herablaufd., aus deltoidischer o. 3 eckig-herzfg. Basis plötzlich verschmälert, locker. Ras. ausgedehnt, verworren.

α Ras. dunkelgr., nicht o. nur s. mattglänzd. St. 5—10 cm l., kriechd., fadenfg. Äste 5—6 mm l., zlch. starr, fadenfg., einf. o. nur mit vereinzelt. Ästchen, meist bogenfg. gekrümmt. Stbl. (Fig. 95a, Seite 73) m. meist schiefer, kurzer, lanzettl. Pfriemenspitze, abstehd., flach, scharf gesägt. Rp. vollstdg., gr., zlch. dick. Zellen klein, derb, durchsichtig o. gr., etwa 3—5 mal so lang w. breit, gegen den Grund verlängert 6 seitig. Blflügelzellen zahlr., quadrat., größer, gr. Astbl. anliegd., lang u. allmählich zugespitzt. Pbl. (b) über d. Mitte sparrig zurückgebog., ohne Rp. S. 1—1,5 cm l., purpurn o. schwärzlich, s. rauh, rechtsgedr. Sp. (c, d) wager., kuglig-eifg., schwarzbr. D. kegel., kurz. Rg. 2 reihig. Äußere Pz. unten bräunlichrot, oben bräunlichgelb, schmal gesäumt, innere gelb. Monöc. — Auf Gestein, Baumrinde, am Grunde alter Stämme. Bg. A. Meist m. Sp. 3. V. (10.)

Brachythecium reflexum (Starke) B. S. **246.**

β (Fig. 94, Seite 73.) Ras. gr. u. gelblichgr., starr. St. niedergestreckt, dch. 2 zeilige Äste deutl. gefiedert. Stbl. sparrig zurückgebogen, unvermittelt nach oben in eine rinnige Spitze verlängert. Blflügel ausgehöhlt. Rp. dünn, vor d. Spitze endd. Blzellen viel länger als breit, Blflügelzellen dünnwandig, durchsichtig, locker, quadr. Astbl. aufr.-abstehd., eilanzettl. zugespitzt. Pbl.

oben in eine lange, bandartige, gesägte Pfrieme übergehd., rippenlos. S. 1,5—2 cm l., warzig rauh, rot, gegenläufig. Sp. wager., br. D. fast so lang wie die U., lang u. blaß geschnäbelt. Äußere Pz. safranfarben, Spitzen weißl., gesäumt, innere gelb. Diöc. — Auf wasserreichem Boden in schattigen Wäldern. Ebene, Nord- u. Mitteldeutschld., A. selten. Sp. selten. H. W.

Eurhynchium Stokesii (Turn.) B. S. **247.**

II St.- u. Astbl. nicht verschieden.

α Ras. ausgebreitet, gelblichgr., flach, locker. St. kriechend, weit umherschweifd., mit entfernten, wenig verzweigten, meist niederliegenden, unregelmäßigen Ästen. Stbl. sehr locker, aus breitem, eifg. Grunde kurz zugespitzt, rings klein gesägt. Rp. zart, bis ¾ d. Bl. Blzellen dicht, sehr schmal, grünl., zartwandig. Blflügel ausgehöhlt, Blflügelzellen spärlich, quadrat. Astbl. locker, abstehd., eifg., kurz zugespitzt, scharf gesägt, Rp. an d. Unterseite als Dorn austretd. Pbl. oben sparrig zurückgebogen, zartrippig, oben scharf gesägt. S. 1,5—2,5 cm l., purpurn, überall rauh, hin- u. hergebogen, rechts gedreht. Sp. wager. o. geneigt, eilängl. bis zylind., bräunl., derb. D. fast so lang wie die U., m. lang., schief auf- o. abwärts gebogenem Schnabel. Rg. 2reihig. Äußere Pz. unten orange, weiter oben bräunl., oben blaßgelb, zart hyalin gesäumt, innere gelb. Diöc. — In Wäldern, Gärten, auf Äckern, unter Gebüsch. Sehr verbr. Selten über 550 m. Sp. hfg. W.

Eurhynchium praelongum (L. Hedw.) B. S. **248.**

β Ras. dunkel- bis schwärzlichgr., kräftiger als bei vor. St. kriechd., Äste zweizeilig, ungleich groß. Stbl. dichter als bei vor., aufr. abstehd., herz-eifg., lang zugespitzt, hohl, m. kräft., a. d. Spitze endend., zart Rp., Blzellen zartwandig, Blflügel ausgehöhlt, Blflügelzellen gelbgr., spärlich, oval o. rectang., Wände schwach verdickt. Astbl. dicht, eifg. bis eilanzettl., Rp. bis ³/₄ u. a. d. Unterseite als Dorn austretd. Pbl. ohne Rp. S. 1,5—2,5 cm l., warzig-rauh, braunrot, gegenläufig. Sp. geneigt, gelbrot, eifg., am Rücken gewölbt. D. s. lang w. d. U., m. langem, gelbem, meist abwärts gebogenem Schnabel. Rg. großzellig, 2-, selten 3reihig. Äußere Pz. goldgelb, Spitze weißl., hyalin gesäumt, innere gelb. Diöc. — An nassen Stellen in schattigen Wäldern. Eb., Bg. Zerstr. Sp. selten. 3. VI. (9.)

Eurhynchium Swartzii (Turn.) Curnow **249.**

a. Rippe vor, in o. kurz über der Mitte der Stbl. endend.

A. (3) Stbl. (Laubbl. bei Leskea cat., tect., Rhynch. rot.) länger a. breit, aber nicht doppelt so lang wie breit.

I St. u. Äste fadenfg.

α *St. durch kätzchenfg., meist einfache, in d. Mitte des verworrenen, flachen, braun- o. olivengr., brüchigen Ras. aufgerichtete Zweige unregelmäß. gefiedert. Zentralstr. fehlt. Bl. allseitswendig, feucht ein wenig abstehd., trocken dicht angedrückt (daher die Zweige so dünn wie Zwirnfäden), eifg., kurz zugespitzt, hohl, unten am Rande ein wenig zurückgeschlagen, flach- u. ganzrandig. Rp. bis ½ d. Bl. Blzellen starkwandig, oval u. längl., gegen die Ränder a. d. Basis mehrere schiefe Reihen quadrat. Zellen. S. 1—1,5 cm l., zart, geschlängelt, braungelb, linksgedreht. Sp. geneigt, zylindr. o. längl., zarthäutig, braungelb, dann rötlichbr. D. kurz geschnäbelt, orange. Rg. 2reihig. Äußere Pz. gelb, gesäumt, innere gelb. Diöc. — Nur auf kalkhalt. Gestein. Hrg. bis A. Verbr. Sp. s. selt. 7, 8.

Leskea catenulata (Brid.) Mitt. 250.

β *Ras. angedrückt, im Anfange annähernd kreisfg., sonst wie b. v. Art. St. zieml. regelmäß. gefiedert, Äste unverzweigt, kurz. Zentralstr. fehlt. Bl. breit-eifg., nach oben plötzlich in eine lange u. feine Spitze übergehd., sonst w. vor. Rp. zart, ungleich-2schenklig, vor der Blmitte aufhörend. Blzellen zartwandig, in den Zellecken schwach verdickt, sonst w. vor. S. 1,5 cm l., purp., oben linksgedreht. Sp. wenig geneigt, zylindr., schwach gekrümmt, braunrot. D. kegel., m. kurz., schief. Schnabel, rötlichgelb. Rg. 2reihig. Äußere Pz. gelb, gesäumt, innere gelb. Diöc. — Auf Dächern u. an Mauern, selt. an Stämmen. Im Südwest. d. Gebiets. Sp. äußerst selt. 8.

Leskea tectorum (A. Braun) Lindbg. 251.

II St. u. Äste kräftiger.

α Äste dch. d. eigentüml. Beblätterung drehrund, also walzen- o. kätzchenfg., Enden stumpf. Rasen locker, gelbl., bleich- o. goldgelbl. St. umherschweifd., mit den jüngeren Ästen aufsteigd., schwellend u. wurmfg. beblättert. Äste entfernt, unregelmäßig, ungleich lang. Bl. (Fig. 96a, b, Seite 73) dicht, feucht aufr.-abstehd., trocken ebenfalls schwellend u. dachziegelig., längl.,eifg., mit kurz., zurückgebogenem Spitzchen, hohl, Spitzenränder klein gesägt. Rp. zart, entw. einfach bis über d. Mitte oder, wenn auch seltener, ungleich-2schenkl. u. kürzer. Blzellen sehr schmal, linealisch, 10—20mal so lang wie breit. An d. ausgehöhlten Blflügeln einige durchsichtige, kleine, quadrat., getüpfelte, gelbwandige Zellen. S. 1—2 cm l., rauh- u. stumpf-warzig, rechtsgedreht, orange. Sp. klein, eifg.-bucklig, derb, br. D. verlängertkegel., lang zugespitzt. Rg. 2reihig. Äußere Pz. orange, breit gesäumt, Spitzen gelbl., innere gelb. Diöc. — An begrasten Stellen. Nur im Westen des Geb. Zerstr. Sp. s. selt. W.

Scleropodium illecebrum (Schwägr.) B. S. 252.

β Äste nicht drehrund.

1. (3) Stbl. (Fig. 97a, Seite 73) breit-herz-eifg., breit und zieml. rasch lanzettl. zugespitzt, Spitze gedreht, schwach gezähnt und zurückgebogen, fast sparrig abstehd., selten schwach gefaltet. Ränder flach, gezähnt. Rp. bis über d. Mitte. Bl-

zellen zartwandig, viel länger als breit, chlorophyllreich.
Blflügelzellen zahlr., meist quadrat. u. rundl.-6seitig, gr. Astbl.
(b) d. Stbl. ähnlich, aber rings scharf gesägt. Ras. breit, hingestreckt, starr, dunkel- o. gelblichgr. St. durch bogig gekrümmte Äste fast regelmäß. gefiedert. S. 1—1,5 cm l., dick,
warzig rauh, rot o. braunrot, gegenläufig. Sp. (c) dick-eifg.,
wager., olivengr., später schwärzl. D. kurz-kegelfg. Rg. 1-,
seltener 2reihig. Äußere Pz. rötlichgelb, breit gesäumt, oben
blaß, innere gelb. Monöc. — In Wäldern an Wurzeln, Baumstämmen. Vom Bergld. bis auf die A. Verbreit. Oft Mv.
Sp. hfg. W.

Brachythecium Starkei (Brid.) B. S. 253.

2. Stbl. aufr.-abstehd., trocken locker anliegd., verlängert-lanzettl.,
allmählich zugespitzt, flachrandig, schwach faltig, ganzrandig o.
in d. Spitze schwach gesägt. Rp. bis ½. Blzellen langgestreckt,
zartwandig, chlorophyllarm, Blflügelzellen quadrat., rectangulär, zartwandig, fast farblos. Astbl. m. 2 schwachen Falten,
Ränder oben scharf gesägt. Ras. bleichgr. seidenglänzend,
locker, weich. St. mit entfernt. u. ungleichlangen Ästen.
S. ca. 1,5 cm l., rot, hin- u. hergebogen, gegenläufig, oben warzig,
selten glatt. Sp. längl.-zyl., m. kurz. Halse. D. lang gespitzt
o. fast geschnäbelt. Äußere Pz. unten orange, sonst bräunlichgelb, schmal gesäumt, Spitzen blaß, innere goldgelb. Monöc.
— Lichte Laubwälder, Äcker, Strohdächer. Eb. bis untere Bg.
Sp. spärlich. W.

Brachythecium campestre (Bruch) B. S. 254.

3. Stbl. eilängl., in der Regel in ein kurzes Spitzchen auslaufd.
Ränder flach, oben schwach u. entfernt gezähnt. Blzellen sehr
locker, chlorophyllreich, längl.-6seitig. Rp. bis ½. Astbl.
elliptisch, allmählich zugespitzt. Ras. dunkelgr., glanzlos. St.
m. zerstreuten, meist wager. abstehd., scheinbar zweizeilig beblätterten Ästen. S. 0,5—1 cm l., kräftig, glatt, rechtsgedreht.
Sp. geneigt, oval. D. so lang wie die U., Schnabel lang, fein,
stark gekrümmt. Rg. 2reihig, rötl. Äußere Pz. rotbr., hyalin
gesäumt, Spitzen gelbl., innere goldgelb. Monöc. — Schattige
Fels., Steine, alte Mauern, Gebüsch. Eb. u. niedere Bg. West-
u. Süddeutschlds. Zerstr. Sp. hfg. W.

Rhynchostegium rotundifolium (Scop.) B. S. 255.

B. Stbl. etwa 4mal so lang wie breit o länger

I St. fast einfach oder mit spärl. Ästen, dünn, aufsteigd. Sumpfmoos.
Ras. gelbgr. o. strohfarben. Enden der St. u. Äste zugespitzt.
Bl. locker, starr aufrecht-abstehd., längl.-lanzettl. Ränder flach u.
fast unversehrt, oft wie die Blspitzen mit Rhizoiden. Rp. in o. über
d. Mitte verschwindd. Blzellen viel länger als breit, in der breiten
Spitze aber kürzer u. breiter, längl.-elliptisch. Blflügelzellen stark
erweitert. S. 3—5 cm l., zart, geschlängelt, gegenläufig. Sp. wager.
u. gekrümmt, m. aufrecht. Halse, zylindr., zartwandig. D. kegel.,

stumpf, rot. Rg. fehlt. Äußere Pz. orange, oben breit hyalin gesäumt, innere gelb. Monöc. — In Sümpfen. Eb. u. Bg. Zerstr. Sp. selten. 6.

Hypnum pseudostramineum C. Müll. 256.

II St. reichverzweigt, hingestreckt, kriechend. Landmoose.
α Pflanzen kräftig, zu stark seidenartig glänzend., blaß- o. weißlichgr., leicht zerfallenden Ras. vereinigt. Der unregelmäßig gefiederte St. m. gedunsenen, kräft., meist aufrecht u. unverzweigten, an der Spitze verjüngten Ästen. Stbl. (Fig. 98a, Seite 73) aufr.-abstehd., dicht, schmal-eilanzettl., in eine sehr lange, haarfg., flackerige Spitze auslaufd., m. mehrer. tief., unregelmäß. Falten, meist flach- u. ganzrandig o. a. d. Spitze gesägt. Rp. bis über d. Blmitte, die der Astbl. bis zu $3/4$. Blzellen zartwandig, vielmal länger als breit, Blflügelzellen fast wasserhell, quadrat. o. oval. S. 1,5—3 cm l., kräftig, glatt, rot, gegenläufig. Sp. (b) stark geneigt bis horizontal, eilängl., am Rücken hoch gewölbt, m. kurz. Halse, schwarzbr., derb. Rg. 1-, selt. 2reihig, bleibend. Äußere Pz. unten rot, bräunlichgelb, Spitzen gelbl., breit gesäumt, innere goldgelb. Diöc. — Auf steinig., bes. kalkhalt. Boden. Eb. bis Hochalp. Verbr. Sp. hin u. wieder.

Brachythecium glareosum (Bruch) B. S. 257.

β Pflanzen zart.
1. (3) Ras. sehr weich, dunkelgr. u. sammetglänzd. oder gelbgr. u. seidenglänzd. St. mit kleinblätter. Ausläufern, fast fiedrig, etwas büschelig, niederliegd., fadenfg., kurz, unverzweigt, zieml. gleichlang. Stbl. s. lang, aufr. abstehd., schmal-, seltener eilanzettl., meist allmähl. in eine s. lange Pfriemenspitze ausgezogen, kaum hohl, faltenlos, Ränder unversehrt o. nur gegen die Spitze schwach gesägt. Rp. bis $1/2$ d. Bl., dünn. Blzellen zartwandig, durchsichtig, linealisch, am Grunde quadrat. u. getüpfelt, Blflügelzellen spärlich, quadrat., mit Blattgrün. Astbl. d. Stbl. ähnl. S. ca. 0,8 cm l., dick, rot, rechtsgedreht, glatt. Sp. geneigt, schlank. D. geschnäbelt. Diöc. — Bisher nur im West. u. Südwest. d. Geb. am Grunde alter Stämme oder auf beschattetem Eruptivgestein. Zerstr. Sp. s. selten, nur ein einziges bisher gefunden.

Eurhynchium germanicum C. Grebe 258.

2. * Bildet seidenglänzd., gr. o. gelblichgr., in der Regel sammetartige Überzüge über trockenen, kalkhaltigen Felsen u. Mauerresten. St. sehr dünn, durch aufrechte, 3—5 mm lange Ästchen fiedrig. Stbl. aufrecht-abstehd., verlängert-lanzettl., lang u. fein zugespitzt, Astbl. etwas kleiner, schwach rinnig. Rp. bis zur Mitte o. meist bis zur Spitze. Blzellen zart- u. gelbwandig, getüpfelt, sehr schmal, linealisch, chlorophyllarm, an der Basis ein bis zwei Reihen rectang. o. quadrat. Zellen, Blflügelzellen fehlen. S. 0,6—1,2 cm l., glatt, purpurn, a. d. Spitze gelbl. und bogig gekrümmt, rechtsgedreht. Sp. klein, wager., eifg.

bis längl., zart, rötlichbr. D. fast von Ulänge, gelb, schief geschnäbelt. Rg. breit, zweireihig. Äußere Pz. orange, hyalin gesäumt, Spitzen gelbl., innere bleichgelb. Monöc. — Bes. im West. u. Süd. d. Gebiets. Bg. Zerstr. H.
Rhynchostegiella tenella (Dicks.) **259.**
3. Unterscheidet sich von der vor. Art durch eine warzig-rauhe, oben schwanenhalsartig gebogene S., dch. scharf zugespitzte Stbl., dch. die in der Blattmitte o. ein wenig oberhalb ders. verschwindende Rp., dch. fast aufrechtes bis horizontales, olivenfarbenes Sp., durch die trocken eingekrümmte U. Ras. dicht, starr, gr. o. gelblichgr., etwas glänzend. St. durch kurze, zieml. gleichlange, absteh. o. aufrecht. Ästchen ± regelmäßig gefiedert. Stbl. schmal-eilanzettl., ganzrandig o. in der Spitze unmerkl. gezähnt. Astbl. d. Stbl. ähnlich, doch Rp. meist v. d. Mitte verschwindend u. Ränder rings mit schwachen entfernten Zähnchen. S. 0,5—0,8 cm l., dick, rot, hin- u. hergebogen, rechts gedreht. D. von Ulänge, sonst w. vor. Äußere Pz. goldgelb o. schmal gesäumt, Spitzen gelbl., innere gelb. Rg. zweireihig. Monöc. — An feuchten, beschatteten Mauern, Felsen im West. d. Geb. Eb., niedere Bg. Zerstr. W.
Rhynchostegiella curviseta (Brid.) **260.**
C. Stbl. etwa doppelt bis dreimal so lang wie breit.
I Stbl. mit unregelmäß. Längsfalten. S. glatt. Ras. seidenglänzd., gold-, gelb-, weißlich- o. bleichgr.
α Stbl. 3—4 mm l. u. 1—1,2 mm breit. Nur auf Kalkboden.
Brachythecium glareosum 257.
β Stbl. höchstens 3 mm lang, meist kürzer.
1. Ränder der Stbl. nur unter der Spitze schwach o. hier und da umgebogen.
a * Ras. gold- o. gelblichgr. Pflanzen kräftig, hingestreckt o. aufrecht, mitunter schwimmend. St. mit unregelmäß., stark verlängerten Sprossen, Äste kurz, spärlich, nicht fiedrig. Stbl. trocken steif aufrecht, feucht abstehd., eilanzettl., allmähl. scharf zugespitzt, flach- u. ganzrandig, Falten undeutlich. Blzellen linealisch, chlorophyllarm, zartwandig, nicht getüpfelt, Blflügelzellen zahlreich, quadrat. o. rectangulär, durchsichtig, locker, Blflügel schwach ausgehöhlt. Astbl. d. Stbl. ähnlich, nur kleiner. Mittlere Astbl. an der Spitze mit entfernten, kleinen Zähnen. Pbl. rippenlos, mit stark zurückgekrümmter, fadenfg. Pfriemenspitze. S. 2—2,5 cm l., selten länger, kräftig, rot, gegenläufig. Sp. wagerecht, eilängl., stark gekrümmt, kastanienbr. D. kurz gespitzt. Rg. ein- o. zweireihig. Äußere Pz. unten orange, sonst bräunlichgelb, breit gesäumt, Spitzen weißl., hyalin gesäumt, innere goldgelb. Polyg., zuw. monöc. — Feuchte Wiesen, Gräben, Sümpfe. Eb. b. Alpentäler. Verbr. Sp. nicht selten. 9.
Brachythecium Mildeanum Schimp. **261.**

b *Ras. leicht zerfalld., bleich- o. weißlichgr., auch gelbgr. St. kriechd., Äste aufrecht, rund, schlank, spitz, steif, kaum verzweigt. Stbl. dicht aufrecht anliegd., eilanzettl., lang u. fein zugespitzt, m. mehrer. Falt. Ränder unversehrt, flach, hier und da umgebogen, Rp. zart, bis zur Mitte. Blzellen am Grunde oval, quadrat. u. rectang., nach oben länger als breit, derbwandig. Ränder d. Astbl. umgebogen, Rp. bis zu $3/4$ d. Bl. Blflügelzellen zahlr., locker, wasserhell. Pbl. mit langer, geschlängelter u. zurückgebog. Haarspitze, diese an ihrer Basis gezähnt. S. 1,2—2 cm l., glatt, purpurn, kräftig, gegenläufig. Sp. horiz. bis geneigt, eifg.-buckl., dunkelbr. D. kegel., stumpf, mit Warze. Rg. kleinzellig, zweireihig. Äußere Pz. unten purpurn, gelbbr., schmal gesäumt, innere goldgelb. Diöc. — Sonnige, sandige Stellen. Eb. bis Alpentäler. Sehr gemein. Sp. hin u. wieder. W.

Brachythecium albicans (Neck.) B. S. **262**.

2. Ränder der Stbl. nur unten umgebogen. Ras. meist weißlichgr., weich. St. kriechd., fast regelmäßig durch meist aufrechte, walzenfg., 5—6 cm lange, kurz zugespitzte Äste gefiedert. Stbl. eilängl., lang zugespitzt, mit mehreren Falten, ganzrandig o. in der Spitze gesägt. Blzellen zartwandig, chlorophyllarm, linealisch, am Grunde quadrat., starkwandige, getüpfelte Zellen. Blflügelzellen den basal. Zellen ähnlich. Astbl. am Ende des Astes oft einseitswendig, rings ± scharf gesägt. Rp. d. St.- u. Astbl. bis zur Mitte u. oft gabelig endend. Pbl. denen der vor. Art ähnl. S. 1,5—2 cm l., dick, rot, glatt. Sp. stark geneigt, längl.-bucklig, glänzd. rotbr. D. spitz, rot. Rg. rot, zweireihig. Äußere Pz. unten rotbr., gesäumt, oben gelbl., innere orange. Diöc. — Am Grunde von Baumstämmen, auf Erde, Steinen. Eb. bis Varg. Verbr. Sp. hfg. W.

Brachythecium salebrosum (Hoffm.) B. S. **263**.

II Stbl. (Laubbl. b. Hypn. pal., Anac. spl., Amblyst. rad., Isoth. myur.) nicht faltig.

α Stbl. sparrig o. fast sparrig abstehd. o. weit abstehd.

1. Stbl. im oberen Teile durch die eingebog. Blränder rinnig hohl.

a Ras. goldgr., auch goldbräunlich, glänzd., weich, zart, locker. St. dch. niederliegende o. fast aufrechte, zugespitzte Äste unregelmäßig gefiedert. Stbl. aus breit-dreieckig-herzfg. Grunde plötzlich in eine schmal-lanzettl., lange Pfriemenspitze übergehd., fast sparrig abstehd. u. oft schwach zurückgekrümmt. Rp. dünn, gelb, bis zur Blmitte. Blflügelzellen gelblich, quadrat. S. 2—2,5 cm l., rötlich, verbogen. Sp. wager. bis geneigt, zylindr., orange. D. kurz zugespitzt. Rg. dreireihig. Äußere Pz. orange, breit gelb gesäumt, Spitzen weißl., innere gelbl. Diöc. — Auf kalkh. Boden, an Kalkfelsen, auf Triften, an steinig. Abhäng. usw. Eb. bis unt. Arg. s. verbr. Sp. nicht hfg. S.

Hypnum chrysophyllum Brid. **264**.

b * Ras. hell- o. gelbgr., auch goldbraun u. rötlichgr. St. 2—8 cm l., niedergestreckt bis aufsteigd., mit unregelmäß., ungleich langen, aufrechten Ästen. Stbl. aufr.-abstehd. bis abstehend, aus eilängl. Grunde allmählich lang pfriemenfg., Pfrieme hohl, ganzrandig. Rp. $\frac{1}{2}$—$\frac{3}{4}$ d. Bl., sonst wie vor. Blzellen linealisch, Blflügelzellen sehr deutlich, goldgelb, getüpfelt, Blflügel blasig ausgehöhlt. S. purpurn, 2—4 cm l. Sp. geneigt, längl.-zylindr., derb, braunrot. D. kegel., scharf gespitzt, rot. Rg. goldgelb, dreireihig. Äußere Pz. gelb, schmal hyalin gesäumt, Spitze hyalin, innere gelbl. Polyg. — Moore, Torfsümpfe, feuchte Wiesen, Gräben usw. Eb. bis in die Täler der A. Verbr. Sp. meist vorhand. 5, 6.

Hypnum polygamum Wils. 265.

2. Stbl. bzw. Laubbl. durchaus flachrandig.
a * St. u. Äste dch. scheinbar zweizeilige Beblätterung verflacht. Zieml. kräftiges Moos von schmutzig-, freudig- o. gelbgr. Färbung, oft auch gebräunt u. goldgr. gescheckt. Bes. an Steinen u. Holzwerk in Gräben, an Mühlenwehren, Bach- u. Flußläufen usw. St. verlängert, kriechd., oft flutd. Stbl. locker, meist weit abstehd., eilanzettl., mit langer, feiner haarfg. Pfriemenspitze, ganzrandig. Rp. gelb, $\frac{1}{2}$—$\frac{2}{3}$. Blzellen sehr lang u. schmal, zartwandig, a. d. Basis lockerer, viel kürzer u. getüpfelt, an den Blflügeln bleicher u. rectangulär. Rp. der Pbl. fast vollstdg. u. kräftig. S. 1,5—3 cm l., rötlich. Sp. geneigt, gekrümmt, zylindr., zart, rostfarben, oft zweifarbig. D. kegelig-zugespitzt. Rg. zwei- bis dreireihig, kleinzellig. Äußere Pz. unten orange, sonst gelb, bis über die Mitte schmal u. gelb, weiter hinauf breit hyalin gesäumt, innere gelb. Monöc. — Eb., niedere Bg. Gemein. Sp. nicht hfg. 6. VII, VIII. (10—11.)

Amblystegium riparium (L.) B. S. 266.

b St. u. Äste nicht verflacht. Meist zarte bis sehr zarte Arten.
× * (Fig. 99a, Seite 73.) Rp. der Ast- u. Stbl. vollständig. Ras. gelblichgr. St. kriechd., dch. einfache, kurze, hin- u. hergebogene, schweifartig verjüngte Äste entfernt o. fast fiedrig verzweigt. Stbl. aufrecht-abstehd., eilanzettl.-pfriemenfg., ganzrandig. Rp. vollständig o. austretd. Blzellen reich an Blattgrün, linealisch, am Grunde rectangulär bis längl.-sechsseitig. Blflügel mit zahlr. quadrat. u. rectangul. Zellen. Ränder der Astbl. ganz o. nur oben gesägt. Rp. der ganzrandigen, scheidigen, oben lanzettl.-pfriemenfg. u. zurückgebogenen (b) Pbl. bis $\frac{1}{2}$ u. zart. S. 1—1,5 cm l., dick, rot, unten glatt, oben warzig-rauh, gegenläufig. Sp. (c, d) etwas geneigt, dunkel- bis schwarzbr., eifg.-bucklig, derb. D. fast geschnäbelt. Rg. einreihig. Äußere Pz. am Grunde orange, sonst goldgelb, Spitzen hellgelb, mit schmalem Saume, innere gelb. Monöc. — An schattig., feuchten Stellen, Baum-

stämmen, Mauern usw. Eb. bis Varg. Sehr gemein. Sp. meist hfg. 3. VI, VII. (9—10.)
Brachythecium populeum (Hedw.) B. S. **267.**

× × Rp. der St.- u. Astbl. unvollständig (bei Ambyst. radicale erreicht die Rp. der Stbl. bisweilen die Blspitze).

○ Rand der Stbl. nur gegen die Basis hin mit kleinen, entfernt stehend. Zähnen. Ras. zart, über faulend. Holz u. der Erde hellgr., anliegende, weiche Überzüge bildend. St. m. 3—5 mm langen, aufrecht., meist einfach. Ästen. Bl. sehr schmal, trocken u. feucht weit abstehd. Rp. d. Stbl. blaßgr. Blzellen etwa 4—6 mal s. lang wie breit, am Grunde und in den Blflügeln gelblich, rectangul., dickwandig, getüpfelt. Astbl. schmal-lanzettl., m. schwacher Rp. bis $\frac{1}{2}$. S. 1,5—2 cm l., unten rot, oben gelbl. Sp. schwach gekrümmt. Hals aufrecht, zart, grünlichgelb, Mündung orange. D. mit orangefarb. Rande u. roter Warze. Rg. dreireihig. Äußere Pz. gelb bis orange, Spitzen weißl., Saum breit u. gelb, innere gelb. Monöc. — Selten. 6.

Amblystegium radicale (P. B.) Mitten **268.**

○○ Rand der Stbl. ganz, bei Brachyth. curtum u. Amblyst. serpens auch rings entfernt u. undeutlich gezähnt.

! (3) Fig. 100a, Seite 73.) Ras. zart, verflacht, dunkel- o. hellgr., weich, nicht glänzd., St. haarfg.-dünn, sehr zart, 2—6 cm l., mit ± aufrecht., dünnen, a. d. Spitze oft knospenartigen oder etwas gekrümmten, bis 7 mm langen Ästen. St.- u. Astbl. winzig. Stbl. (b) locker, aus eifg. Grunde lanzettl. u. ± lang u. fein zugespitzt, meist flach u. ganzrandig. Rp. gr., bis über $\frac{1}{2}$, nicht in die Pfriemenspitze eintretd. Blzellen reich an Blattgrün, längl.-sechsseitig, etwa drei- bis viermal, in der Spitze ca. sechsmal so lang wie breit. Blflügel mit spärl. quadrat. Zellen. Astbl. dichter, länger gestreckt, Rp. zart, bis $\frac{1}{2}$, meist ganzrandig. Pbl. mit breiter, fast vollständiger Rp. (c). S. 1,5—3 cm l., zart, unten purpurn, oben rötl., gegenläufig. Sp. (d) geneigt, zylindr., m. langem Halse, bräunlichgelb, weich, trocken stark gekrümmt, Mündung weit. D. bleichgelb, Warze rot. Rg. meist dreireihig. Äußere Pz. goldgelb, Spitze gelbl., Saum breit, gelb, innere gelb. Sehr vielgestaltige Art. Monöc. — Am Grunde alter Baumstämme, auf Steinen, Holzwerk, altem Gemäuer, seltener auf d. Erde. Eb. bis Varg. Sehr gemein. Sp. stets vorhand. 6. VII, VIII. (10—11.)

Amblystegium serpens (L.) B. S. **269.**

!! * Diese ebenfalls sehr zarte, etwas seidenglänzende Art unterscheidet sich von der vorigen bes. dch. folgende Merkmale: Rp. d. Stbl. bräunlichgelb, Zellen in der unteren Blhälfte etwa vier- bis fünfmal, in der oberen etwa fünf- bis zehnmal so lang wie breit. Äste des St. 8—12 mm lang. Blflügel stark ausgehöhlt, hier wie am Blgrunde gelbliche o. bräunlichgelbe, rectanguläre Zellen. Rp. d. Astbl. meist nur bis zu $1/3$. S. 2—3 cm l., rötlich, hin- u. hergebogen. Sp. lederfarben, sonst wie vor. D. orange. Rg. zwei- bis dreireihig, kleinzellig, orange. Äußere Pz. mit schmalem Saum u. weißl. Spitzen, sonst wie vor., innere gelbl. Monöc. — Moorsümpfe, Teiche, Gräben. Bildet meist spinnwebenartige Überzüge über verwesten Sumpfpflanzen. Eb. Zerstr. 4, 5.

Amblystegium hygrophilum (Jur.) Schimp. **270.**

!!! Kräftigere, blaßgr., glänzende, habituell Brachyth. rutab. sehr nahe stehende Art. (Mit diesem u. Brachyth. Starkei zu vergleichen!) St. dch. 10—20 mm lange, verflachte und peitschenartig verjüngte Äste zieml. regelmäß. gefiedert. Stbl. locker, blaßgr., herzeifg., allmähl. zieml. lang u. dünn zugespitzt, faltenlos. Rp. vor der Blmitte endd., zuweilen gabelig. Blzellen linealisch, in den Blwinkeln zahlr., gr., gestreckte, zartwandige Zellen. Astbl. fast zweizeilig, Ränder rings scharf gesägt. S. bis 3 cm l., mit zerstr. niedrigen Warzen, rot, gegenläufig. Sp. eilängl.-bucklig, wagerecht, braunrot. D. kegelig gespitzt. Rg. zwei-, selten dreireihig, rot. Monöc. — Auf feuchter Erde, Baumwurzeln, morschen Stämmen usw. In Nord- u. Mitteldeutschl. Zerstr. W.

Brachythecium curtum Lindbg. **271.**

β Stbl. aufrecht-abstehend.
1. * Bl. mit stumpflicher Spitze, Ränder oben meist eingeschlagen, längl.-lanzettl., 1 mm lang, an den Ästen sichelfg.-gekrümmt u. einseitswendig. Blzellen zartwandig, wasserhell, unten dickwandig, Blflügelzellen goldgelb, quadrat. o. rectangul. erweitert. Ras. trüb-, bräunlich-, gelbl.-, selten freudiggr. S. 1,5—2 cm l., oben bogig, zart, gegenläufig. Sp. wagerecht bis geneigt, zylindrisch, zart, ockergelb, trocken stark gekrümmt. D. kegelig, spitz o. stumpfl., a. d. Spitze purpurn. Rg. fehlt. Äußere Pz. gelb, breit gelb gesäumt, Spitzen hyalin gesäumt, innere gelb. Monöc. — An Holz u. Steinen in fließend. u. stehend. Gewässern. Eb. bis Varg. Hfg. Sp. hfg. S.

Hypnum palustre Huds. **272.**

2. Bl., bzw. Stbl. mit scharfer Spitze.
a Ras. lebhaft o. seidenglänzd.
  × Stbl. oben in eine lange, dch. die eingebogenen Blränd. rinnige Pfriemenspitze übergehend.

Hypnum polygamum 265.

× × Bl. bzw. Stbl. flachrandig.
  O (3) Ras. hell- bis gelblichgr., weich, niedergestreckt, seidenglänzd. Stbl. dicht, breit-eilängl., plötzlich schmal lan-

zettlich-pfriemenfg., hohl, fast ganzrandig. Rp. gr. Blzellen
blattgrünreich, zartwandig, linealisch, nach unten kürzer
u. getüpfelt, an der Basis oval. Blflügelzellen gr., getüpfelt,
quadrat. u. rectangulär. Astbl. a. d. Spitze deutl. gesägt.
S. 1—2 cm l., dunkelrot, zuletzt schwärzlich, rechtsgedreht,
überall warzig-rauh. Sp. eilänglich-bucklig, rotbr. D. stumpf
geschnäbelt. Rg. 2reihig. Äußere Pz. unten orange, Spitzen
weißl., sonst goldgelb u. schmal gesäumt, innere gelb. Diöc.
— Bes. in lichten Buchenwäldern an Kalkfelsen u. Kalk-
blöcken. Hrg. u. Bg. Zerstr. Sp. selten. F.

Eurhynchium Tommasinii (Sendt.) R. Ruthe 273.

OO * (Fig. 101a, Seite 73.) Ras. gelblichbr. o. goldgr., oft
rötlich gescheckt, lebhaft seidenglänzd., kräftig, zieml. dicht,
derb. Stbl. (b) breit-eifg., allmählich lang zugespitzt, ganzrandig, höchstens an d. Spitze m. einigen Zähnchen. Rp.
rötlichgelb, öfter gabelig. Blflügelzellen im Alter gebräunt.
Astbl. (c) oben deutlich gesägt. Pbl. ohne Rp., aus scheidigem Grunde von der Mitte ab rasch lanzettl.-pfriemenfg. u.
zurückgekrümmt (d). S. 0,7—2 cm l., nur oben warzig,
purpurn. Sp. (e) geneigt bis fast aufrecht, kurz, dick, derb,
glänzd. kastanienbr., später schwarzbr. Rg. einreihig.
Äußere Pz. rostbr., oben gelbl., unten orange, breit gesäumt, innere gelb. Monöc. — Nasse Felsen, Felsblöcke,
auch an Baumstämmen, Holzwerk. In der Tiefeb. zerstr.,
verbreitet in der Hrg., Bg., Arg. Sp. hfg. 4. VI. (10.)
Ändert stark ab.

Brachythecium plumosum (Sw.) B. S. 274.

OOO * Ras. sattgr., im Alter gelbl. o. bräunlich, glänzd. Bemerkenswert dch. sein Vorkommen in nassen Astlöchern,
auf Schnittflächen von Laubhölzern, wie Buche, Birke,
Ahorn u. a. St. kriechend, Äste aufsteigend bis aufrecht, einfach o. m. spärlich. Ästchen. Bl. (Fig. 102a, Seite 73) breit-
eilanzettl., scharf zugespitzt, abstehd., oft einseitswendig.
Rp. graugr. Blzellen 3—5mal so l. w. br., am Grunde rectangul. S. 0,5—0,8 cm l., a. d. Basis gekniet, oben rechtsgedreht. Sp. aufr. eifg., mit kurz., dickem Halse, gelbl.
D. m. gerad o. schief. Schnabel, gelblichrot. Äußere Pz.
(b) paarweise genähert, mit d. Spitzen verbunden, blaßbr.,
innere fadenfg., kürzer. Monöc. — Sehr zerstr. Sp. meist
reichl. 6.

Anacamptodon splachnoides (Fröhlich) Brid. 275.

b Ras. etwas oder kaum glänzd. Haupst. ausläuferartig kriechd.,
Achse II. Ord. aufsteigd. o. aufrecht, obere büschelig o.
baumartig verzweigt, Äste in der Regel verjüngt o. peitschen-
förmig nach ders. Seite gewendet.

x * Ras. breit, etwas starr, blaß- o. lebhaft gr., oft bräunlich,
etwas glänzd. Äste der Achse II. Ord. fast kätzchenfg.

Laubbl. locker, eilängl. o. längl., etwas abgestumpft, meist kurz, selten länger zugespitzt, kahnfg.-hohl, Ränder oberwärts eingebogen, ganzrandig, an der Spitze gezähnt. Blflügel deutlich geöhrt. Rp. gelbl., bisweilen gabelig. Blzellen dickwandig, getüpfelt, linealisch. Blflügelzellen zahlr., gelbwandig. S. 0,8—1,2 cm l. Sp. aufrecht, eilängl., rot, gleich der S. glänzd. D. orange, kegelig, kurz u. schief geschnäbelt. Rg. 2- u. 3reihig. Äußere Pz. blaßgelb, schmal gesäumt, oben weißl., innere weißlich. Diöc. — Auf der Erde, an Steinen, Stämmen, Baumwurzeln in schattigen Wäldern. Eb. bis Arg. Oft Mv. Gemein. Sp. hfg. 3. I, II. (13—14.)

Isothecium myurum (Pollich) Brid. **276.**

× × (Fig. 103a, Seite 104.) Tracht des vorigen, aber in allen Teilen kleiner. Ras. kaum glänzd. Äste u. Ästchen fadenfg., oft peitschenfg. Stbl. (b) dicht, schmal-eilanzettlich, m. langer, schmaler Spitze, an der Basis der Pfriemenspitze scharf gesägt. Blzellen u. Blflügelzellen ähnl. wie b. vor. Astbl. (c) rings gesägt, oben scharf. S. 1—1,5 cm l. Sp. (d) schwach geneigt bis wagerecht, eifg. bis längl., regelmäßig o. schwach gekrümmt, trocken aufrecht. D. kürzer zugespitzt als bei vor. Rg. w. b. vor. Äußere Pz. gelb, gesäumt, oben bleich, innere bleich. Diöc. — An schattigen, feuchten Waldstellen, auf Silikatgesteinen wie auf Kalk. Von der Tiefeb. durch d. Bg. Oft Mv. Sp. selt. 12—2. XII—II. (10—14.)

Isothecium myosuroides (Dill. L.) Brid. **277.**

b. **Rippe bis zu $^2/_3$ oder $^3/_4$ das Blatt durchlaufend, vor der Pfriemenspitze endend oder in diese eintretend.**

A. (4) Stbl. (bei Camptoth. lutescens Laubbl.) viermal so lang wie breit, oft auch noch länger. Ras. hell- bis gelbgr., glänzend.

I (Fig. 104a, Seite 104.). Ras. stark seidenglänzd., locker, gelbgr., trocken starr. St. kriechd., mit ungleich langen, aufrechten, geraden, steifen, spitzen Ästen. Bl. (b) 2—3 mm l., lanzettl., lang u. fein zugespitzt, mit mehreren tiefen (4) Falten. Div. $^3/_8$. Ränder unten umgebogen, in der Spitze schwach gesägt. Rp. kräftig, gelb, bis $^3/_4$. S. 1,5—2,5 cm l., sehr weich, purpurn. Sp. (c) geneigt, eilängl. bucklig, derb, m. kurzem Halse, braunrot. U. entleert stark gekrümmt. D. mit schief., stumpfl. Schnabel. Rg. 2reihig. Äußere Pz. orange, hyalin gesäumt, Spitze weißl., innere gelb. Diöc. — Grasige Plätze, Wege, Dämme, Abhänge, an Mauern, bes. auf kalkhalt. Boden. Tiefeb. bis Varg. Oft Mv. Sp. spärlich. 3, 4. V. (10—11.)

Camptothecium lutescens (Huds.) B. S. **278.**

Rippe bis zu $^2/_3$ oder $^3/_4$ das Blatt durchlaufend usw. 93

II Ras. ± seidenglänzd., niedrig, hell- bis gelblichgr. Der kriechd. St. m. meist aufrechten, an der Spitze oft einwärts gebogenen, kurzen, dünnen Ästen. Stbl. (Fig. 105, Seite 104), 1,2—1,8 mm lang, locker, aus eifg. Grunde lanzettl., lang u. fein zugespitzt, kielig-hohl, meist sichelfg., Ränder fast ganz u. flach. Astbl. ähnl. (b) Rp. zart, gelbl., fast $^3/_4$. Blzellen linealisch, Blflügelzellen wenige, quadrat. Astbl. fiederig, auch einseitswendig, Rand rings gesägt, Rp. $^1/_2 - ^3/_4$, meist am Blrücken als Dorn austretd. S. 0,7 bis 2 cm l., purpurn, gegenläufig, hin- u. hergebogen, warzig-rauh. Sp. (c) horizont. bis geneigt, eifg.-bucklig, glänzend braunrot, entleert unter der Mündung verengt (d). D. gespitzt. Rg. zweireihig. Äußere Pz. bräunlichgelb, breit gesäumt, Spitzen hyalin, innere gelb. Monöc. — Auf Erde, Steinen, Felsen in feuchten, schattigen Wäldern u. unter Gebüsch. Eb. bis Varg. s. gemein, A. seltener. Sp. hfg. 3, 4. III—VI. (9—13.)

Brachythecium velutinum (L.) B. S. **279**.

B. Stbl. *(Laubbl. bei Leskea nerv.) mindestens dreimal so lang wie breit.*

I Blränder ganz o. z. T. zurückgeschlagen.

α * Rp. bräunlichgelb. Ras. dunkelgr. o. bräunl. Der kriechd., ca. 8 cm l. St. m. ca. 8 mm l., aufrechten Ästen. Bl. aufrechtabstehd., trocken anliegd. u. mit zurückgekrümmter Spitze, zweifaltig, herzeifg., rasch zugespitzt. Ränder schmal umgeschlagen, Spitze flach. Blzellen rundlich-sechsseitig, derb, die der Astbl. oval u. rhomboidisch, Blflügelzellen der Stbl. quadrat. S. 1 cm l., purpurn, trocken rechtsgedreht. Sp. aufr., zylindr., rostfarb. o. br. D. m. dickem, schief. Schnabel. Rg. 2reihig. Äußere Pz. dolchfg., gelblich, im unteren Abschnitt ± breit gesäumt, innere gelb. In den Achseln bes. der oberen Bl. oft mehrere Brutknospen. Diöc. — Bes. a. d. Rinde von Laubholzstämmen, seltener an der v. Nadelhölzern, auch an kalkhalt. Felsen. Hrg. bis Arg., Ebene seltener. Verbr. Sp. meist reichl. 5. 6.

Leskea nervosa (Sw.) Myr. **280**.

β Rp. gr. Ras. meist freudiggr., locker, seidenglänzd. St. niederliegend, 5—10 cm l., mit lockeren, aufrecht., ca. 1—2 cm l., meist einfachen, lang zugespitzten, oft am Ende peitschenartig ausgebildeten Ästen. Stbl. w. b. v., aber mit mehreren ungleichen u. unterbrochenen Falten. Ränder ganz o. undeutl. gezähnt, ganz o. z. T. schmal umgebogen. Blzellen derbwandig, linealisch, sehr viel mal länger als breit, an der Basis besonders starkwandig u. getüpfelt, Blflügelzellen quadrat. o. rectangulär. Ränder der Astbl. oben zurückgeschlagen, rings gezähnt. S. 1,3—2,2 cm l., rötlichgelb, rechtsgedreht. Sp. schwach geneigt o. fast aufrecht, längl.-zylindr., Hals schmal. U. trocken etwas gekrümmt, br. D. kegelig, Spitze fast schnabelfg. Äußere Pz. a. d. Basis orange, sonst gelb u. breit gesäumt, Spitzen hyalin, innere gelb. Diöc. —

Auf kalkhalt. Gestein lichter Buchenwälder, auch unter Gebüsch. Bg. Süddeutschlds. Zerstr. Sp. selten. H.
Brachythecium laetum (Schimp.) B. S. **281**.
II Blränder flach. Rp. der scheinbar zweizeiligen Stbl. gelb. An feucht. Stellen, in Gräb., an Holz u. Stein. in fließend. Wasser usw.
Amblystegium riparium 266.
C. Stbl. (Laubbl. bei Anom. rostrat.) mindestens zweimal so lang wie breit.
I * Laubbl. mit geschlängelter Pfriemenspitze, diese aus einer Zellreihe gebildet, dicht dachziegel., eifg.-schmal-lanzettl.-langspitzig. Rp. gelbgr., später br. Blzellen undurchsichtig, rundlich-sechsseitig, beiderseits dicht- u. kleinwarzig. Ras. dicht, flach, freudig- bis gelbgr., innere ockerfarben. Hauptachse kriechd., Äste dicht, einfach o. büschelig-verzweigt, kurz (4 mm), aufrecht. S. ca. 0,6—0,7 cm l., purpurn. Sp. aufrecht, eilängl., braunrot. D. orange o. dunkelrot, schief geschnäbelt. Rg. zweireihig. Äußere Pz. gelbl., nicht gesäumt, innere zart, bleich. Diöc. — Schattige Kalkfelsen. Bg. der A. Zerstr. —
Anomodon rostratus (Hedw.) Schimp. **282**.
II Stbl. mit gerader Pfriemenspitze.
α Pfriemenspitze durch die eingebogenen Blränder rinnig-hohl.
Hypnum polygamum 265.
β Pfriemenspitze flach. St. kriechd., m. zerstreuten, aufsteigend. Ästen. Stbl. breit-eifg., schmal lanzettl., langzugespitzt. Rp. gelb. Zellen d. Blmitte verlängert-sechsseitig, oben länger, Blflügel ausgehöhlt, Blflügelzellen zahlr., locker, gelb- u. dickwandig, bis zur Rp. sich erstreckend. Astbl. kleiner u. schmaler als d. Stbl. S. 3—5 cm l., zart, hin- u. hergebogen, rötlichgelb, gegenläufig. Sp. geneigt, längl., gekrümmt, zart, m. kurz. Halse, bräunlich. D. kegelig, spitz. Rg. zwei- bis dreireihig. Äußere Pz. goldgelb, gelb gesäumt, innere gelb. Monöc. — Zwischen Riedgräsern auf sumpf. Wiesen, an abgestorbenen St. u. Bl. am Ufer von Seeen u. Teichen. Bes. in der Eb., niedere Bg. Zerstreut. 5.
Amblystegium Kochii B. S. **283**.
D. * Stbl. ungefähr $1^3/_4$ mal so lang wie breit, dicht, weit abstehd., herz-eifg., rasch zugespitzt, hohl, flach- u. ganzrandig. Rp. gelbgr., zart. Blzellen derbwandig, meist 2—3 so lang wie breit, 6 seitig, unterhalb der Blmitte in größerer Anzahl rectanguläre Zellen, Blflügel schwach ausgehöhlt, hier wenige gelb- u. dickwandige, getüpfelte Zellen, diese oben von quadrat. Zellen begrenzt. S. 1—2 cm l., rötlich. Sp. geneigt, zylindr., gekrümmt, zart, gelbl. o. orange. D. m. dicker, schiefer Spitze, rot. Rg. 3-, auch 2- u. 4 reihig. Äußere Pz. breit gelbgesäumt, Spitzen gelb, innere gelb. Monöc. — An Steinen, Holz, Baumstämmen, an feuchten, schattigen Stellen. Eb., niedere Bg. Zerstr. Sp. nicht selt. F.
Amblystegium varium (Hedw.) Lindbg. **284**.

c **Rippe in der Spitz des Blattes oder kurz vor dieser endend.**
A. (5) Bl. unregelmäßig längsfaltig.
I (Fig. 106, Seite 104.) Bl. mit breitem, zurückgebogenem Rande u. flacher Spitze, etwa doppelt so lang wie breit, unter der kräftigen, vor der Spitze endenden Hauptrippe beiderseits am Grunde 1 o. 2 kurze, schwächere Rp. Div. $8/21$. Ras. breit, locker, derb, starr, schmutzig-, bräunlich- o. gelblichgr., seidenglänzd. St. hängd. o. niederliegd., Äste unregelmäßig, a. d. Spitze verdickt o. verschmälert, sehr starr, zerbrechlich. Astbl. kürzer als die Stbl. S. 0,5—1,2 cm l., rot, glatt, gegenläufig. Sp. geneigt bis aufrecht, eifg., braunrot. D. schief gespitzt. Rg. 1 reihig. Äußere Pz. gelbl., ungesäumt. Diöc. — An alten Baumstämmen, beschatteten Felsen u. Steinblöcken. Tiefeb. bis üb. d. Bg. Verbr. Sp. hfg. 3, 4. X. IV. (11—18.)

Antitrichia curtipendula (Hedw.) Brid. **285.**

II Bl. am Rande aufr., oben zlch. eingerollt u. schwach u. stumpf gezähnt, s. hohl, breit-eifg. u. rasch lanzettl.-pfriemenfg. zugespitzt, schlaff, gedunsen, weich, schwach einseitswendig, Rp. breit, gelbgr. Blzellen getüpfelt, unten gelb u. dickwandig, Blflügelzellen wenig zahlreich, bräunl. Pbl. m. langer, zurückgekrümmter Spitze. S. 2—4 cm l. Sp. walzig. D. rot, gespitzt. Rg. 3 reihig, orange. Ras. oft s. hoch, schlaff-flauschig, oben gelbl.- o. bräunlichgr., m. Goldglanz, unten meist braunschwarz. St.- und Astenden oft hakig. Diöc. — Kalkhaltige Sümpfe. Bes. Eb. u. nied. Bg. Sp. s. selt. 5.

Hypnum lycopodioides Brid. **286.**

B. Stbl. (Laubbl. b. Camptoth. nitens) mit mehreren tiefen Längsfalten, mit breit umgerolltem u. stellenweise etwas zurückgeschlagenem, völlig ganzrandigem Saume.

I * Ras. zlch. tief, starr, goldgelb, stark seidenglänzd, oft ausgedehnt. St. aufr., starr, dicht rostfilzig, dch. stachelspitzige, zweizeilig angeordnete Äste gefiedert. Bl. steif aufr.-abstehd., verlängert lanzettl., 3—4 mm l., lang u. fein zugespitzt. Div. $3/8$. Rp. gelb. Blzellen sehr lang wurmfg., unten kürzer, getüpfelt, Blflügelzellen eifg. o. längl., spärl., gelblichbr. S. 4—6 cm l., zart, purpurn. Sp. längl.-zylindr., gekrümmt, derb, rotbr. Rg. 2 reihig. Äußere Pz. gelb, gelbgesäumt, Spitzen breit hyalin gesäumt. Diöc. — Sumpfige Wiesen, Moore. Tiefeb. bis Varg. Gemein. Sp. hfg. 5, 6.

Camptothecium nitens (Schreb.) Schimp. **287.**

II * Bes. Alp. u. Varg., auch obere Bg. Ras. ausgedehnt, niederliegd., schwellend, gelb- o. dunkelgr., goldgr. glänzd. St. mit 2 zeilig angeordneten, kräftigen, an der Spitze etwas gekrümmten Ästen. Bl. feucht aufr.-abstehd., trocken anliegd., eilanzettl. u. lang zugespitzt, 2,5—3,5 mm l., am Rande mit Ausnahme der Spitze breit zurückgerollt. Blzellen langgestreckt, $\pm$ getüpfelt, am Grunde gelb. Blflügelzellen spärl., quadrat. Astbl. etwas kleiner

Rippe in der Spitze des Blattes oder kurz vor dieser endend.

u. in der Spitze gezähnt. S. ca. 1,5—2 cm l., purpurn. Sp. klein, längl.-bucklig, derb, glänzd. br. Rg. 1reihig. Diöc. — Oft Mv. Bes. auf kalkhalt. Gesteinen. Verbr. Sp. spärl. 4. 5.

Ptychodium plicatum (Schleich.) Schimp. 288.
C. *Stbl. meist mit 5 tiefen Falten. Ras. gr., glänzd., dem Substrat dicht anliegd. St. fast regelmäß. gefiedert, Äste dicht, gerade, kätzchenartig, spitz. Stbl. dicht, anliegd., eilanzettl., lang zugespitzt. Ränder unten breit, oben schwächer zurückgerollt, ganzrandig. Rp. kräftig, gr. Blflügelzellen zahlreich, gr., quadrat. Ränder d. Astbl. umgerollt, Spitze gezähnt. S. 0,8—1 cm l., hin- u. hergebogen, rötlichbr., warzig-rauh. Sp. wager. bis geneigt, eifg.-buckl., br. Rg. 2reihig. Äußere Pz. gelb, breit gesäumt, Spitze bleich, innen bräunlichgelb. Diöc. — Bes. auf Eruptivgestein in der Bg. Mitteldeutschlds., A. selt. Zlch. verbr. Sp. selten. W.

Brachythecium Geheebii Milde 289.
D. Stbl. (Laubbl. bei Leskea polyc., Lescur. striata, Pseudol. pat., atrovirens, Homal. Phil.) mit 2 o. 4, bei Homal. Phil. m. 2 bis 4 Falten.

I (3) Blzellen 10—20 mal s. l. w. br. Unterscheidet sich von Hom. sericeum (227) dch. kräftigeren Wuchs, durch gr. o. dunkelgr. Färbung der Ras., dch. büschelige Anordnung der stets geraden Äste, dch. vollständige Rp., dch. fast glatte S. Diöc. — Schattige Kalkfelsen u. Kalkmauern. Bg., in den A. Hin u. wieder. Sp. nicht selt. 5.

Homalothecium Philippeanum (Spruce) B. S. 290.
II Blzellen 4—8mal so lang wie breit. Ras. glänzd. In der montanen u. alpinen Region an Rinde und auf Gestein. Hauptstengel fadenfg., dem Substrat anliegd., mit meist einfachen, aufrecht., kurzen Ästen, entweder unregelmäßig gefiedert oder büschelig. Paraphyllien zahlr. Bl. mit 2 o. 4 Falt. Rand überall umgerollt, ganz o. gegen die Spitze fein gesägt. Rp. kräftig. Sp. aufr., regelmäßig rotbr. P. doppelt. Inneres P. auf kielfaltiger Grundhaut, Fortsätze fadenfg., meist aus 2 Reihen von Zellen gebildet. Rg. fehlt.

α *Ras. hellgr., locker. Äste aufr., einfach, gerade, spitz. Bl. breit lanzettl., lang zugespitzt, zweifaltig, ganzrandig. Rp. hellgr. Äußere Pz. orange, ungesäumt, mit buchtigen Seitenrändern. Diöc. — An Stämmen u. Ästen, bes. von Laubbäumen, seltener v. Nadelhölzern. Obere Waldreg. Verbr. Sp. nicht selten. 5, 6. V. (12—13.)

Lescuraea striata (Sw.) B. S. 291.
β A Ras. dicht, flach, goldbräunl. o. gelbgr. Äste fast regelmäßig angeordnet, niederliegd. oder im Bogen aufwärts gekrümmt, an der Spitze oft hakig gebogen. Bl. m. 4 Längsfalten, Ränder in der Spitze bisweilen gesägt, sonst w. vor. Astbl. meist einseitswendig. Rp. gelb. Äußere Pz. goldgelb, am Grund breit u.

Rippe in der Spitze des Blattes oder kurz vor dieser endend.

gelb gesäumt, innere gelb. Diöc. — An Felsblöcken. Öfter Mv. Sp. s. selt. S.

Lescuraea saxicola (B. S.) Mol. **292.**

III Blzellen rundlich 4- bis 6 seitig. Ras. glanzlos.
α Ras. freudig- oder gelblichgr., auch dunkelgr., dem Substr. anliegd., zart, verworren. St. 2—8 cm l., Äste langgestreckt, zart, dünn, oft peitschenfg. endd. Bl. schmal-lanzettl. pfriemenfg., am Grunde 2faltig, ganzrandig (Rand dch. Wärzchen rauh), Blzellen mit je 1 Warze auf beiden Seiten, in der Mitte des Blgrundes gelb, starkwandig, getüpfelt. S. 0,5—1 cm l., gelb, rechtsgedreht. Sp. aufr., zylindr.-längl., gerade, rostfarben. D. zart u. schief geschnäbelt. Rg. fehlt. Äußere Pz. sehr schmal, gelb, beiderseits warzig, innere weißl. Diöc. — An alten Stämmen u. bes. kalkhaltigen Felsen in schattigen Laubwäldern. Eb. u. niedere Bg. Sp. s. selt. H.

Anomodon longifolius (Schleich.) Bruch **293.**

β Ras. dunkel-, bräunl.- o. schmutziggr., bei Pseudol. atrov. im Alter rotbr.

1. * (Fig. 107a, Seite 104.) Rp. gr. Ras. dunkel- bis schmutziggr., zieml. starr, locker, verworren. St. kriechd., 2—4 cm l. Äste aufsteigd., zahlreich, kurz. Bl. feucht locker aufr.-abstehd., trocken kraus u. anliegd., locker, eilanzettl. zugespitzt, 2faltig, ganzrandig, meist einseitswendig, am Grunde auf einer o. beiden Seiten schwach zurückgebogen. Rp. gr., vor der Spitze endd. Blzellen gr., beiderseits mit 1 Warze auf jeder Außenwand. S. ca. 1 cm l., r̈tl., zart, oben linksgedreht. Sp. (b) aufr., zylindr., walzenfg., zart, blaßgelb, im Alter ockerfarben, glänzd. D. kegelig, spitz. Rg. 2- u. 3reihig. Äußere Pz. trocken sehr stark eingerollt, lineal., ungesäumt, so lang w. d. inner. Monöc. — An Baumstämm., Holz, Stein., vornehml. an feucht., schattig. Plätzen. Bes. Eb. Gemein. Sp. hfg. 7, 8. VII, VIII. (11—13.)

Leskea polycarpa Ehrh. **294.**

2. Rp. bräunlichgelb, kräftig, vor d. Spitze endd. Ras. ausgedehnt, starr., bräunlichgr. St. kriechd., hin- u. hergebog., ± regelmäß. gefiedert. Äste kurz, ungleich lang, stumpf, aufsteigd., einfach o. büschelig verzweigt. Paraphyllien zahlr. Bl. feucht aufr.-abstehd., trocken dicht angedrückt, meist einseitswendig, breit eifg., schnell kurz u. schief zugespitzt, sehr hohl, beiderseits der Rp. m. tiefer Falte, Ränder am Grunde o. nur an der Spitze umgebogen, sonst flach, in der Spitze fein gezähnt. Blzellen dickwandig, am Grunde rectang. o. quadrat. S. ca. 1,2 cm l., zart, rostbr., gegenläufig. Sp. bogig gekrümmt, stark geneigt bis wager. D. m. stumpfer Spitze. Äußere Pz. auf br. Grundhaut, gelbbräunl., breit gesäumt, oben bleich, innere gelb. Diöc. — Auf Gestein u. an Baumstämmen. Bg. u. A. Verbr. Sp. selten. 5.

Pseudoleskea atrovirens (Dicks.) B. S. **295.**

Rippe in der Spitze des Blattes oder kurz vor dieser endend.

Bem. Die nur von wenigen — alpinen — Standorten bekannte Ps. patens Lindbg. unterscheidet sich von der vor. durch symmetrische Bl., deren Zellen beiders. je eine spitze Warze tragen, durch eine gr. Rp., außerdem sind die Bl. allseits abstehd. und am Rande bis zur Spitze umgebogen.
E. Stbl. (Laubbl. bei Cryph. heterom,. Hypn. fluit., Amblysteg. fall.) nicht faltig, bei Brachyth. Starkei, Rhynch. tenella, Amblyst. curvic., Hypn. irrig. kaum o. nur am Grunde faltig.

I *(Fig. 108a, Seite 104.) Bl. am Rande bis zur Blmitte zurückgeschlagen. Ein seltenes, nur an der Nordseeküste, an wenigen Stellen Westdeutschlands und im Süden des Gebiets an der Rinde älterer Bäume, wie Pappeln, Weiden, Birken u. a. vorkommendes Moos. Die reichl. auftretend. Sp. (b) sind eingesenkt, längl. eifg., grünl.-gelb und besitzen einen rostroten D., der von einer am Rande mehrlappigen, glockenfg., kegel. Hb. bedeckt wird. Rg. breit, 2 reihig. Die Zähne (c) beider P. gleichlang. Äußere Pz. lanzettl.-lineal., bleich, innere fadenfg., weißl. Hauptstengel kriechd., mit etwa bis 3 cm l., wenig verzweigten Ästen. Zentralstrang fehlt. Bl. trocken angedrückt, feucht abstehd., eifg., scharf zugespitzt, ganzrandig. Div. $3/8$. Blzellen dickwandig. Pbl. mit weißhäutigem Rande, mit langaustretender Rp. F. Monöc.

Cryphaea heteromalla (Dill.) Mohr **296.**

II Blrand flach (bei Brachythec. Stark. sind die Ränder zuweilen unter der Spitze, bei Amblyst fall. zuweilen am Grunde etwas zurückgeschlagen).

α (4) Stbl. mindestens 5 mal s. l. w. br. Ras. gelbgr. o. bräunlichgr., glänzd., flauschig. St. oft fußlang, flutend o. aufsteigd., ± regelmäß. fiederästig. Stbl. sehr locker, bis 3,5 mm l., meist ein wenig einseitswendig, lang lanzettl., allmähl. lang zugespitzt, faltenlos, in der Spitze deutlich gezähnt. Rp. gelbgr., vor der Spitze verschwdd. Blzellen am Grunde stark getüpfelt, die übrigen sehr viel mal länger als br., starkwandig, Blflügelzell. aufgeblasen, getüpfelt, scharf begrenzt, wasserhell o. ein wenig gebräunt, oval. S. 6—10 cm l., zart, geschlängelt, gegenläufig. Sp. (Fig. 109, Seite ˙04) birnförmig-längl., Hals aufr., rötlichgelb, gekrümmt. D. stumpf u. kurz gespitzt. Rg. fehlt. Monöc. — In Wiesengräben, Sümpfen, Mooren, Tümpeln. Tiefeb. bis A. Gemein. Sp. zlch. hfg. 6, 7.

Hypnum fluitans (Dill. L.) Hedw. **297.**

β Stbl. mehr als 4 mal so lang wie breit. Bildet zarte seidenglänz., sammetart. Überzüge an trock. Fels. u. Mauern.

Rhynchostegiella tenella 259.

γ Stbl. etwa 3 mal so lang wie breit.

1. Ras. zlch. kräftig, meist flutend, dunkel- bis schwarzgr., ohne Glanz. St. starr, meist sehr regelmäßig durch gleichfalls starre, einfache Äste gefiedert. Stbl. m. rötlichgelber, sehr kräftiger, ± austretender Rp. Blflügelzellen gelb, quadrat. o.

Rippe in der Spitze des Blattes oder kurz vor dieser endend.

oval, getüpfelt, dickwandig. Diöc. — An Steinen in kalkhaltigen Gewässern, in Quellen, Bächen, an Mühlen usw. Zerstr. Bis zur ob. Bg.

Amblystegium fallax (Brid.) Milde **298.**

2. Ras. zart u. sehr zart. Stbl. nur unterwärts o. gegen den Grund hin entfernt, oft undeutlich gezähnt, sparrig.

a Blzellen etwa 4- bis 6 mal s. w. l. br., reich an Chlorophyll.
  × Ras. hellgr.

Amblystegium radicale 268.

× × Ras. sattgr. Unterscheidet sich v. Ambl. radicale dch. den Besitz von Paraphyllien in der Umgebung der Sproßanlagen, dch. rötlichgelbe, spärliche Rhizoiden — bei Ambl. radic. br. —, dch. einen 1- o. 2 reihig. Rg. An nassen Steinen und Holz, gern am Grunde von Erlen u. Weiden. Monöc. — Ebene. Zerstr. 5.

Amblystegium Juratzkanum Schimp. **299.**

b Blzellen sehr schmal linealisch, 6—10 mal s. l. w. br., chlorophyllarm. Diese Art bildet weiche, sehr lockere, ziemlich ansehnliche, glänzende, dunkel oliven-, rötlich- o. gelblichgr., oft gebräunte Überzüge über Carexwurzeln, abgebrochenen Stücken von Schilfstengeln u. dergl. Astspitzen gekrümmt. Rp. kräft., gelb. Blflügelzellen goldgelb. auch braungelb, dickwandig, quadratisch u. rectangulär. Rg. 2 reihig. Diöc. — In Sümpfen. Zerstr. Sp. zlch. selt. F.

Hypnum elodes Spruce **300.**

δ Stbl. etwa doppelt so lang wie breit (etwas mehr o. weniger).
1. An Steinen u. Holz in fließenden Gewässern. Ras. schwarz- o. dunkelgr. Rand der Stbl. ganz. Rp. rötlichbr.

Amblystegium fluviatile 216.

2. An anderen Stellen.

a * St.- u. Astbl. ganzrandig. Ras. gr. o. schmutziggr. Stbl. dicht, weit abstehd., herz-eifg., zugespitzt, hohl, flachrandig. Rp. zart, gelbgr., selten die Spitze erreichd. Blzellen chlorophyllreich, derbwandig, sechsseitig, unterhalb der Blmitte zahlreiche, rechteckige Zellen, Blflügel ausgehöhlt, hier wenige, getüpfelte, gelbe, starkwandige Zellen. Rp. d. Astbl. bis über die Mitte. S. 1—2 cm l., rötl. Sp. geneigt, zylindrisch, gekrümmt, zart, gelbl. D. rot, mit dickem, schiefem Schnabel. Rg. meist 3 reihig. Äußere Pz. mit breitem, gelbem Saume, gelbl. Spitzen, innere gelb. — Auf Steinen u. Holz an feuchtschattigen Stellen. Eb., niedere Bg. Zerstr. F.

Amblystegium varium 284.

b Rand der St.- u. Astbl. ± stark gesägt o. gezähnt, bei Eurhynch. pumil. Stbl. auch ganzrandig.

× Stbl. mit zurückgebogener, gedrehter Spitze.

Brachythecium Starkei 253.

× × Stbl. mit gerader nicht zurückgebogener Spitze.

Rippe in der Spitze usw. — Stengel nicht flutend.

O Ras. sehr zart, gelblichgr., glanzlos, weich. St. sehr zart, fädig, durch 2 zeilig abstehde. Äste gefiedert. Stbl. aufr.-abstehd., eilanzettl., lang zugespitzt, flachrandig. Rp. vor d. Spitze verschwindd. Blzellen etwa 3—5 mal s. l. w. br., Blflügelzellen spärlich, gelbgr., quadratisch. Astbl. schmal lanzettl., Ränder feingezähnt, Rp. an der Unterseite als Dorn austretd. S. 0,8—1 cm l., grob- u. dichtwarzig. Sp. eifg.- oder länglich-hochrückig, mit blassem, geschnäbelt. D. Rg. 2reihig. Diöc. — An schattigen Plätzen auf Gestein, auf Erde unter Gebüsch. Zerstr. F.

Eurhynchium pumilum (Wils.) Schimp. **301.**

OO A. Ras. kräftiger, gold- o. gelbgr., innen bräunlich, matt glänzd. St. geschlängelt, Äste fast kätzchenfg., Spitzen der St. u. Äste in der Regel einseitswendig u. gekrümmt. Stbl. feucht aufr.-abstehd., trocken dachziegelart. locker, eilanzettl., mit ± langer, schmaler Spitze. Rand flach, rings o. nur oben gesägt. Rp. gelb. Blflügelzellen scharf umgrenzt, hyalin o. gebräunt, locker, eifg., rectangul. Sp. unbek. Diöc. — Hat große habituelle Ähnlichkeit mit den Hochgebirgsformen v. Amblyst. filicinum. Feuchte, felsige Stellen, Höhlen, Spalten, Klüfte. Verbr.

Amblystegium curvicaule (Jur.) Dix. et James **302.**

II. Stengel nicht flutend.

Diese Kategorie umfaßt, soweit sie nicht schon in der Abteilung IX enthalten sind, die kleinen, schwärzlich oder br. gefärbten, ausschließlich auf festem Felsen wachsenden Arten der Andreaeaceen[1]), außerdem die meist düsteren, schmutzig- und dunkelgr. Vertreter der artenreichen Gattungen Orthotrichum und Ulota, die sich, von wenigen Ausnahmen abgesehen, fast ausschließlich die Rinde alter Bäume (Eichen, Pappeln, Ahorn, Linden, Ulmen u. a.) zum Wohnsitz erwählen, weiterhin eine größere Anzahl in der Regel kleiner und sehr kleiner, meist erdbewohnender Moose; ferner haben wasserliebende, meist düstere Rhacomitrium-Arten Aufnahme gefunden.

A. (3) Im oberen Abschnitt des Bl. trägt die Oberseite der Rp. ein Polster gegliederter, dichotomisch verzweigter, chlorophyllführender Zellfäden, die als Assimilationsorgane anzusprechen sind. Die Endzellen der Fäden sind zugespitzt und oben mit verdickter Wand ausgestattet. Der kurze, meist einfache Stengel trägt nur wenige, starre, dicke, später meist rötlichbr., sehr hohle, breitrippige, oft stumpfspitzige, ganzrandige, an der

---

[1]) Die Andreaea-Arten und kleistocarpischen Bryineen, wie Acaulon, Ephemerum u. e. a. haben, obwohl nicht zu den Acrocarpi gehörig, hier Aufnahme gefunden.

Spitze oft kappenförmige Bl. Die zweijährigen Pflänzchen lieben Kalk und treten herdenweise auf. Das meist aufrechte, regelmäßige Sp. auf unten rechts, oben linksgedrehter S. Das P. besteht aus 32, spiralig linksgewundenen, papillösen Einzelzähnen, die einer niedrigen Grundhaut, dem Tubus, aufsitzen. Hb. und D. sind geschnäbelt, letzterer meist schief.
Aloina.

I Bl. mit hakig eingebogener Spitze, stumpfl., seltener spitz. Div. $2/5$. S. bis 1,5 cm l., unten rot, oben gelbl. Sp. aufr., gerade, zylindr., braunrot, glänzd., trocken längsrunzelig. D. kurz, kegelig, gerade, stumpf geschnäbelt. Pz. einmal gewunden, auf blaßgelber Grundhaut. Diöc. — An kalkig-lehmigen Stellen, Wegerändern, Dämmen, Mauern usw. Zerstr. 12—3. XII—III. (12.)
Aloina ambigua B. S. **303.**

II Bl. an der Spitze nicht hakig eingebogen.

α (Fig. 110 a, b, Seite 104.) Bl. stumpf (c), selten spitz, meist kappenfg., trocken zusammenneigd. Div. $2/5$. S. bis 1,5 cm l., braunrot. Sp. aufr., gerade längl.-elliptisch, kurzhalsig, schmutzigbr., mattglänzd. D. lang (fast halb s. l. w. d. U.). Pz. (d) 2- bis 3mal gewunden. Diöc. — Auf kalkig-lehmigem Boden, an Mauern, kalkhaltigen Felsen, Wegerändern usw. Eb bis A. Verbr. H. u. W.
Aloina rigida Kindbg. **304.**

β Bl. spitz, selten stumpf, an d. Spitze kappenfg., trocken im Bogen eingekrümmt, lineal-lanzettl. Div. $2/5$. S. meist 1,5 cm l., im Alter purpurn. Sp. geneigt bis wager., schwach gekrümmt, matt glänzd., im Alter längsrunzelig. D. zart geschnäbelt. Pz. kaum 1 mal gewunden, auf s. niedriger, blaßgelber Grundhaut. Diöc. — An ähnl. Stellen wie vor. Zerstr. 12—3. XII—III. (12.)
Aloina aloides Kindbg. **305.**

B. Bl. an der Spitze oder an der Lamina und Rp. mit mehrzelligen, einfachen oder ästigen Brutkp.

I. Brutkp. dichtgedrängt an der auslaufenden Spitze der Rp. (Bl. ohne Brutkp. kommen auch vor), längl.-walzenfg., meist 7- oder 8 zellig, ungestielt, dunkelbr. Ras. braungr., breit kissenfg. Bl. trocken kraus, Rp. kräftig, br. Diöc. — Im Nordwesten des Gebiets in der Nähe der Nordseeküste, bes. an alten Eschen. Sehr selt. und nur steril.
Ulota phyllantha Brid. **306.**

II Brutkp. auf beiden Seiten der Lamina und Rp. Rp. vor der Spitze endend.

α (3) Polster niedrig, bis 1,5 cm hoch, bläulich-, gelbl.- o. bräunlichgr. Bl. eilängl., an der Spitze abgerundet, m. zarter Rp. Div. $3/8$. Brutkp. einfach u. längl., fast walzenfg., an der Spitze abgerundet, Glieder breiter als hoch. Blzellen beiderseits mit einfachen oder gepaarten, stumpfen Warzen. Sp. fast eingesenkt, auf s. kurzer S., mit 8 orangefarb. Streifen, trocken mit 8 Längs-

rippen. P. doppelt. Äußeres P. anfänglich aus 8 Paarzähnen ge
bildet, später 16 Einzelzähne. Cilien 8, zweizellreihig. Spaltöffnungen in der Mitte des Sp., phaneropor. Diöc. — An Weiden,
Pappeln, Zäunen u. ähnl. Stellen. Eb. b. nied. Bg. hfg. Sp. hfg. 5.
Orthotrichum obtusifolium Schrad. **307.**

β Stattliche Art. Polster locker, gelblichgr. o. bräunlich. Bl.
linealisch-lanzettl., sehr lang und fein zugespitzt. Rand flach.
Brutkp. einfach o. gabelig-verzweigt. Auch der St. trägt nach
Correns Brutkp., sie stehen am Ende von Rhizoiden, wogegen
die blattbürtigen ungestielt sind. Blzellen beiderseits mit zahlr.,
langen, einfachen Warzen, Membranen kräftig. Sp. bleichgelb,
m. 8 Streifen, trocken m. 8 schmalen Rippen. P. doppelt. Äußere
Pz. 16, trocken bogig zurückgekrümmt, Cilien 16, aus 2 Zellreihen bestehd., rotgelb, so lang wie die Pz. Spaltöffnungen am
Grunde des Sp., einreihig, phaneropor. Diöc. — An Waldbäumen,
selten an Felsen. Verbr. in d. Eb. u. Hrg., selten in der Bg. Sp.
selten. 7. **Orthotrichum Lyellii** Hook. et Tayl. **308.**

γ Polster s. niedrig (wenige mm hoch), gr. o. schmutziggr. Bl.
lanzettl.-lineal., kurz zugespitzt, stumpfl. o. mit Spitzchen.
Blzellen beiders. m. niedr. Warzen. Sp. fast kugelig, Hals von
der S. scharf abgesetzt, m. 8 rötlichgelben, breiten Streifen,
trocken 8rippig. P. doppelt. Äußeres P. anfängl. aus 8 gestutzten, bräunlichen Paarzähnen gebildet, später 16 Einzelzähne. Cilien 8, bleichgelb, etwas kürzer. Spaltöffnungen in
der Mitte des Sp., einreihig, kryptopor. Monöc. — An Weiden,
Pappeln, Obstbäumen. Eb. u. nied. Bg. Verbr. 4, 5.
Orthotrichum Schimperi Hammar. **309.**

C. Blattbürtige Brutkp. fehlen.

I. Rasen bläulich o. weißlichgr., dicht.

α (Fig. 111a, Seite 104.) Ras. weißlichgr., sehr ansehnlich u. dicht,
oft halbkugelig gewölbt. St. oft über 10 cm hoch, gabelig verzweigt, dicht beblättert, zerbrechlich. Bl. (b) aufr.-abstehd. auch
schwach einseitswendig, ganzrandig. Div. $^5/_{13}$. Rp. sehr stark,
3—8schichtig, fast das ganze Bl. einnehmend, die Lamina bildet am
Blgrund nur einen schmalen, einschichtigen Saum wasserheller
Zellen. Blzellen durch Größe u. Gestalt sehr verschieden —
dimorph —. Die Blmitte wird von einer Schicht chlorophyllführender, kleiner, gestreckter Zellen — Assimilationszellen —
durchzogen, im übrigen besteht das Bl. aus großen, inhaltsleeren,
zartwandigen Parenchymzellen, deren Membranen perforiert
sind. Sp. m. kropfigem Halse, trocken gekrümmt, m. 8 Längsrippen D. lang geschnäbelt. Pz. 16, purpurn, bis zur Mitte gespalten. Vegetative Vermehrung durch Brutblätter. Diöc. —
Feuchter Wald- u. Torfboden, Erlenbrüche, Heideland. Verbr.
Sp. zlch. selten. 10, 11. VII. (15—16.)
Leucobryum glaucum (L.) Schimp. **310.**

β (Fig. 114a, Seite 104.) Ras. bläulich-, meer- o. weißgr., bis 6 cm hoch, selten höher, dicht, kalkig inkrustiert. St. mehrfach gabelig verzweigt, zerbrechlich, starr. Bl. steif aufr., dicht, lanzettl., lang zugespitzt, Rand flach u. oberhalb des Blgrundes gezähnelt. Rp. in der Spitze endend, bisweilen als Stachelspitzchen austretd. 6—8 mediane Dt., 2 starke Stereïdenbänder, Az. zahlreich, dickwandig. Basale Blzellen wasserhell u. dünnwandig, die übrigen chlorophyllreich, rundl.-quadrat. u. beiderseits warzig. S. blaßgelb, 1—2 cm l., rechtsgedreht. Sp. (b, c) aufrecht o. wenig geneigt, eifg. bis zylindr. Pz. (d) 16, rotgelb, ansehnl., schief nach links aufsteigd., spaltenfg. durchbrochen o. durchlöchert o. bis zu $\frac{1}{3}$ in 2—3 unregelmäßige Schenkel geteilt. D. schief u. pfriemlich geschnäbelt. Diöc. — An feuchten Kalkfelsen, bes. auf Kalktuff. Bgland Mitteldeutschlds. In den A. bis 1600 m. Sp. selten. S.

Eucladium verticillatum (L.) B. S. **311**.

II Ras. anders gefärbt, dunkel-, schwärzlich-, bräunlich-, gelblich-, schmutzig- oder reingr.

α (5) Ausschließlich winzige, mit dem Sp. — dies ist fast immer eingesenkt — nur wenige mm hoch werdende (Astomum crispum selten 1 cm, Sporledera palustris selten 1,5 cm hoch) auf feuchter Erde, an schlammigen Teich- und Flußufern, an Grabenwänden und Erdlehnen vorkommende, kurzlebige (meist einjährige) Moose. Bei Ephemerum, Ephemerella und der seltenen Sporledera bleibt das oberirdische Protonema erhalten, bei Physcomitrella, Acaulon und Phascum dagegen verschwindet es schon frühzeitig. Sp. stets vorhanden, auf meist sehr kurzer S. oder ohne solche. Fuß oft angeschwollen. Das Sp. öffnet sich nicht mit einem D. (nur bei Astomum ist ein solcher in der Anlage vorhanden), das P. fehlt. Die Sporen gelangen durch Verwitterung der Spwand oder durch Bersten derselben ins Freie.

1. Bl. ganzrandig (bei Phascum Floerkean. oberwärts krenuliert) papillös. Sp. mit Spitzchen.

a (Fig. 112a, Seite .04.) Sp. mit kleinem, aber meist abfallendem D. Räschen meist dunkelgr., locker, nur 2—5 mm, selten 1 cm hoch. Bl. oberwärts schopfig, lanzettl.-linealisch, gekielt. Rp. stark, als Stachelspitze austretd. 4 Dt., 2 Stereïdenbänder, basale Blzellen verlängert, durchscheinend, obere rundlich, beiderseits warzig. Sp. (b, c.) aufr., kugelig, eingesenkt oder fast eingesenkt. Hb. schmal kappenfg., oft auf einer Seite bis zur Spitze gespalten (d). Monöc. — Lehmige, grasige, feuchte Stellen, Gräben, Äcker usw. Bes. Eb. u. nied. Bg. Gemein. F.

Astomum crispum (Hedw.) Hampe **312**.

b Ein D. ist nicht vorhanden, auch in der Anlage nicht.

× Sp. aufrecht.

Tafel VI, Fig. 103—120.

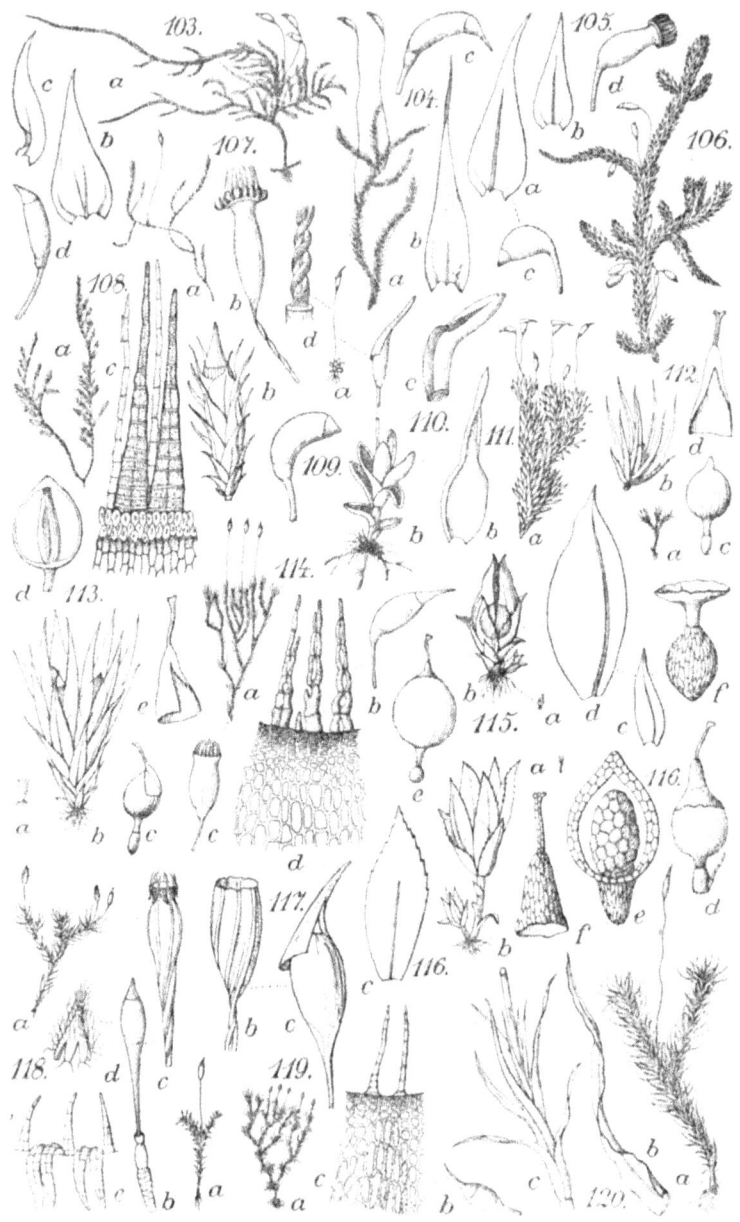

Stengel nicht flutend.

O (Fig. 113a,b, Seite 104.) Pflänzchen herdenweise, selten in Räschen, meist tief gr., 1,5—10 mm hoch. St. einfach o. ästig. Bl. oben schopfig u. zusammenschließend, ei.-lanzettl. zugespitzt, hohl, Rand ganz u. zurückgebogen, Div. $3/8$. Blzellen beiderseits meist warzig, die oberen sechsseitig, die unteren rectangulär, chlorophyllarm u. dünnwandig. Ein dorsales Stereïdenband. Sp. (b, c, d) kugelig o. eikugelig, in den Hüllblättern versteckt, auf ca. 1 mm l., im verkehrteiförmigen Fußteil angeschwollener S. Hb. an der Seite aufgeschlitzt (e). Monöc. — An ähnl. Stellen w. vor. Durch das Geb. gemein. 4, 5. VII—X. (7—10).

Phascum cuspidatum Schreb. **313.**

OO Pflänzchen herdenweise o. einzeln, sehr winzig (meist kaum 1 mm hoch), trüb rötlich- o. bräunlichgr. St. stets einfach. Untere Bl. eifg. o. rundlich, ohne o. mit über d. Mitte endender Rp., die oberen größer, aufr.-abstehd., eilanzettl., lang und scharf zugespitzt, Rand oben eingebogen u. gekerbt, mit stachelspitzig austretender, bräunlichgelber o. rotbr. Rp. Zwei große Dt., ein Stereïdenband, drei ventrale u. fünf bis neun dorsale Az. Sp. oft gehäuft, kugelig-eifg., braungelb, mit kurzer, gerader, stumpfer Spitze, auf s. kurzer, gerader, dicker S. Fuß angeschwollen, stumpfkegelfg. Monöc. — An ähnl. Stellen w. vor., liebt kalkhalt. Boden. Eb. u. nied. Bg. Hin u. wieder. H.

Phascum Floerkeanum W. et M. **314.**

×× Sp. nickend bis hängend, seitlich hervortretend, auf schwanenhalsartig gebogener, wasserheller, an Länge dem Sp. gleichkommender S. Pflänzchen herdenweise, winzig (1—2 mm hoch), zart, knospenfg., braunrot. Obere Bl. lanzettl., lang zugespitzt, m. austretd. Rp., Rand umgerollt. 2 Dt., Stereïdenband schwach, 2 ventrale, 4—5 dorsale Az. Sp. oft zu 2, eifg., mit schiefer Schnabelspitze. Monöc. u. zwitt. — Auf kalkhaltigem Boden. Meist in der Eb. Hin u. wieder. F.

Phascum curvicollum Ehrh. **315.**

2. Blrand gesägt oder gezähnt.

a Bl. aus eiförmigem Grunde in eine lange, rinnige, borstenförmige Pfriemenspitze übergehend. Chlorophyllhaltiges Protonema ausdauernd u. am 0,5—1,5 mm h. St. von neuem sich bildend. Obere Bl. größer, Spitze unterseits u. am Rande gesägt. 2—6 große Dt., 2 breite Stereïdenbänder. Sp. eifg., mit geradem Spitzch n, auf blasser, derber, kurzer S. Hb. klein, am Rande mehrmals tief eingeschnitten. Monöc. — An sumpfigen, torfigen Stellen, an Grabenrändern, gern mit Pleurid. subul. Eb. bis Bg. Zlch. selten. 8, 9. VIII. (12—13.)

Sporledera palustris (B. S.) Hampe **316.**

b Bl. im oberen Abschnitt meist rinnig-borstenförmig.

× Blränder zurückgebogen. Sp. vollständig von den Hüllblättern eingeschlossen, wie versteckt.

O (Fig. 115 a, b, Seite 04.) Ras. gr., z. Zeit der Sporenreife oft gelb- o. rotbr. Pflänzchen (a) bis 2 mm hoch, knospenfg. u. längl., aber nicht, wie die folg. Art, im Querschnitt dreikantig, sondern rund. Schopfbl. (d) an der Spitze ein wenig zurückgekrümmt, hier mit zurückgebogenem u. gezähntem Rande. Untere Bl. rippenlos, die oberen (c) mit starker, kurz austretd. Rp. Sp. (e) aufr., kugelig, braunrot o. orangefarben, mit niedriger, stumpfer Warze. Fuß stark angeschwollen (f). S. gerade. Vaginula kugelig. Diöc. — Auf lehmigem o. kalkhalt. Boden, auf Äckern, an Waldrändern usw. Eb. u. nied. Bg. Gemein. H. bis F.
Acaulon muticum (Schreb.) C. M. **317**.

OO. Ras. trübgr., im Alter bräunlichrot. Kleiner als die vor., bis 1,5 mm hoch. Bl. deutlich dreizeilig, die an der Spitze fast kapuzenfg., mit fast der ganzen Länge nach zurückgebogenen u. gezähnten Rändern und gelbl., auslaufender Rp. Sp. fast wagerecht o. nickend, orangefarben, ohne Warze, auf schwanenhalsartig gebogener S. Diöc. — An ähnl. Stellen wie vor. Eb. Seltener als vor. H. bis F.
Acaulon triquetrum (Spruce) C. M. **318**.

×× Blränder flach.

O Sp. mit gerader, stumpfer Spitze.

! Die winzigen, mit bloßem Auge kaum zu erkennenden, höchstens 2 mm hoch werdenden Pflänzchen bilden sehr zarte, gr., später bräunl. Anflüge auf tonig-lehmigem Boden. Protonema bleibend.

† Obere Bl. aufr.-abstehd. bis einseitswendig, eilanzettl. o. verlängert lanzettl., m. zarter, vor oder in der Spitze endender Rp., am Rande über der Mitte mit unregelmäßigen Zähnchen. Sp. blaß, oft zu zwei, dick eifg. o. fast kugelig, auf sehr kurzer oder kaum angedeuteter S. Fuß kaum verdickt, kegelig. Spaltöffnungen über das ganze Sp. zerstreut. Diöc. — Oft gesellig mit Eph. serratum, doch seltener. 8, 9. VIII (12—13.)
Ephemerum cohaerens (Hedw.) Hampe **319**.

†† Obere Bl. schmal linealisch-lanzettl., gegen die Spitze stumpf gesägt, mit lang austretd., breiter, dicker Rp., sonst w. vor. Sp. dick, fast kugelig. S. fehlt. Fuß nicht angeschwollen, kegelig. Spaltöffnungen w. b. vor. Diöc. — Auf feuchtem, tonigem Boden, auf Äckern, Wiesen usw. Zlch. selten. W.
Ephemerum sessile (B. S.) C. M. **320**.

!! (Fig. 116 a, b, Seite 104.) Pflänzchen herdenweise oder in kleinen, lockeren Räschen auf nacktem Schlamm von Teichen, Flüssen, größer als Ephemerum (selten bis 5 mm), mit spärlichem, früh verschwindendem Protonema, meist in Gesellschaft von Physcomitrium sphaericum. Stämmchen einfach o. gabelig verzweigt. Bl. (c) an der Stspitze schopfig zusammengedrängt, die unteren kleiner u. rippenlos, die oberen abstehd., aus spatelfg. Grunde verkehrtu. breit-eifg., kürzer o. länger zugespitzt, Rand gezähnt. flach, Rp. vor d. Spitze endend. Sp. (b, d) kugelig, auf kaum angedeuteter S. Hb. kegelfg. (f). Spaltöffnungen nur am Grunde des Sp. Monöc. — In der Eb. zlch. verbr., seltener im Bergld. S. H.

Physcomitrella patens (Hedw.) B. S. 321.

OO Sp. mit schiefer Spitze. Oberirdisches Protonema ausdauernd. Pflänzchen m. d. Bl. 1,8 mm hoch und dem Eph. sessile sehr ähnl., von diesem aber leicht zu unterscheiden durch das schief geschnäbelte Sp. Obere Bl. abstehd. bis zurückgebogen, trocken verbogen u. gedreht, schmal-linealisch o. lanzettl., lang zugespitzt, gegen die Spitze hin undeutlich gesägt, mit gr., kräftiger, stachelspitzig austretender Rp. Sp. fast kugelig, braunrot, Spaltöffnungen nur am Grunde. S. gelb, deutlich. An ähnl. Stellen wie vor. Eb. bis nied. Bg. Selten. W.

Ephemerella recurvifolia (Dicks.) Schimp. 322.

β Kleine, schwärzliche, rötliche, kupferfarbige, schmutzig-braungr. oder br. Felsmoose, die mit wenigen Ausnahmen höhere Regionen bevorzugen. Das reife Sp. wird von dem verlängerten, blattlosen St., der also ein Pseudopodium darstellt und leicht für die S. gehalten werden kann, getragen. Eine eigentliche S. fehlt. Der Fuß befindet sich unmittelbar unter dem nicht zerteilten Abschnitt des mit 4—6, seltener bis 8 Spalten sich öffnenden Sp. Die Klappen des Sp. bleiben oben miteinander verbunden. Die reichbeblätterten Stämmchen sind wie die Bl. starr und leicht zerbrechlich.

1. Rp. der Laubbl. austretend, kräftig. Bl. sichelfg.-einseitswendig.

a **A.** Rp. den Pfriementeil des Bl. vollständig einnehmend. Ras. dicht, schwarz, schwach glänzd. St. bis 2 cm hoch, starr, brüchig, dünn. Bl. aus scheidigem, eifg. Grunde rasch lanzettl.-pfriemenfg. Div. $^3/_8$. Rp. halb so breit wie die Lamina. Pbl. größer als die Laubbl., zusammengewickelt, breit-eifg., allmählich in eine verdickte Spitze übergehend. Monöc. — An nassen Felsen der Hochgeb. Selten. F.

Andreaea cra sinervia Bruch 323.

b Rp. nur die obere Hälfte des Pfriementeils einnehmend. Ras. etwas kräftiger als bei vor., sonst wie vor. St. bis 3 cm hoch. Bl. locker, stark sichelfg.-einseitswendig, aus breiteifg. Grunde allmählich lang pfriemenfg., Bl. des Endschopfes an der Spitze gezähnelt. Div. $^3/_8$. Pbl. verkehrt-eifg., an der

Spitze abgerundet, zuweilen mit aufgesetztem Spitzchen, ebenfalls zusammengewickelt u. größer als die Laubbl., Ränder rings krenuliert, Rückenfläche warzig. Monöc. — An Felsen. Bisher nur von wenigen Standorten bekannt. 4.
Andreaea Huntii Limpr. **324.**

2. Rp. der Laubbl. vor der Spitze o. in dieser endend.

a Zellen der Laubbl. ohne Warzen. Pbl. größer als die Laubbl. u. zusammengewickelt.

× Laubbl. aus breitem, eifg. Grunde rasch breit linealisch-pfriemenfg., meist einseitswendig. Div. $3/8$. Pbl. plötzlich kurz pfriemenfg., Rp. die Spitze nicht ganz ausfüllend. Räschen bis 1,5 cm hoch, schwärzl., bisweilen rötl., glanzlos. Monöc. — In der norddeutsch. Tiefebene auf erratischen Blöcken, im übrigen auf die Bg. beschränkt. Hin u. wieder. 4, 5. IX, X. (18—20.)
Andreaea Rothii W. et M. **325.**

×× A. Laubbl. gleichmäßig nach der Spitze verschmälert, oft einseitswendig, mit stumpfl. Spitze. Div. $3/8$. Rp. die Spitze erreichd. o. vor dieser verschwindend. Innere Pbl. kleiner als die äußeren, nicht zusammengewickelt, nur die äußeren etwas zusammengewickelt, mit stumpfer Spitze. Ras. rötlich, kupferfarben o. schwarz, in der Regel glänzd. St. 2—5 cm hoch. Monöc. — Nur im Hochgeb. Zerstr.
Andreaea frigida Hüben. **326.**

b A. Zellen der Laubbl. warzig. Pbl. u. Laubbl. in der Gestalt übereinstimmend. Laubbl. trocken fast kraus, ± sichelfg., lanzettl.-pfriemenfg. Div. $3/8$. Pbl. nicht zusammengewickelt. Ras. ausgebreitet, dicht, schmutzig-braungr., rotbr. o. schwarz, glanzlos. Diöc. — An überrieselten Felsen des Hochgeb. Selten. S.
Andreaea nivalis Hook. **327.**

γ Rindenbewohner von polsterfg., selten rasenartigem Wuchse und meist düsterer, bräunlich- oder schwärzlichgr. Färbung. Einige Arten kommen, wenn auch selten, auf Gestein vor. Mit Ausnahme von Zygodon viridissimus, das sehr selten fruchtet, bringen die Ulota- und Orthotrichumarten fast immer reichlich Sp. hervor, weshalb ich kein Bedenken trug, bei Abfassung der Bestimmungstabellen dieser beiden Gattungen die Spverhältnisse zugrunde zu legen.

1. (Fig. 117a, Seite 104.) St. m. reichlich. Brutkp., im rotbr. Rhizoidenfilz versteckt. Räsch. o. Polster lebhaft gr., meist 1 cm hoch. St. aufr. o. aufsteigd., dicht beblättert. Brutkp. kugl. o. ellipsoidisch, vier- bis fünfzellig, bräunl., auf gabelig verzweigten Trägern. Bl. trocken fast kraus, feucht sparrig zurückgekrümmt, lanzettl., kielig. Div. $2/5$. Rp. meist vor d. Spitze endd. Blzellen beiderseits m. zylindr. Warzen. S. 0,3 bis 0,7 cm lang, blaßgelb, im Alter bräunl., gegenläufig gedreht.

Sp. (b) aufr. o. schwach geneigt, blaß, mit 8 dunkeln Streifen (c) u. ebenso vielen tiefen Furchen. D. schief geschnäbelt, m. rotem Rande. P. fehlt (b). Diöc. — An der Rinde von Laubholzstämmen, selt. an Nadelhölz. Eb., nied. Bg. Zerstr. 3, 4.
Zygodon viridissimus (Dicks.) Brown. **328.**
2. Stbürtige Brutkp. fehlen, dagegen bei O. gymn. blattbürtige Brutkp.
  a P. fehlt. Auf der Rinde der Zitterpappel bildet diese Art über 1 cm hohe, lockere, leicht zerfallende Ras. Bl. löffelfg.-hohl, trocken dachziegelig anliegd., feucht abstehd., Spitze stumpf, Ränder überall stark eingerollt, Rp. schwach u. vor der Spitze erlöschd. Blzellen beiders. mit einfachen o. gepaarten, langen, stumpfen Warzen. Sp. kurzhalsig, Hals scharf von der S. abgesetzt, blaßbr., undeutlich längsgestreift o. Streifen fehlend, in der Reife m. roten Streifen u. 8 schmalen Rippen. Diöc. — Eb. u. Hrg. Meist in Gesellschaft v. Orth. obtusif. Sehr selten. 4, 5.
Orthotrichum gymnostomum Bruch **329.**
  b P. vorhanden.
  × P. einfach. Zähne 16. Kissen ausgedehnt, fast hingestreckt, kräftig, gelblichgr. o. hellbr. St. kriechd., büschelig-verästelt, mit dunkelbr. Wurzelfilz, Äste aufrecht, dick, kurz, dicht beblättert. Bl. trocken aufrecht angedrückt u. ein wenig gewunden o. kraus, feucht abstehd., aus eifg., hohlem Grunde lanzettl., am Rande unten zuweilen etwas zurückgerollt. Rp. vor d. Spitze endd. Blzellen oben rundl., starkwandig, am Grunde beiderseits der Rp. schmal-lineal, gelb, am Rande mehr parenchymatisch, heller bis durchscheinend. S. 3—5 mm l., gelb, unten rötl., linksgedreht. Sp. fast keulen- o. birnfg., langhalsig, an der Mündung verengt, m. 8 breiten Streifen, entleert achtfaltig. P. einfach, anfangs 8 Paarzähne, später 16 weißl. Einzelzähne. Monöc. — An der Rinde von Laubholzstämmen, bes. Ebereschen, Birken, Buchen usw. Obere Bg. Zerstr. 8, 9.
Ulota Drummondii Hook. et Grev. **330.**
  ×× P. doppelt. Siehe Seite 111.
δ Fels- u. Erdmoose — Ulota Hutchinsiae, Orthotrichum anomalum, alpestre, pulchellum selten o. s. selten auf Baumrinde — von polster- o. rasenfg. Wuchse. Färbung meist düster, seltener freudiggr. Das Sp. öffnet sich stets mit einem Deckel. P. fehlt bei Gyroweisia tenuis, einer winzigen Art! —, bei Hymenostylium curvirostre u. Amphidium. Siehe Seite 155.
Größere, schmutzig-bräunl., schwärzlichgr. u. bräunlichgelbe Moose. An nassen, überrieselten Felsen und Blöcken.
1. St. längs mit zahlreichen, kurzen, knotenfg. Ästchen. Blätter stumpf, Ränder umgerollt. Grundgewebe des St. gelb- u. dickwandig.

Stengel nicht flutend.

a Ras. gelbgr. o. gr. Bl. an der Spitze stumpf, fast kappenförmig. Rp. stark, gelb, bis zur Spitze. Blzellen nicht warzig, oben quadratisch u. rectangulär, in der Mitte rectangulär, an der Basis linealisch, oben in mehreren Reihen doppelschichtig, Rand zweischichtig (Querschnitt!). Sp. aufr., längl.-zylindr., hellbr., rotmündig, derbwandig, etwas glänzd. D. gerade, rot, mit zackigem Rande. Pz. m. bleichem Vorperistom, bis $2/3$ oder zum Grunde in 2 knotige, ungleiche Schenkel gespalten. Diöc. — An nassen Felsen. Oft in Gesellschaft der Hauptform u. des Rh. protensum. Zlch. selten. F.
Rhacomitrium affine ß. obtusum (Schleich.) Lindbg. **331.**

b Polster locker, flach, ausgedehnt, schmutzig dunkel- oder schwarzgr. o. bräunl. Blattrand einschichtig, Blzellen warzig, alle verlängert. S. länger als bei vor., im Alter rötlich- o. schwärzlichbr., unter dem aufr., ovalen o. gestreckten, br., später schwärzl., m. deutl. Halse ausgestatteten, glanzlosen, derbwandigen Sp. einmal links gedreht. D. fast so lang wie die U., nadelfg. geschnäbelt. Pz. purpurn, in 2 nicht knotige Schenkel geteilt. —Diöc. — An berieselten Felsen u. Felsblöcken. Bg. u. Arg. Verbr. Sp. reichl. F.
Rhacomitrium fasciculare (Schrad.) Brid. **332.**

2. St. ohne knotige Seitenäste. Blränder u. Lamina einschichtig, Blzellen beiderseits mit gepaarten Warzen, oben quadratisch, in der Mitte rechteckig, am Grunde linealisch. Rp. vor der Spitze verschwindend. S. rechts gedreht. Sp. aufr., längl. o. fast zylindr. Drand zackig. Pz. linealisch-pfriemenfg., Querleisten an der Außenseite unten hervortretd., Vorperistom vorhanden. Ringzellen rot.

a Polster dunkel- bis schwarzgr., etwas starr. Bl. zungenfg., mit meist gezähnter o. warziger, breit abgerundeter Spitze, allseits abstehd. o. einseitswendig, am Rande in der unteren Hälfte zurückgerollt. S. 0,5—1 cm l., gelb, später rotschwarz. Sp. m. Hals, rötlichbr., später schwarz, mattglänzd., derbhäutig, kleinmündig. D. gerade, pfriemlich zugespitzt, gelbrot. Spaltöffnungen 3- u. 4reihig. Schenkel d. Pz. kaum knotig, schmutzigrot. Diöc. — Überrieselte Fels. u. Felsblöcke, bes. an Steinen in Bächen. Bg. u. Arg. Verbr. 3, 4. IV, V. (10—12.)
Rhacomitrium aciculare (L.) Brid. **333.**

b Polster locker, breit, niedergedrückt, gelbl.- o. bräunlichgr., öfter rötl. gescheckt, innen rostbr. Bl. linealisch-lanzettl., Spitze zlch. stumpf, ganzrandig, Ränder bis zur Blmitte zurückgerollt. Div. $3/8$. S. 0,5—0,8 cm l., gelb, am Grunde rötl., später bräunl. S. hellbr. D. w. b. vor. Pz. rötlichgelb, Schenkel gelblichrot, schwach knotig, ungleich lang. Vorperistom blaß. Diöc. — Wassertriefende Felsen, in der Nähe von Wasserfällen. Bg. u. Arg. Zlch. verbr. 4, 5. IV, V. (11—13.)
Rhacomitrium protensum A. Br. **334.**

×× **Peristom doppelt.**

A. Äußeres P. aus 8 Paarzähnen gebildet.
I Inneres P. aus 8 Cilien bestehend.
α Bl. trocken mehr weniger kraus, an der Basis meist wasserhell gesäumt.
1. Sp. mit vortretenden Längsstreifen. Spaltöffnungen im Halsteile zweireihig, phaneropor.
a (3) (Fig. 118a, Seite 104.) Kissen locker, weich, wenig gewölbt, lebhaft gelbgr., abwärts bräunl., am Grunde rostfarben. Bl. trocken sehr kraus, bis 3,6 mm l., aus eifg., hohler Basis lineal.-lanzettl., zusammengefaltet-kielig, hin- u. hergebogen, am Rande flach o. hier u. da ein wenig zurückgeschlagen. Rp. v. d. Sp. endd. Blzellen warzig, dickwandig. S. ca. 5 mm l., gelbl., linksgedreht. Sp. (b) aus langem Halse birnfg., grünlichgelb, achtstreifig, (c) trocken verlängert-keulenfg., entleert blaß strohgelb, schlank spindelfg., unter dem erweiterten Munde verengt u. allmählich in den Hals verschmälert. Hb. dicht behaart (d). Äußeres P. 8 Paarzähne, inneres P. 8 Cilien (e). Monöc. — An Waldbäumen, bes. Nadelhölzern. Eb. u. Bg. Verbr. 6, 7. IX—III. (15—22.)
Ulota crispa (L. Gmel.) Brid. **335.**
b Schlanker, zarter, etwas kleiner als vor. Polster meist gr. Bl. etwas kürzer als bei vor., meist 2,8 mm l., trocken weniger kraus. Blzellen beiderseits schwach warzig. Unterscheidet sich von U. crisp. durch kürzeres, dickeres, bleiches, vom Halse abgeschnürtes, im entleerten Zustande gestutzt-urnenfg., kürzer gestieltes, im Alter spindelfg. Sp. (S. 1,5—2,5 mm l.), Hb. behaart. Monöc. — An Waldbäumen, bes. Laubhölzern. Eb. bis obere Bg. Seltener als vor. 5.
Ulota crispula Bruch **336.**
c Polster zlch. robust, an U. Drummondii erinnernd, freudig- o. gelblich-gr., abwärts gelbl. o. bräunl. Bl. trocken weniger kraus, verbogen, geschlängelt o. gedreht, größer als bei U. crispa u. crispula (bis 4 mm l.) Rp. vor u. in der Spitze endd. Blzellen beiders. schwach warzig o. glatt. Vaginula m. langen Haaren. S. bis 5 mm l. Sp. längl.-eifg., gelbbraun, durch d. langen Hals keulenfg., trocken schmal spindelförmig (über 3 mm l.), von der Mitte bis zur Mündung allmählich verengt. Hb. stark behaart. Sporen in Größe u. Form ungleich. Monöc. — An Waldbäumen verschiedener Art, selten an Felsen. Eb. u. Bg. Verbr. 7, 8. XI. (16—22.)
Ulota Bruchii Hornsch. **337.**
2. Sp. glatt, nur an der verengten Mündung m. 8 kurzen Streifen u. ebensovielen kurzen Falten. Polster locker, gelblichgr. bis bräunl. St. hingestreckt-kriechd., büschelig-ästig, spärlich wurzelfilzig. Bl. trocken weniger kraus. Rp. in o. kurz vor der

Spitze endd. Blzellen starkwandig, beiderseits schwach warzig.
S. 4,7 mm l., sonst wie U. crispa. Sp. langhalsig, verkehrt-
keulig-birnfg., hellbr. Vaginula langhaarig. Hb. dicht behaart.
Äußere Pz. kurz-vierspaltig, später 16 kurz-zweispaltige Ein-
zelzähne. Cilien 8, sehr zart, hinfällig, einzellreihig. Monöc. —
An Waldbäumen versch. Art, bes. Rotbuchen. Eb., bes. Bg.
Verbr. 10.

Ulota Ludwigii Brid. 338.

β Bl. trocken nicht kraus.
1. Vaginula nackt (bei O. pumilum mit einzeln. kurzen Haaren).
a Bl. zugespitzt.
× P. bleichgelb.
O Polster s. niedrig, meist 5 mm, selten höher, dunkelgr.
o. gelbl. Bl. längl.-lanzettl., scharf zugespitzt, gekielt,
trocken anliegend, feucht aufr.-abstehd., Ränder zurückgerollt. Rp. v. d. Spitze verschwindd. Blzellen beiderseits m. wenigen, s. niedrigen Warzen. Sp. auf s. kurzer
S. halb oder mehr emporgehoben, längl.-eifg., fast elliptisch, allmählich in den halb so langen o. etwas längeren
Hals übergehd., grünlichgelb, mit 8 breiten, br., deutlichen
Streifen, später schmal urnenfg., zuletzt br. Hb. nackt,
bleichgelb, ⅔ der U. bedeckend. Spaltöffnungen in der Mitte
der U., meist einreihig u. mit sehr weitem Vorhof, kryptopor.
Monöc. — An Feldbäumen. Bes. Eb. u. Bg. Gemein. 4,
5, X, XI. (17—19.)

Orthotrichum pumilum Swartz 339.

OO Polster dicht, etwa 1 cm hoch, straffstengelig. Bl. feucht
aufr.-abstehd., trocken anliegd., längl.-lanzettl., meist kurz
zugespitzt, Ränder umgerollt, Spitze warzig gezähnelt,
Rp. meist die Spitze erreichd. Blzellen beiderseits dicht
mit einfachen o. doppeltspitzigen Warzen. Scheidchen
nackt. S. s. kurz, daher d. Sp. tief eingesenkt, mit dem
faltigen Halse längl.-birnfg., breit gestreift, Rippen gelb.
Hb. goldbräunl., Spitze scharf, schwärzlich o. schwarzbr. m.
spärl. Haaren an der Spitze. Spaltöffnungen phaneropor,
in geringer Zahl an der Ubasis. Pz. an der Spitze gefenstert,
auf der Außenseite mit eigentüml., dichten, wurmförmigen
Linien. Cilien kräftig, ebenfalls mit Wurmlinien, bisweilen
mit seitl. Anhängseln, kürzer als die Pz. Monöc. — An
Feldbäumen (Pappeln, Linden usw.), auch an Zäunen u.
ähnl. Stellen. Eb. bis Bg. Verbr. 4, 5.

Orthotrichum fastigiatum Bruch 340.

× × P. weißlich.
O Polster ansehnlich, flatterig, 2—3 cm hoch, dunkel- bis
gelblichgr. Bl. feucht zurückgekrümmt-abstehd., trocken
locker anliegd., verlängert-lanzettl., scharf zugespitzt, tief
gekielt, Ränder stark zurückgerollt, obere Bl. plötzlich zuge

spitzt. Rp. meist vor der Spitze endd. Blzellen beiders. dicht m. meist einfach., stumpf. Warzen. Scheidchen nackt, m. langer Ochrea. S. s. kurz, deshalb Sp. eingesenkt o. etwas emporgehoben. Sp. längl.-zylindr., m. faltigem Halse, mit 8 schmalen, gelben Streifen. Hb. blaßgrünlich o. bräunl., spärl. behaart, fast bis zum Halse reichd. Spaltöffnungen unterhalb der Umitte in einer o. zwei Reihen, phaneropor. Pz. an der Spitze meist gefenstert u. dreispitzig. Cilien fast so lang wie die Pz. Monöc. — An Feld- u. Waldbäumen, seltener an Gestein. Eb. bis nied. Arg. Gemein. 6—8. X—III. (15—22.)

Orthotrichum affine Schrad. **341.**

OO Polster kräftig, bis 5 cm hoch, freudiggr., locker. Bl. verlängert-lanzettl., s. lang zugespitzt, zusammengefaltetkielig, mit stark zurückgerollten, in der Spitze flachen Rändern. Rp. bis zur Spitze. Blzellen beiders. m. dichten ein- u. zweispitzigen Warzen. Scheidchen nackt, m. Ochrea. Sp. auf ca. 1,5 mm l. S. halb o. ganz emporgehoben, bleichgelb, längl.-zylindr., mit 8 undeutlichen, später dunkleren Streifen. Hals zlch. lang, mit der entleerten U. verlängert-spindelfg., mit 8 schwachen Furchen o. glatt. Hb. gelb, schmalglockig, dicht u. gelb behaart. Pz. oben gefenstert, dicht warzig. Cilien aus zwei Zellreihen bestehd., m. seitl. knotigen Anhängseln. — An Wald- u. Feldbäumen, auch auf Gestein. Eb. bis Varg. Gemein. 8—10. X, XI. (21—24.)

Orthotrichum speciosum N. v. E. **342.**

b Bl. oben plötzlich in eine breite, stumpfe, warzig-gezähnte Spitze übergehend, tief gekielt, am Rande stark zurückgerollt, m. gelber, vor d. Spitze endd. Rp. Blzellen beiderseits m. einfachen Warzen. Räschen 0,4—1 cm hoch. Scheidchen behaart, m. Ochrea. Sp. auf niedriger S. etwas emporgehoben, längl.-walzenfg., langhalsig, breit u. gelb gestreift, entleert achtfurchig, unter der Mündung verengt. Hb. lang u. schmal, fast die ganze U. bedeckend, strohfarben-bräunl., spärlich behaart. Hals mit 3 Reihen von Spaltöffnungen. Pz. an der Spitze zweispaltig. Cilien einzellreihig. Monöc. — An Feld- u. Obstbäumen. Eb. u. niedere Bg. Zerstreut. 5.

Orthotrichum tenellum Bruch **343.**

2. Vaginula mit zahlreichen Haaren besetzt.
 a Räschen niedrig (8 mm hoch), gelbl.- o. olivengr. Bl. linealischlanzettl., kurz u. stumpflich zugespitzt, gekielt, Ränder umgerollt. Blzellen beiderseits warzig. Sp. eingesenkt, derbwandig, gelblichbr., mit 8 breiten, orangefarbenen Streifen, trocken u. entleert urnenfg., m. 8 Rippen. Hb. nackt, kegeligglockig, d. Sp. zur Hälfte bedeckd., strohfarben, glänzd., Spitze bräunl. Spaltöffnungen kryptopor, einreihig. Pz. gelb, dicht

warzig, an der Spitze meist durchbrochen. Cilien um ¼ kürzer als die Pz., unten aus zwei Zellreihen gebildet. Monöc. — Besonders an jüngeren Bäumen und Sträuchern, selten an Steinen. Eb. u. niedere Bg. Zerstreut. 6.
Orthotrichum Braunii B. S. 344.
b Räschen dicht, klein, niedrig (0,5—1,5 cm hoch), gr. u. gelbgr. Bl. feucht zurückgekrümmt-abstehend, breit-eifg.-lanzettl., lang u. scharf zugespitzt, zusammengefaltet-hohl, m. schwach zurückgerollten Rändern u. in der Spitze endender Rp. Blzellen beiderseits warzig. Scheidchen dicht behaart, Haare z. T. 2zellreihig. Sp. halb eingesenkt, eifg., bleich strohfarben, dünnhäutig, Streifen 8, schmal, S. vom Halse — dieser halb so lang wie die U. — scharf abgesetzt. Entleertes Sp. erweitert, urnenartig. Hb. spärl. u. kurz behaart, weit glockenfg., fast ⅔ der U. umschließd., gelb o. goldgelb. Spaltöffnungen kryptopor, 2reihig am Ugrunde. Pz. in der Teilungslinie durchbrochen (nicht gefenstert), schon frühzeitig in 16 Einzelzähne zerfalld. Cilien kürzer als die Pz. Monöc. — An Sträuchern, Feld- u. Waldbäumen, sehr selten an Felsen. Eb. u. Bg. Zerstreut. 6. III, IV. (14—15.)
Orthotrichum patens Bruch 345.
II Inneres P. aus 16 Cilien bestehend.
α Bl. trocken kraus. Diese Art wächst meist in Gesellschaft von Ulota crispa, crispula o. Bruchii. Sp. unter der Mündung nicht oder nur wenig verengt, eifg., entleert fast urnenfg., im Alter spindelfg., hellbräunl. u. zart gefurcht. Spaltöffnungen 3- u. 4reihig, groß. Pz. im oberen Teil gefenstert u. meist dreiteilig. Cilien abwechselnd länger u. kürzer, einzellreihig. Sporen in Größe u. Form ungleich. Monöc. — An Waldbäumen, bes. Laubhölzern. Zerstreut. 6. 7.
Ulota intermedia Schimp 346.
β Bl. trocken nicht kraus. Cilien abwechselnd länger u. kürzer.
1. (3) Acht Cilien länger als die äußeren Pz. An Steinen u. Baumstämmen in Bächen u. Flüssen.
Orthotrichum rivulare 4.
2. Die 8 längeren Cilien etwas kürzer als die äußeren Pz.
a Polster zlch. locker, gr., gelb- o. schmutziggr., fast etwas glänzd., 1—2 cm hoch. St. büschelästig, unten m. braunrotem Wurzelfilz. Bl. trocken anliegd., feucht abstehd., kurz zugespitzt. Rp. vor d. Spitze endd. Blzellen beiderseits m. dichten, kleinen, meist einspitzigen Warzen. Scheidchen dicht behaart, Haare lang, gelb, fast glatt, 2- u. 3zellreihig. Sp. ganz o. halb emporgehoben, auf meist sichtbarer S., oval o. längl.-oval, mit faltigem Halse, reifes Sp. hellgelb, mit 8 breiten, orangefarb. Streifen, entleert verlängert, rötlichbr., m. 8 starken Rippen. Hb. weitglockig, strohgelb; an der Spitze schwarzbräunlich, m. spärl. Haaren. Spaltöffnungen an der Ubasis,

kryptopor, 2 (3)reihig. Pz. rötlichgelb, oben meist gefenstert
u. 3spaltig. Monöc. — An Wald- u. Feldbäumen, nicht an
Nadelhölzern. Eb. bis Varg. Verbr. 5—7.
Orthotrichum stramineum Hornsch. **347.**
b Polster ca. 1 cm hoch, selten höher, freudig- o. gelblichgr., am
Grunde m. gelben Wurzelhaaren. Gipfelblätter stumpf gespitzt, die unteren länger zugespitzt, stumpfliche u. abge-
rundete Bl. kommen auch vor. Rp. vor d. Spitze endend.
Scheidchen nackt, selten mit einigen Haaren. Sp. halb o.
mehr emporgehoben, elliptisch-längl., mit langem Halse, zartwandig, blaßgelb, m. 8 gelben Streifen, entleert unter d. Mündung wenig verengt. Spaltöffnungen in der unteren Uhälfte,
2reihig, kryptopor, Vorhof s. weit. Hb. nackt, scharfkantig,
hellgelb. Die längeren d. 16 Cilien unt. zweizell-, ob. einzellreihig.
Monöc. — An Waldbäum., alt. Sträuch. Eb. bis Bg. Verbr. 6, 7.
Orthotrichum pallens Bruch **348.**
3. Die 16 Cilien gleichlang. Polster bis 1 cm hoch, rein- o. tiefgr.
Blattränder in der Mitte zurückgerollt. Div. $^3/_8$. Diese Art ist
leicht an der glänzend-weißlichen, nackten, langen, schmalen,
das Sp. und einen Teil des Halses umhüllenden Hb. zu erkennen. Das eingesenkte, zartwandige, gelbl. Sp. besitzt 8
schmale, bis zur Umitte reichende Streifen, entleert besitzt
es zylindr. Gestalt u. 8 Furchen. Spaltöffnungen 2reihig am
Ugrunde, kryptopor, mit s. engem Vorhof. Pz. in der Teilungslinie hier u. da spaltenfg. durchbrochen, später 16 Einzelzähne. Cilien wasserhell, fädig, oft m. knotigen Anhängseln.
Monöc. — Feld- u. Waldbäum. Bes. Eb. u. Bgld. Zlch. selt. 7.
Orthotrichum leucomitrium B. S. **349.**
B. *Äußeres P. aus 16 Einzelzähnen, inneres aus 16 Cilien gebildet. Polster locker, bis 3 cm hoch, selten höher, gelbgr. Scheidchen m. spärlichen Haaren. Sp. auf 0,6 mm hoher S., eingesenkt, kurzhalsig, eifg., ungestreift, rippenlos, bleichbr. o.
gelbl., zartwandig, entleert urnenfg., lichtbr. Hb. weitglockig,
spärlich behaart. Spaltöffnungen in 2 Reihen am Ugrunde,
phaneropor. Pz. weißl., später rötlichgelb. Cilien bleichgelbl.,
gleichlang, fast von der Breite der Pz., am Rande buchtig gelappt, zuweilen durch Zellbrücken miteinander verbunden. —
An Feld-, Wald- u. Obstbäumen, selten an Felsen. Eb. bis
obere Bg. Gemein. 3—5. X.—IV. (11—18.)*
Orthotrichum leiocarpum B. S. **350.**

δ Fels- und Erdmoose usw.

A. *Bl. trocken kraus bis sehr kraus, bei Tortella u. Amphidium
außerdem gedreht.*
I Rp. meist vor der Spitze verschwindend. Blzellen beiderseits
glatt. Polsterfg., kleine — meist 1 cm hohe — weiche, Felsspalten

bewohnende, gelbl.- o. dunkelgr. Moose. Bl. linealisch-lanzettl. S. bis 0,4 cm l., zart, strohgelb. Sp. winzig, eifg., kuglig- o. längl.-eifg., m. 8 dunkelgefärbt., leistenartig vorspringenden Rippen, entleert weitmündig. Rg. fehlt. Pz. 16, auf niedriger, ringfg. Grundhaut. D. groß, lang u. schief geschnäbelt. Hb. kappenfg.

α (Fig. 119a, Seite 104.) Bl. allmähl. zugespitzt, ganzrandig, bisweilen oben schwach gezähnt, Rp. meist vor d. Spitze endd. Blzellen derbwandig, quadratisch bis rechteckig u. queroval. S. links gedreht, bis 4 mm l. Sp. (b) kuglig-eifg., rotbr., sehr deutl. gerieft. Pz. (c) fädig, sehr zart, warzen- u. streifenlos. Monöc. — Schattige Spalten von Silikatgesteinen. Hrg. bis Ha. Verbr. Sp. reichl. S.

Rhabdoweisia fugax (Hedw.) B. S. **351.**

β Bl. kurz zugespitzt o. stumpfl., gegen die Spitze stumpf entfernt u. grob gezähnt. Rp. vor d. Spitze endd.. Blzellen zartwandig, oben meist quadratisch, an der Basis länglich u. wasserhell. S. unten rechts-, oben linksgedreht. Sp. eifg. bis längl.-eifg. Pz. breit-lanzettl.-linealisch-pfriemenfg. Monöc. — An ähnl. Stellen wie vor. Selten. 7—9. III, IV. (11—12.)

Rhabdoweisia denticulata (Brid.) B. S. **352.**

II Rp. in der Blattspitze endd. Blzellen der Lamina beiderseits dicht warzig.

α Ras. gelb- o. gelblichgr. Bl. m. weißglänzendem Grunde, am Rande wellig. Zellen des Blgrundes hyalin, verlängert-rechteckig, zartwandig, ohne Warzen, von den rundl.-quadrat., grünen Blzellen scharf gesondert. Sp. gerade o. etwas gekrümmt, eilängl.-zylindr. 32 fadenfg., mehrere Male links gewundene, auf niedriger Grundhaut stehende Peristomschenkel.

1. Ras. bis 2 cm hoch, leicht zerfalld., locker, flach, mit spärl., bräunl. Wurzelfilz. Bl. bis 3 mm l., linealisch-lanzettl., kurz u. breit zugespitzt o. stumpf stachelspitzig. S. 1—2,5 cm l. Sp. etwas geneigt u. gekrümmt, mit gehobenem Rücken, eilängl. Peristomäste bis zweimal links gewunden. Dioc. — Auf Kalkboden, an felsigen Fluß- u. Bachufern. Hrg. bis Ha. Verbr. Sp. selten. 4. 5.

Tortella inclinata (Hedw. fil.) C. M. **353.**

2. (Fig. 120a, Seite 104.) Ras. bis 6 cm hoch, selten höher, breit, dicht, weich, m. dichtem, rostbr. Wurzelfilz. Bl. (b) feucht geschlängelt-abstehd., trocken lockig gekräuselt, m. wellig verbogenem Rand, bis 8 mm l., linealisch-lanzettl., lang u. schmal zugespitzt. S. bis 3 cm l. Sp. aufr., zylindrisch, unten etwas verdickt, größer als bei vor. Pbl. anliegend, am Grunde scheidig (c). Peristomäste dreimal links gewunden. Vegetative Vermehrung durch Bruchbl. Diöc. — Auf Kalkgestein, bes. auf beschattetem, mit Buchen bestandenem Waldboden. Verbr. Oft Mv. Sp. selten. 6, 7. V, VI. (12—14.)

Tortella tortuosa L. (C. M.) **354.**

β Ras. dunkel- bis bräunlichgr., höchstens 3 cm hoch, unten braun o. schwärzl. Blzellen oben rundl., chlorophyllreich, nach der Basis allmählich verlängert — nicht plötzlich abgesetzt —, dünnwandig, durchscheinend bis wasserhell. Sp. (Fig. 121a b, Seite 127) auf sehr kurzer S., aufr., birnfg.-eifg., langhalsig, entleert urnenfg., mit stark erweitertem Munde u. 8 deutlichen Rippen. Hb. kappenfg. D. schief geschnäbelt. P. fehlt. Monöc. — In Felsspalten. Bg. u. Ha. Zerstr. Sp. reichl. 7, 8.

Amphidium lapponicum (Hedw.) Schimp. 355.

B. Bl. trocken nicht kraus.

I A. Rp. als lange, rotbr., steife Granne austretend. Ras. schmutziggr. o. rötlichbr., innen rostfarben u. lockerfilzig. Bl. feucht sparrig-zurückgekrümmt-abstehd., mit bis über die Mitte zurückgeschlagenem Rande. Zellen am Blgrunde wasserhell, Membranen z. T. resorbiert. Die 32 Pz. zweimal links gewunden, auf bleicher, rhomboidisch getäfelter, hoher Grundhaut. Diöc. — Bes. auf Kalkgestein der A. u. Ha. Verbr. 7, 8.

Tortula aciphylla (B. S.) Hartm. 356.

II Rp. vor der Spitze verschwindend, in diese eintretend oder als Stachelspitze austretend.

α (3) Rp. als Stachelspitze austretend.

1. Zellen im unteren Bldrittel größer u. wasserhell und scharf von den übrigen gr., quadratischen o. sechsseitigen Zellen abgesetzt.

a A. Bl. aus lanzettl. Grunde schmal linealisch-pfriemenfg. (Spitzen meist abgebrochen), dicht, straff aufr.-abstehd., trocken einwärts gekrümmt u. ein wenig gedreht. Rp. stachelspitzig austretd., auf d. Querschnitt 6—10 große mediane Dt., 2 starke Stereïdenbänder, Begleiter fehlen. Laminazellen beiders. dicht warzig. Ras. gr. o. gelblichgr., dicht, zlch hoch., m. rostbr. Filze. Sp. s. selten, m. rotem Munde, aufr., gerade o. etwas gekrümmt. Die 32 Schenkel d. roten Peristoms auf einer Grundhaut u. dreimal links gewunden. Diöc. — Auf Moorboden, in Felsspalten. Verbr. 7, 8.

Tortella fragilis (Drumm.) 357.

b Bl. von anderer Gestalt, nicht linealisch-pfriemenfg., an der Spitze stumpf, stumpfl., kurz zugespitzt o. mit aufgesetztem Spitzchen, trocken gedreht, gefaltet und einwärts gekrümmt. Rp. s. kräftig, am Blrücken stark hervortretd., mit großem, halbmondförmigem, vielschichtigem, dorsalem Stereïdenband. Hb. sehr groß, das Sp. vollständig umhüllend, m. langer, schnabelfg. Spitze, blaß- oder bräunlichstrohgelb, am Rande m. langen, bleibenden o. hinfälligen Fransen o. gekerbt-gelappt. Sp. aufr. u. regelmäßig. D. gerade, m. langem nadelo. keulenfg. Schnabel. P. einfach (E. ciliata) o. doppelt (E. apoph. u. longicolla). Ras. bräunlich- o. braungr.

× P. einfach, mit Vorperistom. Pz. 16, orange, fünf- bis siebengliedrig. Vorperistom hinfällig, auch fehlend, von halber Zahnlänge. Ras. 1—3 cm h., bläulichgr. Bl. zungenfg., kurz zugespitzt o. mit aufgesetztem Spitzchen. Rp. gelb, als Stachelspitze austretd. o. vor der Spitze erlöschd. S. blaßgelb, später rötl., bis 1 cm l. Sp. (Fig. 122, Seite 127) trocken ungefurcht, mit blassem, wenig verengtem Munde. Hb. glänzd., blaßgelb, Spitze bräunlich, Fransen lang, bleibend. D. bleichgelb. Spaltöffnungen zahlr., überall verteilt. Monöc. — Schattige Abhänge, feuchte Felsspalten, Mauern. Zlch. verbr. Sp. hfg. 7. VI. (13.)
Encalypta ciliata (Dill. Hedw.) Hoffm. 358.

×× P. doppelt, das innere dem äußeren anhängend. Beide Arten nur in der Arg. Sp. mit zlch. langem o. s. langem Halse, auf roter S. Spaltöffnungen nur im unteren Abschnitt des Sp.

O Äußere Pz. 16, blaßrot, linealisch, an der Spitze meist gespalten, aus je 2 Zellreihen aufgebaut, von einer Längslinie durchfurcht oder z. T. gespalten. Sp. m. zlch. langem, in die S. verschmälertem Halse. Spaltöffnungen nur unter der Mitte des Sp. bis zur Basis des Sporensacks (also nicht am eigentl. Halse). Größere Art (1—5 cm). Monöc. — In humösen Felsspalten kalkarmer Gesteine. Selt. 6, 7.
Encalypta apophysata Bryol. germ. 359.

OO Äußere Pz. 16, purpurn, aus einer größeren Anzahl — meist 4 — Zellreihen gebildet u. unregelmäßig durchbrochen. Sp. m. s. langem Halse, nur an diesem mit Spaltöffnungen, entdeckelt weitmündig. — An ähnl. Stell. w. vor. S. selt. 7, 8. Kleinere Art, meist nur wenige mm hoch. Monöc.
Encalypta longicolla Bruch 360.

2. (Fig. 123 a, Seite 127.) Blzellen am Grunde verlängert u. wasserhell, aber von den übrigen Zellen nicht scharf abgesetzt. Ras. niedrig, dicht, freudiggr. Obere (b) Bl. größer, schopfig, breit längl.-lanzettl. o. spatelfg., scharf zugespitzt, mit wulstigem, bis zur Mitte zurückgerolltem, oben flachem u. gezähntem Rande. Rp. als gezähnte Stachelspitze austretd., kräft. Blzellen beiderseits zerstreut-warzig. Sp. (c) kuglig-eifg., nickend bis wagerecht, m. etwas gehobenem Rücken, blaßgelb, später hellbr. u. runzelig, im Alter rotbr. Pz. auf niedriger Grundhaut, bis unter die Mitte meist in 2, seltener in 3, meist ungleichlange, rötlichgelbe Schenkel gespalten. Monöc. — Auf feuchtem Kalkgestein, an Mauern, in Felsspalten. Bg. u. Arg. S.
Desmatodon cernuus (Hüb.) B. S. 361.

β Rp. in der Spitze endend, zart, gelb.

1. (Fig. 124 a, Seite 127.) Bl. (b) an der Spitze meist abgerundet, linealisch, Rand flach, ein wenig gekerbt o. gezähnt. Räschen winzig, nur wenige mm hoch. Sp. stets reichl., aufr. (c, d), längl.-zylindr., hellbräunl., auf ca. 0,7 cm l., etwas hin- und

hergebogener S. D. kegel., gerade o. etwas schief. P. fehlt. Diöc. — An Felsen u. Mauern, bes. auf Sandstein. Eb. selt., Bg. häufiger. 5, 6.

Gyroweisia tenuis (Schrad.) Schimp. **362.**

2. Bl. zugespitzt.

a Rp. am Rücken mit 2—4 Längslamellen (Querschnitt!). Ras. locker, leicht zerfalld., gelbgr. o. bräunlichgr., innen bräunl. bis schwärzl. St. aufsteigd., schlaff, 2—10 cm l., mit gekrümmten Gabelästen, abwärts fast blattlos, aufwärts dicht beblättert. Bl. verlängert-lanzettl., trocken dicht anliegd., feucht aufr.-abstehd., gekielt, Ränder eingerollt. Rp. kräft. S. abwärts gekrümmt, gelbl., 3—5 mm l., linksgedreht. Sp. eifg., gelbl., später br., geneigt bis wager., später fast aufr., rotmündig. Haubenrand gelappt. D. meist schief geschnäbelt. Pz. 16, purpurn, am Grunde miteinander verbunden, bis unter die Mitte meist in 2 ungleichstarke, fädige, bisweilen durchbrochene Schenkel gespalten. Diöc. — An nassen Felsen u. Blöcken. Bg. u. Arg. Hin u. wieder. Sp. selt. H—F.

Dryptodon patens (Dicks.) Brid. **363.**

b Rp. am Rücken ohne Lamellen.

× Bl. lang zugespitzt. Ras. braun- o. schwarzgr. o. schwarz, bis 3 cm h., zlch. starr u. kräftig. Bl. trocken anliegd., feucht zurückgekrümmt-abstehd., lanzettl., am Grunde m. Längsfalten, Ränder bis fast zur flachen Spitze zurückgerollt. Rp. kräft., br., in der Spitze endd., obere Teile der Lamina 2 schichtig. Blzellen beiders. dicht m. ein- u. 2 spitzigen Warzen. Sp. eingesenkt, verkehrt-eifg., hellbräunl., s. undeutl. gestreift, entleert nur am kurzen Halse u. am Munde 8 faltig. Spaltöffnungen unterhalb der Umitte, phaneropor, 2 reihig. P. doppelt. Äußere Pz. 16, bleichgelb, meist in der Mittellinie durchlöchert u. an der Spitze gespalten, Ränder buchtig. Cilien 8, sehr zart, meist von halber Länge, oft fehld. Monöc. — Bes. auf kieselhalt. Gestein. Hrg. bis Arg. Verbr. S.

Orthotrichum Sturmii Hornsch. **364.**

×× Bl. kurz zugespitzt.

O A. P. einfach, 16 zähnig, rostfarbig. Pz. bis unter die Mitte unregelmäßig 3- bis 4 spaltig, außen m. dichter, vortretender Querrippe. Sp. aufr., längl.-eifg., mit deutl. Halse, auf kurz., dicker, br., später schwarzer S. Hb. etwas schief, wenig länger als der kurze, meist etwas schief geschnäbelte D. Blrand unten auf einer Seite zurückgeschlagen, oben aufr. o. eingebogen. Rp. s. stark. Polster breit, dicht, schmutziggr. bis schwärzl., 2—6 cm h. Diöc.—Triefende Fels. selt. 9, 10.

Dryptodon atratus Mielich. **365.**

OO P. doppelt. Äußere Pz. 8 Paarzähne.

! A. Äußere Pz. rötl., in der Teilungslinie mit spaltenfg. Ritzen, oben außen warzig längsgestreift, oben gefenstert o.

3- u. 4spitzig. Cilien 8, unten 2 zell-, oben einzellreihig. Spaltöffnungen 2reihig am Grunde der U., kryptopor. Sp. halb emporgehoben, Hals fast so lang wie die eifg. U. und allmählich sich in die S. verschmälernd. U. mit 8 breiten, rötlich-gelben Streifen, entdeckelt unter d. Munde etwas zusammengezogen, trocken weiter unten verengt. Bl. in der Spitze warzig gezähnelt. Hb. glockig, gelblich-weiß, spärlich behaart. Räschen bläulich- bis bräunlichgr., 1—2 cm hoch. Monöc. — An Felsen u. Felsblöcken, selten an Baumstämmen. Zerstr. 6—8.
Orthotrichum alpestre Hornsch. **366.**

!! Äußere Pz. weißl., in der Teilungslinie nicht durchbrochen, dicht-, aber nicht streifig-warzig. Div. $^3/_8$. Cilien 8, 2zellreihig. Spaltöffnungen im Halsteile, 3reihig. Sp. durch den langen Hals birn- o. keulenfg., zieml. emporgehoben, 8 streifig, entleert tief gefurcht. Hb. dicht behaart. D. geschnäbelt. Rp. rötl. Polster meergr., bräunl., o. schwärzl., selten bis 2 cm hoch. Monöc. — Auf Gestein, selten an Stämmen von Laubhölzern. Bg. u. Arg. Hin u. wieder. 6. Winter. (16—22.)
Ulota Hutchinsiae Hammar **367.**

γ Rp. die Blspitze nicht erreichd.
1. Bl. zugespitzt.
 a Fast ein Drittel der Bl. (am Grunde!) wird von großen, inhaltsleeren, wasserhellen Zellen eingenommen.
Encalypta ciliata 358.
 b Wasserhelle Zellen, falls vorhanden, nur in geringerer Anzahl am Blgrunde.
  × Blzellen beiderseits — bei Orth. sax. nur die Oberseite — mit höheren o. niedrigeren, ein- o. zweispitzigen Warzen, schwach warzig (Hymenost. curvir.) oder dch. niedrige Warzen gestrichelt (Amph. Mougeot.).
  O Blzellen beiderseits gestrichelt-warzig. Sp. s. selten, dem v. A. lappon. s. ähnl. (Fig. 121, Seite 127). Ras. freudiggr., unten rostrot, locker, oft weite Strecken überziehd., 10 cm h. Bl. lanzettl.-pfriemenfg., Blränder oberhalb des Grundes umgerollt, oben flach. Vegetative Vermehrung durch Bruch- u. Brutbl. Diöc. — An feuchten, schattigen Felsen. Bg. u. Arg. Verbr. Oft Mv. 7, 8.
Amphidium Mougeotii (B. S.) Schimp. **368.**
  OO Blzellen nicht gestrichelt, sondern m. 1- u. 2spitzigen o. einfachen Warzen.
   ! Blzellen mit ein- u. 2spitzigen Warzen.
    † Blzellen beiderseits mit ein- u. 2spitzigen Warzen.
     ? P. einfach, Zähne 16. Rp. vor d. Spitze endd.
      △ Bl. gegen die Spitze scharf, aber ungleich gesägt, trocken kraus. Seltene Arten.

[[(Fig. 125a,·Seite 127.) Ras. zart, gelbl., bis 1 cm hoch. St. mit längl.-spindelfg., end- o. seitenständigen Anschwellungen, Brutorganen, die entweder abfallen oder mit dem St. verbunden bleiben. Bl. (b) feucht sparrig-zurückgebogen, hin- u. hergebogen, längl.-zungenfg., rasch zugespitzt. Sp. (c) Diöc. — Sandsteinfelsen, Heiden. Selten. Sp. selten. 3, 4.

Leptodontium flexifolium (Dicks.) Hampe. **369.**

[[[[A. Ras. etwas höher, als bei vor. Bl. längl.-lanzettl., rasch zugespitzt, mit einer s. langen Endzelle. Sp. unbekannt. St. mit meist spindelfg., durch Längs- u. Querteilungen mehrzelligen, gebräunten Brutkp., diese auf einzelligen o. fadenfg. und verzweigten Trägern o. sitzend. Ablösung durch eine kurze Trennzelle. Diöc. — An sonnigen Felsen in geschützter Lage. Selten.

Leptodontium styriacum Jur. **370.**

△△ Bl. am Rande nicht gesägt, bis zur Spitze umgerollt, trocken anliegd. Hb. glockig, behaart, bräunlichgelb, das Sp. größtenteils umschließd. Spaltöffnungen der U. kryptopor. Vorperistom vorhanden. Pz. an der Außenseite oben warzig-längsstreifig.

[[Sp. auf bis 0,4 cm l. S. emporgehoben, längl.-zylindr., goldig-br., mit 8 längeren und 8 kürzeren, bzw. 8 breiteren u. 8 schmäleren Streifen, entleert 16 rippig u. über d. Mitte verengt. Ras. grünlichbr., bis 2 cm h. Monöc. — An Felsen, Mauern, Dächern, selt. an Baumstämmen. Bis in die subalp. Rg. Verbr. 4, 5. I—III. (13—16).

Orthotrichum anomalum Hedw. **371.**

[[[[Sp. eingesenkt, kugelig-eifg., gelb, später rötl., m. 8 längeren u. 8 kürzeren Streifen, entfernt 16 rippig. Spaltöffnungen 2- u. 3 reihig in der Mitte der U. Pz. an der Außenfläche unten quer- u. schräg-, oben längsstreifig. Ras. etwa höher als bei vor. (bis 3 cm), bräunlichgr. o. rötl. Monöc. — An Kalkfelsen. Hrg. u. Bg. verbr., A. selten. 4, 5.

Orthotrichum cupulatum Hoffm. **372.**

?? P. doppelt, äußeres 16 zähnig.

△ Inneres P. aus 16 Cilien bestehend. Ras. locker, hellgr. o. bräunlichgelb, St. 2—5 cm lang. Bl. feucht im Bogen abstehd., längl.-lanzettl., lang zugespitzt. Sp. zur Reifezeit seitenständig, halb eingesenkt, dick eifg., mit 8 breiteren, längeren u. 8 schmäleren, kürzeren Streifen, entleert urnenfg. u. m. 8 längeren u. 8 kürzeren Rippen. Hb. weitglockig, bleichgelb, spärl. behaart. Spaltöffnungen 3reihig, in der unteren Hälfte d. U.,

kryptopor. Pz. goldgelb, buchtig gerandet, in der Teilungslinie öft. durchbroch., ob. längsstreifig. Monöc. — Schattig., kieselhalt. Fels. Bg. u. Arg. Selt. 4—6.
Orthotrichum u. nigerum Myrin 373.

△△ Inneres P. aus 8 Cilien bestehend. Stattliche Orthotrichum-Art von bräunl. o. schwärzl. Färbung, bis 4 cm u. darüber, ausschließlich Gestein, bes. kieselhaltiges, bewohnend. Sp. eingesenkt o. etwas emporgehoben, mit kurzen Streifen, entdeckelt 8faltig. Hb. goldbräunlich, dicht gelbhaarig. Äußere Pz. anfängl. 8 Paarzähne, die oben leiterfg. verbunden sind, später 16 Einzelzähne, gelb, buchtig gerandet. Cilien gelbl., 2zellreihig. Spaltöffnungen je 1 Reihe in der Mitte u. am Grunde d. U., phaneropor. — Bes. auf Eruptivgestein. Hrg. bis Arg. Verbr. 5, 6.
Orthotrichum rupestre Schleich. 374.

†† Blzellen nur oberseits mit ein- und zweispitzigen Warzen. Dem Orth. anomalum s. ähnl., doch davon verschieden durch das doppelte P. Vorperistom vorhanden. Sp. m. 8 braunroten, längeren Streifen u. 8 kürzeren. Spaltöffnungen in der Mitte der U., kryptopor, meist 2reihig. Anfängl. 8 blaßgelbe Pz., Außenseite unten mit queren Wurmlinien, oben mit ähnlichen Längslinien. Diöc. — Auf Kalk hin und wieder. F.
Orthotrichum saxatile Schimp. 375.

!! Blzellen beiderseits mit einfachen, langen Warzen o. schwach warzig.

† Blzellen mit zlch. langen Warzen. Sp. emporgehoben, längl., m. 8 schmalen Streifen, entleert 8 rippig u. unter der Mündung etwas verengt. Hb. nackt, bleichgelb, Spitze rotbr. Spaltöffnungen 2reihig, kryptopor., in und über der Umitte. 8 orangefarbene Paarzähne, nach dem Abwerfen des D. 16 Einzelzähne, Außenfläche dicht warzig, Cilien so lang wie die Zähne, dicht warzig. Ras. blaßgr., niedrig. Monöc. — Bes. in Nordwestdeutschland. An Baumstämmen. Hin u. wieder. 4, 5.
Orthotrichum pulchellum Hook. et Tayl. 376.

†† Blzellen schwach warzig. Ras. schwellend, freudiggr., unten kalkig inkrustiert, 10 cm l. u. länger. Bl. verlängert-lanzettl., lang zugespitzt, Div. $1/3$, Rp. vor d. Spitze endd., bräunl. Sp. eifg.-kugel., zlch. glänzend, ohne Rg. u. P. D. s. lang u. s. schief geschnäbelt, überdacht noch lange nach d. Loslösung von dem Sp. die Umündung, da er mit dem Mittelsäulchen fest verbunden bleibt; später fällt er mit dem anhaftenden Säulchen ab. Diöc. — Auf Kalkfelsen. Bg. u. Arg. Zlch. verbr. S.
Hymenostylium curvirostre (Ehrh.) Lindbg. 377.

× × Blzellen völlig glatt. *Hymenostylium curvirostre* 377.
2. Bl. stumpf o. stumpfl.
 a P. fehlt. *Gyroweisia tenuis* 362.
 b P. vorhanden.
  × P. einfach. 16 Zähne. *Orthotrichum cupulatum* 372.
  × × P. doppelt.
   O Äußeres P. aus 8 Paarzähnen, inneres aus 16 Cilien bestehend. *Orthotrichum rivulare* 4.
   OO Äußeres P. 16 zähnig, Pz. goldgelb, längsgestreift o. warzig gestreift, Cilien 8 o. 16, sehr zart, etwa von halber Zahnlänge. Vorperistom gut ausgebildet. Hb. nackt o. s. spärlich behaart. Dem Orth. cupulatum s. nahestehd. Monöc. — An feuchten Felsen u. Steinen. Zlch. verbr.
   Orthotrichum nudum Dicks. 378.

β. Blätter gesäumt[1]).

A. (*3*) *Bl. an der Spitze breit und stumpf abgerundet, zuweilen mit kurzem Spitzchen, s. selt. ausgerandet. Rp. vor o. in dem Spitzchen endd., nie austretd. Bl. verkehrt-eifg., breit-verk.-eifg., oft fast kreisrund, flachrandig. Blzellen stets glatt. Stattliche, feuchtigkeitsliebende Arten. P. doppelt.*
I (Fig. 126a, Seite 127.) Blzellen oben prosenchymatisch, rhombisch-6seitig, in der Mitte rhomboidisch, am Grunde verlängert, rectangulär. Ras. lebhaft gr., locker. In den oberen Blachseln (b) bisweilen Büschel von Brutkp. St. wenige mm bis 2 cm h., m. oft sehr verlängerten, zarten Sprossen. Untere Bl. breit-verk.-eifg. o. fast kreisrund, obere größer, längl. o. oval, alle Bl. flach- u. ganzrandig, 1—3 reihig undeutl. gesäumt. Rp. gelbgrau, schwach. Blzellen locker, zartwandig. S. 2—3 cm l., zart, purpurn. Sp. hängd. o. nickd., dickhalsig, kurz ei-birnfg., trocken am Halse u. unter dem erweiterten Munde stark verengt. D. kurz gespitzt. Diöc. — Auf feuchtem Schlammboden, in ausgetrockneten Teich., Moorgräben. Eb., nied. Bg. Hin u. wieder. Sp. selten. 6.
Bryum cyclophyllum (Schwägr.) B. S. 379.
II Blzellen parenchymatisch, meist in divergenten Reihen angeordnet (excl. Mnium hymenophylloides), gegen die Rp. hin größer.
 α **A.** Blzellen nicht in divergenten Reihen angeordnet. Ras. bis 7 cm h. Bl. entfernt, eifg.-rund, stumpf, m. kleinen Spitzchen o. elliptisch-spatelfg. u. kurz zugespitzt, ganzrandig, 2reihig gesäumt. Diöc. — Bes. in nassen Felsspalten (Kalk). Sehr selten.
Mnium hymenophylloides Hüben. 380.

---

[1]) Der Blattrand gilt als gesäumt, wenn sich seine Zellen von den übrigen der Lamina durch Größe, Membranstärke und Färbung unterscheiden. Meist sind die Zellen des Saumes enger und länger und oft abweichend, meist gelblich oder rot gefärbt. Der Saum kann eine bis mehrere Schichten umfassen und ein-bis mehrreihig sein.

Blätter gesäumt.

β Blzellen in divergenten Reihen angeordnet.
1. Saumzellen in der Färbung mit den übrigen Blzellen übereinstimmend. Rp. vor der Spitze verschwindend.
a (Fig. 127a, b, Seite 127.) Blzellen nicht kollenchymatisch. Ras. s. hoch, locker, lebhaft gr., im Alter schwärzl., glänzd. Bl. abstehd., trocken s. wellig u. verschrumpft, ungesäumt o. 1—3 reihig gesäumt, Rand bis zur Blmitte gezähnt. Rp. unten rötl., oben gelbl., später schwärzlichbr. Diöc. — Auf sumpfigen, quelligen Bergwiesen, in Torfmooren. Eb. bis Arg. Sehr zerstr. Sp. nur äußerst selten. 6.
Mnium cinclidioides (Blytt) Hüben. 381.
b (Fig. 128a, Seite 127.) Blzellen deutl. kollenchymatisch. Ras. locker, hoch, dunkelgr., innen rötl., St. dicht braunrot wurzelfilzig. Bl. abstehd., verk.-eifg., abgerundet-stumpf o. ausgerandet, ohne Spitzchen, Rand 1—3reihig, gelb gesäumt. Sp. (b) oft zu 2, nickend, fast kuglig, auf roter, hoher S. Zwitt. — In Torfsümpfen, Sumpfwiesen. Eb. bis Arg. Sehr zerstr. Sp. nicht selt. 4, 5.
Mnium subglobosum B. S. 382.
2. Saumzellen in der Färbung von den übrigen Blzellen abweichend, rötlichbr. o. braunrot. Rp. rötlichbr. o. braunrot.
a (Fig. 129a, Seite 127.) Saum einschichtig, 3—5reihig. St. schlank, 1 dm hoch u. höher, m. dichtem, rostfarbenem o. schwärzl. Filze. Bl. dunkel, trübfarbig, oft düstern purpurn o. schwärzl., rundl.- bis breit-eifg. o. eilängl., Rand braunrot gesäumt, ganz. Rp. vor o. im Spitzchen endd. Sp. (b) oval, dickhalsig, hängend, bläulich bereift. D. stumpf o. s. kurz gespitzt. Äußere Pz. (c) viel kürzer, gestutzt, die inneren Zähne tragen eine an der Spitze durchlöcherte Kuppel. Zwitt. — Tiefe Sumpfwiesen u. Torfmoore. Eb. bis Arg. Zerstr. Sp. nicht selt. 6, 7.
Cinclidium stygium Sw. 383.
b (Fig. 130, Seite 127.) Saum mehrschichtig, aus 2—4 Zellreihen zusammengesetzt. Ras. s. locker, dunkel- o. schwärzlichgr., unten rötl., 1—7 cm h. Bl. verk.-eirund o. kreisrund, obere mehr ei-spatelfg., abgerundet o. wenig ausgerandet, oft m. Spitzchen. Div. $^3/_8$. Saum wulstig, 2—4reihig, rötlichbr. Rp. rötlichbr. Sp. eifg., m. rötlichgelbem, schief geschnäbeltem D. Diöc. — An Quellen, Bachrändern, in feuchten Wäldern, an nassem Gestein. Eb. bis A. Verbr. Sp. hfg. 4—6, IV, V. (11—14.)
Mnium punctatum (L. Schreb.) Hedw. 384
B. *Bl. verkehrt-eilänglich, plötzlich in eine lange, geschlängelte, gelbliche Pfriemenspitze zusammengezogen. Auf tierischem Dünger und Tierleichen. Ras. bis 4 cm h., freudiggr. Bl. flach, zart, gelblich gesäumt, ganzrandig. Sp. verhältnismäßig klein, mit mächtiger, die U. an Dicke u. Länge übertreffender*

Blätter gesäumt.

Apophyse, Spaltöffnungen über letztere verteilt. Die 16 Zähne d. P. anfängl. zu 4 Doppelpaarzähnen, später zu 8 Paarzähnen verbunden. Monöc. — Höhere Bg. bis Ha. Zerstr. 7.

Tetraplodon mnioides (L. fil., Sw.) B. S. **385.**

C. Bl. nach der Spitze hin verschmälert. *Spitze scharf, bei Encalypta contorta stumpfl., fast kappenf. Bl. von anderer Gestalt.*

I Rp. in d. Spitze endd. o. als Stachelspitze o. Granne austretd.

α Blzellen dch. kutikulare Anfügungen beiderseits dicht warzig-papillös. Blzellen im unter. Blteil verlängert, größer, wasserhell, ohne Chlorophyll, bei Encalypta die Außenwände teilweise resorbiert und der Übergang von den chlorophyllösen Zellen zu den wasserhellen plötzl., bei Tortula subulata allmähl. Ras. see-, bläulich-, gelb-, freudig- bis bräunlichgr., innen rostfarben.

1. In d. Blachseln d. ober. Bl. gr., büschelig-verzweigte Zellfäden m. zylindrischen, br., stark papillösen, mehrzell. Brutkp. Ras. bis 5 cm h., bläulich- o. bräunlichgr. St. wurzelfilzig. Bl. verlängert (Fig. 131a, Seite 127) zungen- o. spatelfg., kurz zugespitzt, an der Spitze durch d. eingebogenen Ränder fast kappenfg., trocken verbogen, gedreht u. einwärts gebogen, feucht aufr.-abstehd. Div. $^5/_{13}$. Rp. am Grunde rot, in der Spitze endd. Sp. (b, c) selten, mit 8 spiralig links gewundenen, gelben Streifen (c). Hb. glockig-zylindrisch, das Sp. vollständ. umhülld. (b). P. doppelt. Diöc. — Auf kalkhalt. Felsen, in Mauerritzen, in Wäldern. Eb. zlch. selt., häufiger Bg. u. Arg. 8, 9. VI, VII. (13—15).

Encalypta contorta (Wulf.) Lindbg. **386.**

2. Brutkp. fehlen.

a Blränder in der Mitte — oft nur an einer Seite — zurückgeschlagen. Ras. bläulichgr. Hb. zylindrisch-glockig, langgeschnäbelt, am Grunde m. langen Fransen. Die dünnwandigeren, engeren Zellen des Blrandes bilden einen undeutl. Saum.

Encalypta ciliata 358.

b Blränder flach, bei Barbula subulata zuweilen am Grunde. Blsaum gelblich.

× P. fehlt.

O (Fig. 132a, Seite 127.) Rp. sehr kräftig, gelb. Räschen meergr.- o. bräunlichgr. St. meist 2—7 mm h. Bl. (b) eilängl.-zungenfg., stumpfl. o. ± zugespitzt. Obere Blzellen sechsseitig, m. Chlorophyll, beiderseits dicht warzig, das untere Drittel der Bl. mit wasserhellen, inhaltsleeren Zellen. S. purpurn, bis 1 cm l. (Sp. (c) zylindr., bleichgelb, trocken gefurcht, im Alter längsfalt. Hb. w. b. Enc. contorta, bis zur Ubasis reichd. Monöc. — Auf Erde an Mauern, Graben- u. Wegerändern, Erdlehnen, Abhängen usw. Eb. bis subalp. Rg. Verbr. Sp. reichl. 5. IV. (13.)

Encalypta vulgaris (Hedw.) Hoffm. **387.**

Blätter gesäumt.

OO A. Rp. sehr kräftig, rot, als steife, gelbe Granne auslaufd.
Ras. meist 1—2 cm h., selt. höher, dunkelbr.-wurzelfilzig.
Bl. aufr., Spitze abstehd., untere eilängl., obere verk.-eilängl., über d. Grunde querfaltig. Blzellen im allgem. w. b.
vor., doch basale Zellen rötlich, Saumzellen gelbl., dickwandig. S. ca. 1 cm l., purpurn. Sp. fast zyl., streifenlos.
Hb. an d. Spitze schwärzl., sonst bleichgelb, weit unter
d. Sp. hinabreichd., anfänglich mit gefranstem Rande.
Spaltöffnungen nur am Halse. Monöc. — In Spalten von
Kalkfelsen. Hin u. wieder. 8, 9.
Encalypta commutata Bryol. germ. 388.
× × P. vorhanden, einfach.
O Peristomäste 32, fadenfg., 1½ mal links gewunden, purpurn,
auf röhrenfg., zlch. hohem, getäfeltem, basalem Tubus. Ras.
freudiggr., meist 1 cm h. Obere Bl. rosettig, längl.-spatelfg.,
spitz. Rp. als Stachelspitze austretd. Saum gelbl., 1—4
reihig. Div. $5/13$. Obere Zellen gr., rundlich-6seitig, weiter
abwärts chlorophyllarm und nach der Basis hin verlängert
u. wasserhell, beide Blflächen m. dichten, hufeisenfg. Warzen.
Sp. aufr., s. lang (5 mm), walzig, leicht gekrümmt, dunkelbr.
Monöc. — Auf d. Erde an Mauern, Felsen, Baumwurzeln,
Abhängen usw. Eb. bis A. Häufig. 6, 7, VI. (12—13.)
Tortula subulata (L.) Hedw. 389.
OO Pz. 16, purpurrot oder orange, nicht gewunden, papillös,
dicht an der Spmündung inseriert, lanzettlich, 5—8gliedrig.
Ras. dicht, braunrot-filzig, bis 3 cm h. Rp. der lanzettl.
o. zungenfg. Bl. breit, rostfarben. Blzellen im unteren
Drittel des Bl. wasserhell, rötlich, Randzellen enger u.
einen gelbl. Saum bildd., gr. Zellen beiderseits dicht warzig,
scharf von den unteren abgesetzt. Sp. zylindr., unregelmäßig gelb gestreift, trocken m. 8 rotbr. Rippen. Hb. der
v. Enc. vulgaris ähnl. Pz. 16, purp., 5—8gliedrig, Vorperist.
vorhand. Monöc. — Ob. Bg. u. Arg. Zlch. verbr. 6. 7.
Encalypta rhabdocarpa Schwägr. 390.
β Blzellen glatt. Siehe S. 129 β
II Rp. vor der Spitze endend (bei Bryum capill. u. neod. Schopfbl.).
α Blzellen in den oberen ⅔ der Bl. reich an Chlorophyll, fast
regelmäßig sechseckig, im unteren Drittel plötzlich stark vergrößert, wasserhell, ohne Blattgrün, Außenwände zart und teilweise resorbiert, beiderseits dicht warzig.
1. P. fehlt. Rp. sehr breit und gelb.
Encalypta vulgaris 387.
2. P. einfach.
 a Rp. gelb.
Encalypta ciliata 358.
 b Rp. rostrot.
Encalypta rhabdocarpa 390.

Tafel VII, Fig. 121—148.

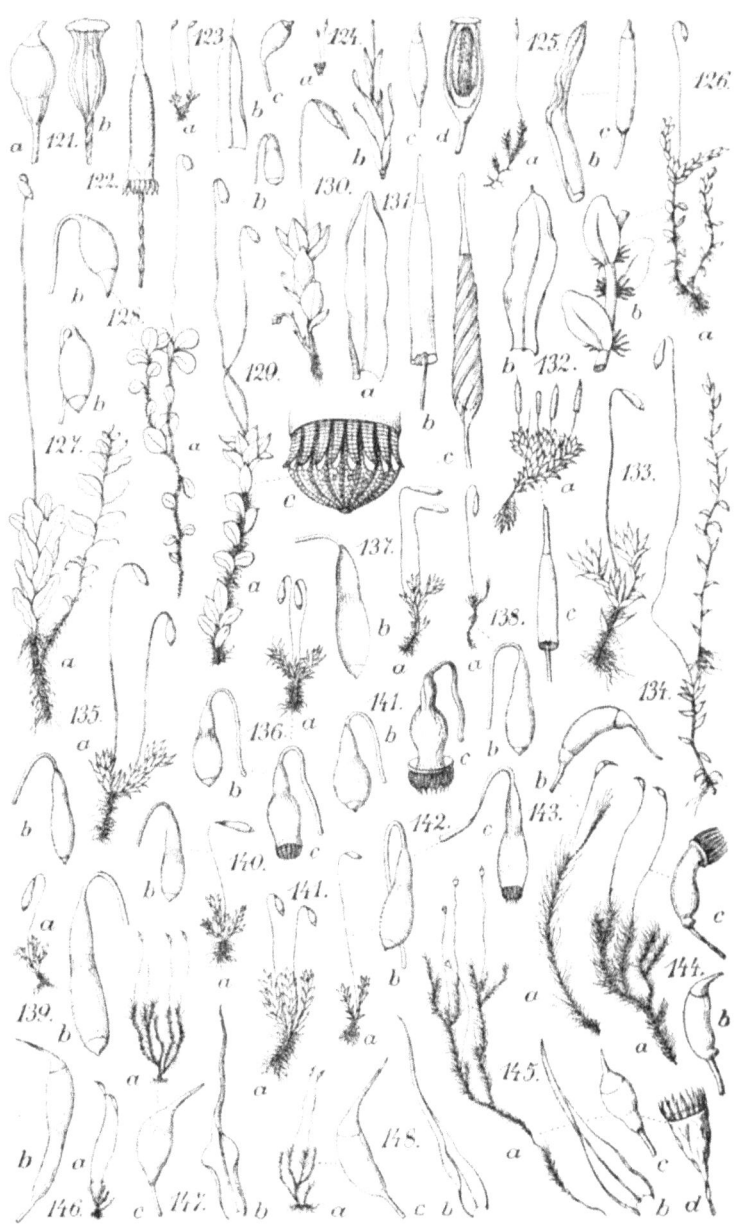

β Blzellen oben prosenchymatisch, unten rectangulär bis quadratisch, nicht wasserhell, nie papillös.
1. Zellen des Blgrundes gerötet. Blsaum gelb oder bräunlich.
a (Fig. 133, Seite 127.) Bl. am Rande meist bis zur Spitze schwach umgebogen u. trocken um den St. gedreht. Div. $5/13$. Schopfbl. fast sternfg., breit-spatel-ei- o. breit-zungenfg., m. langer, haarähnl. Spitze. Rand durch 1—4 Reihen gelber o. bräunlichgelber Zellen gesäumt, schwach zurückgebogen, unversehrt o. nur in der Spitze schwach gezähnt. Rp. später rötl., meist vor der Haarspitze endd., seltener auslaufd. Blzellen s. locker, nicht getüpfelt, an der Basis rot. S. unten gekniet, oben weitbogig gekrümmt, 2—4 cm l. Sp. wager., hängd., selten nickd., ein wenig gekrümmt, keulen- o. flaschenfg. bis fast zylindr., Hals kurz, trocken rötlichbr. unter d. Munde verengt. D. gespitzt, stark braunrot glänzd. Äußere Pz. gelblichbr., gesäumt, oben spitz u. hyalin, Lamellen — meist 25 — schwach ausgebildet. Innere Pz. auf gelber Grundhaut, gefenstert. Ras. sattgr. o. schmutziggr., etwa 2 cm h., dicht braunrot-wurzelfilzig. Diöc. — In Wäldern, an feuchten Felsen, Mauern, Baumstämmen, auf der Erde. Eb. bis A. Ändert stark ab. 5, 6. V. (12—13.)
Bryum capillare L. 391.
b Blränder flach o. am Grunde o. bis über die Mitte zurückgeschlagen.
× Ras. klein, locker, olivenfarben. Schopfbl. oval-längl., an der Spitze stumpf, undeutl. bräunlichgelb gesäumt, ganzrandig. Sp. hängd., bis 3 mm l., dick- u. kurzhalsig, verkehrteifg. D. klein, mit Warze. Äußere Pz. am Rücken m. gerader Längsfurche u. scheinbar gepaarten Lamellen, außerdem mit kleinen, runden Löchern. Monöc. — Auf feuchtem Sandboden, in der Nähe der Ost- u. Nordseeküste. Sehr selt. S.
Bryum calophyllum R. Brown 392.
× × Ras. dicht, filzig, zlch. hoch, schmutzig- o. bräunlichgr., nicht selt. schwärzl. Obere Bl. rosettig, muldenfg.-hohl, m. abgerundet-stumpfer, in der Regel kapuzenfg. Spitze, 3—8 reihig bräunl. o. gelbl. gesäumt, Rand flach, nur ganz unten ein wenig zurückgeschlagen, Rp. vor der Spitze endd., dunkelpurpurn. Sp. hängd., auf langer (bis 4 cm) S., längl.-birnfg., trocken unter dem erweiterten Munde stark zusammengezogen. Diöc. — In Torfmooren. Eb. u. Bg. Selten. Sp. s. selt. 6.
Bryum neodamense Itzigs. 393.
2. (Fig. 134, Seite 127.) Zellen des Blgrundes nicht gerötet. Ras. weich, schlaff, locker, hoch (10 cm), bleichgr., purpurn o. weinrot angehaucht. St. schlank, mit s. entfernt stehend. oder etwas zurückgebogenen, unten kreisrunden o. länglichen, oben eilanzettl., kurz zugespitzten, trocken hin- und herge-

bogenen Bl., aus dem Schopf oft schlanke, entfernt beblätterte Sprosse. Sp. hängd., mit dem langen Hals keulig-birnfg. o. flaschenfg., trocken w. b. vor. Diöc. — Sumpfwiesen, Torfmoore u. ähnl. Stellen. Eb. bis A. Zlch. verbr. Sp. zlch. selten. 6, 7.
Bryum Duvalii Voit 394.

β. Blattzellen glatt.

A. *Blattränder der Länge nach bis zur Spitze zurückgerollt oder umgeschlagen.*
I Ras. oben durch reichl. Wurzelfilz dicht verwebt.
α Bl. trocken verbogen oder spiralig links um den St. gedreht.
Bryum capillare *391.*
β Bl. trocken nicht spiralig um den St. gedreht.
1. Inneres P. dem äußeren fest anhängd. Zellen des Blgrundes purpurn o. rot. Rp. unten rot. Sp. hängd. o. nickd. Ras. niedrig, bis 1 cm hoch. Schopfbl. nicht herablfd. Rp. lang austretd.
a Schopfbl. eilängl. bis eilanzettl., kielig-hohl, Rand schmal bzw. undeutl. gesäumt, ganz. Rp. stark, oben bräunlichgelb, als gelbe, gezähnte Granne austretd. Blzellen getüpfelt. S. meist 1,5 cm l, steif. Sp. dick, keulenartig-birnfg. o. kugelig-eifg., Hals kürzer als die U. D. gewölbt-kegelig, scharf u. kurz gespitzt. Äußere Pz.: Rückenfläche mit fast zickzack-förmiger Längslinie, Lamellen der unteren Hälfte durch 2—3 Zwischenwände verbunden. Fortsätze und Wimpern des inneren P. nur z. T. frei, Grundhaut ungefähr $\frac{1}{3}$ der Zahn-länge, Fortsätze kürzer als die Zähne, Wimpern oft kaum aus-gebildet. Zwitt. — An Mauern, Felsen usw. Eb. bis A. Verbr. Formenreich. Gern in Gesellschaft v. Br. caespit. 6. V. (13.)
Bryum pendulum Hornsch. 395.
b (Fig. 135a, Seite 127.) Schopfbl. länger, fast lanzettl., an der Spitze scharf kielig, Rand breit gesäumt. Blzellen nicht ge-tüpfelt. S. 3—4 cm l., trocken nicht gedreht. Sp. (b) meist nickd., längl.-birnfg., Hals ungefähr von halber Ulänge, D. kürzer gespitzt als bei vor. Äußere Pz.: Rückenfläche w. b. v., Lamellen der unteren Hälfte aber ohne Zwischenwände. Fortsätze der inneren Pz. frei, Wimpern s. klein o. fehld. Zwitt. — Auf steinigem, feuchtem, sandigem Boden, an Felsen, Mauern. Eb. bis A. Verbr. 6. V. (13.)
Bryum inclinatum (Sw.) B. S. 396.
2. Inneres P. frei, meist mit dem Sporensack sich leicht los-lösend.
a Rp. d. Schopfbl. als kräft., gezähnte, kurze Stachelsp. aus-tretd. Äußere Schopfbl. oval, innere längl.-lanzettl., Rand

stark umgerollt, 4—6 reihig, bräunlichgelb gesäumt. Blzellen mäßig getüpfelt, am Grunde rot. S. zlch. hoch (ca. 4 cm), zart. Sp. hängend, kurzhalsig, längl. birn- o. keulenfg. D. breit, scharf gespitzt. Beide P. gleich hoch. Äußere Pz.: Rückenlinie fast gerade, Rückenfelder niedrig, Lamellen in gleicher Entfernung voneinander. Innere Pz.: Grundhaut von halber Zahnlänge, Fortsätze gefenstert, Wimpern — je 3 zwischen 2 Fortsätzen — fädig. Zwitt. — Mauern, feuchte Felsen, gern in Gesellschaft von Br. caesp. u. pend. Selten.

Bryum cuspidatum Schimp. **397.**

b Rp. der Schopfbl. als kürzere o. längere, glatte Granne oder als kräft., glatter Stachel austretd., unten rot.

× (Fig. 136a, Seite 127.) Sp. (b, c) aus s. kurz. Halse längl. bis fast zylindr., entdeckelt unter d. Munde etwas verengt. D. groß. glänzd. S. meist 2—3 cm l., schmutzig rot, oben kurzbogig gekrümmt. Div. $^3/_8$. Schopfbl. lang zugespitzt, ganzrandig o. in der Spitze kaum gezähnelt, Rand undeutl. Blzellen am Grunde rot. Äußere Pz. gesäumt, meist m. 26 Lamellen, unten rot, oben bleichgelb, sonst bräunlich-gelb. Grundhaut des inneren P. fast von halber Zahnlänge, Fortsätze s. breit, gefenstert, Wimpern 3, mit s. langen Anhängseln. Ras. s. dicht, blaß- o. gelblichgr. Diöc. — Auf der Erde, an Steinen, Mauern, Felsen, Holz. Eb. bis A. Sehr gemein. Sp. reichl. 6. V. (13.)

Bryum caespiticium L. **398.**

× × (Fig. 137a, Seite 127.) Sp. (b) trocken unter dem Munde etwas eingeschnürt, keulig-birnfg., wager. o. nickd., ca. 4 mm l. Deckel glänzd. S. bis 3 cm l., geschlängelt, oben kurz- o. weitbogig-gekrümmt. Schopfbl. breit 3—5 reihig gesäumt, ganzrandig, zuweilen an der Spitze schwach gesägt. Rp. unten rot, als glatte Granne auslaufd. Äußere Pz. blaßgelb, oben hyalin, schmal gesäumt. Inneres P.: Fortsätze gefenstert, Grundhaut von halber Zahnlänge, Wimpern 3, Anhängsel von geringer Länge. Ras. schwellend, gr. Monöc. — Bes. an feuchten Mauern u. Felsen. Von der Hrg. bis Arg. Formenreich. Verbr. 5—8.

Bryum pallescens Schleich. **399.**

II Ras. ohne oder nur unten mit spärlichem Wurzelfilz, meist locker.

α **A.** (Fig. 138a, Seite 127.) Bl. nicht herablfd., am Grunde nicht rot. Rotbr. St. zu niedrigen, bis 0,5 cm hohen, freudiggr., meist roten Räschen vereinigt. Rp. u. Blsaum rostrot, erstere kräftig, in eine gezähnte, kurze Granne auslaufd., letzterer s. deutl. u. aus 2—3 Reihen starkwandiger Zellen bestehd. S. bis 2 cm l., oben bogig gekrümmt. Sp. (b) hängd., zlch. lang birnfg., mit rotem, engem Munde, hellbr., Hals ungefähr v. halber Ulänge, trocken runzelig. D. klein, schief angewachsen. Äußere Pz. unten orange, oben hyalin u. schmal gesäumt, Lamellen (bis 15)

Blattzellen glatt.

nur unten durch je eine Wand verbunden. Innere Pz: Wimpern (2), kürzer als die Fortsätze. Zwitt. — Felsige, steinige Abhänge, Triften. Selten. S.—H.

Bryum arcticum B. S. **400.**
β Blzellen am Grunde purpurn, blaß- o. trübrot.
1. (Fig. 139a, Seite 127.) Sp. (b) aus langem, trocken faltigem Halse allmählich lang zylindr.-keulenfg., bis 5 mm u. länger (incl. glänzendem, braunrotem D.). Rand der Schopfbl. breit, 3—6 reihig. Rp. am Grunde rot, oben gelb, austretend. Stachel kräftig, glatt. Äußere Pz. breit gesägt, Lamellen über 30, kräftig. Inneres P.: Grundhaut über halbe Zahnlänge, Fortsätze gefenstert, Wimpern (2 o. 3) mit Anhängseln. Ras. dicht, gelblichgr., bis 1,5 cm h. Diöc. — Mauern, feuchte Sandsteinfelsen. Sp. selten. 6, 7.

Bryum obconicum Hornsch. **401.**
2. Sp. kurz- o. längl.-birnfg. o. keulig-birnfg., 2—4 mm l.
a (3) Sp. hängd., kurz birnfg., mit D. ca. 2 mm l., trocken unter d. Mündung verengt, Hals etwas angeschwollen. D. groß, scharf gespitzt. Schopfbl. gesäumt, Rp. stark, als bräunlichgelbe, schwach gezähnte Granne auslaufd. Ras. niedrig — bis 1 cm h. — freudiggr., oft rötlich o. bräunlich angeflogen. Diöc. — Schlammige, sandige Plätze, Mauern, Erdlehnen. Eb. bis nied. Arg. Zerstr. 5, 6. Bryum caespitic. nahestehd.

Bryum badium Bruch **402.**
b Sp. hängd. o. nickd., birnfg., einschließl. D. 3 mm l., trocken unter der Mündung nicht verengt. D. klein. Schopfbl. bräunlichgelb, 2- o. 3reihig gesäumt, ganzrandig, Rp. unten trübrot, oben grüngelb, als kurze Stachelspitze austretd. S. 3 cm h., oben im Bogen gekrümmt. Äußere Pz.: Unten orange, oben hyalin, sonst gelb, s. schmal gesäumt, Rückenlinie zickzackfg., Rückenfelder schmal-rechteckig. Lamellen über 30. Inneres P. sich leicht mit dem Sporensack loslösend. Grundhaut $\frac{1}{4}$ bis $\frac{1}{3}$ der Zahnlänge. Fortsätze breit-spaltenfg. durchbrochen. Wimpern zart, oft fast von Zahnlänge u. m. kurz. Anhängseln. Ras. freudig- bis bräunlichgr., bis 2 cm h. Diöc. — Nasse Sandstellen, bes. Aussticke. Bes. Eb. Zlch. selten. 7.

Bryum fallax Milde **403.**
c (Fig. 140a, Seite 127.) Sp. (b) längl.-birnfg. (Hals fast so lang wie die U.) wager. bis nickd., oft etwas gekrümmt, unter dem Munde nicht verengt (oder kaum), lederbr., später dunkler o. schwärzl. (3—4 mm l.). D. glänzend. Äußere Pz. unten orange, oben hyalin, sonst gelb, breit gesäumt, Lamellen 25—30. Inneres P. zlch. fest mit dem äußeren verbunden. Grundhaut von ca. $\frac{3}{4}$ Zahnhöhe, klaffend, Wimpern 2 o. 3, m. Anhängseln. Schopfbl. undeutl. gesäumt, Rand ganz o. in der Spitze schwach gezähnt. Rp. unten rot, oben bräunl. Ras. freudig- o. gelblichgr., bis 2 cm. St. mit schlanken, unfruchtb. Sprossen. Diöc. —

Feuchte Sandsteinfelsen u. Mauern, Sandstellen, Ausstiche, Sandgruben. Bes. Eb. Verbr. 6. V. (13.)

Bryum intermedium (Ludw.) Brid. **404.**

B. Blränder flach, am Grunde o. bis zur Mitte umgerollt oder zurückgeschlagen.

I Rp. der Schopfbl. als Stachelspitze o. Granne austretend.
α Sp. trocken unter der sehr erweiterten Mündung sehr stark eingeschnürt (dadurch kreiselfg.), sonst hängd., mit dem Halse dick birnfg.
1. Ras. freudig- o. gelblichgr., schwellend, locker, weich, bis 1 dm hoch, innen br. o. schwärzlichbr., Filz spärlich. Beblätterung gedunsen. Bl. weit herablaufd., fast abstehd., eilängl. u. allmähl. zugespitzt, 3—5 reihig gesäumt, flach, Schopfbl. dagegen am Grunde o. bis z. Mitte umgeschlagen, Stachelspitze schwach gezähnt. S. 4—6 cm l. Äußere Pz. nach Limpricht m. 40 Lamellen. Wimpern m. langen Anhängseln. Arg. — Kalte, quellige, sumpfige Stellen, Bachränder. Bg. u. Arg. Oft Mv. Sp. selt. 8, 9.

Bryum Schleicheri Schwägr. **405.**

2. (Fig. 141a, Seite 127.) Ras. schmutzig- o. freudiggr., oft bräunlichrot, 1—2 cm h., steril höher. St. m. schlanken, sterilen Sprossen. Bl. aufr.-abstehd., etwas herablaufd., schmal eilanzettl., Rand flach, ganz, Saum undeutl. u. schmal. Schopfbl. nicht herablaufd., 2—3 reihig undeutl. gesäumt, am Gr. o. bis zur Mitte am Rande zurückgeschlagen, ganzrandig o. an d. Spitze undeutl. gezähnt, Rp. als glatte Stachelspitze austretd. Sp. birnfg. (b), trocken unter d. erweiterten Mündung s. stark eingeschnürt (c). Äußere Pz. m. bis 30 Lamellen. Diöc. — An ähnl. Orten wie vor., auch an Felsen. Eb. bis A. Zlch. verbr. Sp. hin u. wieder. Hfg. 5, 6.

Bryum turbinatum (Hedw.) B. S. **406.**

β Sp. trocken unter d. Mündung nicht oder nur wenig verengt.
1. (3) (Fig. 142a, Seite 127.) Sp. nickd. (b), seltener hängend, mit D. etwa 4 mm l., durch Krümmung oder gehobenen Rücken etwas unregelmäßig, verlängert-birnfg. o. keulenfg., anfangs gelbl., später rotbr., Hals s. lang (doppelt s. lang wie die U. u. mehr), trocken längsfaltig (c). S. 2—4 cm l., oben flachbogig gekrümmt. Äußere Pz. s. schmal gesäumt, Lamellen über 30. Grundhaut kürzer als die halbe Zahnlänge, Fortsätze m. engen, spaltenfg. Ritzen, Wimpern m. langen Anhängseln. Bl. verk.-eilängl., weit herablaufd., Rand bis über d. Blmitte zurückgerollt, ganz o. an d. Spitze undeutl. gezähnt. Rp. stark, rötlich o. bräunl. Ras. blaß-, schmutzig- o. bräunlichgr., meist purpurn angehaucht. Diöc. — Quellige, sandige, kiesige Plätze, Mauern, Felsen, Ufer. Eb. bis A. Verbr. Sp. meist reichl. 6. V. (13.)

Bryum pallens Swartz **407.**

2. Sp. wager. o. nickd., etwa (incl. D.) 3 mm l., längl.- bis zylindr., trocken unter d. Munde verengt, Hals etwa so lang wie die U., von dieser scharf abgesetzt. S. bis 2 cm l., oben bogig gekrümmt. Äußere Pz. m. schmalem Saume, meist 25 Lamellen. Untere Stbl. verkehrt-eirundl., löffelfg.-hohl, an der Spitze kapuzenfg. Schopfbl. nur am Grunde zurückgeschlagen, 2—3reihig u. bräunlichgelb gesäumt, oben gesägt, Rp. gelb, später rot, Granne etwas zurückgekrümmt. Ras. gr., bis 5 cm hoch, dicht wurzelfilzig. Diöc. — Feuchte Felsspalten. Bg. u. Arg. Hin u. wieder. Sp. spärl. 7, 8.
Bryum elegans N. v. E. **408.**

3. **A.** Sp. nickend o. hängd., rundl., seltener längl.-birnfg., nach Limpr. (excl. Hals) dick-eifg. bis fast kugelig, Hals kurz, trocken unter d. Munde nicht verengt. S. bis 2 cm l., oben bogig gekrümmt. D. zlch. klein, leuchtend orangefarben. Äußere Pz. w. b. vor. Inneres P. sich m. dem Sporensack leicht loslösend. Schopfbl. zusammengedrängt (knospenfg.). Bl. sehr hohl, nicht herablaufd., undeutl. gesäumt, ganzrandig o. nur an der Spitze zart gesägt, an der Basis purpurn. Rp. stark, unten purpurn, oben gelb. Ras. niedrig, gr., innen m. rotbr. Filze. St. m. zahlr., kurzen, knospenfg. Ästen. Monöc. — Humöse Felsspalten, steinige Plätze. Selt. 7, 8.
Bryum subrotundum Brid. **409.**

II Rp. der Bl. o. Schopfbl. vor oder mit der Spitze endend.
α Laubbl. rundlich-eifg., sehr stumpf u. hohl.
Bryum calophyllum 392.
β Laubbl. ± lang zugespitzt, weit herablaufend.
1. *Bryum Duvalii* 394.
2. *Bryum pallens* 407.

⋊ Rasen hell-, dunkel-, freudig-, gelb-, bläulich- oder goldgrün.

A. (3) Bl. aus — je nach der Art — verschieden gestaltetem Grunde plötzlich, rasch oder allmählich in einen längeren, selten kurzen, meist rinnenförmigen Pfriemen- oder Borstenteil verschmälert.

1 In den Ecken des Blgrundes eine Gruppe größerer und abweichend gefärbter Zellen: Blflügelzellen.
α (4) Ras. (Fig. 143a, Seite 127) zlch. hoch (bis 8 cm), gelbgr. Bl. meist schwach sichelfg., am Stende meist schopfig, trocken ein wenig verbogen, lanzettl.-rinnig-pfriemenfg., Rand ganz o. oben gesägt, Rp. in der Spitze endd. o. auslaufd., basale Blzellen linealisch, getüpfelt, oberwärts rectanguläre, schief vier- u. dreieckige gemischt. S. bis 1,5 cm l., blaß-, später rötlichgelb. Sp. (b) meist geneigt, eilängl., schwach gekrümmt, trocken rotbr.,

Rasen hell-, dunkel-, freudig-, gelb-, bläulich- oder goldgrün.

faltig, weitmündig. D. s. l. wie das Sp., m. langem, gedrehtem, nach unten gewendetem Schnabel, Rand krenuliert. Pz. 16, bis zur Mitte gespalten, gelblichrot, Spitzen blaß. Diöc. — Feuchte Felsen, Baumstämme. Hrg. bis Arg. Verbr. 8, 9.

Dicranum congestum Brid. **410.**

β **A.** Ras. (Fig. 144a, Seite 127) gelblichgr., bis 5 cm h. Bl. aufr.-abstehd., gebogen, trocken $\pm$ gekräuselt, aus breiter, langscheidiger, zarter Basis allmähl. lang pfriemenfg., Rand ganz u. in der Mitte zurückgerollt. Div. $3/8$. Rp. in der Spitze endd. Blflügelzellen gebräunt. Sp. (b, c) eifg.-bucklig, am Grunde mit zusammengedrücktem Kropfe, trocken schwach gefurcht. D. ungefähr halb s. lang wie das Sp., schief geschnäbelt. Pz. 16, bis z. Mitte 2- o. 3 schenklig. — Schattige, feuchte, kiesige Stellen. A., mit den Flüssen hinabsteigd. 6, 7.

Oncophorus virens (Sw.) Brid. **411.**

γ Ras. (Fig. 145a, Seite 127) gelblichgr., unten schwärzl., glänzend, meist dicht, bis 8 cm h. Bl. (b) aufr.-abstehd., oft einseitswendig, längl.-lanzettl.-pfriemenfg., m. stumpfl. Spitze. S. bis 0,8 cm l. Sp. (c, d) aufr., kurz-birnfg., Hals dick. D. schief geschnäbelt, kürzer als die U. Pz. 16, rotbr., einfach, hier u. da durchlöchert. Diöc. — Feuchte Felsen. Bg. u. Arg. Zlch verbr. 6. VI. (12.)

Blindia acuta (Huds.) B. S. **412.**

δ Ras. gelbgr., polsterfg. meist 2 cm h., selt. höher. Bl. bisw. sichelfg.-einseitswendig, hin- u. hergebogen, trocken gekräuselt, lanzettl. u. s. lang rinnig-pfriemenfg., Ränder aufrecht, Rp. in der Spitze endd., Blflügelzellen bräunl., sehr scharf umgrenzt, Blzellen a. d. Unters. schwach warzig. S. meist 1 cm l., rötl. Sp. aufr., längl. bis zylindr. D. lang u. schief geschnäbelt. Pz. 16, außen längsstreifig-warzig. Monöc. — An Felsen. Eb. bis Arg. Verbr. F. S.

Dicranoweisia crispula (Hedw.) Lindbg. **413.**

II Blflügelzellen fehlen.

α (Fig. 146a, Seite 127.) Sp. (b) durch den engen, langen, gebogenen Hals keulenfg., dieser halb so lang wie die U. und am Übergang zur S. fast kropfig. D. lang u. schief geschnäbelt, so lang wie die U. Jeder der 16 Pz. bis zum Grunde in 2—3 ungleich lange, fädige, purpurne, durch dünne Querbalken bisweilen miteinander verbundene Schenkel gespalt. Räsch. locker, breit, ca. 1 cm h. Bl. aufr.-abstehd. bis einseitswendig, aus breiter Basis plötzlich fast borstenfg. verlängert, ganzrandig, nur an der Spitze gezähnt. Div. $3/8$. Monöc. — Auf feuchtem, lehmigem, sandigem, moorigem Boden. Eb. bis A. Zlch. verbr. S.

Trematodon ambiguus (Hedw.) Hornsch. **414.**

β Sp. ohne oder mit kurzem, bei manchen Arten kropfigem Hals.

1. Sp. mit Längsstreifen. Kleinere Moose.

a Sp. geneigt, verk.-eifg., hochrückig, symmetrisch, entdeckelt gefurcht. D. lang geschnäbelt, von Ulänge u. länger. P. gut

Rasen hell-, dunkel-, freudig-, gelb-, bläulich- oder goldgrün.

ausgebildet, jeder der 16 Zähne bis etwa zur Mitte in zwei warzige Schenkel gespalten. S. rot.
× **A.** (Fig. 147a, Seite 127.) Bl. (b) aus längerer, am Rande gewellter Scheide plötzlich in eine sparrig abstehende, verbogene, trocken krause Pfrieme übergehd. Hals (c) schwach kropfig. Rg. fehlt. Pz. rot., auf 3 zellreihiger Grundhaut. Räschen dicht, s. niedr., selt. bis 2 cm h. Monöc. — Auf lehmigem, sandigem, moorigem Boden. Zlch. selt. S.
Dicranella Grevilleana Schimp. **415.**
× × (Fig. 148a, Seite 127.) Bl. (b) aufr.-abstehd., meist schwach einseitswendig, Rand des scheidigen Grundes ganz o. nur wenig gesägt. Sp. (c) entdeckelt weitmündig, auf bis 1,5 cm l. S. D. s. lang o. länger als die U., m. zurückgekrümmtem Schnabel. Rg. 2 reihig. Pz. braungelb, auf 2 zellreihiger Grundhaut. Diöc. — Auf feuchter Erde. Hrg. bis Arg. Zlch. verbr. H. W.
Dicranella subulata (Hedw.) Schimp. **416.**
b (Fig. 149a, b Seite 144.) Sp. (c) aufr., klein, regelmäß., auf 2-3 mm l. S., bis unter d. Mitte unregelmäß. gestreift, trocken faltig. D. lang geschnäbelt, am Rande gekerbt. Haubenrand 5 lappig (d). Pz. 16, sehr kurz, breit, abgestumpft, blaß, hier u. da durchbohrt, oben oft unregelmäß. zerschlissen, aus meist 4 Gliedern gebildet. Pflänzch. winzig. St. nur 1 mm h. — truppweise, freudiggr. Monöc. — Schattige, feuchte Felsen. Bes. Bg., selt. A. Hin u. wieder. H.—F.
Brachydontium trichodes (Web. fil.) Bruch **417.**
2. Sp. ohne Längsstreifen.
a Sp. ohne kropfigen Hals.
× (3) Räschen gelbl. o. grünlichgelb, locker, wenige mm h., locker, St. herdenweise. Bl. aus breitem, scheidigem, anliegendem Grunde lang pfriemenfg., allseitswendig, fast sparrig abstehd., gewunden, trocken gekräuselt. S. s. zart, gelbl., später rötl., bis 2,5 cm l. Sp. s. schmal zylindr., ein wenig gebogen, rötlichgelb, aufr. D. schief kegel., fast geschnäbelt, viel kürzer als die U. Rg. 3 reihig. Pz. 16, bis zum Grunde in 2, seltener 3, gleichlange, fädige, entfernt gegliederte Schenkel gespalten. Diöc. —Grabenränd., Ausstiche, Waldränd., Hohlwege usw. Eb. b. A. Zerstr. Sp. zlch. selt. 5, 6.
Trichodon cylindricus (Hedw.) Schimp. **418.**
× × Unterscheidet sich von der vor. dch. oben meist einseitswendige Bl., durch purpurrote S., rötlichbr. Sp., kleineren, kurz kegeligen, fast ungeschnäbelten D., 2 reihigen Rg. u. gelbes P., dessen Zähne oft in 2 ungleichlange Schenkel gespalten sind, diese nicht selten miteinander verbunden. Ras. bis 1 cm h. Diöc. — Auf sandig., lehmig. Boden, an Fels., in Heid., Wäld. Eb. bis A. Verbr. 10—3. VIII. bis X. (12—18.)
Ditrichum homomallum (Hedw.) Hampe **419.**

Rasen hell-, dunkel-, freudig-, gelb-, bläulich- oder goldgrün.

× × × A. Ras. bis 5 cm h. Bl. im Pfriementeil wenig rinnig, trocken kraus. Blzellen beiderseits dicht warzig. Blrand durch die seitlich vortretenden Warzen kerbig. Sp. ohne P., mit langgeschnäbeltem D., auf ca. 1 cm h. S. Diöc. — Feuchte, kalkhaltige Felsen, in Schluchten, Höhlen. Selten. S.
Molendoa Sendtneriana B. S. **420.**

b (Fig. 150a, Seite 144.) Sp. (c) mit kropfigem Halse. Ras. s. dicht, gelbgr., etwas glänzd., meist ca. 1 cm h. Bl. (b) aus halbscheidigem, s. zartem, blassem Grunde rinnig-pfriemenfg., am Scheidenrande o. an dem der Spitze verkümmert gezähnelt. S. bis 1,5 cm l., strohgelb. Sp. dick- u. bucklig-eifg., klein. D. lang u. schief geschnäbelt, von Ulänge. Diöc. — Auf moorigsandigem Boden, gern an Gräben von Mooren u. Brüchen, an Baumstümpfen. Eb. bis A. Verbr. 9. IX. (12.)
Dicranella cerviculata (Hedw.) Schimp. **421.**

B. *Bl. linealisch- o. verlängert- lanzettl., eilanzettl., eifg., breiteifg., eilänglich, meist kurz — bei Funaria microstoma lang — und scharf (bei Polytr. sexang. stumpflich) zugespitzt, bei Anomobryum concinnatum auch mit kurzem, scharf zurückgekrümmtem Spitzchen, bei Voitia nivalis m. zarter, geschlängelter Spitze.*

I St. m. zahlr., steif aufrecht., faden- oder kätzchenfg., schlanken, gleichmäßig., dicht oder entfernt beblätterten, gleich- o. ungleichlangen Sprossen.

α A. Obere Bl. lanzettl.-lineal., scharf zugespitzt, untere breit-eifg., mittlere breit-eilanzettl., alle aufr., trocken fest angedrückt, wenig herablaufd. Ras. bis 2 cm h., gelbgr., glänzd., unten schwärzl., aufsteigd,, m. zahlr., starren, fädigen Sprossen. S. bis 2 cm l., zart, purpurn, an der Spitze scharf hakig. Sp. hängd., dick-eifg., Hals so lang w. d. U., entleert weitmündig, fast kreiselfg. D. halbkugelig-kegelfg., gespitzt, Rand zackig. Rg. breit, 3 reihig. Äußere Pz. m. 20 Lamellen. Vegetative Vermehrung durch blattachselständige Bulbillen. Diöc. — Auf feuchtem Kiese an Bachufern. Oft Mv. Hin u. wieder. 7, 8.
Webera gracilis (Schleich.) De Not. **422.**

β Bl. eifg., breit-eifg. o. -eilängl., eilanzettl., scharf zugespitzt.

1. (3) Leicht kenntlich und von den beiden folgenden Arten zu unterscheiden durch die lockeren, tiefen (bis 1 dm), bleichgr., rötl. o. purpurn angehauchten Ras. u. die entfernt beblätterten St. Bl. sehr weit herablaufd.
Bryum Duvalii 294.

2. (Fig. 151a, Seite 144.) Pflänzchen in lockeren, leicht zerfallenden Räschen o. herdenweise. St. s. kurz (0,5 cm), m. Innovationen aus d. Schopfe als schlanke, fadenfg. Sprosse, hierdurch bis 2 cm h. Schopfbl. eilanzettl. o. breit-eilängl., kurz u. scharf zugespitzt, mit schmal-, oder nicht gesäumtem, unversehrtem, bis gegen die Spitze zurückgeschlagenem Rande u. mit vor o.

Rasen hell-, dunkel-, freudig-, gelb-, bläulich- oder goldgrün.

in der Spitze endender, rötlichbr. Rp. S. s. zart, geschlängelt, purpurn. Sp. (b) hängd. o. nickd., ei-birnfg., entdeckelt unter d. Munde nicht verengt, Hals ein wenig gekrümmt, trocken eingeschrumpft. D. klein. Äußere Pz. (c): Lamellen oben weiter voneinander entfernt als unten. Innere Pz: Fortsätze gefenstert. Zwitt. — Feuchte, grasige, sandige Plätze des nord- u. westdeutschen Tieflandes. Zerstr. F. H.

Bryum lacustre Bland. **423.**

3. A. Ras. stark seidenglänzd., innen gebräunt, sonst freudiggr. St. fädig. Bl. locker anliegd., eifg. o. eilanzettl., nicht herablaufd., zugespitzt o. m. kurzem, ein wenig zurückgekrümmtem Spitzchen, Rand flach u. meist ganz. Rp. gelb, meist v. d. Spitze endd. Sp. unbekannt. Diöc. — Feuchte Felsen. Zerstr.

Anomobryum concinnatum (Spruce) Lindbg. **424.**

II Sprossen, wie unter I beschrieben, fehlen.

α Ras. oben goldgr. u. glänzd. St. dünn, zerbrechlich, unten durch verschiedene Färbung in gürtelförmige Zonen geteilt, mit spärl., aufrecht. Ästen. Bl. trocken angedrückt, feucht aufrecht u. ein wenig abstehd., eilängl.-lanzettl., allmähl. zugespitzt, oben rinnig. Rp. bräunlich, in der Spitze endd. Sp. unbekannt.

Ditrichum zonatum Brid. **425.**

β Ras. gr., gelb-, bleich- o. freudiggr.

1. Die oberen Bl. schließen zu einer eifg. o. längl. Knospe zusammen. Ras. bleichgr.

a Sp. schief birnfg., geneigt o. hängend o. wager., trocken ± tief gefurcht. Hb. kappenfg. P. doppelt. S. geschlängelt.

× (Fig. 152a, Seite 144.) Ras. dicht, derb, einige mm bis mehrere cm h. Obere Bl. verk.-eifg., kurz zugespitzt. Div. $3/8$. S. bis 5 cm h., anfängl. rutenfg. übergebogen, später aufr., trocken s. stark gedreht. Sp. (b) keulig-birnförmig, schief, hochrückig, trocken tief gefurcht, weitmündig. D. flach gewölbt, mit purpurnem Saume, ohne Warze. Monöc. — Auf Schuttstellen, Acker- u. Gartenland, Meilerstellen, Dächern, an Felsen, Mauern usw. Eb. bis A. Sehr hfg. Stets m. Sp. 7—10. X. (9—12.)

Funaria hygrometrica (L.) Sibth. **426.**

×× Ras. niedriger (bis 1 cm h.) Obere Bl. eilanzettl., lang zugespitzt. S. kürzer als bei vor., dick, purpurn. Sp. wenig gestreift, trocken unbedeutd. gefurcht, schief-birnfg., kleinmündig. D. s. klein, mit Warze. Inneres P. verkümmert. Monöc. — Feuchte, sandige Stellen, bes A., sonst äußerst selt. S.

Funaria microstoma B. S. **427.**

b (Fig. 153a, b, Seite 144.) Sp. regelmäßig, aufr., verkehrt-eifg. St. etwa 2 mm h. Obere Bl. eilanzettl., lang zugespitzt, zlch. steif aufrecht. S. 2—4 mm l., bleichgelb. Hb. unter den Sp.- hals hinabreichd., gedunsen, vierkantig (c), kurz geschnäbelt,

Rasen hell-, dunkel-, freudig-, gelb-, bläulich- oder goldgrün.

Schnabel bräunl. P. fehlt. Monöc. — Feuchte Äcker. Eb., niedere Bg. Zlch. verbr. F.
Pyramidula tetragona Brid. **428.**

2. Obere Bl. nicht zu einer Knospe zusammenschließend.
a Sp. mit deutl. Halse. Beide Arten in den Ha.
× Sp. m. s. langem, engem Halse, keulig, Hals von halber U.-länge. D. s. lang, zart u. schief geschnäbelt. Hb. kappenfg., Basis mehrlappig. Pz. 16, lanzettl., oft in der Mittellinie durchlöchert. Bl. locker anliegd., die oberen breit-eifg., zugespitzt, flachrandig. Div. $^3/_8$. Niedrige, wenige mm hohe Räschen. Monöc. — Felsspalten u. Höhlen. Zlch. selten. 8, 9.
Trematodon brevicollis Hornsch. **429.**

×× Sp. m. großem, von der U. gut abgesetztem Halse, eifg. bis fast würfelfg., m. 4—6 (Fig. 154, Seite 144) stumpfen Kanten. D. von halber Ulänge, allmählich in einen Schnabel verdünnt. Hb. mit s. langem, rostbr., dicht. Filz. Pz. 64. Paukenhaut an der Umündung. Bl. aus stengelumfassender Scheide plötzl. verlängert-lanzettl., Ränder nach oben umgeschlagen, an der Oberseite eine große Anzahl Längslamellen. Diöc. — An feuchten Stellen. Oft Mv. Verbr. 7—9.
Polytrichum sexangulare Flörke **430.**

b Hals s. wenig hervortretd. o. fehld.
× Blrand flach.
O (Fig. 155a, Seite 144.) Ältere Stteile dicht rostrot verfilzt. Div. $^1/_3$. Untere Bl. winzig — Niederbl.! — schuppig, obere dichter, größer, eilanzettl. S. anfängl. bleich, später rötlich, bis 2 cm l. Sp. (b) schlank walzenfg. Hb. spitz kegel., m. Längsfalten. Pz. 4, außen m. zahlr. Längsrippen. Vegetative Vermehrung durch linsenfg. Brutkp. in becherfg. Hülle (c). Monöc. — Schattige, feuchte Waldplätze, Baumstümpfe, Schluchten, Felsen. Bes. Eb. bis obere Bg. Sp. hfg. 5, 6. V. (12—13.)
Georgia pellucida (L.) Rabenh. **431.**

OO A. Ras. dicht rostbr. wurzelfilzig, hellgr., mehrere cm h. Bl. eilängl., m. geschlängelter, pfriemlicher Spitze. Div. $^3/_8$. Sp. längl.-eifg., lang geschnäbelt, aufr. o. wenig geneigt. Hb. seitl. aufgeschlitzt, umgibt oft noch lange die obere S. wie eine Manschette. D. u. P. fehlen. Monöc. — Auf den höchsten Alpentriften, auf verwittertem Rinder- u. Schafdünger. Selt. 8, 9.
Voitia nivalis Hornsch. **432.**

×× Blrand umgerollt o. schmal zurückgeschlagen.
O Die 32 Peristomäste 2—3 mal links gewunden, auf einer Grundhaut stehd. Blzellen beiderseits dicht warzig. Bl. trocken einwärts gebogen und gedreht.
! Bl. lineal-lanzettl., stumpf, Ränder von der Mitte ab bis zur Spitze nach der Rp. fast spiralig zurückgerollt. Rp. an

Rasen hell-, dunkel- usw. — Rasen schmutzig-, oliven- usw. grün.

der Basis schwächer. S. bis 1,5 cm l., rot, oben gelb. Sp. aufr., gerade. D. schmal u. schief geschnäbelt. Pz. kaum 2mal links gewunden. Diöc. — Steinige, kalkige Stellen. Eb. u. nied. Bg. Zerstr. F.

Barbula revoluta (Schrad.) Brid. **433.**

!! **A.** Bl. linealisch-lanzettl., scharf zugespitzt, Rand am Grund u. an der Spitze flach. Rp. am Grunde am stärksten. S. bis 2,5 cm l., gelb, schwach rötl. Sp. aufr. o. etwas geneigt, etwas gekrümmt. D. w. b. vor. Pz. dreimal links gewunden. Diöc. — An Kalkfelsen u. kalkhalt. Boden. Zerstr. 8.

Barbula flavipes B. S. **434.**

OO **A.** (Fig. 156a, Seite 144.) Nur 16 einfache, blasse, stumpfe Zähne (c), Grundhaut fehlt. Bildet tiefe, schwammige, innen rostbr. bis schwärzl. Ras. Bl. aufr.-abstehd., eilanzettl. scharf zugespitzt, Rand schmal zurückgebogen. Div. $1/3$. Sp. ،b، klein, eikugel., zuletzt schwarz u. glänzd., wager. o. geneigt, auf etwa 1 cm l., purpurner S., Hals kurz, gekrümmt. Diöc. — Nasse Felsen, Moore, Sumpfwiesen. Selt. in der norddeutschen Tiefeb. 7, 8.

Catoscopium nigritum (Hedw.) Brid. **435.**

C. Bl. zungenfg., kurz zugespitzt, stumpf, beiderseits dicht warzig, Blzellen am Grunde wasserhell, Rand bis gegen die Spitze zurückgerollt. Sp. aufr., eifg.-längl. D. kegelig, m. schiefem, kurzem Schnabel, auf strohgelber, unten rötl., endlich purpurner S. Peristomäste 32, etwa $1/2$mal links gewunden. Monöc. — Schattige Felsen. Bg. u. A. Sehr selten. 5, 6.

Tortula obtusifolia Schleich. **436.**

✕✕ **Rasen schmutzig-, oliven-, schwärzl.- o. braungrün, braun, bräunl., schmutzig- o. rötlichbraun, rot o. dunkelbraunrot, rötl., silberweiß, silbergrau o. grünlich-silberweiß.**

A. Rasen schmutzig-, oliven- o. braungr. usw. bis rötlich.

I Kleine und kleinste Moose von nur wenigen mm Höhe (exkl. S. u. Sp.) selten bis 1 cm hoch.

α (3) Winzige, kalk- und schattenliebende, gesellig auftretende, senkrechte und geneigte Felswände bewohnende Moose.

1. S. anfangs schwanenhalsartig herabgebogen, später sich aufrichtend u. gerade, blaßgelb. Pflänzchen herdenweise oder rasenfg., olivengr. Bl. eilanzettl., lang u. pfriemenfg. zugespitzt. Pz. 1β, rotbr., schmal-linealisch. Monöc. — Auf Gestein, bes. an schattigen Stellen. Bg. A. Zerstr. 5, 6.

Seligeria recurvata (Dicks.) B. S. **437.**

2. S. gerade.

a Räsch. starr, bräunl.- o. schwärzlichgr. Bl. scharf dreizeilig, aufr., lanzettl., allmählich breit, kurz, spitz oder stumpfl. zu-

Rasen schmutzig-, oliven-, schwärzl.- oder braungrün, braun usw.

gespitzt. Pz. 16, trübpurpurn, dolchfg. hier u. da durchlöchert. — An feuchten Kalkfelsen. Bg. Arg. Zerstr. 6,7.
Seligeria tristicha 36.
b Räsch. starr, trübgr. Bl. am Grunde eilängl., nach oben schnell schmal-linealisch-pfriemenfg., Spitze stumpf. Pz. 16, rötlichgelb, an der Spitze gestutzt. Monöc. — An steilen Wänden von Kalkfelsen. Niedere Bg. Sehr selt. 6. 7.
Seligeria calcarea (Dicks.) B. S. **438.**

β An stark besonnten, verwitterten Schieferfelsen und an erdbedeckten Weinbergsmauern im Süden und Westen des Gebiets. Pflanzen herdenweise o. breitrasig, schmitzig gr., wenige mm hoch. Bl. fast aufr., trocken anliegd. u. spiralig um den St. gedreht, längl., kurz zugespitzt o. stumpf, Rand umgebogen. Blzellen unten wasserhell. Lamina beiderseits dicht m. 2 spitzigen, niedrigen Warzen. S. 1 cm l. u. kürzer, gelb, später rötl. Sp. aufr., eifg. bis längl. D. schief-kegelig, Rand gekerbt. Die 32 fädigen, wenig rechtsgewunden., also fast aufrechten, roten Pz. auf getäfelter Grundhaut. Monöc. — Zerstreut. F.
Tortula atrovirens (Smith) Lindbg. **439.**

γ (Fig. 157 a, Seite 144.) Auf feuchtem Sande der Alpen- und bes. der Gletscherbäche, selt. an Felsen. Pflänzchen herdenweise o. in kleinen, bis 1 cm hohen, bräunlichgr. Räschen, dicht von dunkelbr. Wurzelfilz durchsetzt, m. oben kätzchenfg. (b), spitzen Sprossen. Bl. eifg.-längl., kahnfg.-hohl, ganz- u. flachrandig. Rp. gelb, später bräunl. S. 1—1,5 cm l., an der Basis meist geknickt, starr, purpurn, oben kurzhakig. Sp. (c) hängend, kuglig-birnfg., kleinmündig, kastanienbr., später dunkler. D. kegelfg., klein, gespitzt, glänzd. Diöc. — Bg. u. Varg. Selt. 7, 8.
Bryum Blindii B. S. **440.**

II Kräftigere — mindestens 1 cm hohe — Moose von oft bedeutender Höhe.

α Ras. glänzend, bräunlichgr.
1. **A.** (Fig. 158 a, Seite 144.) Ras. 1—2 cm h., selten höher, dicht, glänzd. St. aufr., brüchig, mehrfach gabelig geteilt. Bl. (b) dicht, trocken u. feucht aufr., aus scheidiger, länglicher Basis allmähl. lang rinnig- und fein-pfriemenfg., ganzrandig. Sp. (c, d) eingesenkt, später seitlich etwas hervortretd., aufr., klein, kugelig-eifg. D. m. kurzem, schiefem Schnabelspitzchen, fällt (e) nach der Entleerung des Sp. mit der Columella ab. Rg. u. P. fehlen. Monöc. — In Felsspalten der Ha. Sehr selt. Sp. hin u. wieder. 7, 8.
Stylostegium caespiticium (Schwägr.) B. S. **441.**

2. Ras. dicht, bis 1 dm hoch, glänzd. Sp. auf ca. 0,5 cm l. S. emporgehoben. P. vorhanden, aus 16 entfernt gegliederten Zähnen bestehd.
Blindia acuta 412.

β Ras. glanzlos (bei Dicranum congestum kaum glänzd.)

Rasen schmutzig-, oliven-, schwärzl.- oder braungrün, braun usw. 141

1. Ras. innen dch. glatten o. warzigen Wurzelfilz rostrot,
a Leicht erkennbar an den fast immer vorhandenen. von dem
verlängerten, nackten St. getragenen Becherchen, die zahlreiche kurzgestielte, linsenfg. Brutkp. enthalten, außerdem
an den vier Zähnen des P.
Georgia pellucida 431.
b (Fig. 159a, Seite 144.) Ras. meist rötlichbr. o. dunkelgr., innen
s. lebhaft rostrot, meist 1—2 cm h. Bl. (b) abstehd.-zurückgebogen, trocken kraus u. gedreht, die oberen lanzettl., kurz
zugespitzt, Rand (c) bis gegen die Spitze zurückgerollt, Spitze
undeutl. gezähnelt, Blzellen am Grunde rötl. u. durchscheinend.
Sp. (d, e) aufr., längl.-eifg., regelmäßig, im Alter rötlichbr.,
auf ca. 1 cm h. S. D. kegelig-pfriemlich, schief, klein. Rg.
2reihig. Pz. 16, unregelmäßig gespalten o. durchbrochen.
Zwitt. — Felsen, Steine, Mauern, Erde, auch auf Baumrinde.
Eb. bis A. Verbr. 10—12. VII—IX. (13—17.)
Didymodon rubellus (Hoffm.) B. S. **442**.
2. Ras. innen anders gefärbt.
a Blränder nicht zurückgerollt und nicht zurückgeschlagen.
Dicranum congestum 410.
b Blränder zurückgerollt — oft spiralig — oder (bei Catoscopium
nigritum u. Barbula reflexa) schmal o. breit zurückgebogen.
× Blränder zurückgerollt.
O (3) Blränder bis zur Spitze oder fast bis zur Spitze zurückgerollt.
! (3) (Fig. 160a, Seite 144.) Zellen des Blgrundes dünnwandig
und — meist — wasserhell. Ras. bis 3 cm hoch, dunkel- o.
schmutziggr., innen schwärzl. Bl. (b) feucht aufr.-abstehd., trocken eingebogen u. gedreht, lanzettl., lang zugespitzt, stumpfl., Rand ganz. Div. $^3/_8$. Rp. rostfarbig. S. ca.
1 cm l. Sp. (c) aufr., walzig, oft etwas gekrümmt, oder
elliptisch-walzig. D. kegel.-pfrieml., schief, rasch zugespitzt.
Pz. 16, nach rechts steil aufsteigd., oft bis z. Grunde gespalten, dann 32 rötlichgelbe, fädige Schenkel. Vegetative Vermehrung durch kugel-, ei- o. scheibenförmige, einbis vielzellige Brutkp. Diöc. — Bes. an Kalkfelsen, auch
an Mauern. Eb. bis A. Zlch. verbr. 2, 3. VIII—X. (16—19.)
Didymodon rigidulus Hedw. **443**.
!! A. Zellen des Blgrundes dünnwandig und rötlich durchschimmernd. Ras. zlch hoch — nach Limpricht bis 7 cm —,
oben oliven-, innen rotbr., trocken s. kraus. Bl. lanzettl.,
fein zugespitzt, oft an der Spitze gezähnelt. Sp. ähnlich dem
v. Didym. rubellus. D. mit stumpfem Schnabel. Pz. 16,
bis zum Grunde in 2 gleiche Schenkel gespalten. Diöc.
— Feuchte Felsspalten. Selt. Sp. s. selt. S.
Didymodon ruber Jur. **444**.
!!! Alle Zellen dickwandig. Bl. **ganzrandig**.

Rasen schmutzig-, oliven-, schwärzl- oder braungrün, braun usw.

† Bl. aufr.-abstehd., breit-lanzettl., kurz zugespitzt.
? Räschen 1—2 cm h., polsterartig, braungr., trocken trübbr. Bl. s. starr. Div. $^2/_5$. Blzellen nicht warzig. Sp. aufr., längl.-zylindr., gerade o. wenig gekrümmt, hellbr. D. schiefkegel., spitz. Pz. 16, bleichrötl., lanzettl.-lineal., ganz o. geteilt. Diöc. — An feuchten Felsen, alten Mauern, auf kieselig-tonigem Boden. Eb. u. niedere Bg. Zlch. verbr. Sp. selt. W.

Didymodon luridus Hornsch. 445.

?? Ras. mehrere cm hoch (bis 6 cm), locker, bräunl.- bis schmutziggr. Bl. am Grunde breit-herzfg., hohl, nach oben lanzettl. u. gekielt, in den Blwinkeln zahlreiche br., kugelige od. eiförmige, stengelbürtige Brutkp. auf kurzen Stielchen. Diöc. — An alten Mauern. Eb. bis Bg. Sp. unbekannt.

Didymodon cordatus Jur. 446.

†† A. Bl. abstehd., schwach zurückgebogen, allmähl. u. lang zugespitzt, oben scharf gekielt. Ras. hoch (bis 10 cm), leicht zerfalld., dunkel rotbr. Rp. rot, stielrund. Blzellen beiderseits warzig-mamillös. Diöc. — In Felsspalten. Hin u. wieder. Sp. unbekannt.

Didymodon rufus Lorentz 447.

OO Blränder am Grunde u. an der Spitze meist zurückgerollt. Bl. aufr.-abstehd., trocken locker anliegd. u. einwärts gebogen, aus scheidigem, eifg. Grunde verlängert-lanzettl., scharf zugespitzt, gekielt, Rp. gelbbr. Ras. dicht, feucht braungr., trocken schmutzigbr. o. schwarzbr. Blzellen beiderseits m. dichten, niedrigen Warzen. S. bis 1,5 cm l., rot, rechtsgedreht. Sp. aufr., längl.-eifg. o. fast walzig, bisweilen etwas gekrümmt. Ende des Dschnabels m. Spitzchen. Peristomäste 32, einmal links gewunden, rötlichgelb, auf einer Grundhaut. Diöc. — An Mauern, Felsen, Abhängen, auf Sandboden. Bes. Eb. u. nied. Bg. Zlch verbr. Sp. nicht immer vorhanden. 5, 6.

Barbula vinealis Brid. 448.

OOO Blränder bis zur Mitte oder am Grunde zurückgerollt.
! Blzellen am Grunde durchsichtig, mit mäßig dicken Wänden.
† Bl. aus breitem, scheidigem Grunde verlängert-lanzettl., lang zugespitzt, gekielt, feucht fast sparrig zurückgebogen, trocken eingebogen u. etwas gedreht. Beiderseits am Grunde nach dem Rande hin eine Längsfurche. Div. $^3/_8$. Rp. bräunl. Blzellen beiderseits dicht m. 1- u. 2spitzigen Warzen. Ras. locker, 1—3 cm h., aufr. o. aufsteigd., schmutziggr., trocken schmutziggr.- o. rotbr. S. bis 1,5 cm l., rot, rechtsgedreht. Sp. ei-walzenfg., aufr., regelmäßig o. s. schwach gekrümmt. D. lang pfriemlich geschnäbelt, fast von Ulänge o. kürzer. Pz. auf s. niedr. Grundhaut, die

32 Schenkel 3—4mal links gewunden. Diöc. — Auf feuchtem, lehmigem, kalkigem Boden, auf Äckern, an Mauern u. ähnl. Stellen. Eb. bis A. Verbr. 3. V. (10.)
Barbula fallax Hedw. 449.

†† Untere Bl. verkehrt-eilängl., die oberen rosettig gehäuft, breit, ei-spatelfg., an der Spitze breit abgerundet u. meist etwas ausgeschweift. Div. $3/8$. Rp. kräft., bräunl., Lamina beiderseits m. niedrigen Warzen. Ras. 1—3 cm h., locker, schmutziggr., trocken schmutzigbr. o. geschwärzt. S. zlch. kurz, rötlichgelb. Sp. w. b. vor. D. etwa halb so lang wie die U., kurz geschnäbelt. Peristomäste bleich, auf niedriger Grundhaut, 1—2mal links gewunden. Vegetative Vermehrung durch blattbürtige Brutkp. Diöc. — An der Rinde alter Feldbäume (Weiden, Pappeln usw.), s. selt. an Felsen. Eb. u. Hrg. in Nord- u. Westdeutschland. Zlch. verbr. Sp. s. selt. 6, 7. III, IV. (11—13.)
Tortula latifolia Bruch 450.

!! Zellen des Blgrundes nicht durchsichtig, dickwandig.

† Bl. feucht. aufr.-abstehd., ei- o. verlängert-lanzettl., allmählich zugespitzt, zu beiden Seiten des am Blgrunde bis zur Mitte umgerollten Randes eine Furche. Rp. kräftig, rötl., Blzellenmembranen bis zur Basis stark verdickt, beiderseits warzig. Ras. zlch. hoch (bis 7 cm), schmutziggr. o. rotbr., locker. S. bis 1,5 cm l., schmutzig rot, rechtsgedreht. Sp. aufr., walzenfg., regelmäßig, bisweilen etwas gekrümmt. D. halb so lang wie die U., allmähl. spitz zulaufd. Pz. 16, nach rechts aufsteigd., bis zum Grund gespalten. Diöc. — An Kalkfelsen, Mauern, auf kalkhaltig. Boden. Eb. bis A. Zerstr. W.
Didymodon spadiceus Mitt. 451.

†† A. Bl. feucht abstehd.-zurückgekrümmt, aus eilängl. Grunde allmähl. in eine oben scharfkielige, lange, lanzettl. Pfriemenspitze übergeh., Blgrund faltig, Blrand unten zurückgerollt, oben wellig. Rp. rötl. Blzellen stark und unregelmäßig verdickt, beiderseits m. 1- u. 2spitzigen Warzen. Ras. locker, s. hoch (bis 2 dm), rötlichbr. o. braungr. Diöc. — An feuchten Kalkfelsen, Wasserfällen, Quellen. Hin u. wieder. Sp. unbekannt.
Didymodon giganteus (Funck) Jur. 452.

×× Blränder schmal o. breit zurückgebogen, nicht zurückgerollt. Ras. hoch (8—10 cm).

O Bl. feucht sparrig zurückgekrümmt, trocken anliegd. u. ein wenig gedreht, lanzettl.-zugespitzt, gekielt, Rand unten breit zurückgebogen, Blgrund beiders. m. kräftiger Furche. Rp. rotbr. Ras. bräunl. o. braunrot. Sp. w. bei Barb. fallax auf roter, 1 cm l., rechtsgedrehter S. Pz. 1mal links-

Tafel VIII, Fig. 149–174.

gewunden. Diöc. — Feuchte Kalkfelsen u. Mauern. Eb. bis A. Zlch. verbr. Sp. s. selt. W. F.

Barbula reflexa Brid. 453.

OO Bl. aufr.-abstehd.

Catoscopium nigritum 435.

B. Ras. silberweiß, silbergrau oder grünlich-silberweiß. St. mit kätzchenförmigen Sprossen.

I (3) Fig. 161, Seite 144.) Bg. A. Ras. grünlich-silberweiß, innen weinrötlich, glänzend, niedrig (selt. 3—4 cm hoch). Bl. d. sterilen Sprosse angedrückt-dachziegelig, breit-eifg., m. zurückgekrümmter Spitze, löffelfg.-hohl. Obere Schopfbl. größer, eilanzettl., Rand am Grunde umgebogen. S. 0,8—1,5 cm l., schwanenhalsartig gekrümmt, purpurn. Sp. aus langem, gekrümmtem Halse hochrückigbirnfg., m. engem, schiefem Munde. D. klein, kegel., gespitzt, orangefarben. Äußere Pz. unten orangefarben, oben hellgelb, innere Pz. gelblich. Diöc. — Feuchte, schattige Felsspalten. Hin u. wieder. 8, 9.

Plagiobryum Zierii (Dicks.) Lindbg. 454.

II A. Ras. mit braunrötlichem Anflug, innen dicht mit rotem Rhizoidenfilz, glänzend, niedriger als vor. Art (bis 2 cm). Bl. d. sterilen Sprosse locker anliegd., hohl, eilanzettl., in ein Spitzchen verschmälert, Basis u. Spitze rötl. Schopfbl. längl.-lanzettl., rötl., Rand längs umgerollt. S. kürzer als bei vor., dick, rötlichgelb. Sp. dem des vor. im allgemeinen ähnl., aber D. flach gewölbt. Äußeres P. viel kürzer als das innere. Äußere Pz. nur am Grunde rötlichgelb, oben hyalin. Diöc. — Felsige, steinige, humöse Abhänge u. Triften in sonniger Lage. Hin u. wieder. H.

Plagiobryum demissum (H. et H.) Lindbg. 455.

III Ras. weißlichgr., etwas glänzend, 4—10 mm hoch.

Bryum Blindii 440.

× **Blattrippe auf dem Querschnitt mit 2, durch weitlumige Zellen getrennten Stereïdenbändern.** (Erforderlich ist die Herstellung zarter Blattquerschnitte.)

A. St. niedrig (bis 1 cm hoch, bei Barbula revol. selt. über 1 cm hoch).

I (6) Fig. 162a, Seite 144.) Bl. an der schwach eingekrümmten Spitze fast kappenfg. (b), lanzettl. o. lanzettl.-lineal., aufr.-abstehd., trocken kraus, oben rinnig dch. welligen Rand. Rp. kräft., gelbl., als kleine, oft etwas zurückbogene Spitze austretd. Blzellen beiderseits warzig. Ras. polsterfg., dicht, gelbl.- o. bräunlichgr., innen rostbr. S. bis 1,5 cm l., purpurn, oben gelbl., rechtsgedreht. Sp. (c) aufr., eifg. o. längl.-walzig, trocken runzelig. D. kegelig, schief geschnäbelt, mindestens von halber Ulänge. Pz. 16, bis zur Basis in fädige, kürzere u. längere Schenkel gespalten, trübrot. Diöc. — Feuchte Kalkfelsen u. Mauern. Deutsch. Mittelgeb. bis A. Zlch. verbr. Sp. selt. 3, 4.

Trichostomum crispulum Bruch **456.**

II A. Bl. an der Spitze durch die stark eingerollten Blränder fast kappenförmig, die oberen schmal-lanzettl., steif aufr. Rp. kräftig, als Stachelspitze austretd. S. oft zu 2, blaßgelb, meist bis 0,5 cm l., Sp. aufr., bisweilen etwas schief, eifg.-zylindr. o. eifg., trocken schwach längsfaltig. D. lang und schief-pfriemenfg. geschnäbelt. Pz. 16, sehr kurz, einfach, abgestutzt, bleich. Räschen locker, freudiggr., wenige mm h. Polygam. — An besonnten Kalkfelsen u. -blöcken, in Felsspalten, Erdlöchern. Selt. F. S.

Weisia Wimmeriana (Sendt.) B. S. **457.**

III Bl. an der Spitze stumpfl. o. stumpf.

α Bl. aufr.-abstehd., trocken eingebogen u. gedreht.

1. Rp. gegen d. Grund schwächer. *Barbula revoluta 433.*
2. (Fig. 163a, Seite 1:4.) Rp. am Grunde am stärksten, von hier o. von der Mitte ab allmähl. schwächer werdd., als kurze Stachelspitze (b) austretd. Bl. (b) lineal- o. längl.-lanzettl. o. zungenfg., Rand in der unteren Blhälfte breit zurückgeschlagen (c), Blflächen beiderseits dicht warzig, Blzellen oben rundl. o. quadr., unten rechteckig, wasserhell. Div. $3/8$. S. bis 1,5 cm h., rot. Sp. glänzd., ellipt.-walzig, aufr., gerade o. leicht gekrümmt. D. etwa von halber Ulänge (c), gerade o. etwas schief geschnäbelt. Peristomäste 32, hochrot, 3- bis 4mal links gewunden, auf einer Grundhaut. Ras. zlch. locker, ausgedehnt, gelbgr., gr., trocken schmutzig- o. bräunlichgr. Diöc. — Auf feuchtem Boden, auf Äckern, an Wegrändern, Felsen, Mauern, Grasplätzen. Eb. bis A. Häufig. 3, 4. VII, VIII. (7—9.)

Barbula unguiculata (Huds.) Hedw. **458.**

β Bl. abstehd., trocken kraus, längl.-verlängert-linealisch, durch die gelbl., austretd. Rp. stachelspitzig, kielig-hohl, Rand unten wellig, oben aufrecht. Blzellen d. Lamina beiders. dicht warzig, Zellen des Grundes s. zartwandig, verlängert-rechteckig, von den übrigen Blzellen scharf abgesetzt. S. bis 2 cm l., rechtsgedreht. Sp. aufr., eifg.-walzig, schwach glänzd., bisweilen schwach gekrümmt. D. m. kerbigem Rande, kegelig verlängert, stumpf, von halber Ulänge. Peristomschenkel 32, bis 4mal links gewunden, rot, auf niedriger Grundhaut. Monöc. — Auf humösem, sandigem Boden, auch an Baumwurzeln. S. selt. 5, 6.

Tortella caespitosa Schwägr. **459.**

IV Bl. an der Spitze meist kappenfg., nicht stumpfl., sondern spitz zulaufd.

α (4) Blränder flach (bei Hymenost. die oberen Bl.).

1. P. fehlt. Mündung des Sp. noch längere Zeit nach der Entdeckelung durch eine zarte Haut, das Hymenium, geschlossen. Die Sporen gelangen später durch eine in dem Hymenium auftretene Öffnung ins Freie (links von Fig. 161 Seite 144.)

a Bl. aufr.-abstehd., obere verlängert-lanzettl.-linealisch. mit als Stachelspitze austretd. Rp. Sp. auf kaum unterscheidbarer S., oft zu 2, eingesenkt, elliptisch, schief geschnäbelt, fällt später mit S. u. Fuß aus dem Scheidchen heraus. Ras. locker, schmutziggr., wenige mm (2) hoch. Monöc. — Tonige, feuchte Stellen, an Grabenrändern, auf nackten Erdstellen usw. Eb. Sp. selten. W. F.

Hymenostomum rostellatum (Brid.) Schimp. **460.**

b Bl. sparrig zurückgebogen, verlängert-lanzettl., stumpf zugespitzt, trocken kraus, sonst w. vor. S. länger als bei vor., gelb, etwas rechts gedreht. Sp. aufr., längl. D. kurz geschnäbelt. Monöc. — Äcker, tonige Wiesen, Grabenränder, Triften usw. Eb. S. selt. W.

Hymenostomum squarrosum Bryol. germ. **461.**

2. P. vorhanden, 16zähnig. Zähne gelb, 4—5 gliederig, gespalten o. durchlöchert. Bl. abstehd., trocken kraus, lanzettl.-lineal.-pfriemenfg., rinnig, durch die austretd. Rp. zlch. lang stachelspitzig. S. blaßgelb, ca. 0,5 cm l. Sp. längl.-ellipt., Mund rot u. glänzd. Monöc. — An Wald- u. Wegrändern. Eb., nied. Bg. Zerstr. F.

Weisia rutilans (Hedw.) Lindbg. **462.**

β Blränder oben aufrecht (bei Trich. viridulum in den unteren Bl., selt. gegen die Spitze kappenfg.).

1. Die 32 roten Schenkel des P. bis 4mal links gewunden. Zellen des Blgrundes wasserhell, sehr zartwandig, verlängert-rechteckig bis 5- o. 6seitig, scharf von den oberen, grünen, rundlich-viereckigen Zellen abgesetzt.

Tortella caespitosa 459.

2. Pz. 2schenklig, Schenkel aufr., bisweilen etwas nach rechts aufsteigd., rostbr. Bl. fast sparrig, lanzettl.-linealisch u. lang zugespitzt. Blzellen oben quadr., beiderseits warzig, am Grunde gelb, rechteckig o. verlängert. S. ca. 1,5 cm h., purpurn, oben gelbl., rechtsgedreht u. hin- u. hergebogen. Sp. aufr., fast walzig, trocken schwachfaltig, entleert oft nickend bis wager. D. kegel., zart u. meist schief geschnäbelt. Herdenweise o. in lockeren, gr. Räschen. Diöc. — An sandigen Waldwegen, an sandigen Fluß- u. Bachufern, bes. der A. Selt. 7.

Trichostomum viridulum Bruch **463.**

γ Blränder längs umgerollt. Ras. locker, aufrecht o. aufsteigd., schmutziggr., trocken braungr. o. bräunl. St. gabel- o. büschelästig., sehr zart. Bl. aufr.-abstehd., trocken anliegd. u. zlch. stark gedreht, lanzettl., gekielt, m. langer u. scharfer Stachelspitze. Blzellen grün, oben rundl., in der Mitte queroval, unten quadr. o. rechteckig, beiderseits schwach warzig. S. bis 1 cm l., unten rot, oben gelb, rechtsgedreht. Sp. aufr., schmal eilängl., schwach gekrümmt. D. länger als die halbe U., schmal, geschnäbelt, am Rande gekerbt. Peristomschenkel 2mal links gewunden,

auf gelber Grundhaut. Diöc. — Sonnige, sandige, lehmige Stellen, an Wegrändern, Gräben, in Mauerspalten, Ausstichen. — Bes. Eb. u. Hrg. Zerstr. Sp. nicht hfg. F.
Barbula Hornschuchiana Schultz 464.

δ Blränder oben stärker oder schwächer eingerollt oder eingebogen (bei Astomum crispum und Hymenostomum microstomum kommen die Schopfbl. f. d. Bestimmung in Betracht).

× Räschen gr. o. freudiggr.

O (Fig. 164a, Seite 144.) Bl. abstehd., verbogen, trocken sehr kraus, die unteren klein, lanzettl., die oberen schopfig, aus lanzettl. Grunde linealisch-pfriemenfg., rinnig, ganzrandig, Rand oberwärts eingerollt. Rp. dick, gelbl., als kurze, scharfe Stachelspitze austretd., Blzellen beiderseits dicht- u. kleinwarzig. S. gelb, im Alter rötl., ca. 5 mm l., rechtsgedreht. Sp. aufr. (b, c), eilängl. o. fast walzig, m. kleinem Munde, hell- o. kastanienbr., trocken faltig. D. lang und schief pfriemenfg., Pz. 16 (d) rostfarben, linear-lanzettl., stumpf, wenigghediedrig, warzig, ganz o. an der Spitze gespalten. Räschen meist locker, freudiggr., meist ca. 0,5 cm h. Monöc. — Auf d. Erde, bes. an Wald- u. Wegrändern, in Felsspalten. Eb. bis A., in der Bg. u. A. seltener, sonst gemein. Sehr formenreich. 5, 6. VI. (11—12.)
Weisia viridula (L.) Hedw. 465.

OO Unterscheidet sich von der vor. Art durch aufr.-abstehende, trocken verbogene, verlängert-eilanzettl., plötzlich kurz zugespitzte Bl., dch. eine kräftige, br., kurz stachelspitzig austretende Rp., durch oberwärts stark spiralig eingerollte Blränder, durch niedrige (2—3 mm hohe), schwach rechtsgedrehte S., dch. wenig faltiges, bisweilen geneigtes Sp. u. durch ein wenig ausgebildetes, bleiches P. Die dichten, gr. Räsch. erreichen eine Höhe von 1 cm. Monöc. — Bes. in sonnigen Spalten von Kalkfelsen. Sehr zerstr. F.
Weisia crispata (Bryol. germ.) Jur. 466.

× × Räschen schmutzig- o. dunkelgr.

O (3) Sp. fast kugelig, fast völlig eingesenkt, mit nicht abspringendem, kleinem, kegelfg. D.
Astomum crispum 312.

OO Sp. elliptisch (oft zu 2), zur Reifezeit samt S. u. Fuß aus dem Scheidchen herausfallend. Der D. löst sich nur schwer von der U., letztere ist an der Mündung durch ein Häutchen (Hymenium) verschlossen.
Hymenostomum rostellatum 460.

OOO (Fig. 165a, Seite 144.) Sp. ellipsoidisch o. längl., aufr. o. etwas geneigt, regelmäßig o. etwas bucklig, wenig die Bl. überragend, m. s. engem u. nach der Entdeckelung noch längere Zeit durch ein Hymenium verschlossenem Munde

(d)[1]). S. selt. 0,5 cm l., gelb, rechtsgedreht. St. meist 2 mm hoch (selten bis 6 mm), zu dichten Räschen vereinigt. Obere Bl. viel größer, trocken eingebogen u. kraus, verlängert-lanzettl., Ränder oben stark eingebogen. D. schief geschnäbelt (c). Monöc. — Grasige Stellen, Erdlehnen, Waldränder, Gräben, Wegeränder. Eb. u. nied. Bg. Verbr. 5, 6. VI, VII (10—12.)
Hymenostomum microstomum (Hedw.) R. Br. **467.**

V Bl. (obere) eilängl. o. eilanzettl., zugespitzt, hohl, aber nicht kapuzenfg. Einhäusig. Pflänzchen gesellig, 1—2 mm h., gelblichgr. Blrand flach o. oben schwach eingebogen, ganz. Rp. zart, von der Spitze verschwindend, auf d. Querschn. 2 mediane Dt., 4 Bz., oberes Stereïdenband schwach. S. 2—4 mm h., gelb, rechts gedreht. D. $\frac{1}{3}$ bis $\frac{1}{2}$ der U., m. schiefem Schnabel. P. gelb, dichtwarzig, Pz. gestutzt, oft 2 (3)teilig, oft durchbrochen. Monöc. — Selt. Auf lockerer, kalkhaltiger Erde. F.
Trichostomum caespitosum (Bruch) Jur. **468.**

VI Bl. (obere) linealisch u. lanzettl.-lineal., stachelspitzig, Ränder bis z. Blmitte abwärts eingebogen, Spitze meist kapuzenfg. Rp. auf d. Querschn. m. 4 medianen Dt. u. warzigen Az., weit vor d. Spitze verschwindend. S. gelb, 7—13 mm h., rechts gedreht. D. fast so lang wie d. U., m. schief. Schnabel. P. rötlichgelb, dichtwarzig, Zahnbildung s. verschieden, bald sind 2 benachbarte Schenkel gleich-, bald ungleichlang, bald sind sie ± verwachsen, bald spaltenartig durchlöchert. Pflänzchen lebhaft gr., 2—8 mm hoch. Monöc. — In Spalten von Muschelkalkfelsen. Selt. 6, 7.
Trichostomum pallidisetum H. Müll. **469.**

B. St. höher.

I Bl. an der leicht eingebogenen Spitze fast kappenfg.
Trichostomum crispulum 456.

II Bl. an der Spitze nicht kappenfg.

α Blrand ganz oder z. Teil zurückgerollt (Barbula) oder in der Blmitte schwach zurückgeschlagen (Oreas).

1. **A.** (Fig. 166a, Seite 144.) Rand der Blmitte schwach zurückgeschlagen. Bl. (b) starr, aufr.-abstehd., trocken kraus, lanzettl., gekielt, ganzrandig, Rp. kurz austretd. S. gelb, herabgekrümmt, (b) trocken aufr. u. hin- u. hergebogen, ca. 0,5 cm l. Sp. (b) kugelig, klein, rotbr., glänzd., nickend, m. 8 dunkeln Streifen, trocken gefurcht u. m. erweiterter Mündung. D. kegel., schief geschnäbelt. Pz. 16 (c) breit-lanzettl., lang zugespitzt, einfach o. m. längsstreifiger Außenschicht. Ras. s. dicht, 1—3 cm hoch, auch höher, gelblichgr., unten braunfilzig. Monöc. — Felsen, Felsspalten, steinige Abhänge. Hin u. wieder. S.—H.
Oreas Martiana (H. et H.) Brid. **470.**

---

[1]) rechts oben von a.

2. Blränder ganz oder z. T. zurückgerollt.
  a Blränder bis weit über die Mitte breit zurückgerollt. Bl. an der Spitze stumpflich.
  Barbula unguiculata 458.
  b Blränder bis oder fast bis zur Spitze zurückgerollt.
   × Rp. lang austretd., bräunl. Bl. steif aufr.-abstehd., trocken anliegd. Blzellen glatt, dickwandig. Dt. 4, Az. wenig entwickelt.
    O Ras. bis 2 cm hoch, meist bräunl. o. rötlichbr., selt. olivengr. St. fädig, starr, Sprossen schlank. Bl. kaum 1 mm l., m. kräft. Granne, nach Limpr. vom unteren Drittel ab gleichmäßig verschmälert. Pz. kaum 1mal links gewunden, gelb o. rötlichgelb. Diöc. — Auf kalkhaltigem o. lehmigem Boden, an Wegerändern, auch an Kalk- und Sandsteinfelsen. Bis in die Alpentäler. Verbr. Sp. zlch. selt. W.
    Barbula gracilis (Schleich.) Schwägr. **471.**
    OO A. Unterscheidet sich von der vor. Art durch höheren Wuchs (bis 6 cm), längere Bl., die sich von der Mitte ab — Limpr. — rasch verschmälern, durch längere, 2mal links gedrehte Pz. Diöc. — An feuchten Felsen u. Wasserfällen. Selt. Sp. s. selt. 8.
    Barbula icmadophila Schimp. **472.**
   × × Rp. als Stachelspitze austretd.
    O In den Blwinkeln Anhäufungen brauner, kugl., eifg., 3- und mehrzelliger Brutkp.
    Didymodon cordatus 446.
    OO Brutkp. in den Blwinkeln fehlen.
    Barbula Hornschuchiana 464.
β Blränder nicht zurückgerollt u. zurückgeschlagen, sondern im oberen Blteil (bei Polytrichum im Spreitenteil) ± nach oben umgeschlagen o. aufgerichtet, daher das Bl. bei vielen Arten oben rinnig.
 1. Bl. an der Oberseite der Spreite mit zahlreichen, gr. Längslamellen (Querschnitt!)
  a **A.** Rp. s. kurz austretd. Sp. eifg. o. fast würfelfg., stumpf 4—6 kantig.
  Polytrichum sexangulare 430.
  b Rp. als kurze, gesägte, rotbr. Granne austretd. Bl. aufr.-abstehd., starr, trocken fast anliegd. Ras. schwellend, bläulichgr., dicht verfilzt. St. schlank, starr, überall weißfilzig, oft sehr tief (bis 3 dm) S. bis 1 dm l., zart. Sp. aufr., fast würfelfg., 1—2 mm l., orange. Hb. klein, nur an der Spitze gebräunt, gelblich-br., später oft bleich-silberweiß. Diöc. — In Sümpfen, Mooren, Waldsümpfen, meist m. Sphagna u. bes. Aulacom. palustre verwebt. — Eb. bis A. Verbr. 6, 7. V. (13—14.)
  Polytrichum strictum Banks **473.**

2. Lamellen an der Bloberseite fehlen.
a A. (Fig. 167, Seite 144.) Ras. glänzd., gelbl.- o. bräunlichgr., s. dicht u. hoch (bis 10 cm u. höher), m. dicht., rostbr. Filze. Bl. sehr lang, steif aufr.-abstehd., trocken angepreßt. Oberste Bl. schopfig, schwach sichelfg.-einseitswendig, lanzettl. u. lang rinnig-pfriemenfg., Rand ganz o. a. d. Sp. schwach gezähnelt. Dt. 8—10, Az. wenig entwickelt. Blzellwände s. dick, deshalb Lumen klein, Zellen über den wenig scharf begrenzten Blflügelzellen linealisch u. mit getüpfelten u. verdickten Längswänden, Zellen in der oberen Blhälfte meist rundlich-vierseitig. S. ca. 1,5 cm l., zart, hin- und hergebogen, gegenläufig. Sp. (167) schwach geneigt, symmetrisch, verk.-eifg., bucklig, rotgelb gestreift, entleert weitmündig, trocken gefurcht. D. s. lang o. länger als die U., lang u. schief geschnäbelt. Pz. 16, bis zur Mitte gespalten (auch 3- u. 4schenklig). Diöc. — Feuchte, felsige, humöse Plätze. Zlch. verbr. Sp. selt. 8, 9.

Dicranum elongatum Schleich. **474.**

b Ras. nicht, schwach o. kaum glänzd.
× (3) Ras. 6—8 cm h., gelb- bis braungr., kaum glänzd.
Dicranum congestum 410.
×× Ras. 1—2 cm h., locker, innen rostfarbig. Rp. als Stachelspitze austretd.
O Ras. 1—3 cm h., dunkel- bis braungr., nach anderen gelbgr. Bl. linealisch-lanzettl., kurz zugespitzt, durch die s. starke, grünlichgelbe, später bräunl., kurz austretd. Rp. stachelspitzig, hin- u. hergebogen, trocken gekräuselt, abstehd. Blzellen beiders. dichtwarzig. Dt. 6, Az. wenig hervortretd., oben quadratisch, am Grunde gelblich u. rechteckig. S. ca. 1 cm l., strohgelb. Sp. elliptisch, m. engem Munde, trocken gefurcht. D. etwa von halber Ulänge, kegel., gerade o. etwas schief geschnäbelt. Pz. 16, orange, glatt, meist in 2 ungleich lange Schenkel gespalten. Diöc. — Feuchte Kalkfelsen, auf Kalkboden, bes. im Süden u. Westen des Geb. Selten. Sp. selten. 3, 4.

Trichostomum mutabile Bruch **475.**

OO Ras. bis 2 cm h., locker, leicht zerfallend. Bl.-längl. lanzettl., m. stumpfl. Spitze, aufr.-abstehd., trocken verbogen u. eingekrümmt, Rp. s. stark, später rot, als kurze Stachelspitze austretd., Rand oben stark spiralig eingerollt. Blzellen beiders. dicht warzig, größtenteils rundl., am Grunde kurz rechteckig. Dt. 4—8, Az. nicht bes. ausgebildet. S. ca 0,5 cm l., gelb. Sp. aufr., fast walzig, hellbr., rot- u. engmündig, trocken faltig. D. w.-b. v., doch meist m. geradem Schnabel. P. fehlt. Hymenium schon nach d. Entdeckung durchbohrt. Monöc. — Auf kalkhaltigem Gestein u. Gemäuer. Bes. in dem Mittelgebirge West- u. Süddeutschlands. Zlch. selt. F.

Hymenostomum tortile (Schwägr.) B. S. **476.**

× × × Ras. 1—4 cm h., gr. und dunkelgr., unten rostfarbig. Rp. lang auslaufd. Alle Bl. s. brüchig, daher meist ohne Spitzen, starr aufrecht-abstehd., die oberen schopfig u. oft etwas sichelfg.-einseitswendig, lanzettl.-lang-rinnig-pfriemenfg., ganzrandig. Blzellen quadrat., glatt, fein längsgestreift, Blflügelzellen deutl., bis zur Rp. reichd. Dt. 8—10, Az. ausgebildet. S. ca. 2,5 cm l., gelb. Sp. klein, aufr., längl., schwachgebogen, ungestreift. Vegetative Vermehrung durch Bruchblätter. Diöc. — Bes. an der Rinde von Rotbuchen, auch auf Gestein u. Waldboden. Eb. bis Varg. Zlch. verbr. Sp. s. selt. S.
Dicranum viride (Sull. et Lesqu.) Lindbg. **477.**

×× **Blattrippe auf dem Querschnitt nur mit einem Stereïdenband o. Stereïdenbänder auf dem Querschnitt nicht hervortretend.**

A. Blrippe mit nur einem an der Rückenseite gelegenen Stereïdenbande. (Zarter Querschnitt.)

I Blränder flach, bei Bryum kommen die Schopfbl., falls solche vorhanden, in Betracht.

α Ras. weißl.- o. hellgr., m. rostbr. Wurzelfilz.

1. (Fig. 168a, Seite 144.) Ras. weißlichgr., 1—2 cm h., etwas glänzend, m. kurzen, spitzen, kätzchenfg., sterilen Sprossen. Fertile St. kürzer, oben m. dichtem Blätterschopf. Alle Bl. eifg. bis längl., löffelartig hohl, kurz zugespitzt, mit stachelspitzig austretender, kräftiger, unten roter, oben gelber, später rotgelber Rp., flach- u. ganzrandig, Div. $5/13$. Blzellen oben rhombisch o. rhomboidisch, unten rechteckig u. rot, $\pm$ durchsichtig. S. purpurn, 2—3 cm l., oben bogig. Sp. (b) dick ei- o. fast birnfg., hellgelbbr., meist nickd., trocken faltig u. unter dem dunkelorangefarbenen Munde eingeschnürt. D. orange, gespitzt. P. doppelt. Diöc. — Auf kalkhaltigem, tonig-sandigem Boden, an alten Mauern. Eb. u. Bg. Zerstr. Sp. hin und wieder. 5, 6.
Bryum Funckii Schwägr. **478.**

2. A. Ras. hellgr., 6—8 cm h., dicht.
Voitia nivalis **432.**

β Ras. bräunl., bräunlichgr. o. gr.

1. (Fig. 169a, b, Seite 144.) Pflänzchen herdenweise o. in kleinen Räschen. St. bis 0,4 cm h. Obere Bl. (c) verk.-eilängl. bis spatelfg., flach- u. ganzrandig, bisweilen in der Spitze undeutl. gezähnt. Rp. gr. (c), kräft., als kurze Stachelspitze austretd. Dt. 2—4, Bz. 2—4. Blzellen oben hexagonal o. längl.-6seitig, an der Basis rechteckig u. durchsichtig. Sp. (b) aufr., verk.-eifg., großmündig. D. schief geschnäbelt. P. fehlt. Monöc. — Feuchte Äcker, Wiesen, Gräben usw. Sp. hfg. 1, 2. VI, VII. (6—8.)
Pottia truncatula (L.) Lindbg. **479.**

2. (Fig. 170a, Seite 144) Räschen niedrig — bis 0,5 cm — bräunl. Bl. aufr.-abstehd., längl.-o. verlängert-lanzettl., trocken anliegd., m. starker, rotgelber, später schwärzl., kurz austretd. Rp. Blzellen zart, schmal, unten rötl. un l verlängert-6 seitig. Sp. (b) keulig-birnfg., meist bucklig, trocken unter dem Munde verengt, blutrot, auf bis 2 cm l., schwanenhalsartig gekrümmter, blutroter S. D. glänzd. P. doppelt. Monöc. — Bes. an sandigen Ufern der Bäche in den Alpentälern. Selt. S.–H.

Bryum Sauteri B. S. 480.

II Blränder umgerollt o. zurückgeschlagen, längs, bis gegen die Spitze o. die Mitte o. nur am Grunde.

α Blzellen völlig glatt.

1. Rp. als kurze o. kaum merkliche Stachelspitze austretd.

a Blränder (bei Bryum lac. Schopfbl.) bis o. fast b. z. Spitze zurückgerollt o. umgeschlagen. Rp. erst br. o. gelbbräunl., dann rötl. o. gebräunt.

× (4) Ras. weinrötl. Zellen am Blgrunde rot. St. m. fadenfg. Sprossen.

Bryum lacustre 423.

×× Ras. goldgr., seidenglänzd. Bl. breit längl.-lanzettl., hohl, Rand zurückgerollt. Rp. kräft., bräunlichgelb, Stachelspitze gezähnt. Blzellen schmal-rhombisch, am Grunde locker, rot, rechteckig. S. 1,5—2,5 cm l., unten purpurn, oben rotgelb u. bogig gekrümmt. Sp. geneigt o. hängd., keulig-birnfg., Hals etwas gebogen, trocken unter dem Munde wenig verengt. D. schwach glänzd., scharf gespitzt. Pz. doppelt. Äußere Pz. unten rot, sonst gelb, Spitzen hyalin, gesäumt, Lamellen ca. 30. Grundhaut des inneren P. gelb, Fortsätze weit klaffend. Wimpern m. Anhängseln. Vegetative Vermehrung durch blattachselständige Brutknospen. Diöc. — Nasse, sandige Plätze, auf der Erde u. Gestein. Bg. u. Täler d. A. Hin u. wieder. Sp. zlch. selt. 7, 8.

Bryum Mildeanum Jur. 481.

××× Ras. gr. o. gelblichgr., später bräunlichgr., glanzlos., polsterfg., dicht, in der Regel niedrig, innen b. z. den neuen Sprossen rot wurzelfilzig. Äste der St. starr aufr. Untere Bl. flachrandig, dagegen die äußeren Schopfbl. am Rande schmal zurückgeschlagen, Rp. kräftig, trübrot. Zellen des Blgrundes rot. Sp. auf meist 1—2 cm l., purpurner, oben bogiger S., nickd. o. hängd., aus schmalem Halse keulig-birnfg., unter d. roten Munde verengt, blutrot, später schwärzlichrot. D. klein, stumpf, bisweilen m. kleiner Warze, blutrot. Diöc. — Mauern, steiniger, kalkhalt. Boden. Westen u. Süden d. Geb. Selt. Sp. selt. 4, 5.

Bryum murale Wils. 482.

×××× (Fig. 171a, b, Seite 144.) Ras. dunkelgr., 1—2 mm hoch, nicht glänzd. St. einfach, herdenweise. Bl. (c) abstehd., untere klein, eifg., obere größer, eilängl. bis lanzettl., dch. die dicke, rostrote Rp. stachelspitzig. Dt. 2, Bz. 2, unteres Stereïdenband gelbrot, Az. ausgebildet. Blzellen oben quadrat. u. hexagonal, unten fast wasserhell u. verlängert-rechteckig, beiderseits der Rp. dicht warzig. S. niedrig (2—3 mm), kräftig, gelb. Sp. klein, eifg., aufr., etwas glänzend. D. kegelig, stumpf o. spitz. Pz. 16, blaßgelb, lanzettl. u. stumpf, 3—6 gliedrig, Querbalken kräftig. Monöc. — Auf lehmig-kalkiger Erde, auf Äckern. Eb. u. Hrg. Hin u. wieder. Anfang des F.

Pottia Starkeana (Hedw.) C. M. 483.

b Blränder b. z. Blmitte o. weit über diese hinaus umgerollt o. zurückgeschlagen.

× (Fig. 172a, Seite 144.) Ras. zlch. h. (bis 6 cm), stark goldglänzd., gr. o. gelbgr., bräunl. o. purpurrot gescheckt. St. u. Äste starr, gleichmäßig starr beblättert, Spitzen verdünnt. Bl. trocken straff u. anliegd., längl-lanzettl., hohl, gekielt, Rand bis über d. Mitte spiralig zurückgerollt. Div. $^3/_8$. Rp. kräft., meist in der kleingezähnten Spitze endd., rot. Wände der basalen Zellen blaßrötl. S. bis 2 cm l., schmutzigrot, oben bogig. Sp. (b) nickd. o. hängd., aus schmälerem Halse eibirnfg., blutrot, später rotschwarz. D. glänzend. Lamellen d. äußeren, gesäumten, unten gelben Pz. dicht. Fortsätze des inneren P. gefenstert, Wimpern m. langen Anhängseln. Diöc. — Nasse Felsen, auch in Ausstichen u. auf feuchtem Heideboden. Eb. bis untere Arg. Zlch. verbr. Sp. selt. 6, 7. VI. (12—13.)

Bryum alpinum Huds. 484.

× × Ras. s. niedrig (wenige mm h.), hellgr., nicht glänzd. S. meist 1 cm l., rot, oben bogig. Sp. hängd., aus kurzem Halse birnfg., blutrot, trocken mit stark erweitertem Munde u. unter diesem stark eingeschnürt, daher kreiselfg. D. s. groß, schwach glänzd., rot. Äußere Pz. m. ungefähr 20 Lamellen. Fortsätze des inneren P. ritzenfg. durchbrochen, Wimpern 3, m. langen Anhängseln. Diöc. — Feuchte, sandige Stellen. Eb. bis untere Arg. Hin u. wieder. 6, 7.

Bryum Klinggraeffii Schimp. 485.

2. Rp. als längere Stachelspitze austretd.

a St. m. steifen, aufrecht., fadenfg. o. stärkeren, gleichmäßig u. dicht beblätterten Sprossen.

× (Fig. 173a, Seite 144.) Blrand ungesäumt, ganz, längs zurückgerollt. Rp. stark, trübgr., später rötlichbr., als steifer, glatter Stachel austretd. S. starr, purpurn, dick, oben kurz gebogen, daher das Sp. der S. (b) anliegd. Sp. (b) aus dickem, kurzem Halse tonnenfg.-längl., entdeckelt m. erweitertem Munde (c) u. runzeligem Halse. D. (b) groß, hochgewölbt, scharf gespitzt, orangefarben. Äußere Pz. überall gelb, gesäumt, Lamellen über 30. Diöc. — Feuchte Sandplätze, bes.

an Flußufern. Im Westen u. Süden des Geb. Hin u. wieder. 6—9.
Bryum versicolor A. Br. 486.
× × Blrand nicht o. undeutl. gesäumt. Sp. wager. o. nickd., längl. birnfg., meist etwas gekrümmt.
Bryum intermedium 404.
b Sprosse der unter a beschriebenen Art fehlen.
  × **A.** Sp. mehr als 3 mm l., eilängl. bis walzig, gerade o. schwach gekrümmt, auf blutroter, halb rechts, halb links gedrehter, 1 cm l. S. D. kürzer als die U., m. rotem, zackigem Rande. Peristomäste 32, auf hoher, gewürfelter, bisweilen siebartig durchlöcherter Grundhaut. Bl. längl.-spatelfg., zugespitzt, nur unten etwas zurückgeschlagen. — Der Barbula subulata sehr ähnlich. Monöc. — In humösen Felsspalten. Zerstr. 7, 8.
Tortula mucronifolia Schwägr. 487.
× × Sp. etwa 1 mm l., verk.-eilängl. bis walzig, trocken runzelig, auf purpurner, 1 cm l., unter der U. links-, sonst rechtsgedrehter S. D. fast von Ulänge. Pz. 16, nur angedeutet, blaß. Bl. längl.-lanzettl., Rand bis gegen die Mitte zurückgeschlagen, Rp. als zlch. lange, gelbgr. Stachelspitze austretd. Monöc. — Sonnige, grasige Plätze, an Wegrändern, Mauern, auf Äckern usw. Eb. u. niedere Bg. Verbr. H.—F.
Pottia intermedia (Turn.) Fürnr. 488.
β Blzellen warzig (bei Pott. interm. u. lanceolata schwach).
1. Rp. als längere Stachelspitze o. als starre o. gebogene Granne o. Haar austretd.
a Rp. als steife Granne, Stachelspitze o. Haar austretd.
  × **A.** Stachelspitze purpurn, an der Spitze gebleicht. Ras. locker, weich, bis 3 cm h., oben bläulichgr. unten rostfarben. Bl. aufr.-abstehd., trocken anliegd., gefaltet, gedreht, die oberen verk.-eifg. o. zungenfg.-spatelfg., kurz zugespitzt o. stumpf abgerundet. Div. $5/13$. Blzellen am Grunde wasserhell, rechteckig o. verlängert-6 seitig, sonst rundlich-quadratisch, beiderseits dicht mit hufeisenfg. Warzen. S. bis 1,5 cm l., kräftig. Sp. aufr., walzig, etwas gebogen. D. viel kürzer als die U., m. rotem, zackigem Rande. Die 32 Peristomschenkel ein- bis zweimal links gewunden, auf basaler Grundhaut. Monöc. — Schattige Kalkfelsen u. Mauern. Hin u. wieder. H.
Tortula alpina (B. S.) Bruch 489.
× × Stachelspitze anders gefärbt.
  O (Fig. 174a, b, Seite 144.) P. fehlt. Pflänzchen nur wenige mm hoch, herdenweise, braungr., später rötlichbr. Bl. abstehd., eifg. o. länglich-lanzettl., Rand zurückgeschlagen. Blzellen oben quadr. o. sechsseitig, warzig, unten rechteckig, fast wasserhell u. glatt. Sp. winzig, eifg., abgestutzt,

entleert weitmündig, auf kurzer, 2—5 mm l. S. D. kegelig-gewölbt, m. kurzem, stumpflichem Spitzchen. Monöc. — An ähnl. Stell. wie Pottia truncatula. Eb. b. Atäler. Verbr. W.
Pottia minutula (Schleich.) B. S. **490.**

OO P. rudimentär, blaß.

Pottia intermedia 488.

b Rp. als gebogene Granne austretd.

× Pz. 16, fast bis zur Basis in 2—3fädige Schenkel gespalten, etwas linksgewunden, rötlichgelb, warzig. Ras. locker, meist nur wenige mm hoch, gr. o. gelblichgr. Obere Bl. fast spatelfg., rosettig gehäuft, abstehd. u. etwas zurückgebogen, kielighohl, Rand umgerollt. Blzellen unten wasserhell, rechteckig u. sechsseitig, sonst rundl. bis quadrat. o. hexagonal, beiderseits warzig. S. 1—2 cm l., gelb, am Grunde rötl. Sp. aufr., walzig, mit kurz- und schiefgeschnäbeltem D. Monöc. — Auf d. Erde. Obere Bg. u. Arg. Zlch. verbr. 6, 7, VII. (11—12.)

Desmatodon latifolius (Hedw.) B. S. **491.**

× × (Fig. 175 a, b, Seite 165.) Pz. 16, breit, mit stumpfer o. 2- bis 3teiliger Spitze, nach rechts aufsteigd., meist in der Mitte durchbrochen o. gespalten, 8—10gliedrig, dicht warzig. Bl. (c) aufr.-abstehd., eifg.-längl.-lanzettl. bis spatelfg., Rand umgerollt. Rp. als gelblichgr. o. br. Granne austretd. Blzellen schwach warzig. S. bis 1 cm l., rot. Sp. aufr., eilängl. bis walzig, m. kurzem Halse, trocken runzelig, m. kurz- u. schiefgeschnäbeltem, pfriemlichem, hellorangefarbenem D. Ras. locker, niedrig. Monöc. — An ähnl. Stellen wie die übrigen Pottia-Arten. Eb. bis Alpentäler. Verbr. 3, 4. VII, VIII. (6—8.)

Pottia lanceolata (Hedw.) C. M. **492.**

2. Rp. als winzige o. s. kurze Stachelspitze austretd.

a Rp. unten schwächer, nach oben stärker werdend.

× Bl. zungenfg., kurz zugespitzt o. stumpf.

Tortula obtusifolia 436.

× × Bl. längl. o. linealisch-längl., rasch zugespitzt o. stumpf.

Tortula atrovirens 439.

b Rp. nach oben sich verschmälernd, stark, rotbr. Ras. oliveno. braungr., bis 2 cm h. Bl. aufr., trocken eingekrümmt o. gedreht u. gefaltet, längl.-zungenfg., meist stumpf, Rand zurückgerollt. Blzellen beiders. dicht warzig, oben rundlich-vier- u. sechsseitig, unten rechteckig u. wasserhell. S. größtenteils links gedreht, bis 3 cm l., rotbr. Sp. aufr., gekrümmt, schmal walzenfg., dunkelrotbr., später schwärzl. D. schief, Rand rot, gezackt. Die 32 Schenkel des P. auf hoher Grundhaut. Monöc. — An st. besonnt. Mauern (bes. v. Weinbergen), Fels., Abhäng. Bisher nur aus d. West. u. Süd. bekannt. Selt.

Tortula inermis (Brid.) Mont. **493.**

B. **Blrippe ohne deutl. hervortretende Stereïdenbänder.** Die durch
die weitlumigen „Deuter" getrennten Gewebepartieen aus gleichartigen Zellen gebildet.
I (Fig. 176a, Seite 165.) Ras. 4—5 cm h., gr. o. gelbgr., schwachglänzd.
Spitzen der sehr brüchigen, starr aufrecht., langen, schmalen, rinnig
pfriemenfg. Bl. meist abgebrochen, Rp. lang austretd. Blflügelzellen
groß, aufgeblasen, fast bis zur Rp. reichd., Blzellen dickwandig,
glatt, oben fast quadratisch, die übrigen verlängert-rechteckig.
S. 1,5 cm l., gelb, rechtsgedreht. Sp. (b) aufr. o. schwach geneigt,
schmal walzenfg., stets glatt. D. von halber Ulänge o. mehr,
an der Basis orangefarben. Pz. 16, b. z. Hälfte o. tiefer in 2
ungleiche Schenkel gespalten, diese außen orange, innen bleichgelb, außen oben schräg gestreift. Vegetative Vermehrung durch
Bruchbl. Diöc. — An morschen Baumstümpfen, auf der Erde, an
Felsen. Bes. Bg., in der Eb. s. selt. S.
Dicranum strictum Schleich. **494.**
II Ras. 1—3 cm h., schmutzig- bis braungr.
Didymodon rigidulus 443.

a. **Blattrand zurückgerollt o. zurückgeschlagen, ganz o. z. T., oft
nur am Grunde, bei Webera gracilis auch hier und da schwach
umgebogen, bei Bryum Blindii die obersten Schopfbl.**
A. *(3) Ras. reingr., hell- o. dunkelgr. o. gelblichgr.*
I Bl. an der Spitze stumpf o. breit-abgerundet-stumpf.
α Bl. verk.-eifg. o. -eilängl. o. zungenfg., meist löffelartig-hohl,
locker anliegend o. dachziegelig. A. u. Ha.
1. A. Ras. innen schmutzig gelblichbr., leicht zerfalld., gelblichgr., nicht verfilzt, s. ausgedehnt, bis 20 cm tief. In den Blwinkeln
kurzer, rostfarbener, nicht hervortretender Filz. Bl. verk.-eilängl., dachziegelig, löffelartig ausgehöhlt, breit abgerundet,
Rand b. z. Mitte spiralig zurückgerollt, oben aufwärts eingebogen. Div. $^3/_8$. Rp. gelbl., weit vor der Spitze endd. Blzellen
rundl., kollenchymatisch verdickt, mit einer kurzen Papille
über dem sternf. Lumen. Dt. 4. Begleitergruppe 1 u. armzellig.
2 Stereïdenbänder. Bz. locker. Sp. symmetrisch, 8 streifig,
trocken m. Längsfurchen. D. kegelig-stumpf. Fortsätze des
inneren P. zuletzt in 2 Schenkel gespalten. Diöc. — Felsige,
steinige, feuchte Stellen. Selt. Sp. s. selt. 7.
Aulacomnium turgidum (Wahlenbg.) Schwägr. **495.**
2. A. Ras. licht-, gelb.- o. dunkelgr. St. m. trübrotem o. dunkel
blutrotem, warzigem Filz. Obere Bl. größer, schopfig, feucht
u. trocken locker dachziegelig anliegd., eilängl. o. zungenfg.,
breit, stumpf.
a Vorperistom vorhanden. Es besteht aus 32 über den Urand
nur wenig hinwegragenden, br., stumpfen Platten. Pz. 16,

alle gleichweit voneinander, außen oben längsgestreift, dicht warzig, orangefarben. S. zart, 1—3 cm l., rot. Sp. aufr. o etwas schief, Hals so lang wie die U. o. etwas kürzer. D. abfällig, da die Columella sich durch Einschrumpfen verkürzt. Ras. locker, bis 6 cm h. Monöc. u. zwitt. — Moorige, quellenreiche, humöse Plätze. Selt. 7, 8.

Dissodon splachnoides (Thbg.) Grev. et Arn. **496.**

b Ein Vorperistom fehlt.

× Der D. bleibt nach seiner Loslösung von der U. mit der Columella verbunden. Pz. 16, 2spaltig o. durchbrochen, gestutzt. Hals des aufr. Sp. meist etwas länger als die U., oft zu 2, auf dicker, kurzer, roter S. Ras. etwas glänzd., niedrig (selten bis 2 cm h.), gelblichgr. Monöc. — Humöse Felsen. S. selten. 8, 9.

Dissodon Hornschuchii (Hornsch.) Grev. et Arn. **497.**

× × (Fig. 177a, Seite 165.) D. fällt ab. Pz. 16, später paarig genähert, lanzettl. Sp. (b, c) aufr. o. etwas geneigt, Hals so lang wie die U., auf 0,8—1,5 cm l. S. Ras. gelblichgr., glänzd., selten bis 5 cm h. Monöc u. zwitt. — An steinigen, humösen Stellen, in schattigen Felsspalten. Zerstr. 8.

Dissodon Froelichianus (Hedw.) Grev. et Arn. **498.**

β Bl. lanzettl.-linealisch o. verläng.-lanzettl., herablaufd. Rand zurückgerollt. Tiefrasige Sumpf- u. Torfmoose. St. mit dichtem Wurzelfilze. Sp. aus langem, aufrecht., engem Halse übergebogen, schief birnfg., auf langer S. Äußere Pz. kurz, gestutzt, Fortsätze des inneren P. viel länger als die Zähne, linealisch. Wimpern kurz o. nur angedeutet.

1. (Fig. 259a, Seite 209.) Bl. 8reihig, wenig herablaufd., aufr.-abstehd., seltener einseitswendig, meist stumpf, rinnig-hohl, ganzrandig. Div. $3/8$. Rp. unten s. breit, nach oben allmähl. sich verschmälernd. Bz. u. Rz. kleiner als die gleichartigen Innenzellen (Querschnitt!). Blzellen am Grunde s. locker, schmal, zartwandig, oben klein, vierseitig u. rechteckig. S. meist s. lang, zart, purpurn, hin- und hergebogen. Sp. (b) aus aufr., kurzem Halse schief birnfg. D. klein, stumpfl. Äußere Pz. (c) getrennt, gelb, oben in der Rückenlinie durchlöchert, Außenfläche zart gestrichelt, Innenfläche m. ca. 10 Lamellen. Ränder der inneren Pz. gelappt. Polygam., monöc. u. zwitt. — Sümpfe, Torfmoore. Bes. Eb. u. Bg. Zlch. verbr. 6. VII. (11.)

Meesea trichodes (L.) Spruce **499.**

2. Bl. 5reihig, abstehd., spitz o. stumpf, meist ganzrandig. Innenzellen der Rp. w. b. v., rot, starkwandig, Bz. u. Rz. dagegen locker u. zartwandig. Blzellen des Grundes rechteckig, zartwandig, bräunlichgelb, oben rechteckig. S. lang. Hals lang, aufr. Sp. geneigt, eilängl., symmetrisch, trocken stark eingekrümmt. Äußere Pz. s. bleich, verbunden (also nicht getrennt), Lamellen ca. 5, wenig entwickelt. Innere Pz. nicht

linealisch. Monöc. — Moore, Sümpfe, Wiesen. Bes. Eb., selten in Mittel- u. Süddeutschland. 5, 6.
Meesea Albertinii (Albert.) B. S. **500.**

II Bl. spitz.

α (Fig. 178a, Seite 165.) Bl. geschlängelt-abstehd., fast zurückgeschlagen, trocken kraus, linealisch-lanzettl.-pfriemenfg., ganzrandig, rinnighohl, Rand zurückgeschlagen. Blzellen oben quadratisch, unten rechteckig o. länglich-6seitig, zart, Blflügelzellen bräunl., aber von den Zellen der Nachbarschaft wenig verschieden. S. blaßgelb, bis 1 cm l. Sp. fast zylindrisch, m. rotem Munde, blaß bräunlichgelb. D. lang u. schief geschnäbelt. Ringzellen einreihig, groß, dünnwandig. Pz. 16 (b), braunpurpurn, an der Spitze blaßgelb, lanzettl. Ras. breit, hell- o. gelblichgr., 1—2 cm h. Vegetative Vermehrung durch länglich-zylindrische Brutkp., die an der Blunterseite (nahe der Insertion) entspringen. Monöc. — An Zäunen, alten Bretterwänden, auf Schindel- u. Strohdächern, selt. auf Gestein. Bes. Eb., selt. in Mitteldeutschld. Zlch. hfg. Sp. reichl. 3. III. IV. (11—12.)
Dicranoweisia cirrata (L.) Lindbg. **501.**

β Bl. trocken nicht kraus, nicht geschlängelt.

1. (4) Ras. blaßgr., rötl. u. purpurn angehaucht. St. 5—10 cm l.
Bryum Duvalii 394.

2. Ras. gelbgr., glänzd., 1—2 cm h.
Webera gracilis 422.

3. **A.** (Fig. 179a, Seite 165.) Ras. dunkel- o. olivengr. o. bräunl., dicht, zlch. h., m. Ausschluß der jüngsten Triebe m. dichtem, rostbr. Filz. Obere Bl. lanzettl. u. allmähl. zugespitzt, stumpfl., hohl, am Grunde zurückgeschlagen, ganzrandig. Rp. rot, später schwarzrot, stark. Blzellen locker, meist rhombisch, am Grunde quadr. o. rechteckig u. gr. o. schwärzl. S. 1—2 cm l., oben bogig gekrümmt. Sp. (b) nickd. o. hängd., langhalsig, eibirnfg., rostbr. Dem Bryum alp. s. ähnl. Diöc. — Nasse, steinige Plätze, feuchte Fels. Zerstr. Sp. selt. 7, 8.
Bryum Mühlenbeckii B. S. **502.**

4. Ras. weinrötl. St. s. kurz, nur wenige mm h.
Bryum lacustre 423.

B. *Ras. schmutzig-, oliven- o. braungr., bräunl., rein-, schmutzig- o. rötlichbr., rötl.*

I Ras. innen auffällig rostrot, sonst rötlichbr., selt. bis 3 cm h.
Didymodon rubellus 442.

II Ras. innen anders gefärbt, bei einigen Arten br., rotbr., schmutzigbr. o., wie bei Didym. tophac., kalkig inkrustiert, aber nicht rostrot.

α Bl. stumpf, stumpfl. o. stumpf abgerundet. Ras. schmutzig-, oliven- o. braungr.

1. (3) An stark besonnten, verwitterten Schieferfelsen u. auf der Erde von Weinbergsmauern im Westen u. Süden des Geb.
Tortula atrovirens 439.

2. Voralp. Alp. An feuchten Felsen u. auf nassem Gestein. Rp. rot, später schwarzrot. Ras. dicht, schwellend, 2—4 cm h., selt. höher.
Bryum Mühlenbeckii 502.

3. An nassen, kalkhaltigen Stellen, Mauern, Quellen, in Sumpfwiesen, in Ausstichen. Ras. wenige mm bis 4 cm hoch, br. o. olivengr., trocken gebräunt, meist kalkig inkrustiert. Bl. aufr.-abstehd., trocken locker anliegd., schmal lanzettl., hohl, stumpf, Rand zurückgerollt. Div. $3/_8$. Rp. bräunl. Blzellen dickwandig, quadrat. o. rundl., am Grunde rechteckig, beiderseits warzig. S. bis 1,5 cm l., geschlängelt, purpurn. Sp. ellipsoidisch bis zylindrisch, aufr. o. schwach geneigt. D. von halber Ulänge, geschnäbelt. Rg. fehlt. Pz. 16, bis zum Grunde meist in 2—3 ungleiche, fädige, freie o. hier u. da verbundene Schenkel gespalten. Diöc. — Triefende Kalkfelsen, Kalktuff. Eb., Bg. Zerstr. Sp. selt. W.

Didymodon tophaceus (Brid.) Jur. **503.**

β Bl. spitz (Schopfbl. kommen nicht in Betracht!).

1. Bl. abstehd. zurückgebogen.
Didymodon giganteus 452.
2. Bl. aufr.-abstehd. o. aufr.
a Lamina beiderseits dicht m. kleinen, 2spitzigen Wärzchen.
Tortula atrovirens 439.
b Lamina beiderseits glatt.
× Blzellen dickwandig, größtenteils rundlich-quadratisch.
Didymodon luridus 445.
×× Blzellen mit wenig verdickten Wänden, oben rhombisch u. rhomboidisch.
O Oberste Bl. lanzettfg., allmähl. zugespitzt. Rp. rot, später schwarzrot.
Bryum Mühlenbeckii 502.
OO Obere Bl. eilängl., kurz zugespitzt. Rp. im Alter bräunl. Zellen m. gelben Wänden.
Bryum Blindii 440.

C. Ras. grünl.-silberweiß oder weiß.

I Ras. grünl.-silberweiß, innen weinrötl., glänzd.
Plagiobryum Zierii 454.
II Ras. weißlichgr., etwas glänzd.
Bryum Blindii 440.

b. Blattrand flach.

A. (3) (Fig. 180 a, Seite 165.) Bl. sparrig zurückgebogen (b), längl.-lanzettl., Rand schwach wellig, Spitze stumpf. S. 1—1,5 cm l., dick, fleischig, purpurn, rechtsgedreht. Sp. (c) geneigt, bucklig-eifg., derb, rotbr., nicht gefurcht. D. kegelfg., kurz geschnäbelt, halb so lang wie die U. P. einfach. 16 Zähne, diese kräftig, breit, 2—3fach gespalten, purpurn. Ras. weich, schwellend, einige cm bis 1 dm hoch, auffällig freudig-gr. Tracht wegen der zurückgebogenen Blätter sehr charakteristisch. — Diöc. An quelligen Stellen. Kalkfeindlich. Echtes Gebirgsmoos, meist von 600 m an aufwärts bis über 1900 m. Weit verbr. Oft Mv. Sp. selten. H.

Dicranella squarrosa (Starke) Schimp. **504.**

B. Bl. *aufr.-abstehd.* o. *aufr.*

I Auf Kuhdünger, in Torfmooren u. an sumpfigen Plätzen. Ras. licht- und gelblichgr., weich, meist 2—3 cm h. (selten bis 4 cm) Obere Bl. viel größer (bei Spl. sphaer. rosettig), aus schmalem Grunde verk.-eifg. o. breit-verk.-eifg., ± lang zugespitzt. Sp. mit großer Apophyse, diese halb so lang o. länger u. stets dicker als die U. Pz. 16, paarig genähert o. z. T. verbunden, aus 3 Schichten gebildet.

α (Fig. 181a, Seite 165.) Bl. gegen die Spitze entfernt grob u. scharf gesägt o. gezähnt, obere Bl. verk.-eifg. o. lanzettl., lang zugespitzt. S ca. 5, selten bis 10 cm l., anfangs gelb, später purpurn. Apophyse allmähl. in die S. verschmälert, 2—4 mal s. l. u. 2—4-mal so breit wie die zylindr., ca. 1 mm l. U. (b), beim Austrocknen zusammenschrumpfend (c), Uwand innen mit 16 Längsleisten. D. (b) gewölbt-kegelfg., stumpf. Pz. 16 (c, d), paarig genähert. Ras. weich, locker, hellgr., 2—4 cm h. Monöc. o. diöc. — Auf Kuhdünger, bes. in Torfmooren. Eb. bis nied. Bg. Hin u. wieder. 5, 6. VII. (10—11.)

Splachnum ampullaceum L. **505.**

β Bl. ganzrandig o. an der Spitze kaum gezähnt, die oberen größer u. eine offene Rosette bildd., breit verk.-eifg., plötzlich in ± lange Spitze verschmälert. S. meist s. lang, geschlängelt, zart. Apophyse verk.-eifg. o. eirund, anfangs gr., dann rotschwarz u. glänzd., etwas dicker als die U., diese innen mit 32 Längsleisten. D. gewölbt u. gespitzt. Monöc. o. diöc. — Auf Kuhdünger an sumpfigen Plätzen. Bg. u. A. Selt. 7. VII. (12.)

Splachnum sphaericum (L. fil.) Swartz **506.**

II Auf anderem Substrat.

α Ras. polster- o. kissenfg., ± dicht.

1. **A.** (Fig. 182a, Seite 165.) Ras. dicht, bis 1 cm h., schwärzl.- o. braungr., auf festem, kalkfreiem Gestein der Zentralalpen. Bl. aufr.-abstehd., trocken einwärts gekrümmt, schmal-lanzettl., m. stumpfl. Spitze, durch die aufrechten Ränder rinnig-hohl. Rp. rostbr. Blzellen rundl.-quadratisch, beiderseits warzig, an der Basis kürzer u. breiter. Blflügelzellen deutl. quadratisch. Sp. (b, c) ellipt., aufr., an der Mündung 5—7 Reihen breiterer Zellen. Rg. fehlt. D. lang u. schief geschnäbelt. Pz. 16, außen mit 12—14 hervortretenden Querbalken. Monöc. — Selt. S.

Dicranoweisia compacta (Schleich.) Schimp. **507.**

2. Bildet dichte o. lockere, freudiggr., ± hohe Ras. in Fels- u. Mauerritzen, vornehml. von Buntsandstein. Bl. schmal-lanzettl.-linealisch, zugespitzt, trocken verbogen, Rand oft gewellt, in der Mitte umgebogen, ganz o. gegen die Spitze gezähnt, Blzellen glatt, oben rundl., 3- u. 4 eckig, nach dem Grunde hin schmäler u. länger. Sp. aufr., ohne Kropf, eifg., schwach gestreift, trocken gefurcht, entdeckelt unter d. Munde zusammengezogen, auf rötlichgelber, bis 1 cm l. S. Rg. vorhanden, bleibend. D. ungefähr $\frac{1}{3}$ der U., blaßgelb, schiefgeschnäbelt, Rand glatt. Pz. 16, meist fast bis zum Grunde 2schenkl., selten einfach u. unregelmäßig durchlöchert, orangefarben. Monöc. — Selt. 6.

Cynodontium torquescens Bruch **508.**

β Wuchs nicht kissenfg.

1. St. wenige mm bis 1 cm h.

a (3) (Fig. 183 a Seite 165.) Ras. etwa 1 cm h., zlch. dicht, bleichgr., später weißl., etwas glänzd. Bl. (b) aufr.-abstehd., trocken angedrückt, die oberen größer, längl.-linealisch, scharf zugespitzt, Rand flach und mit Ausnahme der obersten Bl. ganz, diese an der Spitze verkümmert u. stumpf gezähnt. S. bis 4 cm l., purpurn, oben linksgedreht. Sp. (c) aus langem, deutl., aufrecht. Halse birnfg. P. doppelt. Äußere Pz. 16, etwa halb so lang wie die inneren, oben stumpf, m. gerader Rückenlinie, Innenschicht meist m. 14 Lamellen. Fortsätze (16) des inneren P. oben durch seitliche Auszweigungen an der Spitze hier u. da miteinander verbunden, in der Mittellinie m. zahlr., ritzenfg. Spalten. Wimpern fehlen. — Bes. auf Torfwiesen, auch auf Kalk, in feuchten Mauerspalten u. an Felsen. Eb. bis A. Verbr. Sp. hfg. 6. VII. (11.)

Amblyodon dealbatus (Dicks.) P. Beauv. **509.**

b Pflänzchen (Fig. 184 a, b, Seite 165.) herdenweise, hellgr. St. 1 mm h. Bl. (c) trocken verbogen u. kraus, lang-lanzettl.-lineal, gekielt, Rand flach, ganz. S. blaßgelb, schwanenhalsartig gekrümmt, wenige mm l. (3—5), unten rechts-, oben linksgedreht. Sp. längl. oder walzig, winzig, gelblichgr., m. roter Mündung, im Alter schwach längsfurchig u. gebräunt. Hb. 5lappig. D. lang u. gerade geschnäbelt. P. einfach. Pz. 16, zweischenklig, fädig, auf niedriger, mehrere Zellschichten hoher Basilarhaut. Monöc. — Feuchte, schattige, kalkfreie Felsen, bes. auf Granit u. Sandstein. Bes. im mitteldeutschen Gebirgsland. Hin u. wieder. H.

Campylostelium saxicola (W. et M.) B. S. **510.**

c Pflänzchen herdenweise o. lockerrasig. Obere Bl. rosettig aufr.-abstehd., verk.-eilängl., plötzlich zugespitzt, m. langer, hin- u. hergebogener Pfriemenspitze. S. kurz (bis 0,7 cm) unten links-, oben rechtsgedreht. Sp. geneigt, gekrümmt, birnfg., glatt, Hals später faltig. D. stumpf, rotrandig. Rg. fehlt. P. doppelt. Äußere Pz. mit scharf hervortretenden La-

Blattrand flach.

mellen, innere Pz. orange. Monöc. — Auf kalkig-lehmigem Boden, an Weinbergsmauern. Bes. im Süd. u. Westen. Zerstr. F.
Funaria mediterranea Lindbg. **511.**
2. St. bzw. Ras. höher.
a (4) In tiefen Torfmooren, lockere, weiche, bleichgr., innen schwärzl., hohe (bis 10 cm) Ras. bildend. Bl. 6- u. 8zeilig, aufr.-abstehd., entfernt gestellt, eilanzettl., trocken gedreht u. kraus, herablaufd., spitz o. stumpfl., Rand flach. S. geschlängelt, rötl., s. lang (bis 10 cm u. länger). Sp. aus aufrechtem Halse gekrümmt-birnfg., m. D. fast 0,5 cm l. D. klein, stumpf, kegelig. Rg. 2reihig. P. doppelt. Pz. gelb Äußere Pz. außen fein quergestreift, innen ca. 10—14 Lamellen. Fortsätze d. inneren P. auf niedriger Grundhaut, linealisch, Wimpern 3, z. T. ausgebildet, z. T. nur angedeutet (als Knoten o. Stäbchen). Zwitt. — Zerstr. 6—8.
Meesea longiseta Hedw. **512.**
b An schattigen, feuchten Orten, auf modernden Baumstümpfen u. Wurzeln, kalkfreien Felsen, auf feuchtem Waldboden, bes. Laubwald. Ras. bis 3 cm h., hell- bis bräunlichgr. P. einfach, 4 Zähne.
Georgia pellucida 431.
c A. Auf feuchtem Sand u. Kies der Alpenbäche. Ras. oben gelbgr., innen schwärzl., 4—6 cm h. P. doppelt.
Webera gracilis 422.
d An nassen, kalkfreien Felsen und Steinen, in der Varg. u. Arg.
× Lamina des Bl. einschichtig (Querschnitt!). Ras. s. locker u. weich, leicht zerfalld., meist 1,5—3 cm h., auch höher, dunkelgr. Bl. groß, zart, feucht, aufr.-abstehd., Spitze oft fast kappenfg., aufwärts gebogen, obere Bl. größer, längl.-lanzettl., hohl, stumpfl. Blzellen reich an Chloroplasten, oben quadrat., unten rechteckig o. quadrat. S. 2 mm l. Hb. klein, flüchtig. D. m. dickem Spitzchen, Rand glatt. Rg. fehlt. Mund rot. Pz. 16, purpurn, ganz o. in der Mittellinie ritzenfg. durchbrochen. Diöc. — In den A. Oft Mv. Sp. s. selt. S.
Grimmia moll's B. S. **513.**
×× Lamina 2- bis 4schichtig. Ras. flach, schwarzgr., bräunlichschwarz, oft fast purpurn angehaucht. St. niederliegd.-aufsteigd., büschelig-verästelt, starr, m. fadenfg., kleinblättrigen Sprossen. Obere Bl. größer, längl.-lanzettl.-lineal., stumpfl., fast kappenfg. Blzellen gelb, rundl.-quadrat. S. 3—4 mm l. Hb. schief, lang geschnäbelt, gelappt, etwa ⅓ der U. umhüllend. D. m. gekerbtem Rand u. schief. Schnabel, orange. Rg. 4- u. 5rhg. Pz. 16, orange, auß. m. dicht. Querbalk. Spitze unregelm. zerschlitzt. Diöc. — Zlch. selt. F.
Grimmia unicolor Hook. **514.**

Blattrand flach.

C. Bl. locker anliegend o. angepreßt, daher die Stämmchen und Sprossen von deutlich kätzchenförmigem Aussehen.

I Bl. stumpf. Ras. bleichgr. o. gelblich, mehr weniger glänzend.
- α **A.** Pflänzchen (Fig. 185a, Seite 165) niedrig, herdenweise. St. fädig, bis 1 cm h., durch die anliegenden, längl., hohlen, flachrandigen Bl. kätzchenfg. Blzellen oben verlängert-6seitig o. -rhomboidisch, unten längl.-rechteckig. S. bis 1 cm l., purpurn, linksgedreht. Sp. (b) eifg., aufr., klein, br. D. stumpf geschnäbelt, halb so lang wie das Sp., m. d. oberen Columellaabschnitt abfalld. Pz. 16, ganz o. bis z. Mitte gespalten, außen m. deutl. Querleisten u. deutl. längsgestreift, purpurn, oben gelb. Diöc. — Auf Sand am Ufer der Flüsse u. Seeen der Ha. Selt. 8, 9.
Aongströmia longipes (Sommf.) B. S. **515.**
- β **A.** Pflänzchen zu ± dichten, bleich- o. gelblichgr., glänzd., unten rotwurzelfilzigen, bis 10 cm h. Ras. vereinigt. St. fädig, ausgezeichnet kätzchenfg., m. schlanken Sprossen. Bl. eifg., s. hohl, Rand flach, Rp. im Alter rötl. Blzellen oben verdickt, schmal rhomboidisch o. linealisch, unten zartwandig u. locker, hyalin od. rötlich. S. 2 cm l. Sp. hängd., m. deutl., langem Halse, hell-, später kastanienbr. D. rot, glänzd., halbkugelig, kurz gespitzt. P. doppelt. Äußere Pz. gelb, hyalin gesäumt, m. langer, wasserheller Spitze. Diöc. — Nasse Plätze, Wasserfälle, Bachränder. Sp. s. selt. 8—10.
Anomobryum filiforme (Dicks.) Lindbg. **516.**

II Bl. zugespitzt.
- α **A.** Bl. plötzlich in eine geschlängelte Pfriemenspitze übergehend, verk.-eilängl., s. hohl. Ras. ca. 3 cm h., auch höher (bis 8 cm), s. dicht, oben grünlichgelb, innen blaßbr. u. dicht rostbr. wurzelfilzig. S. meist 4—6 mm l., starr, kräftig, gelb. Sp. zylindr., aufr., so lang o. kürzer als die eifg., grünliche Apophyse. Pz. 16, anfänglich zu Doppelpaaren, später zu Paarzähnen verbunden, orangefarben, fein punktiert. Monöc. — Sonnige, begraste Stellen, auf Kuhdünger. Zlch. selt. 7. VI. (13.)
Tetraplodon urceolatus B. S. **517.**
- β Bl. zugespitzt o. mit wasserhellem, schmalem, o. schwach zurückgekrümmtem Spitzchen. P. doppelt.
  1. (3) Rp. vor d. Spitze verschwindd., kräftig, im Alter bräunl.
  Bryum Blindii 440.
  2. Rp. vor d. Spitze verschwindd., gelbl.
  Anomobryum concinnatum 424.
  3. (Fig. 186a, Seite 165.) Rp. über der Mitte verschwindd., zart, am Grunde rötl. Ras. ± dicht, ca 1 cm h., selt. höher, weißlichgr. o. silberweiß, trocken stark glänzd. St. m. zahlr. kätzchenfg. Sprossen (b). Bl. dachziegelig (b), ei-löffelfg., zugespitzt o. plötzlich in ein wasserhelles Spitzchen auslaufd. Div. $5/13$. Blzellen zartwandig, chlorophyllarm, oben verlängert u. hyalin, in der Mitte verlängert-6seitig, am Grunde rechteckig o.

Tafel IX, Fig. 175—200.

quadratisch, rötlich. S. rot. Sp. aus kurzem, dickem Halse eifg., hängend (c), blutrot, später schwärzl., trocken unter d. Munde verengt. D. rotgelb, niedrig, glänzd. Vegetative Vermehrung durch abfällige, end- o. seitenständige, oft rote Brutknospen. Diöc. — An unfruchtbaren Stellen, auf Äckern, Dächern, Felsen, Mauern u. dgl. Eb. bis Arg. Gemein. 4, 5. III, IV. (12—14.)

Bryum argenteum L. 518.

a **Blätter nur an der Spitze oder gegen diese klein, schwach, zuweilen unmerklich gezähnt, seltener auch scharf gesägt. (Handelt es sich um Schopf- o. obere Stbl., so ist es besonders hervorgehoben.)**

A. Bl. an der Oberseite mit 2—4 Längslamellen (Querschnitt!) Ras. 1—2 cm h., selten höher, dunkelolivengr., im Alter rötlichbr. St. auf dem Querschnitt m. deutl. Blspuren. Zentralstrang polytrichoid. Bl. trocken kraus, schmal-lineal.-lanzettl., stumpfl. Lamina am Rücken mit Zähnchen. S. 1—2 cm l., purpurn. Sp. (Fig. 187 a, b, Seite 166) fast aufrecht, gerade o. schwach gekrümmt, schmal walzig, vor der Reife purpurrot, später rotbr. D. etwa von halber Ulänge, lang geschnäbelt. Epiphragma (c) vorhanden. 32 Pz. (c). Diöc. — Schattige, feuchte, lehmige, sandige Plätze, Wälder, Heiden, Äcker. Eb. bis nied. Bg. Zlch. verbr. 9, 10. IV, V. (4—6.)

Catharinaea angustata Brid. 519.

B. Bl. oberseits ohne Lamellen.

I Bl. — obere! — flachrandig, bei Bryum neod. nur am tiefsten Grunde ein wenig zurückgeschlagen.

α Pflänzchen in meist 1 cm h., blaßgr. o. bräunl. Ras. Obere Bl. schopfig, breit-lanzettl. u. lang zugespitzt, gegen die Spitze hin gesägt (Fig. 188a, Seite 165). Rp. rot. Dt. 4, Bgl. 1, Stereïdenband 1 (dorsal), Bz. 4—6. S. bis 1 cm l., selt. höher, purpurn, am Grunde rechts-, sonst linksgedreht. Sp. (b) aufr., eifg. o. längl.-eifg. D. nach der Loslösung von d. U. noch längere Zeit mit der Columella verbunden, von halber Ulänge, schief geschnäbelt, Rand wenig gekerbt. P. fehlt. Polygam. — Tonige, grasige, salzhaltige Stellen, bes. auf Salzwiesen und in der Nähe von Salinen. Hin u. wieder. 5, 6.

Pottia Heimii (Hedw.) B. S. 520.

β Sumpfmoos von schmutzig- o. bräunlichgr. Farbe, mit br. Wurzelfilz, 2—10 cm hoch. Obere Bl. größer, schopfig o. rosettig, verkehrt-eifg., hohl, Spitze stumpf u. meist kappenfg., m. bräunl. o. gelbl. Saume. Pz. rot. S. bis 4 cm l. Sp. hängd. P. doppelt.

Bryum neodamense 393.

II Bl. — die oberen u. Schopfbl. — längs, bis zur Mitte o. am Grunde umgerollt u. umgeschlagen.
  α Blränder längs umgerollt oder zurückgeschlagen.
  1. Ras. durch br., rotbr. o. rostroten Filz dicht, meist s. dicht verwebt.
    a Ras. oben freudig-, gelblich-, bleich- o. graugr., niedrig.
    × Schopfbl. in der Spitze flach. St. rot. Rp. am Grunde rot. Ras. niedrig, lebhaft gr. Schopfbl. abstehd., lang zugespitzt, breit gesäumt. Rp. am Grunde rot, als Spitze o. Granne austretend. Blzellen an der Basis rötlich. S. bis 1 cm l., zart, oben hakig. Sp. m. engem, wenig gekrümmtem, langem Halse, eifg., hängd. D. klein. P. doppelt. Äußere Pz. unten rot, sonst gelb, Spitze hyalin, schmal gesäumt, Rückenlinie im Zickzack. Rückenfelder kurz rechteckig, Lamellen 12—15. Innere Pz. gelbl., Fortsätze s. lang wie die Zähne, schmal, ritzenfg. durchbrochen, Wimpern 2, kurz. Zwitt. u. polygam. — Sumpfwiesen, Moore. Tiefebene. Zerstr. 6, 7.
    Bryum longisetum Bland. **521**.
    ×× Schopfbl. in der Spitze nicht flach, sondern Rand bis zur Spitze fast spiralig zurückgerollt. P. doppelt, das innere auf einer im oberen Teil kielfaltigen Grundhaut.
    O Grundhaut des inneren P. frei. Wimpern des inneren P. gut ausgebildet u. m. langen Anhängseln.
    Bryum caespiticium 398.
    OO Grundhaut des inneren P. dem äußeren P. anhängd. Wimpern des inneren P. fehlend o. sehr klein u. breit.
    Bryum inclinatum 396.
    b Ras. sattgr., bräunlich-, oliven- o. schmutziggr.
    × **A.** Bl. in der Spitze flach, untere eilängl., obere längl.-lineal., rasch zugespitzt, Rp. stachelspitzig austretd., Rand wulstig gesäumt. Blzellen locker, zartwandig, beiderseits dicht mit hufeisenfg., kleinen Warzen, oben rundlich-6seitig, am Rande der Spitze rhombisch u. rhomboidisch, abwärts rechteckig o. längl.-6seitig u. hyalin, Saumzellen linealisch, gelbl., mehrschichtig, zlch. dickwandig. S. ca 1 cm l., oben schwanenhalsartig gekrümmt. Sp. hängd., längl., Mündung rot. D. dick u. schief geschnäbelt. Pz. 16, rotgelb, auf einer Grundhaut, breit, bis fast zum Grunde in 2 bis 3, oben oft hier u. da verbundene, fein punktierte, einhalb bis 1 mal links gewund. Schenk. geteilt. Monöc. — Humös. Felsspalt. Selt. S.
    Desmatodon Laureri (Schultz) B. S. **522.**
    ×× Bl. in der Spitze nicht flach. P. doppelt, das innere auf einer kielfaltigen Grundhaut, Wimpern des inneren P. so lang als die Fortsätze und mit deutl., seitl. Anhängseln. Inneres P. frei, d. h. nicht an dem äußeren klebend o. anhängend.
    O Bl. trocken spiralig links um den St. gedreht.
    Bryum capillare 391.

Blätter nur an der Spitze oder gegen diese klein usw.

OO Bl. trocken nicht spiralig um den St. gedreht.
! Schopfbl. durch 4—7 Reihen einschichtiger Zellen deutl. gesäumt.
† (Fig. 189a, Seite 165.) Äußere Schopfbl. dicht, oval, Ränder 4—6reihig, bräunl. gesäumt, stark umgerollt. Div. $3/8$. Rp. als kurze, gezähnte Stachelspitze austretd., sonst wie bei folg. Art. Blzellen nur schwach getüpfelt, an der Basis rot. S. purp., meist 3—4 cm l. Sp. (b,) hängd. längl.-birn- oder flaschenfg., regelmäßig, später schwarzbraun. D. hochgewölbt, deutl. gespitzt, rotgelb u. glänzd. Äußere Pz. blaßgelb, am Grunde rot, m. breitem Saume u. über 30 Lamellen. Grundhaut von halber Zahnlänge, Fortsätze gefenstert. Wimpern 3, m. s. langen Anhängseln. Ras. braun o. schwarzgr., oft von bedeutender Höhe. Zwitt. — Nasse Felsen, Sumpfwiesen, Ausstiche. Verbr. 6. V. (13.)

Bryum bimum Schreb. **523**.

†† Schopfbl. lanzettl., s. lang zugespitzt. Rp. unten rot, oben bräunl., als s. lange, gezähnte Granne austretd. Blzellen getüpfelt, an der Basis rot, in den Ecken quadrat. u. erweitert. Sp. (Fig. 190a—c, Seite 165) nickd. o. hängd., trocken unter d. Munde eingeschnürt (c), auf ca. 5 cm l., gebogener, zarter S. Lamellen der äußeren Pz. zahlr., Wimpern des inneren P. m. langen Anhängseln. Ras. gr. o. bräunlichgr., schwach glänzd., bis 2 cm hoch. St. oft m. schlanken, lockerblättrigen, aufrechten Sprossen (a). — Feuchte, sandige Stellen, in Ausstichen, Sumpfwiesen, an **Felsen, Mauern**, Eb. bis A. Verbr. 6. V. (13.)

Bryum cirratum Hoppe et Hornsch. **524**.

!! Schopfbl., bei Br. pseudotr. Bl., durch 3—5 Reihen einschichtiger Zellen gesäumt.
† Rp. d. Schopfbl. als ± lange, glatte Granne austretd., am Grunde s. kräftig u. rot, nach oben stark verschmälert, später br.

Bryum pallescens 399.

†† (Fig. 191a, Seite 165.) Rp. kräft., rot in der Spitze endend o. als gezähnter Stachel austretd. Bl. längl.-lanzettl.-zugespitzt, herablaufd., gelbl. o. bräunl. gesäumt, an der Spitze gehäuft, feucht aufr.-abstehd., trocken locker anliegd. Div. $3/8$. S. zlch. l. (bis 8 cm), purpurn. Sp. (b) meist nickd., verlängert-keulenfg., m. langem Halse. Äußere Pz. breit gesäumt, mit über 30 Lamellen. Ras. olivenbräunl.- o. trübgr., oft s. hoch u. rötl. angeflogen. St. kräft., starr. Dem Br. bimum s. ähnl. Diöc. — Quellenreiche Plätze, bes. in Moorwiesen, auch an Felsen. Eb. bis A. Verbr. Sp. zlch. hfg. 6, 7. V, VI. (12—14.)

Bryum pseudotriquetrum (Hedw. ex p.) Schwägr. **525**.

Blätter nur an der Spitze oder gegen diese klein usw.

2. Ras. locker, bleich- o. gelbgr., bisweilen rötl. o. bräunl. angeflogen, unten mit spärlichem Rhizoidenfilz, niedrig. D. groß, stark gewölbt, mit Spitzchen, blutrot, stark glänzd.
a Rp. der verlängert-lanzettl. u. lang zugespitzten Schopfbl. schmal, grünlichgelb, später rötl., als kurze, gezähnte Stachelspitze austretd. Rand nicht o. kaum gesäumt. In den Winkeln der unteren Bl. meist kugelige, vielzellige, purpurne Brutkp. (Fig. 192, Seite 165). Seten ungleich lang (2—3 cm), meist hin- u. hergebogen, oben bogig gekrümmt. Sp. hängd., 3—4 cm l., längl. birnfg. u. meist schwach gekrümmt, gelblichbr. o. blutrot. Äußere Pz. rötl. angeflogen, breit gesäumt, m. über 30 Lamellen. Diöc. — Sandige, feuchte Triftstellen u. Heiden, in Gräben, an Mauern. Eb. bis A. Verbr. Sp. meist vorhanden. 7—9.

Bryum erythrocarpum Schwägr. **526.**

b Rp. kräftig, rot o. gelb, als lange, bräunlichgelbe, schwach gezähnte Granne austretd., Rand 2—4reihig gesäumt. S. starr, oben kurz hakig. Sp. hängend, m. D. 2 mm l. Sp. kurz birnfg.

Bryum badium 402.

β Obere Bl. o. Schopfbl. am Grunde oder bis gegen die Mitte zurückgerollt o. umgeschlagen.
1. Ras. schwellend, locker, weich, freudig- o. gelblichgr., innen braun o. schwärzlichbr., 3—10 cm h.

Bryum Schleicheri 405.

2. Ras. nicht schwellend.
a P. einfach, 16zähnig.

Desmatodon cernuus 361.

b P. doppelt.
× Inneres P. dem äußeren fest anhängend. Wimpern s. kurz o. fehld. Blsaum 2- u. 3reihig.
O (Fig. 193a, Seite 165.) Lamellen d. äußeren Pz. zahlr., durch Zwischenwände (1—3) verbunden; äußere Pz. warzig punktiert, nicht gesäumt. Fortsätze des inneren P. schmallineal. Ras. niedr., bis 1 cm h. St. oft mit peitschenfg. verlängerten, rötl. Sprossen. Schopfbl. breit-eifg. o. längl.- birnfg., mit kurzer, scharf gezähnter Spitze. Rp. grünlichgelb, später bräunl., als kräftiger, scharf gesägter Stachel austretd. S. oben hakig, starr, kräftig. Sp. (b, c) verk.-eifg., trocken unter der verengten Mündung eingeschnürt. D. klein. Monöc., bisw. zwitt. — Feuchter Sandboden, Aussstiche. Eb. Zerstr. Sp. meist reichl. 6 u. 11. V. u. XI. (12—13.)

Bryum warneum Bland. **527.**

OO (Fig. 194a, Seite 165.) Lamellen der äußeren Pz. nicht durch Zwischenräume verbunden, äußere Pz. breit, lineal-lanzettl., über d. Mitte rasch pfriemenfg., kaum warzig u. gesäumt. Fortsätze des inneren P. am Grunde s. breit u. pfriemenfg. verschmälert. Ras. olivengr. o. bräunl., bis 2 cm h. St. mit zahlr. Sprossen. Bl. längl.-lanzettl., lang zugespitzt, bräunlichgelb gesäumt, Rp. in der Spitze endend o. kurz austretd., gelb, später bräunl. S. oben bogig. Sp. (b) wagerecht bis hängd., keulig-birnfg., hochrückig, mit schiefem Munde u. D., Hals lang, gekrümmt. Monöc. — Feuchter, sandiger Boden, Gräben, Torfmoore, Mauerritze, Wiesen. Eb. u. nied. Bg. Zerstr. Sp. fast stets reichl. 6, 7.

Bryum uliginosum (Bruch) B. S. 528.

×× Inneres P. frei.
 O Bl. herablaufend.
 ! Bl. weit herablaufend. Sp. mit D. meist 4 cm l.
Bryum pallens 407.
 !! Bl. ein wenig herablaufd. Sp. m. D. 2—3 cm l., trocken unter der stark erweiterten Mündung s. stark eingeschnürt, deshalb kreiselfg.
Bryum turbinatum 406.
 OO Bl. nicht herablaufend.
 ! (3) Sp. mit D. 2,7 mm l.
Bryum elegans 408.
 !! Sp. mit D. bis 5 mm u. länger.
Bryum obconicum 401.
 !!! Sp. ausschl. D. 2 mm l.
Bryum subrotundum 409.

b Blattränder bis zur Mitte oder weiter hinab deutlich und meist scharf gesägt, gezähnt, bei Mnium cinclidioides mit kurzen, stumpfen Zähnchen.

A. Obere Bl. o. Schopfbl. bis zur Mitte oder etwas weiter hinab scharf oder stumpf, kürzer o. länger gezähnt o. gesägt.

I Zähne des Blsaums einreihig.
 α Bl. — die obersten — an der Spitze mehr o. weniger breit abgerundet, stumpf, bisweilen ausgerandet, mit o. ohne kurzes Spitzchen. Rp. vor oder mit dem Spitzchen endend. P. doppelt.
1. (Fig. 195a, Seite 165.) Blrand durch 3—5 Reihen verdickter Zellen deutl. gesäumt. Zähne einzellig, stumpf, anliegend, bis unter die Mitte. Ras. kräftig, gr., oft auch geschwärzt, 1—2 cm h. Bl. der Ausläufer 2zeilig. Stbl. oben rosettig, größer, breiteifg., kurz herablaufd. Blzellen deutl. kollenchymatisch. S. unten purpurn, oben gelb u. bogig geschlängelt. Sp. (a) gehäuft, 2 u. mehr, wagerecht o. nickd., rotmündig. D. bleich-

gelb, lang geschnäbelt (b). Zwitt. — Schattige, grasige, feuchte Stellen, an Felsen, Mauern, auf Waldboden. Eb. bis A. Zlch. häufig. 5, 6. V, VI. (11—13.)
       Mnium rostratum Schrad. **529.**
2. Zellen des Blsaums 1—3reihig, nicht verdickt, nicht verschieden gefärbt. Zähne kurz u. stumpf.
       Mnium cinclidioides 381.
β Bl. zugespitzt.
1. Stattliche Moose von mehreren cm Höhe.
 a (Fig. 196, Seite 155.) Schopfbl. eine auffällig große, sternförmige Rosette bildend. Vereinzelt, truppweise u. lockerrasig. St. meist 5 cm h., unten mit kleinen, angedrückten, schuppigen Bl. Rand der Schopfbl. von der Spitze bis zur Mitte scharf gesägt. Div. $5/13$. Rp. vor der Spitze endend. Blzellen stark getüpfelt. S. meist gehäuft, kräftig, purpurn. Sp. ansehnlich, eifg., meist hängd., schwach gekrümmt. D. glänzd. Diöc. — Feuchte, schattige Laubwälder, unter Gebüsch, grasige Stellen. Eb. bis A. Verbr. Sp. selt. H., W.
      Rhodobryum roseum (Weis) Schimp. **530.**
 b (Fig. 197a, Seite 155.) Obere Bl. schopfig, aber nicht rosettig, verk.-eifg., stachelspitzig, gleich den unteren, kürzeren, breiteiförmigen Bl. herablaufend, Saum einschichtig, gelb, 3—5reihig, von der Spitze bis zur Mitte scharf gesägt. Div. $3/8$. Rp. br., vor o. in der Spitze endd. Sp. (b) einzeln, meist 2farbig, auf starrer, bis 2,5 cm l. S. D. halbkugelig, am Rande zackig, m. u. ohne Warze. P. doppelt. Zwitt. — Schattige, feuchte Stellen, Gebüsche, Felsen, Waldboden, Grasgärten, Baumwurzeln. Eb. bis Bg. Hfg. 4, 5. III—VI. (10—14.)
      Mnium cuspidatum (L. ex p.) Hedw. **531.**
2. Niedriges, nur wenige mm hohes Moos. Herdenweise. Bl. oben breit-schopfig, viel größer als die unteren, verk.-eifg. o. lanzettl.-spatelfg., ein- bis dreireihig gelb gesäumt, von der Spitze bis zur Mitte stumpf gezähnt. S. bis 8 mm l., trocken linksgedreht. Sp. aufrecht, birnfg., purpurn, klein. D. flach gewölbt, selten genabelt. P. einfach, rudimentär-16zähnig. Monöc. — Auf sonnigem, sandig-lehmigem Heidelande, an Waldwegen. Im Westen u. Süden des Gebiets. Zerstr. 6.
      Entosthodon ericetorum B. S. **532.**
II Blrand zweireihig gezähnt o. gesägt. P. doppelt.
 α Rp. vor der Spitze endend. Saum wulstig. Obere Bl. nicht rosettig.
 1. (Fig. 198, Seite 165.) Ras. dunkelgr., 3 cm h., selt. bis 10 cm, dicht rostrot wurzelfilzig. Bl. schmal- oder lineal-lanzettl., scharf zugespitzt, nicht o. kaum herablaufd., Saum braunrot, 3- bis 4reihig u. 2- bis mehrschichtig. Div. $5/13$. Cuticula der Blzellen warzig. Sp. einzeln, grünlichgelb, rotmündig, zuletzt br. D. ungeschnäbelt, m. spitzer Warze. Diöc. — Feuchte

Stellen in Wäldern, Erlenbrüchen u. Buchenwäldern, in nassen Schluchten, an Sandsteinfelsen. Oft Mv. Fast gemein. Eb. bis Bg. Sp. meist vorhanden. 5. V. (12.)

Mnium hornum L. 533.

2. (Fig. 199a, Seite 165.) Ras. locker, 1—3 cm h., mäßig wurzelfilzig, freudiggr., später bräunlichgr. Bl. herablaufend, die oberen lanzettl., Saum 2—5reihig, 2—4schichtig, Zellen gelb o. rot. Cuticula d. Blzellen gestrichelt. Zähne einzellig, von der Spitze bis zur Mitte. Rp. rot, vor o. in der Spitze endd. Sp. gelbl. (b), später bräunlichgelb. D. kurz u. schief geschnäbelt, bleichgelb. Zwitt. — In Laubwäldern. Eb. bis A. Verbr. 5. V. (12.)

Mnium serratum Schrad. 534.

β Rp. in der Spitze endend.

1. (Fig. 200a, Seite 165.) Blzellen in divergenten, schiefen Reihen angeordnet, Zellen vom Rande nach der Rp. hin größer werdend. Ras. dunkelgr., 1—3 cm h., s. locker, nur unten wurzelfilzig. Bl. unten schuppig, oben viel größer u. rosettig, verk.-eifg., herablaufd., m. Spitzchen, Saum mehrschichtig, rötl., Cuticula der Blzellen längsgestreift, Rp. als Stachelspitzchen austretd., unten rot, oben grünl. Sp. (b) gehäuft (2—7), schmutziggr., später rotbr. S. bis 2 cm l., purpurn. D. geschnäbelt, am Rande zackig. Diöc. — Auf d. Erde in Nadelwäldern. Bg., A., Mittel- u. Süddeutschland. Oft Mv. Verbr. Sp. hfg. 7, 8.

Mnium spinosum (Voit) Schwägr. 535.

2. Blzellen nicht in Reihen angeordnet. D. geschnäbelt. Blsaum wulstig.

a (Fig. 201a, Seite 178.) Rp. am Rücken gezähnt, am Rande bis zur Mitte herab scharf gesägt. Ras. dicht, zlch. hoch, dunkelgr., rotfilzig. Obere Bl. größer, längl.-lanzettl., mit Spitzchen, Saum rot, mehrschichtig u. 2—3reihig. Cuticula der Blzellen längsgestrichelt. S. bis 2,5 cm l., unten rot, oben gelb. Sp. (b) m. D. bis 5 mm l., grünl., später br. D. bleichgelb, schief geschnäbelt. Diöc. — Auf kalkhaltigem Substrat, an Felsen, steinigen Abhängen. Bergland Mitteldeutschlds. u. A. Zerstr. 7, 8.

Mnium orthorhynchum Brid. 536.

b Rp. am Rücken glatt.

× (Fig. 202, Seite 178.) Obere Bl. rosettig, verkehrt-eifg. bis spatelfg., m. Spitzchen, Saum mehrschichtig, rötl. Rp. rot, mit der Spitze endd., Cuticula der Blzellen gestrichelt. S. bleich, bis 3 cm l. Sp. gehäuft (2—6), grünlichgelb, im Alter rotbr., Mündung orange. Zwitt. — Auf dem Boden von Nadelwäldern. Bs. in der Bg. von Mittel- u. Süddeutschld. Meist in Gesellschaft von Mn. spinosum. 5, 6.

Mnium spinulosum B. S. 537.

Blattränder bis zur Mitte oder weiter hinab usw.

× × Obere Bl. nicht rosettig. Sp. gehäuft (2—7).
Mnium serratum 534.
B. *Obere Bl. o. Schopfbl. bis zum Grunde o. fast bis zum Grunde gesägt o. gezähnt. P. doppelt.*
I Blrand einreihig gezähnt o. gesägt.
α (3) (Fig. 206a, Seite 178.) Zähne des Blsaumes einzellig. Ras. hellgr., bis 1 dm h. St. dicht rostfilzig, m. langen, aufr., locker beblätterten Sprossen. Rand der weit herablaufenden Stbl. einschichtig, 4reihig, m. kurzen, vorwärts gerichteten, stumpfl. Zähnen. Blzellen in divergenten Reihen, deutl. kollenchymatisch. Cuticula längs gestrichelt, Rp. austretd. Sp. (b, c) einzeln o. gehäuft, auf 3—4 cm l., unten roter, oben gelber S. D. gewarzt, rotgelb. Diöc. — Nasse Stell., Sumpfwies., Torfmoore, Quell. Eb. bis A. Zlch. verbr. Sp. zlch. selt. 5, 6. V. (11—13.)
Mnium Seligeri Jur. Milde. Lindbg. 538.

β Zähne des Blsaumes ein- u. 2zellig, lang, kräftig, vorwärts gerichtet, Saum breit, einschichtig, 3—5reihig. Ras. bleichgr., locker, 5 cm h. St. m. dichtem, rostfarbenem Filze u. wenigen herabgebogenen Sprossen. Untere Bl. klein, eirund, obere einen Schopf bildend, äußere Schopfbl. breit-ei-zungenfg. Rp. vor o. in dem Spitzchen endend. Blzellen deutl. kollenchymatisch. S. unten rot, oben gelb, 3—6 cm l. Sp. (Fig. 203, Seite 178) meist zu 2, selten mehr, hellgelbgr., rotmündig. D. rötlichgelb, mit längerem Spitzchen. Zwitt. — Schattige, feuchte Stellen, in Wäldern, Gebüschen. Eb. bis Varg. Zerstr. 5, 6.
Mnium medium B. S. 539.

γ (Fig. 204a Seite 178.) Zähne des Blsaumes 2—4zellig, lang, abstehd. Ras. gr., locker, meist 5 cm h., selten höher. St. dicht rostfilzig, mit herabgekrümmten Sprossen. Stbl. oben zu einer Rosette vereinigt, äußere Schopfbl. verkehrt-eifg. o. zungenfg. Blsaum einschichtig, gelb, 3—4reihig. Blzellen in divergierenden Reihen, wenig kollenchymatisch. Rp. w. b. vor. S. meist 2,5 cm l., sonst w. vor. Sp. (b) einzeln o. gehäuft (2—5), bleich gelbgr., später braungelb, bisweilen 2farbig, rotmündig. D. gewölbt, gewarzt, rotgelb. Diöc. — Bes. a. feucht. Erde in Wäld. u. Gebüsch, auch auf moorigen Wies. Eb. bis Atäler. Verbr. Sp. nicht selt. 4, 5.
Mnium affine Bland. 540.

II Blrand 2reihig kurz u. stumpf gezähnt. D. geschnäbelt. Ras. locker. Blzellen nicht in Reihen.
α Ras. hellgr., meist 2—3 cm h. Bl. wenig herablaufd., Saum 1—3reihig, mehrschichtig, rot, Zähne kurz u. stumpf. Rp. rot, vor oder mit der Spitze endd., am Rücken oben nur wenig gezähnt. Blzellen wenig kollenchymatisch, Cuticula warzig. S. bis 1,5 cm l., bleichrötl. Sp. zu 1 o. 2, ohne den schiefgeschnäbelten D. bis 2,5 mm l., gelbl. o. hellbräunl. Diöc. — Schattige Abhänge, Ufer v. Bächen u. ähnl. Stellen. Bg. Zerstr. Sp. selt. 5.
Mnium riparium Mitt. 541.

β **A.** (Fig. 205, Seite 178.) Ras. dunkelgr., bis 4 cm h. Bl. weit herablaufd., Saum 2- o. 3reihig, mehrschichtig, rotbr., scharf gezähnt., Rp. rot, im Spitzchen austretd., am Rücken oben scharf gezähnt. Blzellen deutl. kollenchymatisch, Cuticula kaum gestrichelt. S. bis 3 cm l., bleich rötl. Sp. einzeln, mit dem abwärts geschnäbelten D. bis 6 mm l., grünlichgelb, später br. Diöc. — Feuchte, steinige Plätze, an Bachufern. Selt. 6, 7.
Mnium lycopodioides (Hook.) Schwägr. 542.

⋊⋉ **Rasen weiß-, blau- oder silbergrün.**

A. **A.** *Pflänzchen meist nur 1—2 mm h., knospenfg., silbergr. Bl. (Fig. 207a, b, Seite 178) breit-verk.-eirund, plötzl. kurz zugespitzt. Rp. schwach, in der Spitze endd. Blzellen glatt, oben rhombisch o. rhomboidisch, nach der Basis hin verlängert-rechteckig o. hexagonal, zartwandig, wasserhell. Sp. aufr., eifg. bis zylindr., auf bis 1 cm l. S. D. von halber Ulänge u. schiefgeschnäbelt. Wand des Sp. innen mit Längsleisten. Pz. 16, blaßrot, aufr., lanz., ungeteilt o. bis zur Mitte 2- u. 3spaltig, grobwarzig. Monöc. — Auf nackter Erde, in Felsspalten. Zerstr. S.*
Pottia latifolia (Schwägr.) C. M. 543.

B. Ras. höher.
I Ras. glänzend.
α **A.** (Fig. 208a, Seite 178.) Ras. seidenglänzd., weißgr., dicht, hoch (bis 15 cm), schwach filzig. Bl. steif aufr., trocken starr, eilängl.-langpfriemig, fast röhrig. Rp. s. breit, meist 3schichtig, Az. leer, wasserhell, zartwandig, Innenzellen gr., dickwandig, getüpfelt, Lamina schmal, einschichtig. Blflügelzellen deutl. S. rechtsgedreht, strohgelb, bis 2 cm h. Sp. (b) aufr., zyl., m. enger Mündung, bräunl., im Alter glänzd. D. fast so lang wie die U. P. einfach. Diöc. — An Felsen, auf feuchter Erde. Verbr. Sp. selten. 7, 8.
Dicranum albicans B. S. 544.

β Pflänzchen herdenweise o. in lockeren, hell- o. weißlichgr., glänzd., meist 2 cm hoh. Ras. In den Achseln der oberen Sprossenbl. Büschel von gelben, spindelfg. Brutkp. Schopfbl. am Rande zurückgerollt. Blzellen zartwandig, wie die Rp. am Grunde rot. Sp. geneigt, m. deutl. Halse, eifg. P. doppelt. Diöc. — Steinige Stellen, lehmig-sandige Plätze. Sp. s. selt. 6, 7.
Webera proligera Kindbg. 545.

II Ras. glanzlos.
α **A.** (Fig. 209a, Seite 178.) Ras. sehr dicht wurzelfilzig, schwellend, oben blaugr., innen rostrot. St. schlank, zart, mit scharf 5zeiliger Beblätterung. Div. $2/5$. Bl. dicht anliegd., lanzettl., scharf zugespitzt. Rp. kräftig, in den obersten Bl. stachelspitzig austretd.

S. bis 2 cm l., geschlängelt. Sp. (b) verk.-eifg., gebuckelt, gelbl. u. br. gescheckt, gestreift, trocken deutl. längsfurchig. D. klein, gerade o. schief geschnäbelt. P. einfach, Pz. 16 (c), gitterartig verbunden. Diöc. — Auf Humus u. kieselhaltigem Gestein. Selt. Sp. selt. 7, 8.

Conostomum boreale Swartz 546.

β Ras. locker, blaugr., nicht filzig, meist 2 cm h. Div. ⅓. Obere Bl. schopfig u. größer, lanzettl.-lineal, Rand oben schmal umgebogen u. m. stumpfen, spärl. Zähnen. Blzellen verlängert-rechteckig. S. bis 1 cm l., linksgedreht. Sp. aufr., hellbr., fast walzig. P. einfach. Pz. 16, bis zur Basis in 2fädige Schenkel gespalten. Monöc. — In Spalten von Kalkgesteinen. Bes. in d. A., selten im Mittelgeb. 5, 6, in den A. 8.

Ditrichum glaucescens (Hedw.) Hampe 547.

×× **Rasen anders gefärbt.**

A. *Auf modernden Baumstämmen u. Wurzeln, an altem Holze.*

I Rp. als gewundene (meist rötl.) Pfriemenspitze austretd. Sehr seltene, dichtrasige, 4 cm u. höher werdende, gelblichgr., rotfilzige, nur auf alten, bemoosten Stämmen und Ästen von Acer Pseudoplatanus u. Fagus silvatica in den Alpentälern vorkommende Art. Sp. aufr., längl.-ellipt., m. deutl., schmalem Halse, an der Innenwand mit Längsleisten, auf dicker, steifer, bis 2 cm l., rotgelber S. Pz. 16, anfänglich gepaart, später frei. Monöc. — 8.

Tayloria Rudolphiana (Hornsch.) B. S. 548.

II Rp., falls austretd., nicht gewunden. Blflügelzellen deutl., oft gebräunt.

α **A.** (Fig. 210a, Seite 178.) Ras. seidenglänzd., freudiggr. Mit Dicr. longifolium nahe verwandt. Bl. schwach einseitswendig, im Gegensatz zu Dicr. longif. nur an der Spitze des Pfriementeils unterseits und am Rande gesägt. (Bei Dicr. longif. ist der Rand doppelreihig und der Rücken der Rp. mehrreihig bis weit hinab scharf gesägt.) Sp. (b). Diöc. — An Stämmen von Rotbuchen u. Nadelhölzern. Bergland Süddeutschlands u. A. Verbr. 8, 9.

Dicranum Sauteri Schimp. 549.

β Ras. nicht glänzd., bei Dicr. cong kaum glänzd.

1. Im oberen Teile der Lamina sind quadratische u. rechteckige Zellen mit 3eckigen, schief-4eckigen o. querovalen Zellen gemischt.

a Ras. dicht rost- o. braunfilzig.

× Ras. dicht rostfilzig, hoch (bis ca. 6 cm), dicht, grünlichgelb o. gebräunt. Bl. selten sichelfg.-einseitswendig, hin- u. hergewunden, trocken stark verbogen, zlch. lang (bis 6 mm), schmal-lanzettl.-linealisch-pfriemenfg., oben röhrig, beiderseits der austretd. Rp. je eine Längsfurche, Rp. sowie Blspitzenränder in der Regel gesägt. Blflügelzellen deutl.,

meist bis zur Rp. mehrschichtig. S. bis 2,5 cm l., strohgelb.
Sp. zylindr., aus aufr. Grunde geneigt u. eingekrümmt, mit
deutl., glänzd., rotbr. Rippen. D. fast so lang wie die U.,
schief geschnäbelt, abwärts gebogen, Rand gekerbt. Diöc. —
Auf moderndem Holze. Süddeutsches Bergld. u. A. Verbr.
Sp. hin u. wieder. 8, 9.

Dicranum Mühlenbeckii B. S. 550.

× × Ras. dicht braunfilzig, freudiggr., zlch. h. (bis 5 cm), leicht
erkenntl. an den aus den oberen Blwinkeln hervorsprossenden
steifen, fadenfg., kleinblättrigen Spross., (Fig. 211 a, Seite 178)
die leicht abfallen u. die Art auf vegetativem Wege vermehren.
Bl. meist schwach einseitswendig, lanzettl.-röhrig-pfriemen-
fg., nur am Spitzenrande u. an der Unterseite der in der
Spitze endenden Rp. deutl. gesägt. Blflügelzellen bis zur Rp.
einschichtig. S. blaßgelb, zart, bis 2 cm l. Sp. (b) aufr.,
zylindr., undeutl. längsstreifig. Diöc. — An moderndn
Baumstümpfen, gern in Gesellschaft von Dicr. mont. Eb.
bis A. Verbr. Sp. zlch. selt. 6, 7.

Dicranum flagellare Hedw. 551.

b Ras. spärl. wurzelfilzig, gelb- bis braungr.

Dicranum congestum Brid. 409.

2. Zellen im oberen Teil der Lamina quadratisch, Blflügelzellen
groß, z. T. 2schichtig. Rp. lang austretd. Ras. zlch. hoch —
mehrere cm bis 1 dm —, meist trüb- o. bräunlichgr., wenig dicht.
Stbl. oben schopfig, selten einseitswendig, trocken fast kraus,
schmal-lanzettl. u. s. lang rinnig-pfriemenfg., fast haarfein.
Rp. lang austretd. S. bis 2 cm l., bleichgelb, später rötl. Sp.
klein, verk.-eilängl., bucklig, m. 6 deutl., breiten, rotbr. Streifen.
Diöc. — Modernde Baumstümpfe. Bes. Bg. Verbr. 8. V. (15.)

Dicranum fuscescens Turn. 552.

B. Auf Erde, an Felsen u. anderem Substrat.

I Bl. im oberen Abschnitt o. gegen die Spitze rinnig oder meist
röhrig-pfriemenfg. o. fast röhrig-hohl.

α Rp. in der Spitze endd.

1. Bl. aus eifg., eilgl. o. längl. Grunde plötzl. o. rasch lang borstenfg.
o. rinnig-pfriemenfg.

a **A.** Blränder des basalen, scheidenfg. Teils gesägt o. gezähnt.
Höhe bis 10 cm. Ras. weich, schwellend, gr. o. braungr., wenig
wurzelhaarig. Bl. aus breit-eifg., aufr. Grunde linealisch-
pfriemenfg. u. rinnig-hohl, Rp. d. Pfriementeil einnehmd. Blzellen unten heller u. schmal-rechteckig, oben rundl.-qua-
dratisch, mit anders gestalteten gemischt. Sp. auf kurzer S.,
kuglig-eifg., später rotmündig. D. rotrandig, geschnäbelt (gerade o. schief). P. fehlt. Diöc. — Nasse Kalkfelsen. Zerstr. S.

Molendoa Hornschuchiana (Funck) Lindbg. 553.

b Bl. nur gegen die Spitze o. an dieser selbst — oft wenig deutlich — gesägt o. gezähnt.

× Herdenweise oder in lockeren Räschen, wenige mm bis 2 cm hoch, ohne Rhizoidenfilz.
O (Fig. 212a, b, Seite 178.) Pflänzchen bis 8 mm hoch, bräunlichgr. Obere Bl. größer u. schopfig, oft sichelfg.-einseitswendig, Rp. den Pfriementeil ausfüllend u. in d. Spitze erlöschd. Laminazellen gelbl., zlch. locker. Sp. (c) durch den langen Hals keulig-birnfg., meist geneigt, auf verbogener, rechtsgedrehter, blaßgelber, c. 0,5 cm. l. S., gerade o. schief geschnäbelt, ohne D. Monöc. — Bes. an moorigen Grabenrändern. S. selt. S.

Bruchia vogesiaca Schwägr. **554.**

OO Pflänzchen lichtgr., gr., gelblichgr., wenige mm bis 2 cm hoch, glänzend.
! (Fig. 213a, Seite 178.) Pflänzchen wenige mm bis 1 cm h., hellgr. Bl. (b) aus scheidigem Grunde in eine lange, rinnige, hin- u. hergebogene Pfriemenspitze übergehend, an dieser gezähnelt. Rp. den Pfriementeil einnehmend. Scheidenrand wellig. S. bis 1,5 cm l. Sp. (c) aufr., regelmäßig, eifg. o. längl., deutl. dunkel-längsstreifig u. trocken gefurcht. D. zlch. lang, schief geschnäbelt. P. rotbr. Monöc. — Feuchter, sandig-lehmiger Boden. Bis Bg. Zerstr. S.

Dicranella crispa (Ehrh.) Schimp. **555.**

!! Sp. geneigt, eifg., bucklig, symmetrisch, längs dunkel u. schwach gestreift.

Dicranella subulata 416.

×× Ras. ausgedehnt, meist dicht und verfilzt.
O Sp. symmetrisch, geneigt, hochrückig, am Grunde deutlich kropfig.
! Sp. dick eifg., ungestreift, später längsfaltig. Blzellen verlängert-rechteckig o. sechsseitig.

Dicranella cerviculata 421.

!! Sp. verkehrt-eifg., hochrückig, kurzhalsig, trocken eingekrümmt u. gefurcht, auf 2 cm l., linksgedrehter S. Ras. rostfilzig, gelbgr. Bl. sehr lang u. kraus. Blzellen im oberen Teil der Bl. von verschiedener Gestalt. Pz. außen rotbr. — Nasse, kalkfreie Felsen. Zlch. selten. Bes. in den A. S.

Oncophorus Wahlenbergii Brid. **556.**

OO Sp. regelmäßig, längl.-elliptisch, undeutl. gestreift, mit zahlr. Längsfalten, anfängl. auf schwanenhalsartig gebogener, später aufrechter u. geschlängelter S.

Campylopus turfaceus 5.

2. Bl. aus lanzettl., eilängl., längl. Grunde allmählich rinnig- o. röhrig-pfriemenfg. o. allmähl. zugespitzt und in der Spitze rinnig.

a Bl. allseitig sparrig abstehd. o., wie bei Brach. polyph., abstehd. u. mit aufwärts gerichteter Spitze. Ras. gelbgr.

Tafel X, Fig. 201—228.

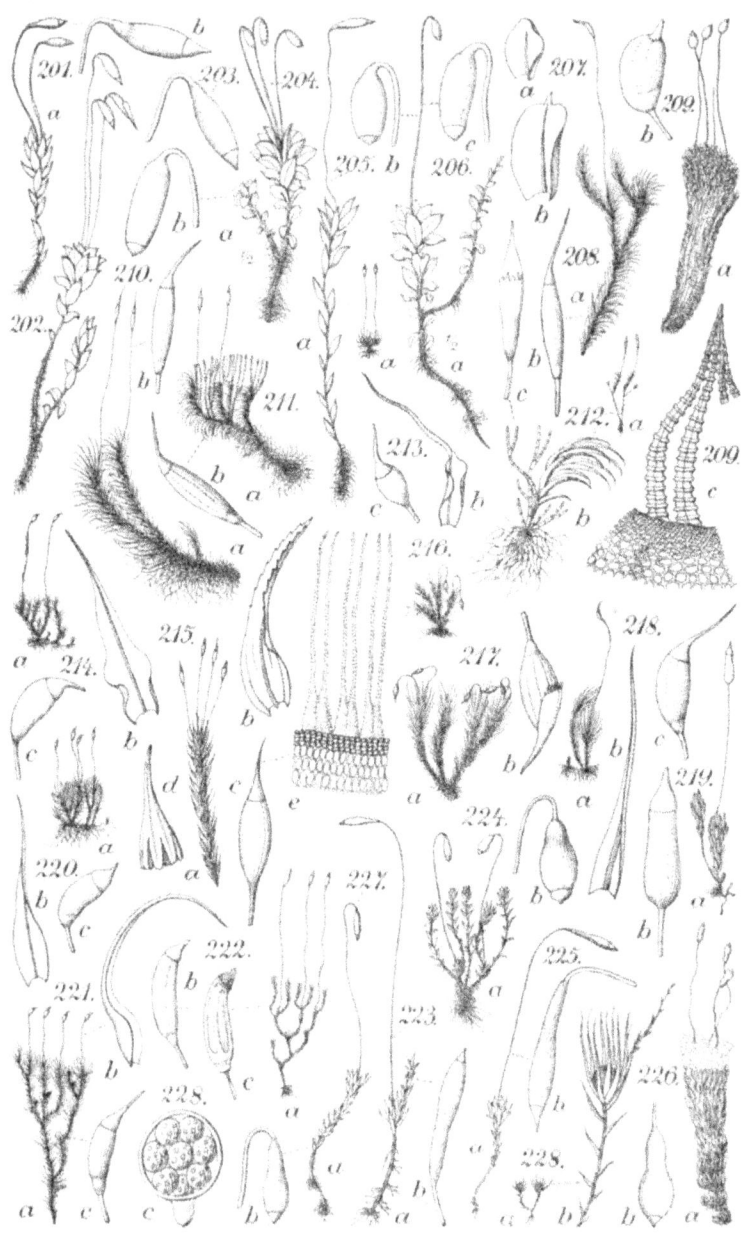

× Dicht herdenweise (bis 1 cm), seltener rasig u. höher (Fig.214a, Seite 178) Bl. (b) trocken verbogen, oft fast kraus, aus breit-scheidigem Gr. lanzettl.-flachrinnig-pfriemenfg., Spitze meist gezähnelt. Rp. die Spitze erreichd. Blzellen meist rhomboidisch o. rhomboidisch-6seitig. Sp. (c) geneigt, eifg.-bucklig, streifen- u. furchenlos. D. schief geschnäbelt. S. bis 1 cm l., purpurn. Pz. 16, purpurrot, bis gegen die Mitte gespalten, m. deutl. Querbalken. Diöc. — Feuchter, toniger, lehmigkalkiger Boden. Eb. bis nied. Bg. ·Zlch. verbr. 1, 2. IX, X. (15—17.)

Dicranella Schreberi (Swartz) Schimp. **557.**

×× (Fig. 215a, Seite 178.) Ras. kräft., bis 5 cm h., schwellend, innen schwärzl. Bl. (b) am breit-eilängl. Grunde m. mehreren Furchen, sonst linealisch-lanzettl., oben scharf gekielt, gegen die Spitze grob gezähnt, trocken s. starr u. lockig-kraus. Rp. in der Spitze erlöschd. Blzellen gelbl., dickwandig, unten linealisch, in der Mitte rechteckig, oben rundl.-quadratisch. Blflügelzellen deutl., br. Sp. (c) aufr., ellipt., glatt. Hb. glockig, längsfaltig (d), bis zur Umitte. D. nadelfg. u. gerade geschnäbelt, am Rande gezackt. Rg. s. breit. Mündung rot. Pz. 16, (e) bis zum Grunde 2 schenklig, Schenkel fädig, stark warzig. Monöc. — An trockenen, kalkfreien Fels. u. Steinen, bes. im Süden u. Westen des Geb. Bg. Zerstr. 3, 4. III, IV. (11—13.)

Brachysteleum polyphyllum (Dicks.) Hornsch. **558.**

b Bl. aufr.-abstehd. o. steif aufr. (Camp. sub.), bei manchen Arten schwach sichelfg. gekrümmt u. trocken angepreßt, bei Dicranella heterom. die endständigen deutl. einseitswendig u. sichelfg., bei Dicr. flag. u. cong. meist schwach einseitswendig.

× Ras. s. dicht, bis zu den jüngsten Trieben o. hoch hinauf durch dichten, rostfarbenen, br. o. braunroten Filz verwebt, ± glänzd.

O (Fig. 216, Seite 178.) Blgrund weiß glänzd. Ras. gr. u. goldgr., bis 3 cm h., unten intensiv rotfilzig. St. oft mit s. zahlr., kurzen Bruchästchen, die mit kleinen Bruchbl. besetzt sind. Bl. steif aufr., an der Spitze gesägt. Rp. an der Unterseite gefurcht, auf dem Querschnitt m. zahlr. Stereïdenbändern. Zellen im unteren Blteil s. zartwandig u. locker, fast wasserhell, gestreckt-6seitig u. rechteckig. S. bis 8 mm l., anfangs schwanenhalsartig gebogen, später aufr. u. geschlängelt. Sp. ellipt., regelmäß., hellbr., gestreift. Hb. am Grunde gewimpert. D. v. halber Ulänge. Pz. 16. Vegetative Vermehrung durch Brutbl. Diöc. — Bes. an schattigen, senkrechten Sandsteinwänden. Zlch. selt. Sp. hin u. wieder. W., F.

Campylopus fragilis (Dicks.) B. S. **559.**

OO Blgrund meist weißglänzend.

Rasen anders gefärbt.

! Aus den Achseln der oberen Bl. kleinblättrige, fädige, leicht abfallende, starre Sprosse. Blflügelzellen deutl., einschichtig, bis zur Rp.
Dicranum flagellare 551.
!! Blquerschnitt: Rp. ohne Stereïden. Az. der Bauchseite s. zart., leer, alle übrigen Zellen gleichartig, deren Wände gleich stark. Az. der Rückenseite meist — wie bei Camp. Schwarzii — z. T. vorgewölbt. Aus den Achseln d. oberen Bl. oft zahlr., fädige, abfallende, mit kl. Bl. besetzte Sprosse (vegetative Vermehrung). Ras. s. dicht, rostfilzig, etwas glänzd., gr. o. hellgr. Diöc. — Bes. A. Feuchte, steinige Plätze, Felsen. Zerstr.
Campylopus Schimperi Milde 560.
× × Ras. ohne Rhizoidenfilz o. spärl. wurzelfilzig.

O Blgrund deutl. geöhrt.
Campylopus Schwarzii 6.
OO Blgrund nicht o. kaum geöhrt.

! Blflügelzellen vorhanden.

† (3) Blquerschnitt: Rp. ohne Stereïden, am Rücken furchig. Außenzellen der Bauchseite wie b. Camp. Schwarzii, darunter eine Schicht zlch. weitlumiger, dickwandiger Zellen, die übrigen Zellen enger. Az. der Rückenseite abwechselnd nach außen vorgewölbt. Blfügelzellen bis z. Rp., wasserhell, s. zart. Ras. bis 3 cm h., glänzd., gr. o. gelbgr. Vegetative Vermehrung durch abfallende Endknospen. — An Felsen, auf Waldboden. Selt.
Campylopus subulatus Schimp. 561.
†† (Fig. 217a, Seite 178.) Blquerschnitt: zahlreiche Gruppen von Stereïden, am Rücken nur im oberen Teil gefurcht, Dt. bis ca. 12. Az. am Rücken nicht vorgewölbt, Blflügelzellen s. groß, braungelb, aufgeblasen. S. schwanenhalsartig gekrümmt, später aufr. Sp. (b) oval o. längl., schwach gekrümmt, gefurcht. D. geschnäbelt, rot, Rand gekerbt. Haubenrand gewimpert. Pz. 16, bis zur Mitte 2schenklig. Ras. 1—3 cm h., selt. höher, gelb- o. olivengr., schwach glänzd. Vegetative Vermehrung durch abfallende Endknospen. Diöc. — Waldboden, Felsen. Nord- u. Mitteldeutschld. Zerstr., selt. in den A. H.
Campylopus flexuosus (L.) Brid. 562.
††† Blquerschnitt: 2 Stereïdenbänder. Dt. median, 6—8. Az., kaum entwickelt. Ras. zlch. hoch (bis 8 cm), gelb- o. braungr.
Dicranum congestum 410.
!! Blflügelzellen fehlen.

† (Fig. 218a, Seite 178.) Bl. (b) an der Stengelspitze deutl. einseitswendig-sichelfg., schmal-lanzettl.-rinnig-borstenfg. Rp. den oberen Teil der Pfrieme einnehmend, dieser am

Rande u. Rücken oft zlch. weit hinab gezähnelt. S. bis
2 cm l., gelb, später oft rötl. Sp. (c) längl.-eifg. gebuckelt,
geneigt, glänzend, fast ziegelrot, trocken m. 3 Längsfurchen.
D. lang u. schief geschnäbelt, dunkel purpurrot. Pz. 16,
tief purpurrot, 2—3fach gespalten. Diöc. — Bes. in
Wäldern auf sandigem o. lehmigem Boden u. an Sandsteinfelsen. Oft Mv. Sehr hfg. Sp. hfg. 2, 3. II, III.
(11—13.)
    Dicranella heteromalla (Dill. L.) Schimp. **563.**
†† Bl. steif aufrecht, trocken angepreßt.
? Ras. gelbgr., mäßig glänzd., bis 2 cm h. Pflänzchen mit
sehr zarten, aufrechten Sprossen. Bl. eilängl., scharf zugespitzt, gegen die Spitze fast röhrig, Rand oben z. T.
umgebogen. Rp. gelbbr., kräftig. Lamina oben am
Rande 2schichtig, sonst einschichtig. S. bis 2 cm h.,
unten rötl., oben gelbl. Sp. zylindr., aufr. Pz. 16, bis
zum Grunde in 2 fädige, gelbe Schenkel gespalten. Häufig
beide Schenkel am Grunde miteinander verbunden o.
ein Schenkel kürzer als der andere. Diöc. — Auf lehmig-
sandigem Boden. Bg. bis A. Zerstr. Sp. selt. 9.
    Ditrichum vaginans (Sull.) Hampe **564.**
?? Ras. innen zonenartig gr., hell- u. dunkelbr. gefärbt.
Blränder nicht umgebogen.
        Ditrichum zonatum 425.
β Rp. austretend.
1. Rp. kurz auslaufend (als Stachelspitze).
 a (Fig. 219a, Seite 178.) Bl. oberseits mit 8—12 querwelligen
  Längslamellen. Ras. locker, bis 3 cm h., gr., trocken miß-
  farbig-rötlichbr. Bl. nach oben größer, trocken hakig eingekrümmt, aus fast scheidigem Grunde lanzettl., Blränder oben
  eingebogen u. gezähnt. Div. 3/8. Sp. (b) aufr., entleert nickd.,
  trocken gefurcht u. unter der Mündung eingeschnürt. D.
  kegelfg., mit Spitzchen. Hb. spärl. m. aufrechten Haaren.
  Paukenhaut vorhanden. Pz. 32, zungenfg., bleich. Diöc. —
  Auf feuchtem Boden. Obere Bg. bis A. Verbr. Sp. hfg. 6, 7.
    Oligotrichum hercynicum (Ehrh.) Lam et De Cand. **565.**
 b Bl. oberseits ohne Lamellen. Blflügelzellen bei Dicr. varia u.
  Dicranum deutl.
× Ras. hoch, bei Dicr. elong. u. Ditr. flexic. zuweilen über
  10 cm.
O Ras. innen dicht rostfilzig.
 ! Ras. dicht, grünl.- o. bräunlich-goldglänzd. St. s. schlank,
  dünn, schlaff, oft etwas hin- und hergebogen. Bl. aufr.-
  abstehend o. einseitswendig, lanzettl. u. s. lang und fein
  flach-rinnig-pfriemenfg., 4—8 mm l., an der Spitze fein gezähnelt. Div. 3/8. Blflügelzellen gefärbt, s. dickwandig. S.
  2—4 cm l., schmutzigrot. Sp. aufr. o. ein wenig geneigt,

walzig, oft leicht gebogen. D. schief, Rand gezähnt.
Schenkel der 16 Pz. fadenfg., meist ungleich. Vegetative
Vermehrung durch Brutäste. Diöc. — Auf sonnigem,
etwas beschattetem Kalkboden u. an Kalkfelsen. Hrg.
bis A. Verbr. Sp. selten. 5, 6.
Ditrichum flexicaule (Schleich.) Hampe **566.**
!! A. Bl. im obern Teil röhrig-pfriemenfg., ganzrandig.
Dicranum elongatum 474.
OO Ras. spärlich wurzelfilzig. *Dicranum congestum 410.*
×× Ras. niedrig, bis 1 cm hoch, glanzlos.
O (Fig. 220a, Seite 178.) Ras. dunkel- o. gelbgr. Bl. (b)
allseits- oder etwas einseitswendig, straff, aufr.-abstehd.,
aus lanzettl. Grunde pfriemenfg., Ränder zurückgebogen.
S. 0,5—1 cm l., purpurn, rechtsgedreht. Sp. (c) geneigt,
symmetrisch, bucklig-eifg., rotbr., trocken gekrümmt. D.
halb so lang wie die U., kurz geschnäbelt. Rg. fehlt. Pz.
16, purpurn, bis zu $\frac{1}{3}$ in 2 dichtwarzige Schenkel gespalten.
Diöc. — Auf feuchtem, lehmigsandigem o. kalkhaltigem
Boden. Gemein. W.
Dicranella varia (Hedw.) Schimp. **567.**
OO Bl. allseits abstehd., oft einseitswendig, aus weißlichem, lan-
zettl. Grunde lang flachrinnig-pfriemlich, Rand bis gegen
die gezähnelte Spitze etwas umgerollt. S. rötl., blaßrot, ca.
1 cm l., unter dem Sp. einmal links, sonst rechts gedreht.
Sp. zylindrisch, schmächtig, regelmäßig o. ein wenig gebogen, bleichbr. Pz. 16, schräg nach rechts aufsteigd.,
Schenkel fädig, trübrot, dicht warzig. Ras. schmutziggr.
Diöc. — Feuchte Plätze, Heiden, Gräben, Wegränder,
Felsen. Bes. Eb. bis Bg. Verbr. 9, 10. VIII. (13—14.)
Ditrichum tortile (Schrad.) Lindbg. **568.**
2. Rp. lang auslaufend.
a Bl. allseits abstehd., bei Dicr. Mühl., fusc. u. fulvum selten einseitswendig, bei Dicr. Blyttii, Mühl. u. fulvum feucht hin- und
hergeb. u. trocken fast kraus, bei den übrigen trocken hin- u.
hergebogen.
× Blflügelzellen einschichtig.
O Ras. braun- o. olivengr., locker. Bl. oben schopfig, aus
blasser, schmallanzettl. Basis sehr lang röhrig-pfriemenfg.,
am Rande u. der Rippenunterseite bis weit hinab gesägt.
Blzellen meist rundlich-quadrat., über den br., bis zur Rp.
reichenden Blflügelzellen mehrere Reihen rechteckiger
Zellen. S. bis 2 cm l., dick, gelb. Sp. aufr., regelmäßig,
schmal-zyl., gestreift, später gefurcht. D. v. halber Ulänge,
geschnäbelt. Pz. in 2 bis 3 Schenkel gespalten, beiderseits
m. kräftigen Querleisten. Diöc. — Schattige, kalkfreie
Fels., bes. in Mittel- u. Süddeutschl. Zlch. verbr. 8—10.
Dicranum fulvum Hook. **569.**

Rasen anders gefärbt.

OO (Fig. 221a, Seite 178.) Ras. sattgr. bis schwärzl. Bl. (b). Sp. (c) etwas geneigt, symmetrisch, eifg.-längl. m. engem, etwas kropfigem Halse, hellbr., etwas gekrümmt, streifen- u. furchenlos, m. roter Mündung. Drand orange u. gekerbt. Pz. 2 schenklig, Querbalken auf der Innenseite nur wenig hervortretd. Blflügelzellen groß. Monöc. — Feuchte, kalkfreie Felsen. Obere Bg., A. Hin u. wieder. 6.

Dicranum Blyttii Schimp. **570.**

× × Blflügelzellen 2 schichtig o. z. T. 2 schichtig.
O Blzellen in der Mitte rechteckig, oben quadratisch.

Dicranum fuscescens 552.

OO Blzellen in der Mitte kurz rechteckig. oben vielgestaltig (dreieckige, quadratische, rechteckige, querovale, rhomboidische).

Dicranum Mühlenbeckii 550.

b Bl. steif aufrecht.

Dicranum strictum 494.

II Bl. im oberen Teil nicht rinnig.
α Blränder ganz o. z. T. zurückgerollt, zurückgeschlagen o. umgebogen o. eingebogen.
1. Blränder bis zur Spitze bis gegen diese zurückgerollt usw.
a Ras. oliven- o. schmutziggr., bräunl. o. rötlichbr.
× Ras. innen auffällig rostrot.

Didymodon rubellus 442.

× × Ras. innen bräunlich schwärzlich.
O (Fig. 222a, Seite 178.) Ras. schmutziggr. o. rotbr., trocken mißfarben. Rp. der längl.-lanzettl. Bl. in der schwach gezähnten Spitze erlöschd. o. kurz austretd. Div. $3/8$. S. glzd., dunkelbraunrot o. purpurn. Sp. (b) geneigt bis fast wager., symmetrisch, schief ei-walzenfg., am Rücken stärker gekrümmt, rötlichbr., glänzd., zur Reifezeit (c) m. 4 bis 8 Längskanten. D. kurz, kegelfg., oft etwas schief. Jeder der 16 Pz. bis zum Grunde 2 schenkelig. Schenkel gelb gesäumt, unten durch Querbalken verbunden, oben frei. Diöc. — Dch. das Gebiet. Überall gemein. Auf dem verschiedenartigsten Substrat. Sp. stets massenhaft. 5, 6. VII, VIII. (9—11.)

Ceratodon purpureus (L.) Brid. **571.**

OO In den Achseln der unteren Bl. meist kugelige, vielzellige, purpurrote Brutkp.

Bryum erythrocarpum 526.

b Ras. reingr. (hell- o. dunkelgr.), freudig-, licht-, gelblich-, gelb-, o. goldgr.
× (3) Ras. goldgr., seidenglänzd.

Bryum Mildeanum 481.

× × Ras. reingr., dunkelgr., licht-, gelb- o. gelblichgr., meist glänzd.

O Ras. nicht o. wenig glänzend. P. doppelt, das innere auf kielfaltiger Grundhaut. Sp. m. deutl., ± langem Halse, schmal-keulenfg., o. birnfg., wagerecht, geneigt o. hängd., entdeckelt o. trocken unter der Mündung verengt. Lamellen der äußeren Pz. mehr als 20.

! Wimpern des inneren Peristoms vorhanden, bei Webera elong. oft nur angedeutet.

† (Fig. 223a, Seite 178.) Sp. (b) m. Hals u. D. 3—6mm l., schmal u. lang keulenfg., blaßbr., wager. o. geneigt, auf 1—4 cm l., oben in weitem Bogen gekrümmter S. Äußere Pz. schmal gesäumt, Fortsätze des inneren P. oft am Rande ausgefressen berandet, kaum o. nicht durchbrochen. Wimpern 1—3, kurz. Div. $^3/_8$. Herdenweise o. lockerrasig, einige mm bis 2 cm h. Ras. hellgr. o. gr., wenig glänzd. Monöc. — Auf feuchter, schattiger Erde, an Weg- u. Grabenrändern, Hohlwegen u. dgl. Eb. bis A. Verbr. Sp. reichl. 9. VII, VIII. (13—14.)

Webera elongata (Hedw.) Schwägr. **572**.

†† Sp. m. Hals u. D. ca. 2,4 mm l., längl.-birnfg., hellbr., geneigt bis hängd., auf meist 1—2 cm l., geschlängelter, oben hakig gebogener S. Äußere Pz. kaum gesäumt, Fortsätze des inneren ritzenfg. durchbrochen. Wimpern gut ausgebildet, 2—4. Ras. dicht, ca. 1—2 cm h., etwas glänzd., hell- o. dunkelgr., später rötlichbr. In den Blachseln oft ein o. mehrere Bulbillen. Diöc. — An ähnl. Stellen wie vor. Bg. u. A. Verbr. Sp. zlch. hfg. 7, 8.

Webera commutata Schimp. **573**.

!! Wimpern des inneren P. fehlen. Äußere Pz. rotgelb, ungesäumt, Lamellen weniger als 20. Fortsätze des inneren, sattgelben P. schmal-linealisch. Sp. m. Hals u. D. ca. 3 mm l., ei-birn- .o. walzig-keulenfg., geneigt bis hängd., mit kleinem, rotem Munde, auf bis 2 cm l. S. Meist herdenweise o. in lockeren Räschen, gr. o. gelbgr., glanzl. Monöc. — Wegränd., Felsspalt., Abhänge. Bes. A. Zlch. verbr. 8, 9.

Webera polymorpha (H. et H.) Schimp. **574**.

OO Ras. glänzend.

! Sp. aufrecht, fast kugel. o. kurz birnfg. Vereinzelt o. truppweise, hellgr., bis 8 mm h. Obere Bl. größer u. rosettig, verk.-eilängl. Sp. m. deutl. dickem Halse, m. weitem Munde, entleert becherfg. Hb. lang geschnäbelt, vielspaltig. D. mit der Columella abfallend, genabelt. Rg. einreihig. P. fehlt. Monöc. — Feuchte, schlammige Plätze, Fluß-, Teich- u. Grabenränder. Eb. Selt. H. W.

Physcomitrium eurystomum (Nees) Sendtn. **575**.

!! Sp. nickd., wagerecht o. hängd. P. doppelt.

† (Fig. 224a, Seite 178.) Sp. stets hängd. (b), kurz u. dick, oval, blutrot, trocken schwarzrot, auf bis 1,5 cm l. S.

D. groß und breiter als die Umündung, gewölbt, stumpf gespitzt, glänzd. purpurn. Äußere Pz. blaßrot angeflogen, m. breitem, gekerbtem Saume. Grundhaut ⅓ bis ¼ der äußeren Pz. Wimpern 3,.mit langen Anhängseln. Ras. bis 1 cm h., hellgr., seidenglänzd. Diöc. — Feuchter Sandboden, Äcker, Mauern, wüste Plätze. Eb., Hrg. Verbr., selten in Süddeutschld. Sp. hfg. 5, 6.

Bryum atropurpureum Wahlenbg. **576.**

†† (Fig. 225a, Seite 178.) Sp. wager. (b), seltener nickd., gestreckt keulenfg., blaßbr., auf bis 2 cm l., oben bogig gekrümmter S. D. spitz kegelfg. o. mit Schnäbelchen. Äußere Pz. kaum gesäumt. Wimpern fehlend o. rudimentär. Grundhaut ⅕—¼ der äußeren Pz. Ras. weich, gr. o. gelblichgr., etwas glänzd., wenige mm bis 4 cm h., gewöhnl. 1—2 cm h. In den A. an Wegrändern, in humösen Felsspalten, an steinigen Abhängen. Zlch. verbr. 8, 9.

Webera acuminata (H. et H.) Schimp. **577.**

× × × Ras. rötl. u. bräunl. In den unteren Blwinkeln meist kugelige, purpurne, vielzellige Brutkp.

Bryum erythrocarpum 526.

2. Blränder ungef. bis zur Mitte zurückgerollt o. -geschlagen, eingebogen o. hier u. da umgebogen.

a Blrand hier und da schwach umgebogen.

× **A.** St. m. zahlr., fädigen, starren, schlanken Sprossen, in den oberen Blwinkeln meist rote Brutknöllchen. Sp. hängd. P. doppelt.

Webera gracilis 422.

× × **A.** (Fig. 226a, Seite 178.) Räschen breit u. dicht (bis ca. 3 cm h.), grün o. olivengr., glänzd. o. glanzlos, dicht br. wurzelzilzig. Bl. aufr., trocken angedrückt, starr, eilanzettl., scharf zugespitzt, an der Spitze gezähnelt. Rp. stark, zylindrisch. Blzellen gelb, dickwandig. S. ca 1 cm l., geschlängelt, rötl. Sp. (b) fast aufr., klein (bis 4 mm l.), birnfg., m. rotem Munde. P. einfach, 16 Zähne (nur das innere P. ist entwickelt). Diöc. — Zentralzone der A. Zerstr. 8, 9.

Mielichhoferia nitida (Funck) Hornsch. **578.**

b Blränder bis zur Mitte o. über diese hinaus zurückgeschlagen (bei Webera nutans etwas schwach!).

× (3) **A.** Ras. olivengr. bis bräunl., zlch. locker. Bl. lanzettl., gegen die Spitze m. bräunl. scharfen Zähnen. Rp. in der Spitze erlöschend, 6 mediane Dt., 2 Stereïdenbänder. Sp. gestreckt-walzenfg., leicht gekrümmt. D. kurz-kegelig u. schwach schiefgeschnäbelt, Deckelzellen schräg nach rechts gedreht. Pz. 16, ungeteilt o. klaffend. Diöc. — Überrieselte Stell., Felsspalt., Bachufer, i. d. Nähe v. Wasserfäll. Selt. 8, 9.

Didymodon alpigenus Vent. **579.**

×× Ras. gr., gelb- o. lichtgr., nicht gescheckt.
O (Fig. 227a, Seite 178.) Sehr vielgestaltig. Locker- o. dichtrasig. Derb, gr. o. gelblichgr., etwas glänzd., meist 1—3 cm h. Untere Bl. kleiner, breiter, ganzrandig, Rp. vor d. Spitze erlöschend. Div. $^3/_8$. Schopfbl. dichtstehend, lineal-lanzettl., Ränder bis über die Mitte ein wenig umgeschlagen, Spitze gesägt, Rp. kräftig, rot. S. meist 2—4 cm h., selt. höher (bis 8 cm), geschlängelt, rot, oben bleicher. Sp. (b) nickd. o. hängd., längl.-birnfg. o. fast walzig, gelbl.-rötlichbr., trocken unter der erweiterten Mündung verengt. Äußer. Pz. blaßgelb, gesäumt, Fortsätze des inneren P. gefenstert, Wimpern 2 bis 3, gut ausgebildet, knotig gegliedert und hier u. da mit Anhängseln. Monöc. — Kiefernwälder, Heiden, Hohlwege usw. Eb. bis A. S. gemein. Sp. reichlich. 6. V. (13.)
Webera nutans (Schreb.) Hedw. 580.

OO Sp. kurz birnfg., blutrot, trocken unter der stark erweiterten Mündung eingeschnürt, daher kreiselfg.
Bryum Klinggraeffii 485.

××× **Ras.** gr. u. gelbgr., bräunlich o. purpurrot gescheckt, stark goldglänzend.
Bryum alpinum 484.

β Blränder flach.
1. Kleinere, oft winzige, meist gesellig wachsende Erd- o. Felsmoose (S. wenige mm bis 1 cm hoch, S. u. Sp. kommen nicht in Betracht.)
  a (Fig. 228c, Seite 178.) Sp. kugelig, ohne D. u. ohne irgendwelche Zuspitzung, ohne S., mit einer fast halbkugeligen Anschwellung in das sehr dicke, annähernd kugelige Scheidchen eingesenkt. Sporen s. groß u. nur in geringer Menge. Pflänzchen gesellig o. rasig, durch unterirdisches Protonema ausdauernd. Einjährige Pflänzchen (a) einfach, wenige mm hoch. Obere Bl. viel größer, schopfig-lanzettl.-langpfriemenfg. Aus den Winkeln der Schopfbl. u. auch aus den Achseln der unteren Bl. zarte, entfernt beblätterte Sprosse (b), diese z. T. als feine, fädige Flagellen ausläuferartig über den Boden dahin kriechend u. später fertile, aufrechte Sprosse erzeugend. Monöc. — An feuchten, sandig-tonigen Plätzen, auf Äckern, in Ausstichen u. an ähnl. Stellen. Eb. u. niedr. Bg. Zerstr. 10. X. (12.)
Archidium phascoides Brid. 581.
b Sp. deutlich, bei Pleuridium s. kurz gestielt.
  × Sp. eingesenkt, nicht über die Hüllbl. emporgehoben, ohne D., eifg. o. oval, mit Spitzchen. Einjährige Pflänzchen einfach. Obere Bl. größer, schopfig, aufr. o. aufr.-abstehd., lanzettl.-lang-pfriemenfg.
  O Räschen meist rotbräunl., ca. 3—6 mm h. Schopfbl. oft einseitswendig, aus eilanzettl. Basis plötzl. lang pfriemenfg., Rp. den Pfriementeil ganz ausfülld. S. länger als das Scheid-

chen. Monöc. — Feuchte, sandige, schlammige Stellen. Eb. u. nied. Bg. Gemein. 5, 6. IX—X. (7—9.)
Pleuridium alternifolium Brid. **582.**

OO (Fig. 229a, b, d. Seite 196.) St. ca. 2—4 mm h., meist einfach, nicht, wie bei vor., an der Spitze sprossd. Räschen meist gelbgr. Bl. (c) allmähl. pfriemenfg., Rp. fast die Pfriemenspitze ausfülld. S. kürzer oder so lang wie das Scheidchen. Monöc. — Waldränder, Wege, Gräben, Äcker, Wiesen usw. Eb. bis nied. Bg. Verbr. 5—8. IX—X. (8—11.)
Pleuridium subulatum B. S. **583.**

× × Sp. über die Hüllbl. ± emporgehoben.

O St. 1 mm h. Gesellig. Oliven- o. gelblichgr. Nur auf Kalkfelsen o. kalkhaltigem Gestein an etwas feuchten u. geschützt. Stellen, z. B. in Höhlungen. Bl. aus eilängl. u. am Rande gesägter Basis plötzl. lineal-pfriemenfg. Rp. den Pfriementeil einnehmd. S. ca. 2 mm h., rechtsgedreht. Sp. aufr., ei-birnfg. o. fast kugelig. D. mit kurzem, schiefem Schnabel. P. fehlt. Monöc. — Zerstr. S.
Seligeria Doniana (Smith) C. M. **584.**

OO St. höher (bis 1 cm).

! P. fehlt. *Physcomitrium eurystomum 575.*

!! P. vorhanden.

† (Fig. 230a, Seite 196.) 32 Pz. St. 4—10 mm h., dunkel olivengr. o. rötlichbr., herdenweise. Bl. stumpfl., Rand gezähnelt. Div. 3/8. Auf der Oberseite der in der Spitze erlöschenden, starken Rp. bis 35 Längslamellen. Sp. (b, c) krugfg., etwas länger als dick, aufr. o. etwas geneigt, trocken unter dem Munde zusammengezogen. Paukenhaut vorhanden. Hb. kappenfg., dicht filzig (b). Diöc. — Auf der Erde in Wäldern, bes. in Hohlwegen, an Gräben u. ähnl. Stellen. Verbr. 2, 3. IV, V. (9—11.)
Pogonatum nanum (Schreb.) P. B. **585.**

†† 16 Pz.

? Pz. bis z. Grunde in 2fädige, ungleiche Schenkel gespalten. — Auf feuchtem, sandigem, torfigem, lehmigem Boden.

Trematodon ambiguus 414.

?? A. Pz. einfach. Nur in der Gneiszone der A. auf Felsen.

Mielichhoferia nitida 578.

2. Ras. 1 cm u. höher.

a **A.** St. m. zahlr., aufr., starren Sprossen.

× (3) 1—4 cm hohes, lebhaft gr., seidenglänzendes Moos der Zentralalpen. Ausgezeichnet durch gleichmäßige Beblätterung, daher St. u. Sprosse von charakteristisch kätzchenfg. Tracht. Bl. eifg. o. ei-lanzettl., zugespitzt, o. m. kurzem, schwach zurückgekrümmtem Spitzchen.

Anomobryum concinnatum 424.

×× St. m. zahlr., fadenfg., schlanken, starren Sprossen. Bl. aufr., trocken angepreßt. Ras. 1—2 cm h., glänzend, gelbgr.
Webera gracilis 422.
××× Ras. dicht, zlch. hoch, innen rot, spärl. rostfarben wurzelfilzig. Bl. steif aufr.-abstehd., trocken eingebogen u. etwas gedreht, lineal-lanzettl. Rp. kräft., rötl. Blzellen am Grunde gelbl. durchscheinend, nach oben rechteckig u. quadrat., oft vielzellige, ellipsoidische Brutkp. Pz. 3—4mal links gewunden. Diöc. — Kalkfelsen. Verbr. 9, 10.
Barbula paludosa Schleich. **586.**
b Sprosse von der unter × beschriebenen Art fehlen.
× (3) P. fehlt.
Pottia Heimii 520.
×× A. P. 16zähnig.
Mielichhoferia nitida 578.
××× A. P. 16zähnig. Zähne gespalten, aufr. o. steil nach rechts aufwärts gerichtet. St. 1—2 cm h. Rp. der am Grunde umgerollten Bl. als gelbe, geschlängelte Granne austretd. Drand gekerbt. Monöc. — Sehr selt. S.
Desmatodon systylius B. S. **587.**

×⋅ Rasen blau-, bläulichweiß- oder silbergrün.
×× Rasen rötlich- oder olivenbraun, bräunlich, schmutzig- oder bräunlichgrün.

A. Ras. blau-, bläulichweiß- o. silbergr.
I **A.** St. dch. die dicht anliegend. Bl. scharf 5kantig. Ras. dicht verwebt, ob. blaugr., inn. rostfarben, glanzl. A. u. Ha. Auf Silikatgest.
Conostomum boreale 548.
II St. nicht durch die Beblätterung kantig.
α (3) (Fig. 231a, Seite 19?.) Ras. hell- o. blaugr., stark goldglänzd., meist 2 bis 4 cm h., selt. höher. Schopfbl. größer, abstehd. u. verbogen, schmal-lanzettl. u. lang zugespitzt. Div. $5/13$. Rp. am Grunde rot u. vor der Spitze erlöschd. S. geschlängelt, oben schwanenhalsartig gebogen, 2—3,5 cm l. Sp. (b) wager. o. geneigt, seltener hängd., längl.-zylindr. o. fast keulenfg., entleert beinahe aufr. Rg. 2reihig. Äußere Pz. blaßgelb, mit mehr als 20 Lamellen, schmal gesäumt. Grundhaut von $1/4$ Zahnhöhe. Fortsätze des inneren P. weit klaffend, Wimpern gut ausgebildet, knotig. Diöc. — Auf der Erde in Wäldern, in Hohlwegen, Felsspalten. Eb. bis A. Verbr. Sp. hfg. 9. VII, VIII (13—14.)
Webera cruda (L.) Bruch **588.**
β Ras. bläulich-weißgr., ohne Glanz. Obere Bl. längl.-lanzettl., kurz u. breit zugespitzt, wie die vor der Spitze erlöschende Rp. am Grunde rot. S. bis 4 cm l., oben hakig o. bogig u. verdickt. Sp. klein, geneigt o. hängd., oval, entdeckelt weitmündig u. kürzer,

fast kreiselfg. Rg. fehlt. Äußere Pz. mit über 30 Lamellen. Grundhaut des inneren P. von mehr als halber Zahnlänge, Fortsätze wie bei vor. Wimpern schwach knotig, sonst wie vor. Diöc. — Feucht., sandig-toniger Bod. Eb. bis A. Verbreit. VI. (11—13.)
Mniobryum albicans (Wahlb.) **589.**
γ **A.** Räschen silbergr., Pflänzchen nur 1—2 mm h. Sp. aufr., eifg. o. zyl. P. einfach, Zähne 16, ungeteilt o. 2—3spaltig.
Pottia latifolia 543.

B. *Ras. rötl.- o. olivenbr., bräunl., schmutzig- o. bräunlichgr.*
I Bl. trocken kraus u. sehr kraus, Ränder bis gegen die Spitze zurückgerollt. Blzellen am Grunde durchsichtig o. durchscheinend, beiderseits dichtwarzig, unten rechteckig, oben quadratisch. S. rechts gedreht. Sp. aufr., zylindrisch. D. etwa ¼ der U.
α Ras. inn. auffäll. rostrot, sonst rötlichbr. Bl. kurz stachelspitz.
Didymodon rubellus 442.
β **A.** Bl. lanzettl., allmähl. o. rasch in eine schmale Spitze auslaufd.
Didymodon ruber 444.
II Bl. nicht kraus.
α (3) Ränder der Schopfbl. längs zurückgerollt.
Webera commutata 573.
β Blränder aufr. o. in der Mitte zurückgerollt, wulstig. Ras. trüb grünlichgelb, später meist rötl. St. kräftig gabelig- o. büscheliggeteilt. Bl. derb, aus breit-lanzettl. Grunde in eine breite, in der Regel stumpfe Spitze übergeh. Rp. rotbr., kräftig. S. kurz. Sp. eingesenkt o. etwas hervortretd., verkehrt-eifg., bräunlichgelb. Wand 5—6schichtig. D. flach, meist kurz u. schief geschnäbelt. Pz. 16, purpurn, spaltenfg. durchbrochen, m. vergängl. Vorperistom. — Var. β rivulare St. meist flutend, bis 10 cm l., reichl. verzweigt, dem Cinclidotus font. ähnl., abwärts fast blattlos, dunkel- o. schwarzgr. Monöc. — An überrieselten Fels. Bg. u. A. Zerstr. W. F. — var. β besonders an Steinen in fließenden Gewässern Mitteldeutschlands.
Schistidium alpicola Swartz **590.**
γ Ränder d. Schopfbl. (bei Mielichh. u. Dicranella Bl.!) flach, bei Mniob. carn. zuweilen in der Mitte etwas umgeschlagen, bei Mielichh. hier und da schwach umgebogen.
1. St. wenige mm oder 1 cm hoch, selt. bis 2 cm und darüber, ohne Rhizoidenfilz. Ras. bräunlich- o. schmutziggr.
a (Fig. 232a, Seite 196.) Meist truppweise u. nur wenige mm h., rötlichbr. Bl. (b) oft sichelfg.-einseitswendig, lineal-lanzettl.-zugespitzt. S. u. Sp. rotbr., erstere bis 0,5 cm l. und linksgedreht, letzteres (c) symmetrisch, oval, aufr., gerade. Rg. fehlt. D. halb so lang wie die U., schief geschnäbelt. Pz. 16, verhältnismäßig groß, intensiv rot, fast bis zur Mitte gespalten. Diöc. — Auf feuchtem Boden. Eb. bis Bg. Hin u. wieder. 1, 2. IX, X. (15—17.) **Dicranella rufescens** (Dicks.) Schimp. **591.**
b *Pottia Heimii* 518.

2. St. bis oben oder nur am Grunde filzig.
  a (Fig. 233 a, Seite 19.) Sp. hängd. (b), dick-oval, entleert kürzer, fast halbkugel- o. kreiselfg., m. erweitertem Munde. S. bis 2 cm l., dick, oben hakig u. verdickt. Rg. fehlt. Äußere Pz. rotbr., kaum gesäumt. Lamellen 25—30, dicht. Grundhaut der gelben Fortsätze des inneren P. ungefähr von halber Zahnlänge u. in der Mittellinie weit klaffend, Wimpern meist 2, knotig. Herdenweise o. in lockeren bis 2 cm h. Rasen, schmutzig- o. bräunlichgr. Schopfbl. größer, aufr., lanzettl.- lineal u. lang zugespitzt, mit roter, vor der Spitze erlöschender Rp. Diöc. — An ähnl. Plätzen wie vor. Eb. bis in die Alpentäler. Zlch. verbr. Sp. reichl. 3—5.

Mniobryum carneum (L.) **592.**

b A. Sp. aufr. bis schwach geneigt. Ras. dicht braunfilzig. P. einfach.

Mielichhoferia nitida 578.

×××**Rasen hell- oder dunkelgrün, meist freudig-, licht-, bleich-, gelb-, gelblich- oder goldgrün.**

  A. (4) In tiefen, schwankenden Torfmooren, auf Sumpf- und Moorwiesen. Ras. gr. und gelblichgr., locker, oft weit ausgedehnt, innen rostfarben, rostbr. o. schwärzlich.

I Ras. innen dicht rotbr. filzig, schwammig, meist s. hoch (bis 1 dm), blaß- o. gelbgr. St. mit sphagnöser Außenrinde. Bl. meist 4 mm l., aus breiterem Grunde lanzettl. o. lineal-lanzettl., Ränder bis zur Spitze stark zurückgerollt. Div. $5/13$. Blzellen deutl. kollenchymatisch, über dem Lumen jeder Zelle beiderseits je eine lange Warze. S. zlch. lang (bis 5 cm), zart, geschlängelt, Sp. geneigt, symmetrisch, m. 8 deutl. Streifen, trocken wager. u. m. s. tiefen Längsfurchen. Rg. 4reihig. P. doppelt. Äußere Pz. m. s. zahlr. (bis 50) Lamellen u. schmal gesäumt. Fortsätze des inneren P. klaffend. Wimpern zu 3 o. 4, gut ausgebildet. Nicht fruchtende Formen bringen arm- u. kleinblättrige Pseudopodien hervor, die an ihrer Spitze ein Köpfchen leicht abfallender Brutkp. (Brutbl.) trag. Diöc. — Gem. Eb. bis A. Oft Mv. Sp. meist vorhand. 6. V. (13.)

Aulacomnium palustre (L.) Schwägr. **593.**

II Ras. innen rostfarben oder schwärzlich.
  α Bl. 5zeilig, Ränder zurückgerollt.

Meesea Albertinii 500.

  β Bl. 6- u. 8zeilig, Ränder flach.   *Meesea longiseta 512.*

  B. An wasserdurchtränkten Stellen, in Quellen, Bächen und an ähnl. Lokal. Kalkfeindlich. Ras. schwellend, weich, freudiggr. Bl. sparrig zurückgebogen, stumpf, flachrandig.

Dicranella squarrosa 508.

C. An sehr nassen Felsen, auf feuchtem Kies und Sand an Bach- und Flußufern, meist Bewohner alpiner Regionen.

I (Fig. 234a, Seite 196.) Bl. allseitig sparrig abstehend o. zurückgebogen, trocken angedrückt u. gedreht., aus fast scheidigem Grunde lanzettl.-zungenfg. Div. $^3/_8$. Blzellen am Rande und oben quadrat., am Grunde in der Mitte rechteckig. S. blaßgelb, später rotbr., ca. 1 cm l. Sp. (bc) geneigt, symmetrisch, kurz-eifg. u. bucklig. D. (b) geschnäbelt. Pz. 16, 2—3 schenklig, außen purpurn u. längsgestreift, innen gelb. Vegetative Vermehrung durch stengelbürtige, kugel-, keulen- o. walzenförmige Brutkp. Diöc. — Bes. auf nassem Gestein an Fluß- u. Bachufern. Eb. bis A. Verbr. Sp. zlch. hfg. 12—3. V. (7—10.)

Dichodontium pellucidum (L.) Schimp. **594.**

II Schopfbl. (b. Web. Ludw. obere Bl.!) aufrecht o. aufrecht abstehd. P. doppelt.

α Schopfbl. bzw. obere Bl. an den Rändern umgerollt.

1. (Fig. 235a, Seite 196.) Ras. schwelld., weich, freudiggr., innen rötl., zlch. h. (4 cm), steril höher. Untere Bl. locker, eifg., stumpf, obere größer u. dichter, lanzettl., m. kurzer, breiter, herablaufd., im Alter rötlich angelaufener Rp., an der Basis rot. S. am Grunde gekniet, geschlängelt. Sp. (b) nickd. od. hängd., oval, trocken unter der Mündung eingeschnürt. Äußere Pz. mit mehr als 30 Lamellen. Fortsätze des inneren P. klaffd., Grundhaut von $^1/_3$ Zahnhöhe. Wimpern 2—3, etwas knotig. Diöc. — Feuchter Kies. Obere Bg. u. A. Zerstr. Sp. zlch. selt. 8, 9.

Webera Ludwigii (Spreng.) Schimp. **595.**

2. In den Blwinkeln vereinzelt purpurne Brutknospen.

Webera commutata 573.

β Schopfbl. (bei Web. gracilis u. Schistid. alp. Bl.!) am Rande flach o. nur hier u. da schwach umgebogen, bei Schistid. alpic. Blmitte umgerollt.

1. P. doppelt.

a **A.** (Fig. 236a, Seite 196.) Ras. dicht, freudiggr., innen schwärzl. Untere Bl. anliegd., breit-eifg., klein, stumpfl. Schopfbl. eingebogen, lanzettl., m. breiter, oft kappenfg. Spitze. S. unten gekniet, oben hakig, unten schwärzl., oben bräunl. Sp. (b) hängd., kurzhalsig, verkehrt-eifg. o. birnfg. Äußere Pz. gelb, m. 10—15 Lamellen, schmal gesäumt. Grundhaut des inneren P. s. niedrig, Fortsätze linealisch, ritzenfg. durchbrochen. Wimpern vergänglich. Monöc. — Zerstr. 7—9.

Webera cucullata (Schwägr.) Schimp. **596.**

b St. m. zahlr., starren, fädigen Sprossen. Bl. aufr., trocken angedrückt.

Webera gracilis 421.

2. P. einfach. Pz. 16, purpurn, breit, schmal ritzenfg. durchbrochen. Sp. aus den Hüllbl. nur etwas hervortretd.

Schistidium alpicola 590.

D. *An anderen als den unter A—C aufgeführten Stellen.*
I Blränder flach.
α Blgrund weiß glänzend. *Campylopus fragilis* 559.
β Blgrund nicht weiß glänzend.
1. Ras. durch Rhizoidenfilz sehr dicht verwebt.
a **A.** *Mielichhoferia nitida* 578.
b (Fig. 237a, Seite 196.) Ras. etwa 2 cm h., weich, dicht braunfilzig, meist freudiggr. Bl. trocken kraus u. verbogen. Ränder zlch. weit hinab gesägt u. gezähnt. Rp. in der Spitze erlöschd. S. hellgelb, ca. 1,5 cm l., rechtsgedreht. Sp. (b) blaßgelbgr., etwas gestreift, trocken runzelig-faltig. D. von Ulänge, geschnäbelt. Pz. 16, bis zur Mitte 2schenklig, außen rotgelb. Vegetative Vermehrung durch Brutbl. Diöc. — Bes. an modernden Stümpfen von Nadelhölzern, auch gern an Birken, seltener auf Waldboden u. an Felsen. Eb. bis A. Verbr. Sp. zlch. selt. 7, 8.
Dicranum montanum Hedw. **597.**
2. Ras. meist dicht verwebt, meist locker. St. oft herdenweise.
a Bl. sparrig nach allen Seiten abstehend.
Dicranella Schreberi 557.
b Bl. nicht sparrig.
× (3) Bl. schmal-lanzettl., allm. lang zugespitzt. Ras. zlch. hoch, hell- o. blaugr., m. starkem Goldglanze. P. doppelt.
Webera cruda 588.
×× Bl. w. b. vor. Kleines, bis 5 mm hohes, meist herdenweise auftretendes, hell- o. reingr., auf feuchtem, tonigem, schlammigem Boden lebendes Moos. S. s. kurz (noch nicht 1 mm). Sp. oval, emporgehoben, geneigt, ohne D. Rg. u. P. St. unter der Spitze — unterhalb des Sp. — oft sprossend. Zwitt. — Bis in die Alpentäler gemein. 10—11. IX—X. (12—14.)
Pleuridium nitidum (Hedw.) Rabenh. **598.**
××× Bl. aus schmalem Grunde verkehrt-eil. o. breit-vkt.-eifg., mit kürzer. o. längerer Spitze.
Splachnum sphaericum 508, *ampullaceum* 505, *Funaria mediterranea* 511, *Pottia Heimii* 518.
II Blränder längs o. z. T. zurückgerollt o. -geschlagen.
α Blränder längs zurückgerollt o. -geschlagen o. schmal umgebogen.
1. Bl. länglich- o. linealisch-lanzettlich o. lanzettl.-linealisch, länger o. kürzer zugespitzt (bei Meesea Alb. auch stumpflich).
a In schwankenden Mooren, Sümpfen, Torfwiesen. Ras. bis 5 cm hoch, locker, innen rostrot, gelblichgr. o. gr. Bl. abstehend, 5zeilig.
Meesea Albertinii 500.
b Steinige Abhänge, Wegränder, Felsspalten der subalpinen und Alpenregion (Webera acuminata und polymorpha) oder auf feuchtem Boden, in Ausstichen, an Gräben, auf Äckern in der Tiefeb. bis ca. 1000 m (Webera annotina).

Rasen hell- oder dunkelgrün, meist freudig-, usw.

× (Fig. 238a, Seite 19 .) In den Achseln der oberen Bl. der sterilen Sprosse je eine purpurrote oder gr., eiförmige Brutknospe, die oben 2—4 gr. Blspitzen trägt. Ras. ca. 2 cm h., locker, hell- o. dunkelgr. Obere Bl. größer u. dichter, lanzettl.-linealisch, lang u. scharf zugespitzt. Div. $5/13$. S. 2,5—4 cm l., zart, geschlängelt, oben bogig gekrümmt. Sp. (b) nickd., fast keulig, anfangs 2farbig, rot u. bleichgelb, trocken unter der Mündung verengt. Äußere Pz. mit 25 gleichweit voneinander entfernten Lamellen. Grundhaut von halber Zahnlänge. Wimpern 2—3, knotig. Diöc. — Feuchter, sandiger, toniger und kalkhaltiger Boden. Eb. bis Alpentäler. Verbr. 6—8.
Webera annotina (Hedw.) Bruch **599**.
×× Brutknospen fehlen. P. doppelt, Wimpern des inneren P. fehlen, Grundhaut niedrig.
O Sp. schlank keulenfg. D. spitz kegelfg. o. geschnäbelt. Äußere Pz. mit mehr als 20 Lamellen.
Webera acuminata 577.
OO Sp. zylindr.-keulen- o. ei-birnfg. D. stumpf. o. nur m. kleiner Spitze. Äußere Pz. mit weniger als 20 Lamellen.
Webera polymorpha 574.
2. Bl. eifg. o. eilanzettl., zugespitzt o. mit kurzem, schwach zurückgebogenem Spitzchen, locker anliegend. Ras. seidenglänzend. St. u. Sprossen kätzchenfg.
Anomobryum concinnatum 424.
β Bl. nur z. T., an der Basis, bis z. Mitte, in der Mitte oder nur hier und da zurückgerollt- o. -geschlagen o. umgebogen.
1. Blränder am Grunde oder in der unteren Blhälfte zurückgerollt o. -geschlagen o. umgebogen.
a (Fig. 239a, Seite 196.) Bl. an der Spitze schnell in ein kurzes zurückgekrümmtes Spitzchen (b) verschmälert. Ras. bis 3 cm h., freudiggr. Im schmutzigroten Wurzelfilz 5zellige, elliptische, br. Brutkp. S. 2—3 cm l., kräftig, rotgelb. Sp. (c) aufr., oval, Hals so lang o. etwas länger als die U., allmähl. in diese übergeh. Rg. fehlt. D. konvex, gewarzt. Pz. 16, paarweise genähert, trocken der Uwand außen anliegd. Monöc. — Auf von Kuhdünger durchsetzten grasigen Plätzen, auf modernden Pflanzen, faulendem Holze. Obere Bg., A. Verbr. S.
Tayloria serrata (Hedw.) B. S. **600**.
b Blspitze nicht zurückgekrümmt.
× (Fig. 240a, Seite 193.) Das St. wächst sehr oft zu einem meist blattlosen Pseudopodium (b) aus, das auch an der Spitze ein kugeliges Köpfchen trägt. Dieses setzt sich aus zahlreichen kurzgestielten, mehrzelligen Brutkp. zusammen. Div. $2/5$. Ras. s. dicht, lebhaft gelbgr., m. dichtem, rostrotem Filze. Sp. (c) aufr., später geneigt bis nickd., m. 8 Streifen, trocken

gefurcht. Äußere Pz. lanzettl.-pfriemenfg., gelblich, schwach gesäumt, mit 40 und mehr gleichweit voneinander entfernten Lamellen, Grundhaut von halber Zahnlänge. Wimpern deutlich, 3, zart. Diöc. — Baumstümpfe, auf der Erde, Felsen, bes. Sandsteinfelsen. Eb. u. Bg. Verbr. Sp. selt. 6. IV, V. (13—14.)

Aulacomnium androgynum (L.) Schwäg. **601.**

× × Pseudopodien mit Brutkp. fehlen.

O Bl. breit-spatelförmig, kurz zugespitzt. Ras. locker, hellgr. S. sattrot, später schwarz. Sp. klein, m. scharf abgesetztem, schmälerem Halse, entdeckelt kürzer, weitmündig. Columella lang hervortretd. Pz. 16, paarweise genähert, sonst wie bei T. serr. Monöc. — Auf m. Kuhdünger durchsetzter Erde. Bg., A. Zerstr. 6, 7.

Tayloria tenuis (Dicks.) Schimp. **602.**

OO Obere Bl. (bei Webera nutans Schopfbl.) linealisch-lanzettl. oder verlängert-lanzettl. o. lanzettl.-lineal., bei Cynod. polyc. lang pfriemenfg., bei Oreow. Brunt. fast pfriemenfg

! Auf kieselhaltigem Gestein. Ras. gelbgr.

† (Fig. 241a, Seite 193.) Breitrasig, locker. Bl. schmal lanzettl.-linealisch, lang pfriemenfg., Rand oben gesägt. Blzellen oben beiderseits mamillös. Sp. (b) aufr., regelmäßig, eilängl., trocken (c) tief gefurcht. Rg. 3reihig. Pz. 16, bis unter die Mitte in 2 pfriemliche Schenkel gespalten, Außenschicht m. zarten Querleisten, rot und längsstreifig. Deckelrand gekerbt. Monöc. — Feuchte, schattige Felsen. Hrg. bis Arg. Zlch. hfg. Sp. reichl. 6, 7. V, VI. (12—14.)

Cynodontium polycarpum (Ehrh.) Schimp. **603.**

†† (Fig. 242a, Seite 196.) Ras. oft weite Strecken überziehd., weich, schwach braun wurzelfilzig. Bl. lang-lanzettl., lang zugespitzt, gegen die Spitze gesägt, trocken gekräuselt. Blzellen beiderseits o. nur an der Oberseite mamillös. S. bis 1 cm l., blaßgelb, im Alter bräunlich. Sp. (b) aufr., längl.-eifg., bleich, entleert nicht gefurcht. Rg. sich nicht ablösd. Pz. (c) klein, 16, meist bis zum Grunde gespalten, schräg- und längsstreifig. Monöc. — Bg. Zerstr. 5, 6. III. (14—15.)

Oreoweisia Bruntoni (Smith) Milde **604.**

!! Auf Torf- u. Heideland, trockenem Waldboden, faulenden Baumstümpfen. Sp. längl.-birnfg. o. fast walzig. P. doppelt.

Webera nutans 580.

2. Bl. in oder längs der Mitte oder hier u. da umgebogen.

a Bl. stumpflich, breit lanzettl.-linealisch, beiderseits mamillös. S. schwanenhalsartig herabgebogen, trocken stark hin- u. hergebogen u. aufr., blaßgelb. Sp. meist geneigt u. symmetrisch

u. bucklig, entleert schwach furchig. Pz. 16, bis unter die Mitte in 2 Schenkel gespalten, Schenkel oben wasserhell. D. m. lang., schiefem Schnabel, Rand glatt. Rg. angedeutet. Monöc. — Felsspalten. Bg. u. A. 7.
Cynodontium gracilescens (W. et M.) Schimp. **605.**
b Bl. spitz.
× (3) P. doppelt.
Webera cruda 588.
×× P. einfach. Pz. 16, bis unter die Mitte 2-, auch 3 spaltig. Rg. vorhanden. D. schief geschnäbelt, Rand gekerbt. Sp. schwach geneigt, eilängl.-bucklig, trocken m. tiefen Furchen, mit kropfigem Halse. Sonst d. Cyn. polyc. s. ähnl., aber Blzellen nur an der Oberseite mamillös, unten glatt. Monöc. — Hrg. bis A. Seltener als Cyn. polyc. 6, 7. VI. (12—13.)
Cynodontium strumiferum (Ehrh.) De Not. **606.**
××× A. P. einfach.
Mielichhoferia nitida 578.

a. Rippe in der Spitze endend oder austretend.

A. Bl. an der Oberseite mit vielen chlorophyllhaltigen Längslamellen. Mit Ausn. v. Pog. aloides stattliche Moose. Zentralstrang polytrichoid. Sp. mit 32 o. 64 Zähnen. Zähne zungenfg., ungegliedert, aus ganzen, hufeisenfg. gekrümmten Zellen bestehend. Mündung der U. nach Abfall des Deckels noch längere Zeit durch eine bleiche Paukenhaut verschlossen. Hb. kappenfg., mit reichverzweigten und eigenartig miteinander verschlungenen Haaren von bleicher Farbe besetzt.

I Ras. bläulichgr., im Alter br. Bl. aus scheidigem Grunde lineallanzettl. Untere Bl. klein, schuppig.

α St. aufr. o. aufsteigd., oben geteilt. Blränder aufr., bis zum Scheidenteil scharf gesägt. Div. $3/8$. Rp. als Stachelspitze austretd. Randzellen der Lamellen (Querschnitt!) doppelt so breit wie die übrigen, dickwandig, warzig. S. 2—5 cm l. Sp. aufr. o. schwach geneigt, walzenfg. Haubenfilz gelblichbr. Pz. 32. Diöc. — Feuchte, sandige, tonige, kiesige Stellen, Waldwege- und -Ränder, steinige Abhänge usw. Eb. bis A. Hfg. Sp. reichl. 3. IV. (11.)
Pogonatum urnigerum L. (P. Beauv.) **607.**
β (Fig. 243a, Seite 196.) St. aufr. u. meist einfach. Blränder nach oben breit umgeschlagen, meist entfärbt und schwach gekerbt. Rp. am Rücken der Blspitze gesägt, als kurze, braunrote, ebenfalls (stark!) gesägte Granne austretd. Div. $5/13$. Endzellen der Lamellen (Querschnitt!) etwas größer als die übrigen, verdickt und krenuliert. S. 2—6 cm l., Sp. (bc) aufrecht, später geneigt, vier-

Tafel XI, Fig. 229—252.

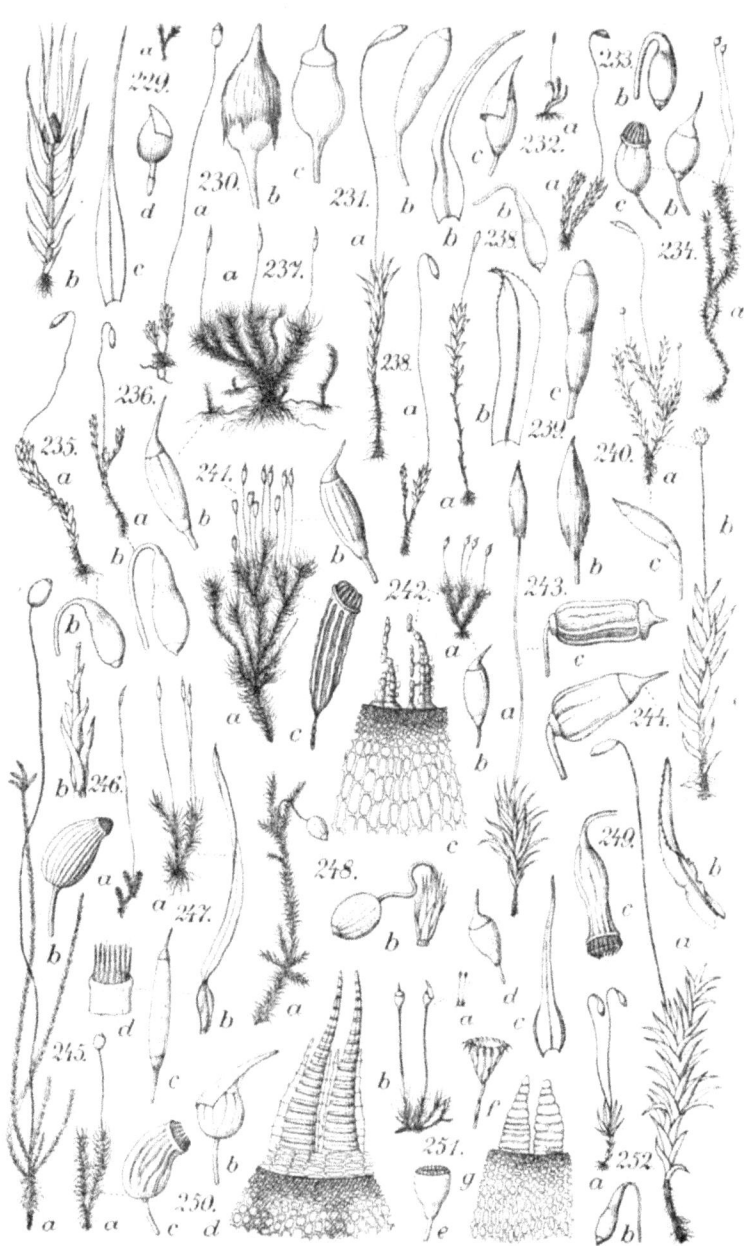

kantig. Haubenfilz nur an der Spitze bräunlichgelb, sonst weißl.
Pz. 64. Diöc. — An trockenen, sonnigen, unfruchtbaren Heide-
u. Waldplätzen. Eb. bis A. Gemein. Sp. hfg. 6, 7. Ende IV, V.
(13—15.)
Polytrichum juniperinum Willd. 608.
11 Ras. hell-, gelb-, schmutzig- oder dunkelgr.
α Ras. hell- o. gelbgr. Pz. 64.
1. (Fig. 244, Seite 196.) St. schlank, starr aufr., unten stark filzig.
Bl. abstehd. u. zurückgekrümmt, geschlängelt, m. aufrecht.,
stark gesägten Rändern, deshalb rinnig. Rp. als gesägte, kurze,
rote Granne austretd., auch am Rücken scharf gesägt. Lamellenendzellen (Querschnitt!) nicht breiter als die übrigen.
S. bis 8 cm l., hin- u. hergebogen. Sp. wager. o. geneigt, eifg.,
stumpf 5- u. 6 kantig. Hals nicht durch eine tiefe Furche von
der U. abgesetzt. Haubenfilz etwa bis zur Uhälfte. D. zlch.
lang u. schief geschnäbelt. Pz. bleich. Diöc. — Auf Torfboden.
Eb. bis A. Hfg. Sp. hfg. 6. V. (13.)
Polytrichum gracile (Dicks.) Menz. 609.
2. St. kräftig, nur am Grunde filzig. Bl. aufr.-abstehd., m. flachen,
scharf gesägten Rändern. Lamellenendzellen (Querschnitt!)
durch eine Furche 2 spitzig, wenig größer als die übrigen. Pbl.
alle häutig, mit grannenartiger, langer Spitze. Sp. aufr., später
wager., fast würfelfg., durch eine tiefe Furche vom Halse abgesetzt. Haubenfilz bis unter die U. Pz. rotbr. Polytr. commune sehr nahestehd. Diöc. — Bes. auf Torfboden. Eb. bis A.
Hin u. wieder. 6. V. (13.)
Polytrichum perigoniale Mich. 610.
β Ras. schmutzig- o. dunkelgr.
1. Ras. schmutziggr., im Alter rötlichbr. St. meist aufsteigd.,
unten nackt, ob. büschelig-ästig. Obere Bl. feucht abstehd. bis
zurückgebogen, lineal-lanzettl.-rinnig.-pfriemenfg., mit aufrechten, scharf gesägten Rändern u. grannenartig auslaufender
Rp. Lamellenendzellen (Querschnitt!) größer als die übrigen,
eifg., obere Außenwand sehr stark verdickt und warzig. S. bis
5 cm l. Sp. meist geneigt, längl. o. eifg., ohne Kanten. D. lang
u. schief geschnäbelt. Pz. unregelmäßig, 40—64. — Felsige,
steinige Stellen. Obere Bg. u. A. Verbr. Oft Mv. Sp. meist
hfg. 6, 7.
Polytrichum alpinum L. 611.
2. Ras. dunkelgr. Haubenfilz das Sp. vollständig einhülld. Pz.
64, gelbl. o. bleich.
a Ras. sehr hoch (10—40 cm). Bl. aus scheidigem Grunde abstehd.-zurückgebogen.
× Lamellenendzellen (Querschnitt!) größer u. breiter als die
übrigen, oben ausgerandet, der Rand der Lamelle ist also
rinnenfg. S. bis 12 cm l. Sp. aufr., später wager., meist
scharf 4 seitig, Hals durch eine tiefe Rinne scharf von der U.

abgesetzt. D. flach gewölbt, kurz u. gerade gespitzt. Haubenfilz goldgelb. Blrand flach, scharf gesägt. Div. $^5/_{13}$. Rp. tritt als rote o. br., gesägte Granne aus. Diöc. — Feuchte Waldplätze, Sümpfe, Moore, Heiden, Torfwiesen, usw. Eb. bis A. Oft Mv. Sehr hfg. Sp. meist reichl. 7, 8. V, VI. (13—15.)
 Polytrichum commune L. **612.**

× × Lamellenendzellen (Querschnitt!) von den übrigen nicht verschieden. Div. $^{13}/_{34}$. S. bis 8 cm l., nicht gedreht. Sp. aufr., entleert wager., stumpf 5—6kantig, mit undeutl., von der U. abgesetzt. Halse. D. rotrandig, m. geradem Schnabel. Haubenfilz hellbr. Blrand gesägt, flach, Rp. als rote, gesägte Spitze austretd. Diöc. — Bes. auf schattigem Boden der Laubwälder. Eb. bis Bg. Hfg. Sp. hfg. 7, 8. V, VI. (13—15.)
 Polytrichum formosum Hedw. **613.**

b Pflanzen herdenweise oder rasig, 1—2 cm hoch. Rp. in der Spitze erlöschd. Lamellenendzellen (Querschnitt!) von den übrigen nicht verschieden. Blränder bis zur Scheide hinab, auch die Rp. am Rücken gegen die Spitze hin gesägt. Div $^3/_8$. S. bis 3,5 cm l., purpurn. Sp. aufr. o. schwach geneigt, walzenfg. im Alter blaßbr. Haubenfilz das Sp. umhüllend, oben blaßbr., unten weißl. D. kurz geschnäbelt. Pz. 32—40, m. bleichem Rande oder ganz bleich u. m. roter Mittellinie. Diöc. — Auf sandig-tonigem Boden, an Wegrändern, auf Heiden usw. Eb., nied. Bg. Hfg. Sp. hfg. H., W.
 Pogonatum aloides (Hedw.) B. S. **614.**

B. Bl. an der Oberseite ohne Lamellen.

I (3) Auf Exkrementen von Tieren und Menschen, kleinen Tierleichen, Gewölle von Raubvögeln u. dergl., verwittertem Dünger Ras. zlch. hoch, gelbgr., dicht braunrot wurzelfilzig. Bl. s. entfernt gestellt, aufr.-abstehd., längl.-lanzettl. u. s. lang pfriemenfg. Rp. in der Spitze erlöschd. Sp. aufr., klein, zylindr., mit doppelt so langer u. breiter, verkehrt-kegelfg. Apophyse, auf wenige mm hoher S., deshalb nur wenig über die Hüllbl. hervorragend. Pz. 16, immer je 4 genähert. — Obere Bg. u. Arg. Selten. 4, 5.
 Tetraplodon angustatus (L. fil.) B. S. **615.**

II An nassen Plätzen. In Gräben, Sümpfen, Mooren, Ausstichen, Sumpfwiesen, an Bach- u. Teichufern, Quellen, auf nassem Heideboden. Ras. gelbl.- o. bläulichgr. meist dicht verfilzt.

α St. m. sphagnumartiger Außenrinde, auf dem Querschnitt 5kantig.

1. Bl. einseitswendig bis sichelfg. P. doppelt.

a Bl. eifg. bis eifg.-lanzettl., allmählich zugespitzt, am Grunde auf einer Seite etwas umgeschlagen, stets ohne Falten, mit schmächtiger, am Grunde meist unwesentlich verdickter, als kurzer, gezähnter Stachel austretender Rp. Rand mit einfachen Zähnen. Ras. eigentüml. gelblichgr., dicht, 4—8 cm h., m. schwärzl.-br. Wurzelfilz. Männl. Gametangienstände knospenfg., Hüllbl. breit-eifg., aufr.-abstehd., scharfzugespitzt. S. meist 5 cm l. Sp. wager., eifg.-bucklig, gestreift, gefurcht. Äußere Pz. ungesäumt, rotbr., m. 24 Lamellen. Innere Pz. orange, mit durchlöcherter Grundhaut, Wimpern 2. Diöc. — Sumpfwiesen, Heiden. Zerstr. 6.

Philonotis caespitosa Wils. **616.**

b Bl. eilanzettl., scharf zugespitzt, am Grunde breit umgerollt u. schwach gefaltet, Rand bis oberhalb des Blgrundes scharf gesägt. Rp. s. stark, lang auslaufd. u. gezähnt. Ras. freudiggr., 10—20 cm h., dicht dunkelbraunfilzig verwebt. Männl. Gametangienstände scheibenfg., Hüllbl. aus aufr. Basis verlängert-lanzettl. u. wager. abstehd. S. bis 8 cm l., geschnäbelt. Sp. wager., kugelig-eifg., gestreift, trocken gefurcht. Äußere Pz. orange gesäumt, rötlichgelb, bisweilen oben oder auch bis zum Grunde gespalten, dann 32 Pz. Lamellen ca. 26. Innere Pz. orange, Grundhaut nicht o. kaum durchlöchert, Wimpern 3. Diöc. — Nasse, kalkhaltige Stellen. Eb. bis untere Arg. Verbr. Sp. nicht hfg. 5—7.

Philonotis calcarea (B. S.) Schimp. **617.**

2. Bl. allseitswendig. P. doppelt.

a Bl. bis zur Blmitte umgerollt, faltig.

× Bl. in Reihen geordnet, kahnfg.-hohl, beiderseits am Grunde m. 2—3 tiefen Falten, allmählich zugespitzt, m. breiter, dicker, gelbroter Rp. Ras. wenig rotbr. verfilzt, leicht zerfallend, gr. o. gelbgr. Männl. Gametangienstände mehr knospenfg., Hüllbl. aufr.-abstehd., breit-eifg., stumpf. S. 3—4 cm l. Sp. geneigt, gestreift, gefurcht. Äußere Pz. rothr., ungesäumt, mit über 30 Lamellen. Innere Pz. orange, Grundhaut nicht durchlöchert, Wimpern 2. Diöc. — Bachränder. Obere Bg. u. A. Zlch. selt. 7, 8.

Philonotis seriata (Mitt.) Lindbg. **618.**

× × (Fig. 245 a, Seite 19.) Bl. nicht in Reihen geordnet, breitherzfg., mit ± scharfer Zuspitzung über der Mitte. Sterile Sprosse nach oben fast stets keulig verdickt. Ras. meist sehr hoch, gelb o. bläulichgr. Männl. Gametangienstände zu einer breiten Scheibe vereinigt, Hüllbl. aus aufr. Grunde abstehd., stumpf o. abgerundet. Sp. (b) geneigt, kugelig-eifg., trocken gefurcht. Äußere Pz. ohne Saum, mit ca. 20 Lamellen, oben zwischen den Lamellen kreisrunde Verdickungen. Grundhaut des inneren P. meist durchbrochen. Wimpern 2—3. Diöc. — An wasserdurchtränkten Stellen. Eb. bis A. Verbr. Sp. hfg. 6. Ende V, Anf. VI. (11—12.)

Philonotis fontana (L.) Brid. **619.**

b Bl. stets flachrandig u. ungefurcht. 2häusig.

× Ras. meist 3—4, selt. bis 10 cm h., freudiggr., bis zu den jüngsten Trieben dicht rostrotfilzig. Div. $^2/_5$. Männl. Gametangienstände knospen- bis scheibenfg. Blrand klein, aber scharf gesägt. Rp. zart, kurz auslaufd. u. gesägt. P. geschlängelt, 2—4 cm, selten höher (bis 5 cm), zart. Rp. fast wagerecht, kugelig, gebuckelt, gestreift, trocken tief gefurcht. Äußere Pz. gesäumt, rotbraun, Lamellen (ca. 25), oben durch eine verdickte mediane Längsleiste verbunden. Inneres P. orange, m. groben Warzen in Längsreihen, mit nicht durchbrochener Grundhaut, Fortsätze wenig kürzer als die Zähne, Wimpern (2) kurz. Veget. Vermehrg. dch. Brutknospen. Diöc. — Grabenränder, Ausstiche, Ufer v. Teichen u. Bächen, auf nassem, sandig. o. tonig. Boden. Eb. bis Bg., in dieser nicht hfg., sonst verbr. 6. V. (13.)

Philonotis marchica (Willd.) Brid. **620.**

× × Bildet niedrige, lockere, hellgr. Ras. St. fast haarfein, bis 3 cm l. Bl. locker, aufr.-abstehd., schmal lanzettl., lang zugespitzt, oben am Rande klein gezähnt, Rp. zart, auslaufd., gezähnt am Rücken gegen die Spitze hin, das obere Stereïdenband fehlt, das untere besteht nur aus wenigen substereïden Zellen. Hüllbl. der männl. scheibenfg. Gametangienstände bis 2 mm (bei Ph. marchica bis 3 mm), Antheridien u. Paraphysen goldgelb (bei Ph. marchica erstere hyalin, letztere orange). Diöc.

Philonotis Arnellii Husnot. **621.**

β St. ohne Außenrinde, auf dem Querschnitt rund. Ras. gelbgr., locker, ca 3 cm h., unt. m. rostfarbenem Wurzelfilz. Bl. aus deutl., aufr. Scheide lineal-lanzettl. u. abstehd. u. schwach zurückgebogen, trocken starr bogig gekrümmt, Rand bis zur Scheide grob gesägt. Rp. rötl., stark. S. bis 2,5 cm l. Sp. schräg aufwärts, kurzhalsig, längl., etwas bucklig, trocken wager., m. erweiterter Mündung und runzlig. Äußere Pz. unten mit queren Streifen, gelbl., oben mit Längsstreifen u. weiß, m. zahlr. Lamellen, trocken zeigen die Zähne ungefähr in der Mitte eine knieförmige, nach außen gerichtete Einknickung, dagegen sind die oberen Teile fast wagerecht nach innen gerichtet. Inneres P.: auf hoher Grundhaut 64 fädige, knotig gegliederte, innen m. langen, dornigen Anhängseln versehene Wimpern. Monöc. — Sumpfwiesen. Norddeutsches Tiefld. S. selt. F.

Timmia megapolitana Hedw. **622.**

III An anderen Örtlichkeiten.
α Ras. lebhaft-, bläul.-, gelblich- o. reingr. (bei Bartramia Halleriana bräunl. gescheckt).
1. Bl. mit zurückgekrümmter Spitze, lanzettl. lang zugespitzt, anliegd. o. abstehd. In dem roten Wurzelfilz der St. zahlreiche 5—7 gliedrige, ellipsoidische Brutkp. Rp. austretd. o. in der

Spitze endd. Blränder oben gesägt, flach, unt. ganz u. zurückgeschlagen. S. meist 1 cm l. Sp. aufr., ellipt., trocken mit langem, schmalem und von der fast kugeligen U. scharf abgesetztem Halse. Pz. 16, trocken zurückgebogen u. der Außenseite der Uwand anliegend. Monöc. — Schattige, etwas feuchte Stellen, meist auf modernden Pflanzenresten. Obere Bg. u. A. S. selt. 7, 8.

Tayloria acuminata (Schleich.) Hornsch. **623.**

2. Blspitze nicht zurückgekrümmt.

a (3) Obere Bl. vkt.-eifg., spatelfg.-lanzettl., allmähl. u. scharf zugespitzt, nicht pfriemenfg., oder fast zungenfg., kurz zugesp., stumpfl.

× (Fig. 246a, Seite 193.) Ras. s. dicht, fest, freudig gelbgr., bis 1 cm h. Bl. aufr.-abstehd., fast zungenspitzig, kurz zugespitzt, Rand krenuliert, flach, nur am Grunde etwas umgerollt. Rp. in der Spitze erlöschd. Blzellen der Basis gelblich durchscheinend, alle Blzellen beiders. dicht warzig. Pbl. (b) S. strohgelb, meist 0,5—2,5 cm l., seidenglänzd., zart. Sp. aufr. o. schwach geneigt, ellipt. o. oval, gerade o. etwas gekrümmt, Rand des schiefgeschnäbelten D. zackig. Pz. dreimal links gewunden. Diöc. — An sonnigen, wüsten Plätzen. Eb. bis A. Sp. meist reichl. 5, 6. V. (12—13.)

Barbula convoluta Hedw. **624.**

×× Gesellig. o. lockerrasig, niedrig, gr. o. gelblichgr. Außenrinde vorhanden. Obere Bl. rosettig, abstehd., ei-lanzettl., von der Mitte bis zur Spitze scharf gesägt. Div. $^3/_8$. Rp. austretd. S. bis 1 cm l. Sp. meist aufr., regelmäßig, kurzhalsig, kugelig-birnfg. D. flach gewölbt, nicht genabelt. Hb. aufgeblasen, seitl. geschlitzt, geschnäbelt. Pz. 16, rotgelb, aber rudimentär. Monöc. — Äcker, Graben- u. Wegränder, Dämme. Bes. Eb. u. niedr. Bg. Verbr., A. selt. 4, 5.

Entosthodon fascicularis (Dicks.) C. M. **625.**

b Bl. aus meist scheidigem Grunde allmähl. o. rasch linealisch-lanzettl.

× Bl. feucht zurückgekrümmt, sparrig abstehd., bei Trich. cylind. geschlängelt abstehd.

0 (3) (Fig. 247a, Seite 193.) Ras. locker, weich, gelbgr., etwa 2 cm h., trocken mißfarbig. Außenrinde einschichtig. Obere Bl. (b) schopfig, größer, lineal-lanzettl., mit fein gekerbtem Rande. Rp. in der Spitze erlöschd. o. austretd. Blzellen am Grunde verlängert-rechteckig u. wasserhell, alle beiderseits dichtwarzig. Sp. (c) auf ca. 1 cm l., gelber S., aufr., dünn walzig, entleert gefurcht. D. fein geschnäbelt. Pz. (d) meist ungeteilt, seltener unregelmäß. geteilt u. spaltenfg. durchbrochen, schmal-lineal., Querbalken außen hervortretd. Diöc. — Auf schattigen, berieselten Felsen, auch auf Waldboden u. am Grunde alter Stämme. Aus-

schließlich in west- u. süddeutschen Gebirgen. Verbr. Sp. selt. H.

Trichostomum cylindricum (Bruch) C. M. **626.**

OO Ras. w. b. vor., doch höher. Bl. trocken gedreht, kraus, an der Stengelspitze schopfig. Rand flach, wellig, von der Mitte ab aufwärts deutl. gezähnelt. Rp. w. b. vor., kräftig. Mehrere Reihen linealischer, hyaliner Zellen am Rande des unteren Blabschnitts setzen sich nach oben in Form eines scharf umgrenzten Saumes fort und verschwinden dann, außerdem beide Laminahälften am Grunde mit je einer Längsfalte, Blzellen beiders. dicht warzig. Sp. w. b. vor., auf etwa 2,5 cm l. S. Peristomschenkel fädig, einmal links gewunden. Diöc. — Trockener, bes. kalkiger, sonniger Boden. Nur im Westen u. Süden. Selten.

Tortella squarrosa Brid. **627.**

OOO (Fig. 248a, Seite 19.'.) Ras. ausgedehnt, locker, gelbgr., glänzd., dicht rostrot filzig. St. niederliegd. o. aufsteigd., s. lang (bis 15 cm), mit kürzeren, winkeligen u. längeren Ästen. Außenrinde sphagnös. Bl. achtreihig, mit mehreren tiefen Längsfalten, am Grunde querwellig. Div. $5/13$. Blzellen dickwandig, linealisch. S. kurz, schwanenhalsartig niedergebogen. (b) Sp. (b) kuglig, meist geneigt, kleinmündig, gestreift, trocken gefurcht. D. winzig, gewölbtkegelfg. Äußere Pz. m. meist 22, gleichweit entfernten Lamellen. Fortsätze des inneren P. gespalten. Wimpern fehlend o. rudimentär. Diöc. — Nasse Felsen, feuchte Heiden u. Wiesen. S. selten. Sp. s. selt. 6.

Breutelia arcuata (Dicks.) Schimp. **628.**

× × Bl. aus anliegender, kürzerer o. längerer, scheidiger Basis allseits abstehd., aufr.-abstehd. o. zurückgebogen, lanzettl.-lineal., trocken hakig eingekrümmt, gekielt, rinnighohl, achtreihig. Größere Moose. P. doppelt, beide P. gleichlang. In der Trockenheit erhalten die äußeren Zähne ungefähr in der Mitte eine knieartige, nach außen gerichtete Einknickung, wogegen sich die Spitzen fast wagerecht nach innen wenden. Innere Pz. 64fädige Wimpern, diese auf hoher Grundhaut. Az. der Blbauchseite mamillös. Größere, an Polytrichum erinnernde Moose.

O (3) Zellen der Blscheide wasserhell u. s. scharf von den kleinen grünen u. quadratischen Zellen des Scheidenteils abgesetzt, Blränder bis zur Spreitenmitte gezähnt, von hier ab bis zur Scheide glatt o. undeutl. gezähnt. Rp. in der Spitze erlöschd., gelbgr., später rötl. S. purpurn, 2—5 cm l. Sp. wager. o. nickd., oval, grünlichbr., trocken schwach faltig. Hb. oft an der S. hängenbleibend. Äußere Pz. gesäumt, obere Seitenränder ausgeschweift, Lamellen ohne Schrägwände. Wimpern knotig, innen mit Anhängseln.

Ras. hoch (bis 8 cm) lebhaft gr., innen m. rotbr. Filze. St. büschelig verästelt. Monöc. — An schattigen Kalkfelsen. Bg. u. A. Zerstr. Sp. zlch. hfg. S.
Timmia bavarica Hessl. **629.**

OO **A.** Zellen der Blscheide bräunlichgelb, an der Insertion wasserhell. Bl. nach oben größer, Scheide undeutl., trocken gedreht u. fast kraus. Rp. rot, kräftig, in der Spitze erlöschd. S. 2 cm l. Sp. wager. Hb. w. b. vor. Wimpern des inneren P. ohne Anhängsel. Ras. locker, zlch. hoch (bis 6 cm), gelblichgr., unten braunfilzig. St. meist einfach, in den oberen Blwinkeln m. hyalinen, paraphysenähnl. Haaren. Alte Bl. leicht abfalld. Diöc. — Feuchte Kalkfelsen, auf kalkhaltigen Triften, an steinigen Abhängen. Zlch. verbr. Sp. s. selt. 7, 8.
Timmia norvegica Zett. **630.**

OOO (Fig. 249a, Seite 196.) Zellen der breiten Blscheide rotgelb, linealisch u. scharf von den quadratischen der Blspreite abgesetzt. Bl. (b) aus aufrechtem, scheidigem Grunde aufrechtabstehd., trock. etwas gedreht u. fast anliegd. Div. $13/34$. Spreitenränd. b. zur Mitte grob, von hier ab bis zur Scheide kleiner gesägt. Rp. in der Spitze endd. S. bis 6 cm l. Sp. (c) wager., längl.-oval, gestreift, trocken gerippt. Äußere Pz. gesäumt, unten bleichgelb, oben weißl. u. längsgestreift, Ränder ausgebuchtet, Lamellen dicht, ohne schräge Wände. Wimpern knotig, ohne Anhängsel. Ras. s. hoch (bis 2 dm), locker, ausgedehnt, oben freudiggr., innen rötlichbr. St. einf. Diöc. — Stein., beschatt., kalkhalt. Stell. Bes. A. Sp. selt. 7, 8.
Timmia austriaca Hedw. **631.**

ċ Bl. aus verschieden gestalt. Grunde allmähl. o. plötzl. in eine lange o. s. lange, oft rinnige o. röhrige Pfriemenspitze übergehd., bei Webera lutescens Schopfbl. fast lineal u. lang zugespitzt.

× (3) Sp. fast kugelig, gestreift, trocken gefurcht, aufr. u. regelmäßig. o. geneigt u. hochrückig u. schiefmündig.

O Sp. geneigt bis wager. Außenrinde vorhanden, kleinzellig.
! S. 3—5 mm lang, schwach abwärts gebogen. Sp. fast eingesenkt. Ras. weich, locker, schwellend, s. hoch, meist lebhaft gr., bräunl. gescheckt, dicht rotgelbfilzig. Bl. im oberen Teil abstehd., meist einseitswendig, trocken geschlängelt, Ränder über der Scheide umgerollt. Rp. lang austretd., gesägt. Div. $5/13$. Rg. fehlt. Äußere Pz. (nach Limpr.) innen m. 24 starken Lamellen. Fortsätze des inneren P. in 2 auseinanderweichende Schenkel gespalten. Wimpern meist einzeln u. rudimentär. Monöc. — Schattige, feuchte, felsige Stellen. Bes. Bg. u. A. Verbr. Sp. hfg. 6, 7. VII, VIII. (11—13.)
Bartramia Halleriana Hedw. **632.**

!! S. 1—2 cm lang, gerade. Sp. trocken m. eingedrücktem Grunde. Äußere Pz. meist innen mit 14 Lamellen. Rg. fehlt.

† (Fig. 250a, Seite 19'. Blgrund nicht scheidig, gelbl. Bl. trocken stark verbogen u. kraus. Ras. schwellend, polsterfg., hoch weich, gelbl.- o. bläulichgr., dicht rotbr.-filzig. Blränder bis über die Blmitte umgerollt, weit hinab doppelt gezähnt. Div. $5/13$. Sp. (b, c). Äußere Pz. (d) braungelb, m. schmalem, gelbem Saume, Lamellen stark Fortsätze w. b. vor., Wimpern fehlen. Monöc. — Schattiger Waldboden, Hohlwege, Felsen, steinige Abhänge. Eb. bis Varg. Verbr. Stets mit Sp. 5. V. (12.)

Bartramia pomiformis Hedw. **633.**

†† Blgrund scheidig, trockenhäutig, weißlich-glänzd. Bl. trocken fast starr aufr. Ras. dicht, gelbl.- o. bläulichgr., wenige mm bis 3 cm h., rostbr. filzig. Blränder flach, oben scharf, aber fein gesägt. Äußere Pz. rot, Lamellen an der Innenseite wenig deutl., Fortsätze wie bei Bartr. Hall., Wimpern unregelmäßig. Zwitt. — Lichte Waldstellen, Felsritze, Hohlwege, Abhänge. Eb. bis A. Verbr. 5. V. (12.)

Bartramia ithyphylla (Hall.) Brid. **634.**

OO A. Sp. aufrecht. Außenrinde fehlt. Blgrund w. b. vor. Ränder flach. Obere Bl. aufr.-abstehd., trocken angedrückt. S. 4—8 mm l. Sp. fast kugelig, regelmäßig. Rg. vorhanden. P. fehlt. Zwitt. — Sonnige, steinige Abhänge, Felsen. Zerstr. 8, 9.

Bartramia subulata B. S. **635.**

×× Sp. deutl. birnfg. o. verk.-ei-birnfg.

O (Fig. 251ab, Seite 19'.) Sp. aufr. (d), verk.-ei-birnfg., entleert s. weitmündig (e, f), kreiselfg., auf nur bis 3 mm hoher S. Sehr winziges, lebhaft gr., seidenglänzendes Moos. St. nur 1 mm h. Bl. (c) starr aufr., am Rande ausgeschweift. D. (d) lang u. schief geschnäbelt. Pz. 16 (g), goldgelb, mit 6—8 Querbalken. Monöc. — Auf schattigen, feuchten Felsen u. Steinen, bes. auf Kalk. Zlch. verbr. 6. VI. (12.)

Seligeria pusilla (Ehrh.) B. S. **636.**

OO Sp. nickd. o. fast hängd., birnfg. Schopfbl. größer, weit abstehd. S. geschlängelt, oben bogig gekrümmt. Lamellen der äußeren Pz. deutlich.

Ras. (Fig. 252a, Seite 19³) seidenglänzd., weich, 2—3 cm h., gelblichgr. Untere Bl. locker, Schopfbl. geschlängelt, ganzrandig o. gesägt; Rp. den oberen Blteil ausfüllend. S. 0,3—3 cm l., rotgelb. Hals des Sp. etwas gekrümmt Sp. (b) zuerst blaß, später rotbraun u. glänzd. Rg. einreihig, orange. Lamellen der äußeren Pz. gegen 30. Grundhaut von $1/3$ Zahnhöhe. Wimpern mit langen Anhängseln. Sterile

Form mit reichl. Bulbillen. Zwitt. u. diöc. — Fels- u. Mauerspalten, Torfboden, Meilerstellen. Eb. bis A. Zlch. hfg. Sp. reichl. 6. V, VI. (12—13.)
Leptobryum pyriforme (L.) Schimp. **637.**
!! Ras. etwas glänzd., gelbl. o. bleichgr., etwa 1 cm h. Bl. locker. Schopfbl. geschlängelt, gesägt, Rp. meist als Stachel auslaufd. S. 1,5—3 cm l., oben blaßgelb, sonst rötlichgelb. Hals gerade. Sp. bleichgelb, später rötlichgelb. Rg. 2reihig, gelb. Äußere Pz. mit 22—28 Lamellen. Grundhaut des inneren P. halb so lang wie die Zähne. Diöc. — Feuchter, toniger Waldboden. Selten. 5.
Webera lutescens Limpr. **638.**
× × × (Fig. 253 a b, Seite 209.) Sp. (b) aufrecht, längl.-elliptisch o. -zylindr. Ras. blaß gelblichgr., meist nur wenige mm h. Bl. (c) einseits- o. allseitswendig, Rp. austretd., diese und die Ränder der Pfrieme oft bis weit hinab gesägt. S. seidenglänzd., blaßgelb, unten rechts-, oben linksgedreht. Sp. hellbr., m. 4 dunkleren Längsfalten, trocken geneigt u. längsfaltig. D. kürzer als die U., m. kerbigem Rande. Pz. bis zum Grunde 2 schenklig, etwas nach links gedreht. Monöc. — Auf lehmigem, leicht beschattetem Boden von Laubwäldern. Eb. bis niedr. Bg. Verbr. Sp. hfg. 5, 6. X. (7—8.)
Ditrichum pallidum (Schreb.) Hampe **639.**
β Ras. schmutzig-, oliven- o. bräunlichgr.
1. Ras. innen o. unten rostfarben.
a (Fig. 254 a, Seite 209.) P. (bc) fehld. Ras. dicht, 1—3 cm h., bräunlichgr. Bl. aufr. o. schwach zurückgekrümmt, trocken eingebogen, lanzettl.-lineal., kurz zugespitzt o. stumpfl. Div. $\frac{1}{3}$. Rp. bräunl., in der Spitze endd. S. blaßgelb, bis ca. 0,8 cm l. Sp. eifg., matt glänzd., grünlichgelb, später bräunl. D. kürzer als die halbe U. Rg. fehlt. Diöc. — Bes. an Kalkfelsen. Süddeutsche Gebirge, bes. A. Verbr. Sp. meist hfg. H.
Gymnostomum rupestre Schleich. **640.**
b P. doppelt, äußere Pz. meist mit 18 Lamellen, zwischen den oberen Lam. knotige Verdickungen; innere Pz. 2 spaltig, Schenkel divergierend. Ras. schmutzig-braungr., rostfarben verfilzt, zlch. hoch. St. m. lockerer, hyaliner Außenrinde. Blränder bis weit hinab scharf doppelt gesägt, vom Grunde bis zur Mitte umgeschlagen. Div. $\frac{3}{8}$. Rp. in der Spitze endd. S. ca. 1 cm l. Sp. aufr., fast kugelig, etwas bucklig. D. klein. Rg. fehlt. Zwitt. — Feuchte, beschattete Kalkfelsen. Bg. bis A. Verbr. Sp. hfg. 5, 6. VI. (11—12.)
Plagiopus Oederi (Gunn.) **641.**
2. Ras. (Fig. 255 a, Seite 209) mit spärlichem, weißem (später bräunlichem) Rhizoidenfilz, kräft., mehrere cm bis 1 dm h. Bl. fast 1 cm l., oben schopfig und meist sichelfg.-einseitswendig, oben am Rücken 2—3 niedrige, gesägte Längslamellen.

Blflügelzellen deutl., gebräunt. S. bis 4 cm l., kräftig. Sp.
(b) geneigt, längl.-zylindr. D. von Ulänge, rotbr. Rg. fehlt.
P. purpurn, Pz. bis etwa zur Mitte 2 schenklig. Vegetative
Vermehrung durch sich loslösende Endknospen. D. scop. L.
lusus saltans Correns. Diöc. — Auf der Erde u. Gestein. Eb.
bis Alp. Gemein. Sehr formenreich. 10, 11. VI. (16—17.)
Dicranum scoparium (L.) Hedw. **642.**

b. Rippe vor der Blattspitze verschwindend.

A. Ras. bräunl.-, oliven- o. dunkelgr.

I Ras. bräunl.- o. gelblich-olivengr. P. einfach.

α Ras. s. dicht.

1. P. fehlt. Ras. bräunlichgr., unten rostfarben. Rp. bräunl.
Blzellen beiderseits dicht mit niedrigen Warzen.
Gymnostomum rupestre **636.**
2. A. Pz. 16, rötlichbr., lanzettlich-pfriemenfg., ungeteilt, unregelmäßig schräg u. längsgestreift. Ras. gelbl.-olivengr., bis
5 cm h., dicht wurzelfilzig. Bl. lanzettl.-lineal., spitz o. stumpf,
trocken gedreht. Blzellen am Grunde wasserhell, alle beiderseits spitz-mamillös. S. ca. 0,5 cm l. Sp. oft zu 2, meist aufr.
u. regelmäßig, längl. D. kegelig, geschnäbelt, schief, kürzer als
die U. Monöc. — **Auf Humus kieselhaltiger Felsen. Selten. 9.**
Oreoweisia serrulata (Funck) De Not. **643.**

β Ras. locker, breit, oliven- o. bräunlichgr., glänzd., schwachfilzig.
Unterseite der Rp. oben mit einigen niedrigen Längslamellen.
Pz. 16, bis unter die Mitte 2 schenklig.
Dicranum scoparium **642.**

II (Fig. 256 a, Seite 209.) Ras. dunkelgr., trocken schmutziggr.,
hellbraun filzig, zlch. h. Bl. nach oben größer, längl.-lanzettl.,
scharf zugespitzt. Div. ³/₈. Rp. zart, später rötl. Blzellen deutl. kollenchymatisch, sehr fein warzig gestrichelt. Sp. (b) wager. o. nickd.,
längl., olivengr., später braunschwarz. D. gewölbt u. stumpf. Pz.
doppelt. Äuß. Pz. gesäumt, Lamell. mehr als 30. Fenster d. Fortsätze d. inn. P. meist senkr. geteilt, Wimpern knotig. Diöc. —Schatt.,
feucht. Stell. Hgl. bis A. Sp. meist vorhand. 5, 6. V, VI. (11—13.)
Mnium stellare Reich. **644.**

B. Ras. freudig-, blaß-, gelbl.- o. goldgr.

I (Fig. 257 a b, Seite 209.) Bl. sehr deutlich sparrig im Bogen zurückgekrümmt, ausgezeichnet 5 zeilig, am Rande in der Mitte zurückgerollt. Div. ²/₅. Ras. s. ansehnl. (bis über 10 cm h.), dicht, gelbgr.,
innen br. o. schwärzl., überall braunfilzig. S. 2—5 cm l., zart.
Sp. (c) etwas geneigt und gekrümmt, eilängl. P. doppelt u. gleichlang. Diöc. —Torfm., tiefe Sümpfe. Eb. bis Varg. Sp. zlch. selt. 6.
Paludella squarrosa (L.) Brid. **645.**

II Bl. feucht aufr., aufr.-abstehd., abstehd. o. bei Gymn. calc. zurückgebogen abstehd.
α Blzellen beiderseits völlig glatt.
1. P. vorhanden.
a P. einfach.
× Pz. 16, anfangs zu 8 Paarzähnen verbunden, aber schon frühzeitig in 16 Einzelzähne gespalten, s. lang, trocken zurückgeschlagen u. rankenartig. Ras. freudiggr., locker, bis 4 cm h., unten rotfiltig. Bl. aufr., trocken angedrückt, zungenfg., stumpf, kurz zugespitzt, Ränder unten zurückgeschlagen. Rp. weit vor der Spitze erlöschd. S. s. kräftig, dick, rotgelb, 1—5 cm l. Sp. zylindr., aufr., Hals s. lang wie die U. D. kegelfg., Monöc. — An schattigen, feuchten Stellen, auf verwittertem Tierkot, auf faulem Holz u. dergl. Obere Bg. u. Arg. Zlch. selten. 7, 8.

Tayloria splachnoides (Schleich.) Hook. **646.**

×× Pz. 16, goldgelb, einfach, lanzettl., m. 6—8 Querbalken. Winziges — St. 1 mm h. — lebhaft gr., seidenglänzendes, feuchtes, schattiges, bes. kalkhaltiges Gestein bewohnendes Moos.

Seligeria pusilla 663.

b P. doppelt.
× Pflänzchen herdenweise o. in lockeren Rasen. St. niedrig, bis 5 mm h. Obere Bl. rosettig, aufr.-abstehd., längl.-lanzettl. lang zugespitzt., m. gelber Rp. S. 1—2 cm l., unten rötl., oben bleichgelb, linksgedreht, steif. Sp. geneigt, keulenbirnfg., bucklig u. gekrümmt, streifen- u. furchenlos. Rg. fehlt. Äußere Pz. rotbr., längsgestreift, innere Pz. gelb, auf einer Grundhaut, hinter den äußeren stehd. (Also nicht mit diesen abwechselnd.) Monöc. — Auf Felsen, Mauern u. sandig. Bod. Eb. u. niedr. Bg., bes. im Süd. d. Geb. Zerstr. F.

Funaria dentata Crome **647.**

×× A. Ras. goldgr., stark seidenglänzd., zlch. dicht, 2—4 cm h. Bl. oben zu einem großen Schopfe vereinigt, aufr.-absthd. o. locker anliegd., lanzettl.-linealisch. Div. ³/₈. Sp. geneigt o. wager., meist regelmäßig, bis mit dem ein wenig kürzeren Halse ellipt. o. keulenfg., Hals von der 1,5—3 cm l. S. scharf abgesetzt. Äußere Pz. grob warzig, m. 20 Lamellen. Innere Pz. blaß, Fortsätze ritzenfg. durchbrochen, Wimpern 2—3, knotig. Monöc. — Felsritze, steinige. Plätze Selten. 8—9.

Webera longicolla (Sw.) Hedw. **648.**

2. P. fehlt o. rudimentär.
a P. fehlt. Niedrige, bleichgrüne Moose. Herdenweise o. lockerrasig. Hb. 5lappig.
× (Fig. 258 a b, Seite 209.)[1]) Sp. birnfg., kurz- u. dickhalsig, ent-

---

[1]) d u. e neben b.

deckelt m. erweiterter Mündung (c), aber unter dieser eingeschnürt, erst gelbl., später rotbr. Hb. (d) gelappt. S. bis 1 cm l., unten links-, oben rechtsgedreht. Obere Bl. größer, verk.-eilanzettl. bis spatelfg., zugespitzt, hohl. Monöc. — Auf feuchtem Ackerland, Wiesen. Bes. Eb. u. Hrg., in den A. selt. Gemein. 6. VIII. (10.)

Physcomitrium pyriforme (L.) Brid. 649.

× × Sp. fast kugelig, s. klein, entdeckelt fast napf- o. beckenfg., mit sehr erweitertem Munde, unter diesem aber nicht eingeschnürt, br. S. etwa 3 mm l., linksgedreht. Obere Bl. rosettig, verkehrt-eilängl. bis spatelfg., stumpfl., hohl. Monöc. — An schlammigen, lehmigen Plätzen. Eb. Zerstr. H., W.

Physcomitrium sphaericum Brid. 650.

b P. rudimentär, der Anlage nach doppelt.

Entosthodon fascicularis 625.

β Bl. beiderseits ± warzig o. mamillös, bei Timmia norvegica nur an der Bauchseite, bei Cynod. polyc. nur im oberen Teile des Bl.
1. Bl. ± mamillös.
a Bl. nur an der Bauchseite mamillös. (Querschnitt!) Zellen der Blscheide bräunlichgelb.

Timmia norvegica 630.

b Bl. beiderseits mamillös. Ras. bleichgr., locker. Sp. aufr. eilängl., regelmäßig, trocken tief gefurcht. Pz. 16, bis unter die Mitte meist in 2 Schenkel gespalten, außen und in der unteren Hälfte warzig-längsstreifig.

Cynodontium polycarpum 603.

2. Bl. beiderseits warzig. P. fehlt. Ras. s. dicht, unten rostfarben. Blränder durch Warzen gekerbt, flach.
a Rp. gelb.
× Ras. freudiggr., s. dicht. Bl. feucht abstehd.-zurückgebogen, trocken angepreßt, die oberen linealisch, stumpfl. o. kurz zugespitzt. Div. ⅓. S. kurz, blaßgelb. Sp. aufr., längl., blaßbr. D. kegelig, schief geschnäbelt, rotrandig. Diöc. — Auf kalkhaltigem Gestein. Mittel- u. Süddeutschland. Zlch. selten. S.

Gymnostomum calcareum Bryol. germ. 651.

× × A. Bl. feucht aufr.-abstehd., trocken anliegd., lanzettl.-lineal spitz, Ränder durch seitl. hervortretend. Wärzchen schwach gekerbt. Div. ⅓. S. blaßgelb, rechtsgedreht, etwa 1 cm l. Sp. verk.-eilängl., blaßbr., aufr. D. s. lang, dünn u. schiefgeschnäbelt, so lang o. länger als die U. — Feuchte Felsen. Zlch. verbr. S.

Anoectangium compactum Schwägr. 652.

b Rp. bräunlich. Ras. bräunlichgr.

Gymnostomum rupestre 640.

Tafel XII, Fig. 253—259. — Systematische Übersicht. 209

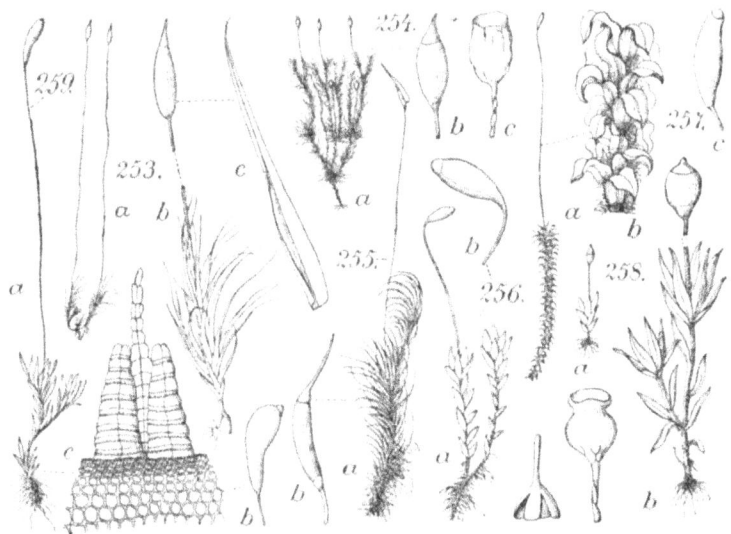

Systematische Übersicht.

Die Abteilung der Archegoniaten zerfällt in die beiden Unterabteilungen der Bryophyten oder Moose und der Pteridophyten, Farnpflanzen oder Gefäßkryptogamen. Erstere gliedern sich wieder in Musci oder Laubmoose und Hepaticae oder Lebermoose.

I. Unterabteilung: Musci (Musci frondosi vel veri), Laubmoose.

Aus der Spore geht ein meist fadenförmiger und verzweigter, seltener flächenförmiger, in der Regel hinfälliger Vorkeim, das Protonema, hervor. An ihm entsteht das beblätterte Stämmchen, die proembryonale, geschlechtliche oder haploide Generation, auch Gametophyt genannt, welcher die Gametangien, die Antheridien und Archegonien trägt. Aus der befruchteten Eizelle des Archegoniums entwickelt sich die embryonale, ungeschlechtliche oder diploide Generation, der Sporophyt. An diesem kann man meist drei Teile, den Fuß, die Seta und das Sporogonium unterscheiden, er bleibt zeitlebens mit dem Gametophyten in Verbindung und führt auf ihm eine Art parasitischen Daseins. Ein Teil des den Embryo umhüllenden Epigons wird emporgehoben und sitzt dem Sporogonium als Haube, Calyptra, auf. Echte Gefäßbündel fehlen dem Stämmchen, ihre Stelle vertritt oft ein Zentralstrang. Im Gegensatz zu den einschichtigen Blättern der Lebermoose werden die der Laubmoose meist von einer Rippe durchzogen. Echte Wurzeln, wie bei den Pteridophyten, gehen den Laubmoosen ab. Endothecium und Amphithecium treten schon sehr früh als gesonderte Gewebepartieen im jugendlichen Sporogonium auf.

I. Ordnung: Sphagnales, Torfmoose. — Einzige Gattung: Sphagnum. — Die Columella geht aus dem Endothecium hervor. Die sporenbildende Schicht oder das Archespor und die Wand des Sporogons gehören dem Amphithecium an. Das Archespor überwölbt die Columella kuppelartig, wird also von dieser nicht durchsetzt. Zur Zeit der Sporenreife wird das Sporogon von einem Pseudopodium, in dessen oberes Ende es mit einem breiten Fuße eingelassen ist, emporgehoben, eine Seta fehlt also. D. vorhanden. P. fehlt. An dem Grunde des reifen Sporogoniums findet man die Reste der Haube. Vorkeim meist flächenförmig (thalloidisch). Die Beschreibung der Sphagnumarten in Band VI der „Kryptogamen-Flora für Anfänger".

1. Familie: Sphagnaceae, Torfmoose.

II. Ordnung: Andreaeales. — Einzige Gattung: Andreaea. — Aus dem Endothecium gehen die Columella und das Archespor hervor, aus dem Amphithecium entwickelt sich die innerste Schicht zum Sporensack. Ein Luftraum fehlt. Die Columella durchsetzt das Archespor nicht. Vaginula und Calyptra vorhanden. Pseudopodium und Fuß wie bei den Sphagnales. D. u. P. fehlen. Das Sporogon öffnet sich mit 4—8 Längsrissen, die Wandteile bleiben oben und unten verbunden. Innerhalb der Spore kommt es zur Bildung eines Zellkörpers, eines Vorkeimknöllchens, das später aus einzelnen Zellen Protonemafäden entsendet. — Lit.: Kühn, Studien z. Entwickl. d. Andreaeaceen. In Schenk u. Lürssen, Mitt. a. d. Ges.-Geb. der Botanik. I. 1870. — Berggreen, Studien öfver mossornas byggnad. Lund 1868.

2. Familie: Andreaeaceae. — Andreaea alpestris, crassinervia, frigida, Huntii, nivalis, petrophila, Rothii.

III. Ordnung: Archidiales. — Einzige Gattung: Archidium. Es unterbleibt eine Sonderung in Columella und Archespor. Im Endothecium sind fertile und sterile Zellen miteinander gemischt. Zwischen Endothecium und der Wand, die aus dem Amphithecium hervorgeht, ein kuppelförmiger Luftraum. Sporen sehr groß, gering an Zahl, 8—28, meist 16 u. 28. Vaginula fast kugelig, in sie ist das Sporogon mittels eines halbkugeligen Bulbus eingelassen. Seta nur angedeutet. Rg., D., P. u. Hb. fehlen.

3. Familie: Archidiaceae. — Archidium phascoides.

IV. Ordnung: Bryales. Archespor u. Columella gehen aus dem Endothecium hervor. Die Columella durchsetzt das Archespor. Sporensack durch einen zylindrischen Hohlraum von Intercellularen von der Sporogonwand getrennt, dieses mit ± langer Seta. Wand des Epigons sondert sich in einen basalen Abschnitt, die Vaginula, und einen oberen, der später als Haube das Sporogonium bedeckt. D., Rg., P. meist vorhanden.

    I. Reihe: Cleistocarpi. Das Sporogon öffnet sich nicht mit einem Deckel, die Sporen gelangen vielmehr durch Verwitterung der **Wand** des Sporogons ins Freie.

Systematische Übersicht. 211

4. Familie: Ephemeraceae. — Einjährige, winzige, gesellig o. herdenweise auftretende Moose. Zentralstrang fehlt. Protonema ausdauernd. Columella meist resorbiert. Sporen meist nur in geringer Zahl, aber sehr groß. — Ephemerella recurvifolia. — Ephemerum cohaerens, serratum, sessile.
5. Familie: Physcomitrellaceae. — Protonema hinfällig. Pflänzchen klein, herdenweise. Zentralstrang fehlt. Columella gut entwickelt, später werden diese und der Sporensack meist völlig resorbiert. Sporogonwand 3schichtig. Sporen zahlreich, groß. — Physcomitrella patens.
6. Familie: Phascaceae. — Pflänzchen meist winzig, knospenfg., herdenweise o. lockerrasig. Zentralstrang meist fehlend. Oberirdisches Protonema kurzlebig, unterirdisches ausdauernd. Columella gut ausgebildet. Sporen zlch. groß. — Acaulon muticum, triquetrum. — Phascum curvicollum, cuspidatum, Floerkeanum, piliferum.
7. Familie: Bruchiaceae. — Pflänzchen klein, in Räschen o. herdenweise. Zentralstrang oft ausgebildet. Protonema bisweilen ausdauernd. Columella, Sporensack u. Luftraum — dieser oft mit Spannfäden — vorhanden. Sporen groß. — Bruchia vogesiaca. — Pleuridium alternifolium, nitidum, subulatum. — Sporledera palustris.

II. Reihe: Stegocarpi. Sporogon mit abfallendem Deckel.
 I. Unterreihe: Acrocarpi. Sporogonien gipfelständig an Hauptsprossen, zuweilen infolge Heranwachsens von Seitensprossen scheinbar seitenständig.
8. Familie: Weisiaceae. — Meist ausdauernde, niedrige Moose. Zentralstrang meist vorhanden. P. fehlt o. rudimentär o. 16, meist ungeteilte Zähne. Sp. aufrecht, regelmäßig, ungestreift. Rg. m. Ausnahme von Gyroweisia bleibend. — Anoectangium compactum. — Dicranoweisia cirrata, compacta, crispata. — Eucladium verticillatum. — Gymnostomum calcareum, rupêstre. — Gyroweisia tenuis. — Hymenostomum microstomum, rostellatum, squarrosum, tortile. — Hymenostylium curvirostre. — Molendoa Hornschuchiana, Sendtneriana. — Weisia crispata, rutilans, viridula, Wimmeriana.
9. Familie: Rhabdoweisiaceae. Meist dichtrasige, kalkfeindliche Felsmoose. Sp. aufrecht u. regelm. o. geneigt u. symmetr., mit 8 dunkleren Längsstreifen. Rg. meist nur angedeutet. P. vorhand., einfach, 16zähnig. — Cynodontium gracilescens, polycarpum, strumiferum, torquescens. — Dichodontium pellucidum. — Oreas Martiana. — Oreoweisia Bruntoni, serrulata. — Rhabdoweisia denticulata, fugax.
10. Familie: Aongströmiaceae. — Aongströmia longipes.

11. **Familie: Dicranaceae.** — Meist rasenbildende, kräftige Moose. St. gabelig verzweigt, meist m. dicht. Rhizoidenfilz. Zentralstrang deutl. Bl. oft einseitswendig-sichelfg., aus breiterem Grunde lanzettl.,- pfriemen- o. borstenfg. Rp. stets vorhanden. Deut. zahlr., median, Begleiter O. In den Blattgrundecken meist s. große, wasserhelle o. gebräunte, ein- o. mehrschichtige Blattflügelzellen. Meist 2häus. Bei manchen Arten winzige männl. Pflänzchen, Zwergmännchen, im Rhizoidenfilz. Sp. oft zu mehreren, meist symm. u. geneigt, später stärker gekrümmt u. oft längsfaltig. P. einfach, selt. fehld. Pz. 16, meist bis z. Mitte 2schenklig, Außenschicht orange o. purpurn, an d. Innenfläche mit radiären, stark hervortretenden Querleisten. Haube kappenfg. — Campylopus brevipilus, flexuosus, fragilis, polytrichoides, Schimperi, subulatus, turfaceus. — Dicranella cerviculata, crispa, curvata, Grevilleana, heteromalla, rufescens, Schreberi, squarrosa, subulata, varia. — Dicranodontium aristatum, circinatum, longirostre. — Dicranum albicans, Bergeri, Blyttii, Bonjeani, congestum, elongatum, falcatum, flagellare, fulvellum, fulvum, fuscescens, longifolium, maius, montanum, Mühlenbeckii, Sauteri, scoparium, spurium, Starkii, strictum, undulatum, viride. — Oncophorus virens, Wahlenbergii. — Trematodon ambiguus, brevicollis.

12. **Familie: Leucobryaceae.** — Polster dicht, breit, weißl.- o. bläulichgr., Rhizoidenfilz spärl. Zentralstrang fehlt, Zellen des Grundgewebes gleichartig u. m. vielen, großen Tüpfeln. Bl. m. s. stark. Rp., ohne Blflügelzellen, Zellen zweigestaltig: mehrere Schichten plasmaleerer, großer Zellen — Wasserzellen —, deren Membranen z. T. mit kreisrunden Durchbohrungen versehen sind, und eine innere Schicht schlauchförmiger, chlorophyllführender Zellen — Assimilationszellen. — Sp. w. b. den Dicranaceae. — Leucobryum glaucum.

13. **Familie: Fissidentaceae.** — Lieben Schatten u. Feuchtigkeit. St. 2zeilig beblättert, im Querschnitt oval, stets m. Zentralstrang. Bl. halbstengelumfassend, mit Fortsatz u. Dorsalflügel. Rp. stets vorhanden. Blzellen parenchymatisch, rundlich-6seitig, reich an Chloroplasten, Blflügelzellen fehlen. Sp. aufr. o. geneigt, radiär o. symmetr., streifen- u. furchenlos, entleert oft weitmündig. Pz. 16, rot, bis z. Mitte o. tiefer hinab 2 (3) schenklig, trocken kniefg. einwärts gekrümmt, Außenschicht m. Querlamellen. — Fissidens adiantoides, bryoides, crassipes, decipiens, exilis, grandifrons, incurvus, Mildeanus, osmundoides, pusillus, rufulus, taxifolius. — Octodiceras Julianum.

14. **Familie: Seligeriaceae.** — Winzige, gesellig wachsende

Felsmoose. St. ohne Rhizoidenfilz, mit armzelligem Zentralstrang. Alle Zellen der Rp. auf d. Querschn. gleichart. u. dickwandig. Blzellen parenchymatisch, oben kürzer u. dickwandiger, Blflügelzellen nur bei Blindia u. Stylostegium. Das wenige mm lange Sp. aufr., regelm., annähernd birnfg., streifen- u. furchenlos, entleert oft weitmündig. Haube kappenfg. Pz. 16, einfach. Außenschicht mit Querbalken. — Blindia acuta. — Seligeria calcarea, Doniana, pusilla, recurvata, tristicha. — Stylostegium caespiticium.

15. Familie: Campylosteliaceae. — S. kleine Felsm., von d. Seligeriaceae unterschieden dch. mützenfg., am Grunde mehrlappige Haube, gerade geschnäbelten D., breiten Rg. Pz. 16, einfach u. rudimentär (Brachydontium) u. 2 schenkl. (Campylostelium). — Brachydontium trichodes. — Campylostelium saxicola.

16. Familie: Ditrichaceae. — Meist größere, dichtrasige Erdu. Felsm. Zentralstrang deutl. Bl nur bei Distichium 2 zeilig, meist lang pfriemenfg. Rp. vorhanden, deren Zellen meist in mediane Deuter, Begleiter, Stereïden u. Außenzellen differenziert, Blflügelzellen fehlen. Blzellen unten verlängert, oben rechteckig o. quadrat. Sp. aufr. o. geneigt, regelm. o. symmetr., Streifen u. Furchen selten. Haube kappenfg. D. kaum o. nicht geschnäbelt. P. einfach. Pz. 16, bis z. Grunde 2 schenkl. — Ceratodon purpureus. — Distichium capillaceum, inclinatum. — Ditrichum flexicaule, glaucescens, homomallum, pallidum, tortile, vaginans, zonatum. — Trichodon cylindricus.

17. Familie: Pottiaceae. — Kleinere, ± dichtrasige o. herdenweise auftretende Erd- u. Felsm. Zentralstrang meist vorh. Bl. je nach Art verschieden, m. starker, oft als Haar austretender Rp. An der Oberseite d. Bl. bei Pterygoneurum Lamellen, bei Aloina verzweigte Fäden. Rp. auf d. Querschn. meist m. 2 medianen Deutern, einem dorsalen Stereïdenband, mit Begleitern u. großlumigen Bauchzellen. Blzellen am Grunde verlängert, in der Regel wasserhell u. durchscheinend, obere meist rundl.-quadrat., reich an Chloroplasten u. beiderseits warzig. Sp. aufr., meist gerade u. regelm. Haube kappenfg. D. meist geschnäbelt. P. einfach, selten fehlend. Pz. 16, einfach o. in meist 2 ungleich lange Schenkel gespalten, oft auf einer ± hohen, gewürfelten Grundhaut. — Aloina aloides, ambigua, rigida. — Barbula convoluta, fallax, flavipes, gracilis, Hornschuchiana, icmadophila, paludosa, reflexa, revoluta, unguiculata, vinealis. — Crossidium squamigerum. — Desmatodon cernuus, latifolius, Laureri, systylius. — Didymodon alpigenus, cordatus, giganteus,

luridus, rigidus, rubellus, ruber, rufus, spadiceus, tophaceus. — Leptodontium flexifolium, styriacum. — Pottia Heimii, intermedia, lanceolata, latifolia, minutula, Starkeana, truncatula. — Pterygoneurum cavifolium, lamellatum, subsessile. — Tortella caespitosa, fragilis, inclinata, squarrosa, tortuosa. — Tortula aciphylla, alpina, atrovirens, canescens, inermis, laevipila, latifolia, montana, mucronifolia, muralis, obtusifolia, papillosa, pulvinata, ruralis, subulata. — Trichostomum caespitosum, crispulum, cylindricum, mutabile, pallidisetum, viridulum.

18. Familie: Grimmiaceae. — Polster u. Rasen bildende Stein- u. Felsm. Farbe meist dunkel- o. schwarzgrün bis schwärzlich. Zentralstrang meist vorhanden. Bl. meist mit hyalinem Haare. Blzellen oben klein, rundl., chlorophyllreich, unten erweitert u. oft durchscheinend. Rp. meist vorhanden, Zellen oft gleichartig. Deuter, falls vorhanden, meist am Grunde, Begleiter fehlen. Sp. stets regelm., meist kugl. o. walzenfg. Haube kappen- o. mützenfg. P. einfach, selten fehlend. Pz. 16, flach, rot o. orange, rissig o. siebartig durchlöchert, oft 2- und mehrspaltig, zuweilen bis zum Grunde in 2- o. 3 fädige Schenkel gespalten, nur die Außenschicht mit leistenartigen Querbalken, beide Flächen sonst zlch. gleichartig. — Brachysteleum polyphyllum. — Cinclidotus aquaticus, fontinaloides, riparius. — Coscinodon cribrosus. — Dryptodon atratus, Hartmanni, patens. — Grimmia alpestris, anodon, apiculata, arenaria, caespiticia, commutata, crinita, decipiens, Doniana, elatior, elongata, funalis, incurva, leucophaea, mollis, montana, Mühlenbeckii, orbicularis, ovata, plagiopodia, pulvinata, tergestina, torquata, trichophylla, unicolor. — Hedwigia ciliata. — Rhacomitrium aciculare, affine, canescens, fasciculare, heterostichum, lanuginosum, microcarpum, protensum, sudeticum. — Schistidium alpicola, apocarpum, confertum, pulvinatum.

19. Familie: Orthotrichaceae. — Baumrinde u. Felsen bewohnende, meist polsterfg. Moose von meist düsterer Farbe. Zentralstrang fehlt. Bl. m. Rp., deren Zellen auf d. Querschn. fast gleichartig, Blzellen oben rundl.- 6 seitig, dickwandig, chlorophyllreich, am Blattgrunde verlängert, zartwandig u. durchscheinend o. wasserhell, beiderseits meist papillös. Sp. auf kurzer Seta, oft eingesenkt o. sitzend, stets aufr. u. regelm., mit 8 o. 16 dunkleren Längsrippen, trocken gefurcht. Haube kappen- o. mützenfg., glatt o. behaart. D. m. geradem Schnabel. Rg. bleibend. P. doppelt, zuweilen m. Vorperistom. Äußere Pz. 16, innere Pz. zart, 8 o. 16, äußere u. innere Pz. alter-

nierend. — Amphidium lapponicum, Mougeotii. — Orthotrichum affine, alpestre, anomalum, Braunii, cupulatum, diaphanum, fastigiatum, gymnostomum, leiocarpum, leucomitrium, Lyellii, nudum, obtusifolium, pallens, patens, pulchellum, pumilum, rivulare, rupestre, saxatile, Schimperi, speciosum, stramineum, Sturmii, tenellum, urnigerum. — Ulota Bruchii, crispa, crispula, Drummondii, intermedia, Ludwigii, phyllantha. — Zygodon viridissimus.

20. Familie: Encalyptaceae. — Meist kalkliebende Erd- u. Felsm. von rasigem o. polsterfg. Wuchse u. freudiggrüner Färbung. Zentralstrang nicht besonders deutl. St. m. blatteigener Außenrinde. Die mehrreihigen, breiten, meist zungen- o. spatelfg. Bl. m. kräft. Rp., diese am Rücken m. einem großen Stereïdenband, mehreren Schichten dünnwandiger, weitlumiger Zellen, Außenzellen u. Begleiter fehlen. Blattzellen unten s. groß, inhaltsleer, m. resorbierten Außenwänden, oben chlorophyllreich, warzig, rundlich-6seitig. Haube s. groß, zylindrisch-glockig, lang geschnäbelt. Sp. stets aufr., regelm., m. geraden o. spiraligen Streifen. D. sehr lang geschnäbelt. P. einfach, doppelt o. fehlend, falls einfach, dann mit Vorperistom. Innere Pz. den äußeren opponiert. — Encalypta apophysata, ciliata, commutata, contorta, longicolla, rhabdocarpa, vulgaris.

21. Familie: Georgiaceae. — Rasenfg. o. herdenweise auftretende Erd- u. Felsm. Bl. mehrreihig, m. 1 schichtiger Lamina u. vollst. o. undeutl. Rp. Sp. regelm., aufr., streifen- u. faltenlos. Haube kegelig. Pz. 4, siehe Einleitung. — Georgia pellucida. — Tetrodontium Brownianum.

22. Familie: Schistostegaceae. — Winzige, Felsspalten u. Erdlöcher bewohnende M., habituell den kleinsten Fissidens-Arten ähnlich. — Schistostega osmundacea.

23. Familie: Splachnaceae. — Zlch. große, bes. tierische Exkremente bewohnende, meist dichtras., lebhaft grüne, großblättrige M. mit dichtem Rhizoidenfilz. Zentralstrang groß. Bl. locker, Zellen s. locker. Sp. aufr., regelm., m. langem Halse o. am Grunde mit großer, farbiger Apophyse. Die Columella, deren oberes Ende verdickt ist, tritt nach der Entdeckelung meist hervor, weil sich die Wand des Sp. verkürzt. Die Tatsache, daß die Splachnaceen in der Regel animalische Stoffe, auch Tierleichen bewohnen, erklärt sich wohl aus dem Umstande, daß Fliegen, durch die lebhafte Färbung der Apophyse u. einen eigentümlichen Duft, angelockt, sich mit Sp. beladen und diese bei der Eiablage auf Tierkadaver u. ähnl. Substrat übertragen (sicher nachgewiesen durch Bryhn bei Spl. luteum u.

rubrum G. O. I. Aufl. S. 384). Pz. 16, paarig u. doppeltpaarig. — Dissodon Froelichianus, Hornschuchii, splachnoides. — Splachnum ampullaceum, sphaericum. — Tetraplodon angustatus, mnioides, urceolatus. — Tayloria acuminata, Rudolphiana, serrata, tenuis.

24. Familie: Disceliaceae. — Kleine, knospenfg., erdbewohnende M. m. ausdauerndem Protonema. Bl. rippenlos, Zellen locker, zartwandig, verlängert-6seitig. P. einfach, Pz. 16. — Discelium nudum.

25. Familie: Funariaceae. — Niedrige, meist einjähr., lockerras. o. herdenweise auftretende M. Zentralstrang deutl. St. m. einschichtiger, sphagnöser Außenrinde. Bl. mehrreihig, oben rosettig, zlch. groß, m. Rp., diese auf d. Querschn. m. 2 großen, basalen Deutern, Begleitern, Stereïden u. zartwandigen Rückenzellen. Blzellen groß, parenchymatisch, stets glatt, rhombisch o. hexagonal, am Grunde rektangulär. Sp. aufr. o. abwärts gebogen, regelm. o. unsymmetr.-birnfg. Haube kappen- o. mützenfg., m. lang. Schnabel. Spaltöffnungen einzellig (ursprünglich 2zellig), schildfg., mit ritzenfg. Porus. P. doppelt, rudimentär o. fehlend. Fortsätze des inneren P. den äußeren Pz. opponiert, diese m. starken Querbalken. — Entosthodon ericetorum, fascicularis. — Funaria dentata, hygrometrica, mediterranea, microstoma. — Physcomitrium eurystomum, pyriforme, sphaericum. — Pyramidula tetragona.

26. Familie: Bryaceae. — Ausdauernde Erd-, Fels-, seltener Baummoose von rasigem Wuchse. Zentralstrang deutl. Außenrinde fehlt. Bl. mehrreihig, die oberen meist größer u. schopfig. Rp. stets vorhanden, auf d. Querschn. 2—4 mediane Deuter, 1 dorsales Stereïdenband, 1 deutl. Begleitergruppe, 2—4 großlumige Bauchzellen u. weitlumige Rückenzellen. Blzellen stets glatt, im oberen Teil d. Bl. meist prosenchymatisch u. rhombisch. Sp. m. deutl. Halse, meist keulen- o. birnfg., seltener fast kugelig, meist zlch. regelm., aufr., geneigt o. hängd. Haube kappenfg. P. meist doppelt. Äußere Pz. 16, deren Außenfläche meist warzig, mit Mittellinie, Innenfläche immer m. queren Lamellen. Das innere P. besteht aus einer Grundhaut m. 32 kieligen Falten. Zwischen den Zähnen des äußeren P. die sogenannten Fortsätze, hinter jenen 1—4fädige Wimpern. — Anomobryum concinnatum, filiforme. — Bryum alpinum, arcticum, argenteum, atropurpureum, badium, binum, Blindii, caespiticium, calophyllum, capillare, cirratum, cuspidatum, cyclophyllum, Duvalii, elegans, erythrocarpum, fallax, Funckii, inclinatum, intermedium, Klinggraeffii, lacustre, longisetum, Mildeanum, Mühlen-

beckii, murale, neodamense, obconicum, pallens, pallescens, pendulum, Sauteri, Schleicheri, subrotundum, turbinatum, uliginosum, versicolor, warneum. — Leptobryum pyriforme. — Mielichhoferia nitida. — Mniobryum albicans, carneum. — Plagiobryum demissum, Zierii. — Rhodobryum roseum. — Webera acuminata, annotina, commutata, cruda, cucullata, elongata, gracilis, longicolla, Ludwigii, lutescens, nutans, polymorpha, proligera.

27. Familie: Mniaceae. Meist große Moose. Zentralstrang deutl., Grundgewebe mit falschen Blattspuren. Bl. oben meist größer u. rosettig. Bau d. Rp. je nach Art verschieden, stets aber eine Begleitergruppe vorhanden. Blzellen parenchymatisch, oben rundl.-6seitig, meist glatt. Männl. Gametangienstände meist scheibenfg. Sp. meist zu mehreren, regelm., geneigt bis hängend, meist längl., selten kugl. Haube kappenfg. D. kürzer o. länger geschnäbelt. P. doppelt. — Cinclidium stygium. — Mnium affine, cinclidioides, cuspidatum, hornum, hymenophylloides, lycopodioides, medium, orthorhynchum, punctatum, riparium, rostratum, Seligeri, serratum, spinosum, spinulosum, stellare, subglobosum, undulatum.

28. Familie: Meeseaceae. — Meist große, Sumpf- u. Torf liebende M. St. m. Zentralstrang, bisw. m. blattbürtiger Außenrinde. Bl. mehrreihig, deren kräft. Rp. ohne Deuter u. Begleiter. Blzellen parenchymatisch, glatt, oben rechteckig o. rundl.-4- bis 6seitig u. derbwandig, am Grunde oft durchsichtig, verlängert-rektangulär u. zartwandig. Männl. Gametangienstände scheibenfg. Sp. langhalsig, symmetr. Haube kappenfg. P. doppelt, innere Pz. meist viel länger. Außenschicht der äußeren Pz. mit Rückenlinie u. Rückenplatten, Innenschicht mit Querlamellen. Inneres P. auf kielfaltiger Grundhaut. Zwischen d. langen Fortsätzen rudimentäre Wimpern. — Amblyodon dealbatus. — Catoscopium nigritum. — Meesea Albertinii, longiseta, trichodes, triquetra. — Paludella squarrosa.

29. Familie: Aulacomniaceae. — Rasenbildende, ausdauernde M. m. reichl. Rhizoidenfilz. Zentralstrang deutl. St. meist m. blatteigener Außenrinde u. Pseudopodien, die an ihrer Spitze Brutkörper tragen. Bl. 8reihig, aus kleinen, rundl., warzig., starkwandigen u. meist kollenchymatischen Zellen gebildet. Rp. m. Deutern, 2 Stereïdenbändern u. differenzierten Außenzellen. Sp. geneigt, gestreift, längl. o. zylindr., trocken gefurcht. Haube kappenfg., lang geschnäbelt. Rg. sich abrollend. P. doppelt, ähnl. dem von Bryum. — Aulacomnium androgynum, palustre, turgidum.

30. Familie: Bartramiaceae. — Ausdauernde, innen meist rostfarbene M. von rasig. o. polsterfg. Wuchse. Zentralstrang deutl., meist auch die Außenrinde gut entwickelt. Bl. 5- o. 8-reihig, schmal. Rp. auf d. Querschn. m. mehreren medianen Deutern, einer Begleitergruppe, differenzierten Bauchzellen u. mehreren Schichten stereïder Zellen. Blzellen reich an Chloroplasten, parenchymatisch, beiders. mamillös. Sp. aufr. o. geneigt, ± kugl., m. dunkleren Längsstreifen, trocken gefurcht. Haube u. D. klein, erstere hinfällig. Rg. fehlt o. nur schwach entwickelt. P. meist doppelt, dem von Bryum ähnl. Die Fortsätze des inneren P. später in 2 auseinanderweichende Schenkel gespalten. — Bartramia crispa, Halleriana, ithyphylla, pomiformis, subulata. — Breutelia arcuata. — Conostomum boreale. — Philonotis Arnellii, caespitosa, calcarea, fontana, marchica, seriata. — Plagiopus Oederi.

31. Familie: Timmiaceae. — Größere, lockerrasige, meist kalkliebende M. St. meist einfach, m. großem Zentralstrang. Bl. ansehnlich, 8 reihig. Rp. kräft., auf d. Querschn. zahlr. mediane Deuter, 2 starke Stereïdenbänder u. differenzierte Außenzellen. Blzellen an der Außenseite deutl. mamillös, klein, rundl.-4- bis 6 seitig, chlorophyllreich, an der Basis verlängert. Sp. geneigt bis hängend, trocken gerippt. Haube kappenfg. P. doppelt. Äußere Pz. mit kniefg. Knickung. 64 fädige Wimpern bilden d. innere P. — Timmia austriaca, bavarica, megapolitana, norvegica.

32. Familie: Polytrichaceae. — Höchstorganisierte, meist s. ansehnliche, starre, ausdauernde M. Bei zahlr. Arten ein reichverzweigtes, unterirdisches Rhizom m. wurzelähnl. Bau. Zentralstrang meist polytrichoid. (Vergl. Einleitung). St. auf d. Querschn. mit echten Blattspuren im Grundgewebe. Laubbl. meist in Scheide u. Spreite gesondert. Rp. meist breit, kräft., an d. Oberseite mit zahlr., chlorophyllreichen Längslamellen, auf dem Querschn. 2 Stereïdenbänder, zwischen diesen 2 Schichten von Deutern. Bauchzellen meist 2-, Rückenzellen meist einschichtig. Männliche Gametangienstände meis scheiben- o. becherfg., weibl. Gametangien knospenfg. Sp. aufrecht, später geneigt bis wagerecht, walzig o. 4- bis 6 kantig. Hals oft als scharf gesonderte Apophyse ausgebildet. Haube kappen- o. mützenfg., im letzteren Falle mit starkem Rhizoidenfilz. Rg. oft fehlend. Archespor durch grüne Spannfäden mit der Columella u. d. Sporogonwand frei im Innern des Sp. aufgehängt. (Siehe Einltg.) P. einfach, aus 32 o. 64 Zähnen bestehend, jeder Zahn aus einem Bündel ganzer, hufeisenfg. gekrümmter Zellen zu-

sammengesetzt. Paukenhaut (Epiphragma) vorhanden. — Catharinaea angustata, Hausknechtii, tenella, undulata. — Oligotrichum hercynicum. — Pogonatum aloides, nanum, urnigerum. — Polytrichum alpinum, commune, formosum, gracile, juniperinum, perigoniale, piliferum, sexangulare, strictum.
33. Familie: Buxbaumiaceae. — Buxbaumia aphylla, indusiata. — Diphyscium sessile.

II. Unterreihe: Pleurocarpi, Seitenfrüchtler. Sporogonien gipfelständig an seitlichen Kurztrieben.

34. Familie: Fontinalaceae. — Flutende Wassermoose m. dünnen, verlängerten St. u. Ästen. Zentralstrang fehlt. Bl. 3- u. 5reihig. Rp. einfach u. fehlend. Blzellen prosenchymatisch, glatt. S. meist s. kurz. Sp. aufr., regelm. Rg. fehlt. P. doppelt. Äußere Pz. 16, innere Pz. 16, zu einem aus 16 Kielfalten aufgebauten Gitterkegel vereinigt. — Dichelyma capillaceum, falcatum. — Fontinalis antipyretica, dalecarlica, gracilis, hypnoides, microphylla, squamosa.
35. Familie: Cryphaeaceae. — Größere, starre Rinden- o. Felsmoose. St. dch. d. Beblätterung fast kätzchenartig. Zentralstrang fehlt o. s. schwach entwickelt. Bl. mehrreihig, m. o. ohne Rp., meist m. mehreren Längsfurchen. Blzellen glatt, derbwandig, oben rundl. o. rhomb., unten am Rande d. Blgrundes in schrägen Reihen quadratisch u. rundl. Sp. aufr., regelm. Rg. vorhanden. P. doppelt, inneres meist rudimentär. — Antitrichia curtipendula. — Cryphaea heteromalla. — Leucodon sciuroides.
36. Familie: Neckeraceae. Zlch. große, meist glänzende Fels- u. Baummoose m. scheinbar 2zeiliger Beblätterung, daher St. u. Äste verflacht. Zentralstrang fehlt. Bl. meist unsymmetr. Rp. fehlt o. kurz, dann einfach o. doppelt. Blzellen stets glatt, oben rhombisch, unten linealisch. Haube kappenfg., behaart o. nackt. Sp. aufr., regelm. Rg. meist fehlend. P. doppelt. — Homalia trichomanoides. — Leptodon Smithii. — Neckera complanata, crispa, pennata, pumila, turgida.
37. Familie: Pterygophyllaceae. — In der Tracht den Neckeraceae ähnlich. — Pterygophyllum lucens.
38. Familie: Fabroniaceae. — Anacamptodon splachnoides. — Fabronia octoblepharis, pusilla, Sendtneri.
39. Familie: Leskeaceae. — Größere Erd-, Stein- u. Rindenmoose. Zentralstrang fehlt oder rudimentär. Paraphyllien zahlr. Laubbl. mehrreihig, St.- u. Astbl. oft verschieden. Rp. meist kräft. u. einfach, seltener schwach u. kurz. Blzellen klein, derb, chlorophyllreich, rundl., mamillös o. warzig. Sp. meist aufr. u. regelm. Haube kappenfg.

Rg. meist ausgebildet. P. doppelt, das innere kielfaltig.
— Anomodon apiculatus, attenuatus, longifolius, rostratus, viticulosus. — Heterocladium heteropterum, squarrosulum. — Lescuraea saxicola, striata. — Leskea catenulata, nervosa, polycarpa, tectorum. — Myurella julacea. — Pseudoleskea atrovirens. — Pterogonium gracile. — Ptychodium plicatum. — Thuidium abietinum, Blandowii, delicatulum, Philiberti, recognitum, tamariscinum.

40. Familie: Hypnaceae. Artenreichste Familie d. Pleurokarpi. Zentralstrang arm- u. kleinzellig o. fehlend. Ist die Hauptachse ausläuferartig, so können Nieder- u. Laubbl. unterschieden werden, andernfalls ähneln St.- u. Astbl. einander. Bl. mehrreihig, allseits-einseits- o. zweiseitswendig u. sichelfg. Rp. homogen, einf., doppelt, gabelig o. fehlend. Blzellen glatt, prosenchymatisch, unten lockerer, in d. Ecken meist Blflügelzellen. Sp. meist symmetr. Haube kappenfg. P. doppelt. Äußere Pz. 16, mit zickzackfg. Rückenlinie, Außenfläche unten m. Querleisten, Innenfläche mit Lamellen. Inneres P. auf 16 kielfaltiger Grundhaut, mit 16 Fortsätzen u. meist 2—4 Wimpern.

I. Gruppe: Isothecieae. — Sp. aufr., regelm. Inneres P. m. niedriger Grundhaut. Wimpern rudimentär o. fehlend. — Climacium dendroides. — Cylindrothecium concinnum. — Homalothecium Philippeanum, sericeum. — Isothecium myosuroides, myurum. — Orthothecium chryseum, intricatum, rufescens. — Platygyrium repens. — Pylaisia polyantha.

II. Gruppe: Brachythecieae u. Hypneae. — Sp. geneigt, symmetr. Grundhaut des P. hoch. Wimpern vollständig. — Brachythecieae: Brachythecium albicans, campestre, collinum, curtum, Geheebii, glaciale, glareosum, laetum, Mildeanum, plumosum, populeum, reflexum, rivulare, rutabulum, salebrosum, Starkei, trachypodium, velutinum. — Camptothecium lutescens, nitens. — Eurhynchium crassinervium, diversifolium, germanicum, piliferum, praelongum, pumilum, Schleicheri, speciosum, Stokesii, striatulum, striatum, strigosum, Swartzii, Tommasinii, velutinoides. — Hyocomium flagellare. — Rhynchostegiella curviseta, tenella. — Rhynchostegium confertum, megapolitanum, murale, rotundifolium, rusciforme. — Scleropodium illecebrum, purum. — Thamnium alopecurum.

Hypneae: Acrocladium cuspidatum. — Amblystegium confervoides, curvicaule, fallax, filicinum, fluviatile, hygrophilum, irriguum, Juratzkanum, Kochii, radicale, riparium, serpens, Sprucei, subtile, varium. — Hylocomium brevirostre, loreum, rugosum, Schreberi, splendens, squarrosum, triquetrum, umbratum. — Hypnum aduncum, alpinum, arcticum, Bambergeri, callichroum, chrysophyllum, commutatum, cordifolium, Cossoni, crista castrensis, cupressiforme, decipiens, dilatatum, dolomiticum, elodes, exannulatum, falcatum, fastigiatum, fertile, fluitans, giganteum, Haldanianum, Halleri, hamifolium, hamulosum, imponens, incurvatum, intermedium, Kneiffii, Lindbergii, lycopodioides, molle, molluscum, ochraceum, pallescens, palustre, polycarpon, polygamum, pratense, procerrimum, protensum, pseudostramineum, purpurascens, reptile, revolutum, revolvens, sarmentosum, Sendtneri, Sommerfeltii, stellatum, stramineum, sulcatum, trifarium, turgescens, uncinatum, Vaucheri, vernicosum, Wilsoni. — Plagiothecium curvifolium, denticulatum, depressum, elegans, latebricola, Müllerianum, neckeroideum, pulchellum, Roeseanum, silesiacum, silvaticum, striatellum, undulatum. — Scorpidium scorpioides.

Literatur.

A. Werke systematischen, beschreibenden und floristischen Inhalts*).
(Auf Vollständigkeit macht dieses Verzeichnis keinen Anspruch.)

Angerer, L.: Beitrag z. Laubmoosflora von Oberösterr. Öst. bot. Ztschft. 1890. — Bauer, E.: Beiträge z. Moosflora Westböhm. u. des Erzgebirges. Lotos 1893 u. Öst. bot. Ztschft. 1895, bryologisch-floristische Beitr. aus Böhmen in „Dtsche bot. Monatsschr. 1897". — Baur: Die Laubmoose des Großherzogt. Baden. Bad. bot. Ver. 1894, Freiburg 1894. — Bayrhoffer, J. D. W.: Übersicht der Moose, Lebermoose u. Flechten des Taunus. Nass. Ver. f. Naturk. Bd. V. Wiesbaden 1849. — Blandow, O. Ch.: Übersicht d. Mecklenburg. Laubmoose nach alphabet. Ordn. Neu-Strelitz 1809. — Breidler, J.: Die Laubmoose Steiermarks u. ihre Verbreitung. Naturwiss. Ver. f. Steierm. 1891. — Bridel-Brideri, S. E.: Bryologia universa seu systematica ad novam methodum dispositio, historia et descriptio omnium muscorum frondosorum hucusque cognitorum cum synonymia et auctoribus probatissimis. Leipzig 1826—1827. — Brockmüller: Die Laubmoose Mecklenburgs. Schwerin 1869. — Brotherus, V. F.: Die Musci in „Engler und Prantl, Die Natürlichen Pflanzenfamilien". Leipzig 1909. 1246 Seiten. (Eine zweite Auflage ist in Vorbereitung.) — Buddeberg: Verzeichnis der in der Umgeb. v. Nassau beob. Laubmoose. Nass. Ver. f. Naturk. 1882. — Burckel, G.: Catalogue des Hépatiques et des Mousses d'Alsace. Bull. Soc. d'Hist. nat. de Colmar 1892. — Palla Torre, K. W. v., und Sarntheim, L. v.: Die Moose von Tirol, Vorarlberg u. Lichtenstein in „Flora der gefürsteten Grafschaft Tirol usw." Bd. V. Innsbruck 1904. — Eiben, C. E.: Die Laub- u. Lebermoose Ostfrieslands. Abhdlg. d. Nat. Ver. in Bremen 1889. — Familler: Verzeichn. der um Memmingen a. d. Isar gesam. Moose. Bot. Ver. zu Landshut 1882. — Zusammenstellung der in der Umgebung von Regensburg und in der ges. Oberpfalz bisher gefundenen Moose. Denkschrift d. Kgl. bot. Ges. in Rgsbg. 1903. 1908. — Förster: Zur Moosflora von Niederösterr. u. Westungarn. Wien 1880. — Geheeb, A.: Bryologische Notizen aus dem Rhöngebirge. Flora 1870, 1871, 1872, 1876, 1884; außerd. in „Allgem. bot. Ztschft." 1898, 1909, „Hedwigia" 1901; Die Laubmoose des Kantons Aargau. Aarau 1864. — Gemböck, R.: Moose u. Lichenen im Bergwalde der österr. Kalkalpen. Bot. Centralbl. 1891. — Genth: Flora des Herzogtums Nassau usw. Mainz 1836. — Gümbel, Th.: Die Moosflora der Rheinpfalz. Landau 1857. —

---

*) Die wichtigsten Werke morphologischen, anatomischen, physiologischen und biologischen Inhalts sind in der Einleitung und an passenden Stellen im speziellen Teil aufgeführt. Siehe auch unter B.

Hampe, E.: Im Anhang s. „Flora hercynica", Halle 1873. — Handel-Mazetti, H. v.: Beitrag zur Kenntnis der Moosflora von Tirol. Zool.-bot. Ges. Wien 1904. — Hegelmeier, F.: Die Moosvegetation des schwäb. Jura. Stuttg. 1873. — Herzog, Th.: Die Laubmoose Badens. Genf 1906. — Herpell, G.: Die Laub- u. Lebermoose in der Umgeb. v. St. Goar. Vhdl. d. Nat. Ver. f. Rheinld. u. Westf. 1870, 1877. — Heufler, L. von: Die Laubmoose Tirols. Sitzungsber. d. Ak. d. Wiss. Wien 1851. — Hintze, F.: Beiträge z. Moosflora von Pommern. Allgem. bot. Ztschft. 1905. — Holler, A.: Die Laub- u. Torfmoose d. Umgeb. v. Augsburg. Verhdlgn. d. Naturhist. Ver. zu Augsburg 1873, 1876, 1884. — Huebener, J. W. P.: Muscologia germanica o. Beschreibung der deutsch. Laubmoose. Leipzig 1833. — Juratzka, J.: Die Laubmoosflora von Österr.-Ung., zusammengestellt von J. Breidler u. F. B. Förster. Wien 1882. — Kern, F.: Die Moosflora der Hohen Tauern. Schles. Ges. f. vaterldsche Kultur 1908. — Die Moosflora der karnischen Alpen. Ibid. 1908. — v. Klinggraeff: Die Leber- u. Laubmoose West- u. Ostpreußens. Danzig 1893. — Krahmer, B.: Die Moose der Umgebung Arnstadts u. d. südl. Thür. Thür. bot. Ver. 1909. — Kummer, P.: Die Moosflora der Umgegend von Hann.-Münden. Bot. Centralbl. 1889. — Limpricht, K.: Die Laub- u. Lebermoose Schlesiens in „Kryptogamen-Flora von Schlesien", Bd. I, Breslau 1876. — Loeske, L.: Moosflora des Harzes. Leipzig 1903. — Lorch, W., u. Laubenburg, K.: Die Kryptogamen des berg. Landes. Ber. d. Naturw. Ver. zu Elberfeld 1897. — Lorch, W.: Die Laubmoose der Umgebung von Marburg und ihre geogr. Verbreitg. Ges. für Natur- u. Heilkunde zu Gießen. 1895. — Matouschek: Bryologisch-florist. Beitr. aus Böhmen in „Lotos" 1895, 1896, 1897, 1900, in „Mitteil. aus d. Ver. der Naturfreunde in Reichenberg" 1895, 1900, 1908, in „Österr. bot. Ztschft." 1897, in „Dtsche bot. Monatsschrift" 1897. — Milde, J.: Bryologia silesiaca. Leipzig 1869. — Müller (Hal.), C.: Genera muscorum frondosorum etc. Unvollendet. Leipzig 1901. Müller, C. (Hal.): Synopsis muscorum frondosorum 1849—1851. — Müller, Herm.: Geographie der in Westphalen beobachteten Laubmoose. Naturhist. Ver. f. Rheinld. u. Westf. Bonn 1864. — Molendo, W.: Bayerns Laubmoose. Jahresber. d. naturhist. Ver. zu Passau. Leipzig 1875. — Nees von Esenbeck, Christ. Gottfr., Hornschuh, Christ. Friedr. und Sturm, Jac.: Bryologia germanica oder Beschreibung der in Deutschland und in der Schweiz wachsenden Laubmoose. Bd. I u. II. Nürnberg 1823—1831. — Pfeiffer, L.: Flora von Niederhessen u. Münden. 2 Bd. Kassel 1847—1855. — Prahl: Laubmoosflora von Schleswig-Holstein. Naturw. Ver. f. S.-H. X. 1895. — Rabenhorst, L.: Kryptogamenflora von Sachsen, der Oberlausitz, Thüringen u. Nordböhmen usw. Abt. I. Leipzig. — Roehling, J. Chr.: Deutschlds. Moose. Bremen 1800. — Röll, J.: Die Thüringer Laubmoose u. ihre geogr. Verbreitung. Jahresber. d. Senckenberg. Naturf. Ges. Frankfurt a. M. 1874—1875. — Römer, C.: Beiträge z. Laubmoosflora des oberen

Weege- und Göhlgebietes. Bonn 1879. — Roese, A.: Geographie der Laubmoose Thüringens. Jenaer Zeitschr. f. Naturw. 1877. — Roth, E.: Die europäischen Laubmoose. 2 Bde. — Sauter, L.: Flora des Herzogtums Salzburg. Teil III: Die Laubmoose. Mitteil. d. Ges. f. Salzburger Landeskunde. Salzburg 1870. — Schiffner, V.: Beitr. z. Kenntnis der Moosflora Böhmens in „Lotos" 1890; außerdem in „Lotos" 1896, 1897, 1898, 1900, 1905, 1907, in Österr. bot. Ztschft. 1896, 1898. — Sendtner: Die Vegetationsverh. d. bayr. Waldes nach d. Grundsätzen der Pflanzengeographie geschildert. München 1860. — Spilger: Flora u. Vegetation des Vogelsbergs. Gießen 1903. — Sturm, Jac.: Dtschlds. Flora in Abbildungen nach der Natur. 2. Abt.: Kryptogamen. Nürnberg 1798—1839. — Uloth, W.: Beitr. zur Flora der Laubmoose u. Flechten von Kurhessen. Flora 1861. — Voit, J. G. W.: Historia muscor. frond. in Magno Ducato Herbipolitano crescentium. Nürnberg 1812. — Wallnöfer, A.: Die Laubmoose Kärntens. Jahrb. d. naturhist. Landesmuseums von Kärnten. Klagenfurt 1889. — Walther u. Molendo: Die Laubmoose Oberfrankens. Leipzig 1868. — Warnstorf, C.: Die Laubmoose in „Kryptogamenflora der Mark Brandenburg" 1906. — Winkelmann, J.: Die Moosflora der Umgebg. von Stettin. Progr. d. Realgymnasiums Stettin. 1893. — Winter, F.: Die Laubmoosflora des Saargebiets. Verhdlg. d. naturf. Ver. f. Rheinld. u. Westf. 1868. — Würth, E.: Übersicht der Laubmoose des Großherzogtums Hessen. Progr. des Realgymnas. u. d. Realsch. zu Darmstadt 1898.

B. Werke anatomischen, morphologischen, physiologischen und biologischen Inhalts.

Campbell, D. H.: The structure and development of Mosses and Ferns. Zweite Aufl. 1905. — Koch, H.: Bryologische Beiträge. Linnäa 1842. — Lantzius-Beninga, B. S. G.: Beiträge zur Kenntnis des inneren Baues der Mooskapsel, insbes. d. Peristoms. Nova acta Acad. Leop.-Car., XXII. 2. 1850. — Lorch, W.: Die Polytrichaceen, eine biologische Monographie. Abhandl. d. Kgl. Bayr. Ak. d. Wiss. München 1908. — Müller, C. (Berol.) und Ruhland, W.: Die Musci in Engler und Prantls „Die natürlichen Pflanzenfamilien". Leipzig 1909. — Müller-Thurgau: Die Sporenvorkeime u. Zweigvorkeime der Laubm. Arb. d. bot. Inst. zu Würzburg. — Oltmanns, F.: Über die Wasserbewegung in der Moospflanze. Diss. Straßbg. 1884. — Rostock, R.: Die Aufnahme u. Leitung des Wassers in der Laubmoospflanze. Diss. Jena 1902. — Steinbrinck, C.: Der hygroskopische Mechanismus des Laubmoosperistoms. Flora 1884. — Vaizey, R. J.: Anatomy and Development of the Sporog. Transact. of the Linn. Soc. 1888. — Westerdijk, Johanna: Zur Regeneration der Laubmoose. Recueil des travaux botaniques néerlandais. 1907. — Wichura: Beiträge zur Physiologie der Laubmoose. Pringsheims Jahrb. f. wiss. Bot. 1860.

Verzeichnis der Gattungsnamen.
(Fortlaufende Nummern.)

Acaulon 317, 318.
Acrocladium 176.
Aloina 303—305.
Amblyodon 509.
Amblystegium 186, 208, 209, 216, 239, 240, 266, 268—270, 283, 284, 298, 299, 302.
Amphidium 355, 368.
Anacamptodon 275.
Andreaea 206, 207, 323—327.
Anoectangium 652.
Anomobryum 424, 516.
Anomodon 214, 215, 217, 282, 293.
Antitrichia 285.
Aongstroemia 515.
Archidium 581.
Astomum 312.
Aulacomnium 495. 593, 601.

Barbula 433, 434, 448, 449, 453, 458, 464, 471, 472, 586, 624.
Bartramia 632—635.
Blindia 412.
Brachydontium 417.
Brachysteleum 558.
Brachythecium 228, 232, 233, 235, 243, 246, 253, 254, 257, 261—263, 267, 271, 274, 279, 281, 289.
Breutelia 628.
Bruchia 554.
Bryum 379, 391—409, 423, 440, 478, 480—482, 484—486, 502, 158, 521, 523—528, 576.
Buxbaumia 24, 25.

Camptothecium 278, 287.
Campylostelium 510.
Campylopus 5, 6, 148, 149, 559 bis 562.
Catharinaea 7, 43, 44, 519.
Catoscopium 435.
Ceratodon 571.
Cinclidium 383.
Cinclidotus 1—3.
Climacium 27.
Conostomum 546.
Coscinodon 142.
Crossidium 128.
Cryphaea 296.
Cylindrothecium 178.
Cynodontium 508, 603, 605, 606.

Desmatodon 361, 491, 522, 587.
Dichelyma 81.
Dichodontium 594.
Dicranella 116, 415, 416, 421, 504, 555, 557, 563, 567, 591.
Dicranodontium 121—123.
Dicranoweisia 413, 501, 507.
Dicranum 46—49, 115, 117—120, 410, 474, 477, 494, 544, 549 bis 552, 569, 570, 597, 642.
Didymodon 442—447, 451, 452, 503, 579.
Diphyscium 26.
Discelium 205.
Distichium 64, 65.
Dissodon 496—498.
Ditrichum 419, 425, 547, 564, 566, 568, 639.
Dryptodon 132, 363, 365.

Lindau, Kryptogamenflora, V. 2. **Aufl.** 15

Encalypta 358—360, 386—388, 390.
Entosthodon 532, 625.
Ephemerella 322.
Ephemerum 203, 319, 320.
Eucladium 311.
Eurhynchium 225, 229—231, 234, 236—238, 241, 247—249, 258, 273, 301.

Fabronia 21—23.
Fissidens 50—61.
Fontinalis 29—34.
Funaria 426, 427, 511, 647.

Georgia 431.
Grimmia 133—135, 143—147, 150—155, 164—166, 168, 169, 173—175, 513, 514.
Gymnostomum 640, 651.
Gyroweisia 362.

Hedwigia 141.
Heterocladium 184, 196.
Homalia 67.
Homalothecium 227, 290.
Hylocomium 10—12, 15—17, 42, 108, 177, 198, 199, 202.
Hymenostomum 460, 461, 467, 476.
Hymenostylium 377.
Hyocomium 197.
Hypnum 12, 13, 18, 19, 20, 82—107, 109—114, 180—182, 188, 189, 191, 193, 200, 201, 210, 220 bis 224, 226, 256, 264, 265, 272, 286, 297, 300.

Isothecium 276, 277.

Leptobryum 637.
Leptodon 7.
Leptodontium 369, 370.
Lescuraea 291, 292.
Leskea 250, 251, 280, 294.
Leucobryum 310.
Leucodon 212.

Meesea 35, 499, 500, 512.
Mielichhoferia 578.
Mniobryum 589, 592.
Mnium 45, 380—382, 384, 529, 531, 533—542, 644.

Molendoa 420, 553.
Myurella 183.

Neckera 38—41, 68, 69.

Octodiceras 62.
Oligotrichum 565.
Oncophorus 411, 556.
Oreas 470.
Oreoweisia 604, 643.
Orthothecium 185, 192, 211.
Orthotrichum 4, 158, 307—309, 329, 339—345, 347—350, 364, 366, 371—376, 378.

Paludella 645.
Phascum 157, 313—315.
Philonotis 616—621.
Physcomitrella 321.
Physcomitrium 575, 649, 650.
Plagiobryum 454, 455.
Plagiopus 641.
Plagiothecium 37, 70—80, 190.
Platygyrium 213.
Pleuridium 582, 583, 598.
Pogonatum 585, 607, 614.
Polytrichum 127, 430, 473, 608 bis 613.
Pottia 479, 483, 488, 490, 492, 520, 543.
Pseudoleskea 295.
Pterogonium 195.
Pterygoneurum 124—126.
Pterygynandrum 194.
Pterygophyllum 66.
Ptychodium 288.
Pylaisia 187.
Pyramidula 428.

Rhabdoweisia 351, 352.
Rhacomitrium 136—140, 160, 331—334.
Rhodobryum 530.
Rhynchostegiella 259, 260.
Rhynchostegium 219, 242, 244, 245, 255.

Schistidium 159, 167, 170, 171, 590.
Schistostega 63.
Scleropodium 218, 252.
Scorpidium 179.
Seligeria 36, 437, 438, 584, 636.

Splachnum 505, 506.
Sporledera 316.
Stylostegium 441.

Tayloria 548, 600, 602, 623, 646.
Tetraplodon 385, 517, 615.
Tetrodontium 204.
Thamnium 28.
Thuidium 7—10.
Timmia 622, 629—631.
Tortella 353, 354, 357, 459, 627.
Tortula 129—131, 156, 161—163, 356, 389, 436, 439, 450, 487, 489, 493.
Trematodon 414, 429.

Trichodon 418.
Trichostomum 456, 463, 468, 469, 475, 626.

Ulota 306, 330, 335—338, 346, 367.

Voitia 432.

Webera 422, 545, 572—574, 577, 580, 588, 595, 596, 599, 638, 648.
Weisia 457, 462, 465, 466.

Zygodon 328.

Verzeichnis der Arten und Abbildungen.

Artennamen der in den Bestimmungstabellen enthaltenen Laubmoosspezies in alphabetischer Reihenfolge nebst Hinweis auf die zugehörigen Figuren nach Seitenzahl und fortlaufender Nummer.

Erste Zahl: Seitenzahl; zweite (fettgedruckte) Zahl: fortlaufende Nummer; dritte Zahl: Seitenzahl der Figurentafel; vierte (rund eingeklammerte) Zahl: fortlaufende Nummer in den Figurentafeln; fünfte Zahl (in eckigen Klammern): sie gibt an, auf welcher Seite eine bereits beschriebene Art wiederkehrt (bei manchen Arten öfter, z. B. Webera gracilis, Bryum Mühlenbeckii).

abietinum (Thuid.) 9. **13.**
aciculare (Rhac.) 110. **333.**
aciphylla (Tortula) 117. **356.**
acuminata (Tayl.) 201. **623.**
— (Web.) 185. **577.** 178. (225a, b). [193].
acuta (Blind.) 134. **412.** 127. (145a—d). [140].
adiantoides (Fiss.) 23. **59.** 25. (23a—c).
aduncum (Hypn). 39. **111.** 40. (44).
affine (Mnium) 173. **541.** 178. (204 a, b).
— (Orthot.) 113. **341.**
— (Rhacom.) 47. **139.**
— β. obtusum (Rhac.) 110. **331.**
Albertinii (Meesea) 159. **500.** [190, 192].
albicans (Brach.) 87. **262.**
— (Dicran.) 174. **544.** 178. (208a, b).
— (Mniobr.) 189. **589.**

aloides (Aloina) 101. **305.**
— Pogon.) 198. **614.**
alopecurum (Thamn.) 15. **28.** 11. (12).
alpestre (Orthot.) 120. **366.**
alpestris (Andr.) 66. **206.**
— (Grimmia) 49. **145.**
alpicola (Schistid.) 189. **590.** [191].
alpigenus (Didymod.) 185. **579.**
alpina (Tortula) 155. **489.**
alpinum (Bryum) 154. **484.** 144. (172 a, b). [186].
— (Hypn.) 58. **181.**
— (Polytr.) 197. **611.**
alternifolium (Pleurid.) 187. **582.**
ambigua (Aloina) 101. **303.**
ambiguus (Trematodon) 134. **414.** 127. (146 a, b). [187].
ampullaceum (Splachnum) 161. **505.** 165. (181 a—d). [192].
androgynum (Aulacomn.) 194. **601.** 196. (240a—c).

angustata (Catharinaea) 166. **519**. 165. (187a—c).
angustatus (Tetraplod.) 198. **615**.
annotina (Web.) 193. **599**. 196. (238a, b).
anodon (Grim.) 50. **150**. 40. (59a—d).
anomalum (Orthotr.) 121. **371**.
antipyretica (Font.) 16. **29**. 11. (13a, b).
aphylla (Buxb.) 14. **24**. 11. (9).
apiculata (Grimmia) 54. **166**.
apiculatus (Anomod.) 70. **217**.
apocarpum (Schistidium) 55. **170**. 60. (66a—d).
apophysata (Encal.) 118. **359**.
aquaticus (Cincl.) 4. **3**. 11. (1a—c). [30].
arcuata (Breut.) 202. **628**. 196. (248a,b).
arcticum (Bryum) 131. **400**. 127. (138a, b).
— (Hypn.) 12. **18**. 11. (6a, b).
arenaria (Grimmia) 49. **146**.
argenteum (Bryum) 166. **518**. 165. (186a—c).
aristatum (Dicranod.) 42. **121**.
Arnellii (Philon.) 200. **621**.
atratus (Dryptod.) 119. **365**.
atropurpureum (Bryum) 185. **576**. 178. (224a, b).
atrovirens (Pseudol.) 97. **295**.
— (Tortul.) 140. **489**. [156, 159, 160].
attenuatus (Anomod.) 69. **215**.
austriaca (Timm.) 203. **631**. 196. (249a—c).

badium (Bryum) 131. **402**. [169].
Bambergeri (Hypn.) 32. **85**.
bavarica (Timmia) 203. **629**.
Bergeri (Dicran.) 21. **48**. 25. (21a, b).
bimum (Bryum) 168. **523**. 165. (189a, b).
Blandowii (Thuidium) 10. **14**.
Blindii (Bryum) 140. **440**. 144. (157a—c). [145, 160, 160, 164].
Blyttii (Dicran.) 183. **570**. 178. (221a—c).
Bonjeani (Dicran.) 21. **49**. 25. (22a, b).

boreale (Conostomum) 175. **546**. 178. (209a—c). [188].
Braunii (Orthotr.) 114. **344**.
brevicollis (Tremat̄od.) 138. **429**.
brevipilus (Campylopus) 49. **149**. 40. (58).
brevirostre (Hyloc.) 64. **199**.
Brownianum (Tetrodont.) 65. 204. 73. (79a—c).
Bruchii (Ulota) 111. **337**.
Bruntoni (Oreoweisia) 194. **604**. 196. (242a—c).
bryoides (Fissidens.) 22., **51**.

caespiticia (Grimmia) 48. **143**.
caespiticium (Bryum) 130. **398**. 127. (136a—c). [167].
— (Stylost.) 140. **441**. 144. (158a—e).
caespitosa (Philonotis) 199. **616**.
— (Tortella) 146. **459**. [147].
caespitosum (Trichost.) 149. **468**.
calcarea (Philonotis) 199. **617**.
— (Seligeria) 140. **438**.
calcareum (Gymnost.) 208. **651**.
callichroum (Hypn.) 32. **87**. 25. (34a—d).
calophyllum (Bryum) 128. **392**. [133].
campestre (Brachyth.) 84. **254**.
canescens (Rhac.) 46. **136**. 40. (55a—c).
— (Tortula) 53. **163**.
capillaceum (Dichelyma) 31. Bem. zu **81**.
— (Distichium) 26. **64**. 25. (25a—c).
capillare (Bryum) 128. **391**. 127. (133). [129. 167].
carneum (Mniobryum) 190. **592**. 196. (233a, b).
catenulata (Leskea) 83. **250**.
cavifolium (Pteryg.) 44. **124**. 40. (52a—f).
cernuus (Desmatodon) 118. **361**. 127. (123a—c). [169].
cerviculata (Dicranella) 136. **421**. 144. (150a—c). [177].
chryseum (Orthothec.) 62. **192**. [68].
chrysophyllum (Hypn.) 87. **264**.
ciliata (Encal.) 118. **358**. 127. (122). [120, 125, 126].

Verzeichnis der Arten und Abbildungen. 229

ciliata (Hedwig.) 47, **141**. 40. (56a—d).
cinclidioides (Mnium) 124. **381**. 127. (127a, b). [171].
circinatum (Dicranod.) 43. **123**.
cirrata (Dicranoweisia) 159. **501**. 165. (178a, b).
cirratum (Bryum) 168. **524**. 165. (190a—c).
cohaerens (Ephemer.) 106. **319**.
collinum (Brachythec.) 80. **243**.
commune (Polytrich.) 198. **612**.
commutata (Grimmia) 50. **153**.
— (Encalypta) 126. **388**.
— (Webera) 184. **573**. [189, 191].
commutatum (Hypnum) 31. **82**. 25. (33a—c).
compacta (Dicranoweisia) 161. **507**. 165. (182a—c).
compactum (Anoect.) 208. **652**.
complanata (Neckera) 27. **68**.
concinnatum (Anom.) 137. **424**. [164, 187, 193].
concinnum (Cylindr.) 57. **178**. [66, 164].
confertum (Rhynch.) 81. **245**.
— (Schistidium) 55. **171**.
confervoides (Amblyst.) 67. **209**.
congestum (Dicranum) 134. **410**. 127. (143a, b). [141, 151, 176, 180, 182].
contorta (Encal.) 125. **386**. 127. (131a—c).
convoluta (Barbula) 201. **624**. 196. (246a, b).
cordatus (Didymod.) 142. **446**. [150].
cordifolium (Hypnum) 71. **222**. 73. (88a, b).
Cossoni (Hypnum) 36. **100**.
crassinervia (Andreaea) 107. **323**.
crassinervium (Eurh.) 78. **236**. [81].
crassipes (Fissidens) 22. **53**.
cribrosus (Cosc.) 48. **142**. 60. (64a—e).
crinita (Grim.) 51. **154**. 60. (61a—c).
crispa (Dicranella) 177. **555**. 178. (213a—c).
— (Neckera) 18. **38**. 11. (15a—c).
— (Ulota) 111. **335**. 104. (118a—e).

crispata (Weisia) 148. **466**.
crispula (Dicranow.) 134. **413**.
— (Ulota) 111. **336**.
crispulum (Trichostomum) 146. **456**. 144. (162a—c). [149].
crispum (Ast.) 103. **312**. 104. (112a—d). [148].
crista castrensis (Hypnum) 38. **107**. 40. (42a, b).
cruda (Web.) 188. **588**. 196. (231a, b). [192, 195].
cucullata (Webera) 191. **596**. 196. (236a, b).
cupressiforme (Hypnum) 33. **90**. 25. (35a—e).
cupulatum (Orthotr.) 121. **372**. [123].
curtipendula (Antitrichia) 95. **285**. 104. (106).
curtum (Brachythec.) 90. **271**.
curvata (Dicranella) 41. **116**. 40. (46a—c).
curvicaule (Amblyst.) 100. **302**.
curvicollum (Phasc.) 105. **315**.
curvifolium (Plagioth.) 29. **77**.
curvirostre (Hymen.) 122. **377**. [123].
curviseta (Rhynchost.) 86. **260**.
cuspidatum (Acrocladium) 56. **176**. 60. (67a—c). [66].
— (Bryum) 130. **397**.
— (Mnium) 171. **531**. 165. (197a, b).
— (Phasc.) 105. **313**. 104. (113a—e).
cyclophyllum (Bryum) 123. **379**. 127. (126a, b).
cylindricum (Trichostomum) 202. **626**. 196. (247a—d).
cylindricus (Trichod.) 135. **418**.

dalecarlica (Fontin.) 17. **34**.
dealbatus (Amblyodon) 162. **509**. 165. (183a—c).
decipiens (Fissidens) 24. **60**.
— (Grimmia) 55. **169**. 60. (65a—c).
— (Hypnum) 74. **226**.
delicatulum (Thuid.) 8. **10**.
demissum (Plagiobr.) 145. **455**.
dendroides (Climac.) 15. **27**. 11. (11a, b).
dentata (Funaria) 207. **647**.

denticulata (Rhabd.) 116. **352.**
denticulatum (Plag.) 28. **74.** 25. (30a—c). [61].
depressum (Plagioth.) 29, **76.**
diaphanum (Orthotr.) 52. **158.**
dilatatum (Hypnum) 57. **180.**
diversifolium (Eurh.) 77. **234.**
dolomiticum (Hypn.) 34. **92.**
Doniana (Grimmia) 48. **144.**
— (Seligeria) 187. **584.**
Drummondii (Ulota) 109. **330.**
Duvalii (Bryum) 129. **394.** 127. (134). [133, 136, 159].

elatior (Grimmia) 54. **165.** 60. (63a, b).
elegans (Bryum) 133. **408.** [170].
— (Plagioth.) 27. **70.**
elodes (Hypnum) 99. **300.**
elongata (Grimmia) 56. **174.**
elongata (Web.) 184. **572.** 178. (223a, b).
elongatum (Dicranum) 155. **474.** 144. (167). [182].
ericetorum (Entosth.) 171. **532.**
erythrocarpum (Bryum) 169. **526.** 165. (192). [183, 185].
eurystomum (Physc.) 184. **575.** [187].
exannulatum (Hypn.) 36. **99.**
exilis (Fissidens) 23. **56.**

falcatum (Hypnum) 31. **83.**
— (Dichel.) 30. **81.** 25. (32a, b).
— (Dicran.) 42. **118.** 40. (48a bis d).
fallax (Amblyst.) 99. **298.**
— (Barbula) 143. **449.**
— (Bryum) 131. **403.**
fasciculare (Rhacom.) 110. **332.**
fascicularis (Entosth.) 201. **625.** [208].
fastigiatum (Hypnum) 37. **104.** 40. (40a—c).
— (Orthotr.) 112. **340.**
fertile (Hypnum) 36. **101.**
filicinum (Amblyst.) 79. **240.**
filiforme (Anomobr.) 164. **516.**
— (Pterygyn.) 63. **194.** 60. (79a—c).
flagellare (Dicr.) 176. **551.** 178. (211a, b). [180].
— (Hyocomium) 63. **197.**

flavipes (Barbula) 139. **434.**
flexicaule (Ditrichum) 182. **566.**
flexifolium (Leptodont.) 121. **369.** 127. (125a—c).
flexuosus (Campylopus) 180. **562.** 178. (217a, b).
Floerkeanum (Phasc.) 105. **314.**
fluitans (Hypn.) 98. **297.** 104. (109).
fluviatile (Amblyst.) 69. **216.** [71. 99].
fontana (Phil.) 199. **619.** 196. (245a, b).
fontinaloides (Cinclidot.) 4. **1.**
formosum (Polytr.) 198. **613.**
fragilis (Campylopus) 179. **559.** 178. (216). [192].
— (Tortella) 117. **357.**
frigida (Andreaea) 108. **326.**
Froelichianus (Dissodon) 158. **498.** 165. (177a—c).
fugax (Rhabdow) 116 **351.** 104. (119a—c).
fulvellum (Dicr.) 41. **117.** 40. (47a, b).
fulvum (Dicr.) 182. **569.**
funalis (Grimmia) 55. **172.**
Funckii (Bryum) 152. **478.** 144. (168a, b).
fuscescens (Dicran.) 176. **552.** [183].

Geheebii (Brachyth.) 96. **289.**
germanicum (Eurh.) 85. **258.**
giganteum (Hypnum) 72. **223.**
giganteus (Didymod.) 143. **452.** [160].
glaciale (Brachyth.) 76. **233.**
glareosum (Brachyth.) 85. **257.** 73. (98a, b). [86].
glaucescens (Ditrich.) 175. **547.**
glaucum (Leucobryum) 102. **310.** 104. (111a, b).
gracile (Polytr.) 197. **609.** 196. (244).
— gracile (Pterog.) 63. **195.** 60. (75a, b).
— (Schistidium) 52. **159.**
gracilescens (Cynod.) 195. **605.**
gracilis (Barbula) 150. **471.**
— (Fontinalis) 16. **30.**
— (Webera) 136. **422.** [159, 163, 185, 191].

grandifrons (Fissidens) 24. 61.
Grevilleana (Dicranel.) 135. 415.
127. (147a—c).
gymnostomum (Orthotr.) 109.
329.

Haldanianum (Hypnum) 62. 193.
60. (73a—d).
Halleri (Hypn.) 64. 200. 60.
(76a—f).
Halleriana (Bartram.) 203. 632.
hamifolium (Hypnum) 41. 114.
hamulosum (Hypnum) 33. 88.
Hartmanni (Dryptod.) 45. 132.
Hausknechtii (Cathar.) 19. 44.
Heimii (Pott.) 166. 520. 165.
(188a, b). [188, 189, 192].
hercynicum (Oligotrich.) 181. 565.
178. (219a, b).
heteromalla (Cryphaea) 98. 296.
104. (108a—c).
— (Dicranel.) 181. 563. 178.
(218a—c).
heteropterum (Heterocl.) 63. 196.
heterostichum (Rhac.) 47. 138.
homomallum (Ditrich.) 135. 419.
hornum (Mnium) 172. 533. 165.
(198).
Hornschuchiana (Barb.) 148. 464.
[150].
— (Molendoa) 176. 553.
Hornschuchii (Dissod.) 158. 497.
Huntii (Andreaea) 108. 324.
Hutchinsiae (Ulota) 120. 367.
hygrometrica (Funaria) 137. 426.
144. (152a, b).
hygrophilum (Amblyst.) 90. 270.
hymenophylloides (Mnium) 123.
380.
hypnoides (Fontinalis) 16. 31.

icmadophila (Barbula) 150. 472.
illecebrum (Scleropod.) 83. 252.
73. (96 a, b).
imponens (Hypnum) 37. 102.
inclinata (Tortella) 116. 353.
inclinatum (Bryum) 129. 396.
127. (135a, b). [167].
— Distichium) 26. 65.
incurva (Grimmia) 56. 175.
incurvatum (Hypnum) 61. 188.
60. (72a—e). [61, 67].
incurvus (Fissidens) 21. 50.

indusiata (Buxbaumia) 14. 25.
inermis (Tortula) 156. 493.
intermedia (Pott.) 155. 488. [156].
— (Ulota) 114. 346.
intermedium (Bryum) 132. 404.
127. (140a, b). [155].
— (Hypnum) 35. 97.
intricatum (Orthothec.) 67. 211.
irriguum (Amblyst.) 79. 239.
ithyphylla (Bartram.) 204. 634.

julacea (Myur.) 58. 183. 60.
(69a—e). [66].
Julianum (Octodic.) 24. 62.
juniperinum (Polytr.) 197. 608.
196. (243a—c).
Juratzkanum (Amblyst.) 99. 299.

Klinggraeffii (Bryum) 154. 485.
[186].
Kneiffii (Hypnum) 39. 110.
Kochii (Amblyst.) 94. 283.

lacustre (Bryum) 137. 423. 144.
(151a—c). [153, 159].
laetum (Brachyth.) 94. 281.
laevipila (Tortula) 45. 130. [53].
lamellatum (Pterygon.) 44. 125.
lanceolata (Pottia) 156. 492. 165.
(175a—c).
lanuginosum (Rhac.) 46. 137.
lapponicum (Amphid.) 117. 355.
127. (121a, b).
latebricola (Plagioth.) 29. 78.
latifolia (Pottia) 174. 543. 178.
(207a, b). [189].
— (Tortula) 143. 450.
latifolius (Desmatod.) 156. 491.
Laureri (Desmatod.) 167. 522.
leiocarpum (Orthotr.) 115. 350.
leucomitrium (Orthotr.) 115. 349.
leucophaea (Grim.) 50. 152. 40.
(60a—c).
Lindbergii (Hypnum) 34. 93.
longicolla (Encal.) 118. 360.
— (Webera) 207. 648.
longifolium (Dicr.) 42. 119. 40.
(49a, b).
longifolius (Anomod.) 97. 293.
longipes (Aongstroem.) 164. 515.
165. (185a, b).
longirostre (Dicranod.) 43. 122.
40. (51a, b).

longiseta (Meesea) 163. **512.** [190].
longisetum (Bryum) 167. **521.**
loreum (Hyl.) 38.**108.** 40. (43a,b).
lucens (Pterygoph.) 26. **66.** 25. (26a—c.)
Ludwigii (Ulota) 112. **338.**
— (Webera) 191. **595.** 196. (235a, b.)
luridus (Didymod.) 142. **445** [160].
lutescens (Campt.) 92. **278.** 104. (104a—c).
— (Web.) 205. **638.**
lycopodioides (Hypn.) 95. **286.**
— (Mnium) 174. **542.** 178. (205).
Lyellii (Orthotrich.) 102. **308.**

maius (Dicr.) 42. **120.** 40. (50).
marchica (Philon.) 200. **620.**
Martiana (Oreas) 149. **470.** 144. (166a—c).
medium (Mnium) 173. **539.** 178. (203).
mediterranea (Funar.) 163. **511.** [192].
megapolitana (Timm.) 200. **622.**
megapolitanum (Rhynch.) 80. **242.** 73. (93a—c).
microcarpum (Rhac.) 47. **140.**
microphylla (Fontin.) 16. **33.**
microstoma (Funar.) 137. **427.**
microstomum (Hymenost.) 149. **467.** 144. (165a—d).
Mildeanum (Brachyth.) 86. **261.**
— (Bryum) 153. **481.** [183].
Mildeanus (Fissidens) 22. **54.**
minutula (Pottia) 156. **490.** 144. (174a, b).
mnioides (Tetrapl.) 125. **385.**
molle (Hypn.) 58. **182.** 60. (68a—c).
mollis (Grimmia) 163. **513.**
molluscum (Hypn.) 38. **106.** 40. (41a—c).
montana (Grim.) 49. **147.** 40. (57a—d).
— (Tortula) 52. **161.**
montanum (Dicran.) 192. **597.** 196. (237a, b).
Mühlenbeckii (Bryum) 159. **502.** 165. (179a, b). [160, 160].
— (Dicranum) 176. **550.** [183].
— (Grimmia) 46. **135.** [56].

mucronifolia (Tortul.) 155. **487.**
Müllerianum (Plag.) 30. **80.**
Mougeotii (Amphid.) 120. **368.** 127. (121a, b).
murale (Bryum) 153. **482.**
— (Rhynch.) 70. **219.** 73. (86a bis c).
muralis (Tortula) 53. **162.**
mutabile (Trichost.) 151. **475.**
muticum (Acaulon) 106. **317.** 104. (115a—f).
myurum (Isothec.) 92. **276.**
myosuroides (Isothec.) 92. **277.** 104. (103a—d).

nanum (Pog.) 187. **585.** 196. (230a—c).
neckeroideum (Plag.) 30. **79.**
neodamense (Bryum) 128. **393.** [166].
nervosa (Leskea) 93. **280.**
nigritum (Catoscop.) 139. **435.** 144. (156a—c). [145].
nitens (Camptoth.) 95. **287.**
nitida (Miel.) 185. **578.** 178. (226a, b). [187, 188, 190, 192, 195].
nitidum (Pleurid.) 192. **598.**
nivalis (Andreaea) 108. **327.**
— (Voitia) 138. **432.** [152].
norvegica (Timmia) 203. **630.** [208].
nudum (Disc.) 66. **205.** 73. (80a—c).
— (Orthotr.) 123. **378.**
nutans (Web.) 186. **580.** 178. (227a, b). [194].

Oakesii (Hyloc.) 10. **16.** [64].
obconicum (Bryum) 131. **401.** 127. (139a, b). [170].
obtusifolia (Tortula) 139. **436.** [156].
obtusifolium (Orthotr.) 102. **307.**
ochraceum (Hypn.) 35. **96.** 40. (37a, b).
octoblepharis (Fabr.) 13. **22.** 11. (8a, b).
Oederi (Plagiopus) 205. **641.**
orbicularis (Grim.) 54. **164.**
orthorhynchum (Mnium) 172. **536.** 178. (201a, b).
omundacea (Schistost.) 26. **63.** 25. (24a—c).

osmundoides (Fiss.) 23. 58.
ovata (Grimmia) 55. 178.

pallens (Bryum) 132. 407. 127. (142a—c). [133, 170].
— (Orthotr.) 115. 348.
pallescens (Bryum) 130. 399. 127. (137a, b). [168].
— (Hypnum) 62. 191. [67, 67].
pallidisetum (Trichost.) 149, 469.
pallidum (Ditr.) 205. 639. 209. (253a—c).
paludosa (Barbula) 188. 586.
palustre (Aulac.) 190. 593.
— (Hypnum) 90. 272.
palustris (Sporled.) 105. 316.
papillosa (Tortula) 45. 129.
patens (Dryptodon) 119. 363.
— (Orthotr.) 114. 345.
— Physcomitrella) 107. 321. 104. (116a—f).
pellucida (Georgia) 138. 431. 144. (155a—c). [141. 163].
pellucidum (Dichod.) 191. 594. 196. (234a—c).
pendulum (Bryum) 129. 395.
pennata (Neckera) 18. 40.
perigoniale (Polytr.) 197. 610.
petrophila (Andreaea) 66. 207. 73. (81a—c).
phascoides (Archidium) 186. 581. 178. (228a—c).
Philiberti (Thuidium) 9. 12.
Philippeanum (Homaloth.) 96. 290.
phyllantha (Ulota) 101. 306.
piliferum (Eurhynch.) 75. 229. [78].
— (Phascum) 51. 157.
— (Polytr.) 44. 127.
plagiopodia (Grimmia) 50. 151.
plicatum (Ptychod.) 96. 288.
plumosum (Brachyth.) 91. 274. 73. (101a—e).
polyantha (Pylaisia) 59. 187. [67].
polycarpa (Leskea) 97. 294. 104. (107a, b).
polycarpon (Hypnum) 39. 113.
polycarpum (Cynodont.) 194. 603. 196. (241a—c). [208].
polygamum (Hypnum) 88. 265. [90, 94].

polymorpha (Webera) 184. 574. [193.]
polyphyllum (Brachyst.) 179. 558. 178. (215a—e).
polytrichoides (Camp.) 49. 148.
pomiformis (Bartram.) 204. 633. 196. (250a—d).
populeum (Brachyth.) 89. 267. 73. (99a—d).
praelongum (Eurh.) 82. 248.
pratense (Hypnum) 34. 94.
procerrimum (Hypn.) 37. 105. [38].
proligera (Webera) 174. 545.
protensum (Hypnum) 67. 210.
— (Rhacom.) 110. 334.
pseudostramineum (Hypn.) 85. 256.
pseudotriquetrum (Bryum) 168. 525. 165. (191a, b).
pulchellum (Orthotr.) 122. 376.
— (Plagioth.) 28. 73.
pulvinata (Grim.) 54. 168.
pulvinata (Tortula) 45. 131.
pulvinatum (Schistid.) 54. 167.
pumila (Neckera) 18. 39.
pumilum (Eurh.) 100. 301.
— (Orthotr.) 112. 339.
punctatum (Mnium) 124. 384. 127. (130).
purpurascens (Hypn.) 13. 20.
purpureus (Cerat.) 183. 571. 178. (222a—c).
purum (Sclerop.) 70. 218. 73. (85a, b).
pusilla (Seligeria) 204. 636. 196. (251a—g). [207].
— (Fabronia) 13. 21.
pusillus (Fissidens) 22. 52.
pyriforme (Leptobr.) 205. 637. 196. (252a, b).
— (Physcom.) 208. 649. 209. (258a—d).

radicale (Amblyst.) 89, 268. [99].
recognitum (Thuidium) 8. 11.
recurvata (Seligeria) 139. 437.
recurvifolia (Ephemer.) 107. 322.
reflexa (Barbula) 145. 453.
reflexum (Brachyth.) 81. 246. 73. (95a—d).
repens (Platyg.) 68. 218. 73. (83a—c).

reptile (Hypn.) 37. **103**. 40. (39a bis d).
revoluta(Barbula) 139. **433**. [146].
revolutum (Hypnum) 33. **91**.
revolvens (Hypn.) 35. **98**. 40. (38).
rhabdocarpa (Encal.) 126. **390**. [126].
rigida (Aloina) 101. **304**. 104. (110a—c).
rigidulus (Didymod.) 141. **443**. 144. (160a—c). [157].
riparium(Amblyst.) 88. **266**. [94].
— (Mnium) 173. **541**.
riparius (Cinclidot.) 4. **2**.
rivulare (Brachyth.) 76. **232**. 73. (91).
— Orthotr.) 4. **4**. [114, 123].
Roeseanum (Plag.) 29. **75**. 25. (31a, b).
roseum (Rhodobr.) 171. **530**. 165. (196).
rostellatum (Hymen.) 147. **460**. [148].
rostratum (Mnium) 171. **529**. 165. (195a, b).
rostratus (Anomod.) 94. **282**.
Rothii (Andreaea) 108. **325**.
rotundifolium (Rhynch.) 84. **255**.
rubellus (Didymod.) 141. **442**. 144. (159a—e). [159, 183, 189].
ruber (Didymod.) 141. **444**. [189].
Rudolphiana (Taylor.) 175. **548**.
rufescens (Dicranel.) 189. **591**. 196. (232a—c).
— (Orthothec.) 59. **185**. 60. (70a, b).
rufulus (Fissidens) 22. **55**.
rufus (Didymod.) 142. **447**.
rugosum (Hyl.) 19. **42**. (16).
rupestre (Gymnost.) 205. **640**. 209. (254a—c). [206, 208].
— (Orthotr.) 122. **374**.
ruralis (Tortula) 51. **156**. 60. (62a—c).
rusciforme (Rhynch.) 81. **244**.
rutilans (Weisia) 147. **462**.
rutabulum (Brachyth.) 77. **235**. 73. (92a—c).

salebrosum (Brachyth.) 87. **263**.
sarmentosum (Hypnum) 71. **221**. 73. (87a—c).

Sauteri (Bryum) 153. **480**. 144. (170a, b).
— (Dicr.) 175. **549**. 178. (210a,b).
saxatile (Orthotr.) 122. **375**.
saxicola (Campylost.) 162. **510**. 165. (184a—c).
— (Lescuraea) 97. **292**.
Schimperi (Campyl.) 180. **560**.
— Orthotr.) 102. **309**.
Schleicheri (Bryum) 132. **405**. [169].
— (Eurhynch.) 78. **238**.
Schreberi (Dicranel.) 179. **557**. 178. (214a—c). [192].
— (Hyloc.) 57. **177**.
Schwartzii (Campyl.) 6. **6**. [180].
sciuroides (Leucod.) 68. **212**. 73. (82a—c).
scoparium (Dicran.) 206. **642**. 209. (255a, b). [206].
scorpioides (Scorpid.) 57. **179**. [68].
Seligeri (Mnium) 173. **538**. 178. (206a—c).
Sendtneri (Fabr.) 13. **23**.
— (Hypnum) 38. **109**.
Sendtneriana (Mol.) 136. **420**.
— (Neckera) 27. **69**.
seriata (Philon.) 199. **618**.
sericeum (Homaloth.) 74. **227**. 73. (90a—d).
serpens (Amblyst.) 89. **269**. 73. (100a—d).
serrata (Tayl.) 193. **600**. 196. (239a—c.)
serratum (Ephem.) 65. **203**. 60. (78a—d.)
— (Mnium) 172. **534**. 165. (199a, b). [173].
serrulata (Oreow.) 206. **643**.
sessile (Diph.) 15. **26**. 11. (10).
— (Ephemer.) 106. **320**.
sexangulare (Polytr.) 138. **430**. 144. (154.) [150].
silesiacum (Plag.) 28. **72**. 25. (29a, b). [67].
silvaticum (Plag.) 27. **71**. 25. (28a—d). [29].
Smithii (Lept.) 7. **8**. 11. (4a, b, c).
Sommerfeltii (Hypnum) 65. **201**. 60. (77a—e).
spadiceus (Didym.) 143. **451**.
speciosum (Eurh.) 79. **241**.

speciosum (Orthotr.) 113. **342.**
sphaericum (Physcom.) 208. **650.**
— (Splachnum) 161. **506.** [192].
spinosum (Mnium) 172. **535.** 165. (200a, b).
spinulosum (Mnium) 172. **537.** 178. (202).
splachnoides (Anacampt.) 91. **275.** 73. (102a, b).
— (Dissodon) 158. **496.**
— (Tayloria) 207. **646.**
splendens (Hyloc.) 64. **198.**
Sprucei (Amblyst.) 66. **208.**
spurium (Dicr.) 20. **47.** 25. (20).
squamigerum (Crossid.) 44. **128.**
squamosa (Fontin.) 17. **33.**
squarrosa (Dicranel.) 161. **504.** 165. (180a—c). [190].
— (Palud.) 206. **645.** 209. (257a bis c).
— (Tortella) 202. **627.**
squarrosum (Hyloc.) 65. **202.**
— (Hymen.) 147. **461.**
squarrosulum (Heterocl.) 58. **184.**
Starkeana (Pottia) 155. **483.** 144. (171a—c).
Starkei (Brachyth.) 84. **253.** 73. (97a—c). [99].
— (Dicran.) 41. **115.** 40. (45a,b).
stellare (Mnium) 206. **644.** 209. (256a, b).
stellatum (Hypnum) 61. **189.** [67].
Stokesii (Eurh.) 82. **247.** 73. (94).
stramineum (Hypn.) 72. **224.** 73. (89).
— (Orthotr.) 115. **347.**
striata (Lescuraea) 96. **291.**
striatum (Eurhynch.) 74. **225.**
striatellum (Plag.) 61. **190.** [67].
striatulum (Eurhynch.) 76. **231.**
strictum (Dicr.) 157. **494.** 165. (176a, b.) [183].
— (Polytr.) 150. **473.**
strigosum (Eurhynch.) 78. **237.**
strumiferum (Cynod.) 195. **606.**
Sturmii (Orthotr.) 119. **364.**
stygium (Cincl.) 124. **383.** 127. (129a—c).
styriacum (Leptod.) 121. **370.**
subglobosum (Mnium) 124. **382.** 127. (128a, b).
subrotundum (Bryum) 133. **409.** [170].
subsessile (Pterygon.) 44. **126.** 40. (53a, b).
subtile Amblyst.) 59. **186.** 60. (71a—d). [66].
subulata (Bartram.) 204. **635.**
— (Dicranel.) 135. **416.** 127. (148a—c). [177].
— (Tortula) 126. **389.**
subulatum (Pleurid.) 187. **583.** 196. (229a—d).
subulatus (Campyl.) 180. **561.**
sudeticum (Rhac.) 52. **160.**
sulcatum (Hypnum) 31. **84.**
systylius (Desmat.) 188. **587.**
Swartzii (Eurhynch.) 82. **249.**

tamariscinum (Thuid.) 7. **9.** 11. (5a—e).
taxifolius (Fissidens) 23. **57.**
tectorum (Leskea) 83. **251.**
tenella (Catharin.) 6. **7.** 11. (3).
— (Rhynchost.) 86. **259.** [98].
tenellum (Orthotr.) 113. **343.**
tenuis (Gyrow.) 119. **362.** 127. (124a—d). [123].
— (Tayloria) 194. **602.**
tergestina (Grimmia) 51. **155.**
tetragona (Pyramid.) 138. **428.** 144. (153a—c).
Tommasinii (Grimmia) 91. **273.**
tophaceus (Didymod.) 160. **503.**
torquata (Grimmia) 46. **134.** [54. 133].
torquescens (Cynod.) 162. **508.**
tortile (Ditrich.) 182. **568.**
— (Hymenost.) 151. **476.**
tortuosa (Tortella) 116. **354.** 104. (120a—c).
trachypodium (Brach.) 75. **228.**
trichodes (Brachydont.) 135. **417.** 144. (149a—d).
— (Meesea) 158. **499.** 209. (259a bis c).
trichomanoides (Homal.) 26. **67.** 25. (27a—c).
trichophylla (Grimmia) 45. **133.** 40. (54a, b). [55].
trifarium (Hypn.) 12. **19.** 11. (7).
triquetra (Meesea) 17. **35.**
triquetrum (Acaulon) 106. **318.**
— (Hylocom.) 12. **17.**
tristicha (Seligeria) 17. **36.** [140].

truncatula (Pottia) 152. 479. 144. (169a—c).
turbinatum (Bryum) 132. 406. 127. (141a—c). [170].
turfacens (Campyl.) 5. 5. 11. (2). [177].
turgescens (Hypnum) 71. 220.
turgida (Neckera) 18. 41.
turgidum (Aulacom.) 157. 495.

uliginosum (Bryum) 170. 528. 165. (194a, b).
umbratum (Hylocom.) 10. 15.
uncinatum (Hypn.) 35. 95. 40. (36a—c).
undulata (Cath.) 19. 43. 25. (17a, b).
undulatum (Dicr.) 20. 46. 25. (19).
— (Mnium) 20. 45. 25. (18).
— (Plag.) 17. 37. 11. (14a—c).
unguiculata (Barbula) 146. 458. 144. (163a—f). [150].
unicolor (Grimmia) 163. 514.
urceolatus (Tetrapl.) 164. 517.
urnigerum (Pogon.) 195. 607.
— (Orthotr.) 122. 373.

vaginans (Ditrich.) 181. 564.
varia (Dicranel.) 182. 567. 178. (220a—c).
varium (Amblyst.) 94. 284. [99].
Vaucheri (Hypnum) 33. 89.
velutinoides (Eurh.) 75. 230.

velutinum (Brachyth.) 93. 279. 104. (105a—d).
vernicosum (Hypn.) 32. 86.
versicolor (Bryum) 155. 486. 144. (173a—c).
verticillatum (Euclad). 103. 311. 104. (114a—d).
vinealis (Barbula) 142. 448.
virens (Oncoph.) 134. 411. 127. (144a—c).
viride (Dicranum) 152. 477.
viridissimus (Zygod.) 109. 328. 104. (117a—c).
viridula (Weis.) 148. 465. 144. (164a—d).
viridulum (Trichost.) 147. 463.
viticulosus (Anomod.) 69. 214. 73. (84a—c).
vogesiaca (Bruchia) 177. 554. 178. (212a—c).
vulgaris (Encal.) 125. 387. 127. (132a—c). [126].

Wahlenbergii (Oncoph.) 177. 556.
warneum (Bryum) 169. 527. 165. (193a—c).
Wilsoni (Hypnum) 39. 112.
Wimmeriana (Weis.) 146. 457.

Zierii (Plag.) 145. 454. 144. (161). [160].
zonatum (Ditrich.) 137. 425. [181].

Verlag von Julius Springer in Berlin W 9

Kryptogamenflora für Anfänger.

Eine Einführung in das Studium der blütenlosen Gewächse für Studierende und Liebhaber.

Herausgegeben von

Dr. Gustav Lindau,
a. ö. Professor an der Universität Berlin,
Kustos am Botan. Museum zu Dahlem.

Erster Band: Die höheren Pilze (Basidiomycetes). Von Prof. Dr. Gustav Lindau. Zweite, durchgesehene Auflage. Mit 607 Figuren im Text. 1917. Gebunden GZ. 8.6

Zweiter Band, 1. Abteilung: Die mikroskopischen Pilze. (Myxomyceten, Phycomyceten und Ascomyceten.) Von Prof. Dr. Gustav Lindau. Zweite, durchgesehene Auflage. Mit 400 Figuren im Text. 1922. GZ. 6.3; gebunden GZ. 7.5

Zweiter Band, 2. Abteilung: Die mikroskopischen Pilze. (Ustilagineen, Uredineen, Fungi imperfecti). Von Prof. Dr. Gustav Lindau. Zweite, durchgesehene Auflage. Mit 520 Figuren im Text. 1922. GZ. 7; gebunden GZ. 10

Dritter Band: Die Flechten. Von Prof. Dr. Gustav Lindau. Zweite Auflage. In Vorbereitung.

Vierter Band, Teil I, II: Die Algen. Von Prof. Dr. Gustav Lindau. Erste Abteilung: Mit 489 Figuren im Text. 1914. GZ. 7
Zweite Abteilung: Mit 437 Figuren im Text. 1914. GZ. 6.6

Vierter Band, Teil III: Die Meeresalgen. Von Prof. Dr. Robert Pilger. Mit 183 Figuren im Text. 1916. GZ. 5.6

Sechster Band: Die Torf- und Lebermoose. Von Dr. Wilhelm Lorch. Mit 296 Figuren im Text.

Die Farnpflanzen (Pteridophyta). Von Guido Brause, Oberstleutnant a. D. Mit 73 Figuren im Text. 1914. GZ. 8.4

Die eingesetzten Grundzahlen (GZ.) entsprechen dem ungefähren Goldmarkwert und ergeben mit dem Umrechnungsschlüssel (Entwertungsfaktor), Anfang November 1922: 160, vervielfacht den Verkaufspreis.

Verlag von Julius Springer in Berlin W 9

Arzneipflanzenkultur und Kräuterhandel, Rationelle Züchtung, Behandlung und Verwertung der in Deutschland zu ziehenden Arznei- und Gewürzpflanzen. Eine Anleitung für Apotheker, Landwirte und Gärtner. Von **Th. Meyer**, Apotheker in Colditz i. Sa. Vierte, vermehrte und verbesserte Auflage. Mit 23 in den Text gedruckten Abbildungen. Erscheint Ende 1922.

Arzneipflanzen - Merkblätter des Reichsgesundheitsamtes, bearbeitet in Gemeinschaft mit dem Arzneipflanzen-Ausschuß der Deutschen Pharmazeutischen Gesellschaft Berlin-Dahlem.

1. Allgemeine Sammelregeln. 2. Bärentraubenblätter. 3. Herbstzeitlosensamen. 4. Bitterkleeblätter. 5. Arnikablüten. 6. Huflattichblätter. 7. Kamillen. 8. Löwenzahn. 9. Wildes Stiefmütterchen. 10. Kalmuswurzel. 11. Schafgarbe. 12. Ehrenpreis. 13. Stechapfelblätter. 14. Tausendgüldenkraut. 15. Quendel. 16. Hauhechelwurzel. 17. Wollblumen. 18. Rainfarn. 19. Eisenhut (Akonit)-Knollen. 20. Malvenblüten und -blätter. 21. Wermutkraut. 22. Tollkirschenblätter. 23. Fingerhutblätter. 24. Bilsenkrautblätter. 25. Wacholderbeeren. 26. Bibernellwurzel. 27. Schachtelhalm. 28. Isländisches Moos. 29. Steinkleekraut. 30. Bärlappsporen. 31. Katzenpfötchenblüten. 32. Blätter und Blüten zur Teebereitung. 1917.

Merkblatt je GZ. 0.1
Buchausgabe aller 32 Merkblätter in festem Umschlag. GZ. 1.8

Pilz-Merkblatt. Die wichtigsten, eßbaren und schädlichen Pilze. Mit einer Pilztafel mit farbigen Abbildungen. Bearbeitet im Reichsgesundheitsamte.
GZ. 0.1; 50 Expl. GZ. 3.75; 100 Expl. GZ. 6.1; 1000 Expl. GZ. 53.1

Das Mikroskop und seine Anwendung. Handbuch der praktischen Mikroskopie und Anleitung zu mikroskopischen Untersuchungen. Von Dr. **Hermann Hager**. Nach dessen Tode vollständig umgearbeitet und in Gemeinschaft mit Fachgelehrten neu herausgegeben von Prof. Dr. **Carl Mez**. Dreizehnte, umgearbeitete Auflage. Mit etwa 495 Textfiguren. In Vorbereitung.

Beispiele zur mikroskopischen Untersuchung von Pflanzenkrankheiten. Von Geh. Reg.-Rat Dr. **Otto Appel**, Direktor der Biologischen Reichsanstalt für Land- und Forstwirtschaft, Professor an der Landwirtschaftlichen Hochschule Berlin. Dritte, vermehrte und verbesserte Auflage. Mit 66 Textabbildungen.
Erscheint Ende 1922.

Einführung in die Mikroskopie. Von Prof. Dr. **P. Mayer** in Jena. Zweite, verbesserte Auflage. Mit 30 Textabbildungen. 1922. GZ. 7

Einführung in die Chemie. Ein Lehr- und Experimentierbuch. Von **Rudolf Ochs**. Zweite, vermehrte und verbesserte Auflage. Mit 244 Textfiguren und 1 Spektraltafel. 1921. Gebunden GZ. 10

Die eingesetzten Grundzahlen (GZ.) entsprechen dem ungefähren Goldmarkwert und ergeben mit dem Umrechnungsschlüssel (Entwertungsfaktor), Anfang November 1922: 160, vervielfacht den Verkaufspreis.

GPSR Compliance

The European Union's (EU) General Product Safety Regulation (GPSR) is a set of rules that requires consumer products to be safe and our obligations to ensure this.

If you have any concerns about our products, you can contact us on

ProductSafety@springernature.com

In case Publisher is established outside the EU, the EU authorized representative is:

Springer Nature Customer Service Center GmbH
Europaplatz 3
69115 Heidelberg, Germany

www.ingramcontent.com/pod-product-compliance
Lightning Source LLC
Chambersburg PA
CBHW071717100426
42873CB00016B/319